固体废物管理与控制技术

GUTI FEIWU GUANLI YU KONGZHI JISHU

主　编　苏敏华　张鸿郭
副主编　唐进峰　陈镇新　庞　博

北京理工大学出版社
BEIJING INSTITUTE OF TECHNOLOGY PRESS

内 容 简 介

本书系统介绍和阐述了最新的固体废物管理与控制方面的概念、理论和技术。本书共 15 章。第 1 章和第 2 章介绍了固体废物方面的基础知识。第 3 章介绍了固体废物的管理及相关的法律法规。第 4~13 介绍了固体废物的处理技术，其中第 10 章、第 11 章和第 12 章分别以污泥、生物质和放射性废物为处理对象，系统介绍了固体废物处理技术的应用。第 14 章和第 15 章综合地介绍了固体废物的控制工程及管理。

本书综合了最新的固体废物基础理论和处理技术，既可作为环境类专业专科生、本科生及研究生的教材，也可作为环境类专业工程技术人员及大、中专院校环境工程专业教师的参考书。

图书在版编目（CIP）数据

固体废物管理与控制技术／苏敏华，张鸿郭主编
. －－ 北京：北京理工大学出版社，2023.11
ISBN 978-7-5763-3204-9

Ⅰ.①固…　Ⅱ.①苏…②张…　Ⅲ.①固体废物管理
Ⅳ.①X32

中国国家版本馆 CIP 数据核字（2023）第 241652 号

责任编辑：陆世立	**文案编辑**：闫小惠
责任校对：周瑞红	**责任印制**：李志强

出版发行 ／ 北京理工大学出版社有限责任公司

社　　址 ／ 北京市丰台区四合庄路 6 号

邮　　编 ／ 100070

电　　话 ／ （010）68944439（学术售后服务热线）

网　　址 ／ http://www.bitpress.com.cn

版 印 次 ／ 2023 年 11 月第 1 版第 1 次印刷

印　　刷 ／ 保定市中画美凯印刷有限公司

开　　本 ／ 787 mm×1092 mm　1/16

印　　张 ／ 20.75

彩　　插 ／ 1

字　　数 ／ 487 千字

定　　价 ／ 68.00 元

前 言
PREFACE

随着社会和经济的发展以及人民生活水平不断提高，固体废物的产量与日俱增。若处理处置不当，固体废物会给社会和环境带来严峻的环境、经济和社会问题。由于固体废物种类繁多、数量巨大、成分复杂，其可持续管理及其污染的有效控制具有巨大挑战性，系统了解现今国内外先进的管理理念和体系，以及国内外先进的减量化、资源化和无害化的控制技术十分必要。

编者认为固体废物处理处置的核心是管理与控制。先进的管理理念与体系可实现源头控制，从而尽可能地实现固体废物的减量化；先进、可靠、高效、经济的资源化和无害化的手段可实现其污染的控制，使固体废物循环至另一尺度再实现其潜在价值或杜绝固体废物产生二次污染。本书结合了最新的固体废物管理与处理处置的发展动态，系统总结、介绍和阐述了前沿的固体废物管理和处理处置方面的概念、理论和控制技术。全书共 15 章，其中，第 1~2 章介绍了固体废物方面的基础知识，第 3 章阐述了固体废物的管理及最新的法律法规，第 4~9 章重点介绍了固体废物的处理处置技术，第 10~13 章分别以污泥、生物质和放射性废物为处理对象系统地介绍了典型固体废物/危险废物的处理处置技术，第 14~15 章对固体废物的控制工程及管理进行了综合介绍。

本书由苏敏华和张鸿郭主编。参与本书编写的有苏敏华（第 1~10、12、13 章）、张鸿郭（第 11 章）、唐进峰（第 14~15 章）、陈镇新和庞博（第 4 章）等。在编写过程中，编者参考了大量书籍、资料和众多学者的研究成果，对他们表示诚挚的感谢。

固体废物具有鲜明的时间性、空间性和持久危害性等特点，相较于废水和废气而言，固体废物的管理和控制手段仍不够成熟，有待持续加强和完善。由于编写水平有限，编者对资料的搜集和发掘或有不足，编辑过程中难免有疏误之处，权当引玉之砖，敬请各位读者斧正。

编　者
2023 年 10 月于广州大学

目　录
CONTENTS

第 1 章

绪　　论

1.1　固体废物的概念

根据物质的形态，废物可划分为固态、液态和气态 3 种。不能排入水体的液态废物和置于容器中的气态废物，由于大多具有较大的危害性，在我国也归入固体废物管理体系。因此，固体废物不仅是指固态物质和半固态物质，还包括部分液态物质和气态物质。

我国于 2020 年修订的《中华人民共和国固体废物污染环境防治法》将固体废物定义为"在生产、生活和其他活动中产生的丧失原有利用价值或者虽未丧失利用价值但被抛弃或者放弃的固态、半固态和置于容器中的气态的物品、物质以及法律、行政法规规定纳入固体废物管理的物品、物质。经无害化加工处理，并且符合强制性国家产品质量标准，不会危害公众健康和生态安全，或者根据固体废物鉴别标准和鉴别程序认定为不属于固体废物的除外。"同时规定，"液态废物的污染防治，适用《中华人民共和国固体废物污染环境防治法》；但是，排入水体的废水的污染防治适用有关法律，不适用《中华人民共和国固体废物污染环境防治法》。"

1.2　固体废物的来源

固体废物的主要来源：一是生产过程中产生的副产物（包括残次品、下脚料），称为生产废物；二是产品使用消费后产生的固体废物，称为生活废物。各种生产活动很难保证原料的利用率达到 100%；原料的利用过程一般会产生适量废物。在自然资源的开采和人类对产品的消费过程中，也会产生各种各样的废物，即任何产品经过使用和消耗后，最终都将变成废物。在进入生产和生活体系的物质中，仅有少部分物质（10%～15%）以建筑物、工厂、装置、器具等形式积累起来，其余都变成了废物。

1.3　固体废物的特征

固体废物具有时间性、空间性和持久危害性等特征。

（1）时间性。随着时间的推移，任何产品经过使用和消耗后，最终都将变成废物，如饮料瓶等平均几个星期就变成废物；家用电器等 7～10 年就变成废物；建筑物使用期限虽长，但大部分建筑物经过数十年至数百年后也将变成废物。所谓"废物"，只就目前科技水平和经济条件而言。随着科学技术飞速发展，矿物资源日渐枯竭，生物资源滞后于人类需求，昨天的废物也可能成为明天的资源。例如，煤矸石长期以来被认作无用的废物，但现在煤矸石可被用于发电厂发电。

（2）空间性。废物仅仅相对于某一过程或某一方面没有使用价值，而并非在一切过程或一切方面都没有使用价值。某一过程的废物，往往可用作另一过程的原料，因此废物具有空间性特征。例如，粉煤灰是燃煤发电厂产生的固体废物，但粉煤灰现在可用作生产水泥的优质原料；工业生产中制碱和碱处理过程中排放的碱性废渣可用作酸性土壤的改良剂；电子废物含有很多有用的金属，经过合适的处理，可从中回收各种金属，特别是贵金属。

（3）持久危害性。固体废物绝大部分是呈固态或半固态的物质，不具有流动性。固体废物进入环境后，难以被与其形态相同的环境体接纳。因此，固体废物不像一般废水、废气易迁移到水体或大气中，通过自然界中物理、化学、生物等多种途径进行稀释、降解和净化。固体废物通过释放气体和渗滤液进行"自我消化"处理，但该过程是漫长、复杂和难以控制的，故固体废物对环境的污染危害比一般废水和废气更持久、更严重。例如，填埋的城市生活垃圾一般要经过 10~30 年的时间才可趋于稳定，而其中的废塑料、橡胶等，即使经过更长的时间也不能完全消解。在填埋期间，垃圾不断产生渗滤液和释放气体，若渗滤液和气体控制不当，将会污染周边的地下水、土壤和空气等。即使填埋过程中的有机物趋于稳定，但大量的无机物仍然会停留在堆放处，存在潜在的环境和健康风险。

固体废物还具有其他特性，如产生量大、种类繁多、成分复杂、来源广泛等。一旦发生固体废物所导致的环境污染，其危害就具有潜在性、长期性和难以恢复性。

1.4 固体废物的分类

固体废物的分类方法有以下多种形式。

按其组成可分为有机废物和无机废物。

按其危害状况可分为危险废物（如飞灰等列入危险废物名录的废物）、有害废物（指腐蚀、毒性、易燃、爆炸、放射性等废物）和一般废物。

按其形态可分为固体废物（块状、粒状、粉状）、半固态废物（废机油等）和非常规固态废物（含有气态或固态物质的固态废物，如废油桶、含废气态物质、污泥等）。

按其来源（欧美等发达国家）可分为工业固体废物、矿业固体废物、城市固体废物（城市生活垃圾）、农业固体废物和放射性固体废物 5 类。

在我国，根据 2020 年修订的《中华人民共和国固体废物污染环境防治法》，固体废物主要分为工业固体废物、生活垃圾、建筑垃圾、农业固体废物和危险废物 5 类（图 1-1）。从分类上可知，危险废物是按照废物的危害属性进行划分，其他 4 类（工业固体废物、生活垃圾、建筑垃圾、农业固体废物）是按照产生来源进行划分。目前，在我国实际固体废物管理过程中，由于危险废物对人体和生态环境具有较强的危害性，以《国家危险废物名录（2021年版）》的形式对危险废物再进行了 3 级的细化分类。

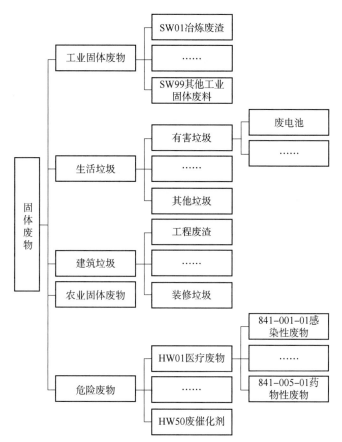

图 1-1　我国固体废物的分类

1.4.1　工业固体废物

工业固体废物是指在工业生产活动中产生和排入环境的固体废物，简称工业废物。工业固体废物可分为一般工业废物（如高炉渣、钢渣、赤泥、有色金属渣、粉煤灰、煤渣、硫酸渣、废石膏、脱硫灰、电石渣、盐泥等）和工业有害固体废物（危险固体废物）。典型工业固体废物主要包括：冶金工业固体废物，如高炉渣、钢渣、金属渣、赤泥等；燃煤工业固体废物，如粉煤灰、炉渣、除尘灰等；矿业工业固体废物，如煤矸石、采矿废石和尾矿等；化工工业固体废物，如油泥、焦油页岩渣、废有机溶剂、酸渣、碱渣、医药废物等；轻工业固体废物，如发酵残渣、废酸、废碱等；其他工业固体废物，如金属碎屑、建筑废料等，具体如表 1-1 所示。

表 1-1　典型工业固体废物来源

来源	废物名称
冶金工业固体废物	高炉渣、钢渣、金属渣、赤泥
燃煤工业固体废物	粉煤灰、炉渣、除尘灰
矿业工业固体废物	煤矸石、采矿废石和尾矿

来源	废物名称
化工工业固体废物	油泥、焦油页岩渣、废有机溶剂、酸渣、碱渣、医药废物
轻工业固体废物	发酵残渣、废酸、废碱
其他工业固体废物	金属碎屑、建筑废料

随着工业生产的发展，工业固体废物数量日益增加，尤其是冶金、火力发电等工业的固体废物排放量最大。工业固体废物数量庞大、种类繁多、成分复杂，处理相当困难。如今仅有几种工业废物得到利用，如美国、瑞典等对钢铁渣进行利用，日本、丹麦等对粉煤灰和煤渣进行利用。其他工业固体废物仍以消极堆存为主，部分有害的工业固体废物采用填埋、焚烧、化学转化、微生物处理等方法进行处置。

工业固体废物消极堆存不仅占用大量土地，造成人力物力的浪费，而且还会释放大量易溶于水的物质，通过淋溶污染土壤和水体。粉状的工业固体废物，随风飞扬，污染大气，有的还散发臭气和毒气。有的工业固体废物甚至淤塞河道，污染水系，影响生物生长，危害人体健康。

工业固体废物经过适当的工艺处理，可成为工业原料或能源，较废水、废气容易实现资源化。一些工业固体废物已制成多种产品，如水泥、混凝土骨料、砖瓦等建筑材料，提取铁、铝、铜、铅、锌等金属和钒、铀、锗、钼、钪、钛等稀有金属，制造肥料、土壤改良剂等。此外，还可用于处理废水、矿山灭火和用作化工填料等。部分工业固体废物也可加工成建筑材料，或从中回收能源和工业原料。对于工业固体废物的管理，如今各国大多以工业部门处理为主，即在政府的管理下，由排放的工业部门、工厂自行处理和利用。随着工业固体废物排放量的增加，日本等国发展了以最终处理为目标的专业化承包处理。

1.4.2　生活垃圾

生活垃圾是指在日常生活中或者为日常生活提供服务的活动中产生的固体废物，以及法律、行政法规规定视为生活垃圾的固体废物。根据我国《生活垃圾分类标志》（GB/T 19095—2019），生活垃圾分为可回收物、有害垃圾、厨余垃圾和其他垃圾4个大类和11个小类（表1-2和表1-3）。

表1-2　我国生活垃圾的分类

序号	大类	小类
1	可回收物	纸类
2		塑料
3		金属
4		玻璃
5		织物

续表

序号	大类	小类
6		灯管
7	有害垃圾	家用化学品
8		电池
9		家庭厨余垃圾
10	厨余垃圾	餐厨垃圾
11		其他餐厨垃圾
12	其他垃圾	—
除上述 4 个大类外，家具、家用电器等大件垃圾和装修垃圾应单独分类。			

注：1. "厨余垃圾"也可称为"湿垃圾"。

　　2. "其他垃圾"也可称为"干垃圾"。

表 1-3　我国生活垃圾的分类标志

序号	图形符号	含义	说明
1		可回收物 Recyclable	表示适宜回收利用的生活垃圾，包括纸类、塑料、金属、玻璃、织物等
2		有害垃圾 Hazardous Waste	表示《国家危险废物名录（2021 年版）》中的家庭源危险废物，包括灯管、家用化学品和电池等
3		厨余垃圾 Food Waste	表示易腐烂的、含有机质的生活垃圾，包括家庭厨余垃圾、餐厨垃圾和其他厨余垃圾等
4		其他垃圾 Residual Waste	表示除了可回收物、有害垃圾、厨余垃圾外的生活垃圾

注：1. "厨余垃圾"也可称为"湿垃圾"，"其他垃圾"也可称为"干垃圾"，在设计和设置生活垃圾分类标志时，可根据实际情况选用，"湿垃圾"与"干垃圾"应配套使用。

　　2. 生活垃圾分类用图形符号的角标不是图形符号的组成部分，仅是设计和制作标志时的依据。

　　3. 角标不出现在生活垃圾分类标志上。

城市生活垃圾主要成分包括厨余废物、废纸、废塑料、废织物、废金属、废玻璃、陶瓷碎片、砖瓦渣土、废旧电池、废旧家用电器、污泥和其他零散垃圾等，主要来自城市居民家庭、城市商业、餐饮业、旅馆业、旅游业、服务业、市政环卫业、交通运输业、街道打扫、建筑建设、文教卫生业和行政事业单位、工业企业单位、水处理厂等。城市生活垃圾成分受居民的生活水平、质量、习惯、季节、气候等因素影响。

城市生活垃圾产生量大，且不断增加。相关研究指出，城市生活垃圾的产生量与城市规模、人口增长速度及城市居民生活水平成正比关系；不同地区，由于工业的发展不平衡，城市现代化程度不同，以及受生活习惯等影响，垃圾的组成成分也有差别，但大体上可分为无机物和有机物两大类。据统计，我国每年产生近 10 亿吨垃圾，其中生活垃圾产生量约 4 亿吨，并且还在以每年 5%~8% 的速度递增。全国 600 多个大中城市中，有 70% 被垃圾所包围。

针对城市生活垃圾带来的社会和环境问题，我国许多城市正积极推进城市生活垃圾的袋装化收集和分类收集。生活垃圾中的各类可回收利用物可得到直接回收利用或纳入再循环过程，这将不仅使进入处理流程的垃圾中无机垃圾成分大幅降低，有机垃圾成分进一步提高，而且为我国发展垃圾焚烧发电、制造堆肥和综合利用创造了许多有利的条件。据报道，目前我国城市生活垃圾容器化收集率已经达到 85% 以上，其中特大城市和大城市达到了 95%，中小城市也不低于 80%。另外，我国也在积极建设垃圾焚烧发电厂，积极挖掘生活垃圾"资源"属性，提升城市生活垃圾焚烧处理能力。2006—2020 年，我国城市生活垃圾焚烧率从 14.5% 增长至 62.3%。

1.4.3 建筑垃圾

建筑垃圾是指建设单位、施工单位新建、改建、扩建和拆除各类建筑物、构筑物、管网等，以及居民装饰装修房屋过程中产生的弃土、弃料和其他固体废物。建筑垃圾的分类根据《建筑垃圾处理技术标准》（CJJ/T 134—2019），分为工程渣土、工程泥浆、工程垃圾、拆除垃圾和装修垃圾等。按照来源分类，建筑垃圾可分为土地开挖、道路开挖、旧建筑物拆除、建筑施工和建材生产垃圾 5 类，主要由渣土、碎石块、废砂浆、砖瓦碎块、混凝土块、沥青块、废塑料、废金属料、废竹木等组成。

在施工现场，不同结构类型建筑物所产生的建筑施工垃圾各种成分的含量有所不同，但其主要成分较为接近，主要有散落的砂浆和混凝土、剔凿产生的砖石和混凝土碎块、打桩截下的钢筋混凝土桩头、废金属料、竹木材、各种包装材料，约占建筑垃圾总量的 80%，其他垃圾成分约占 20%。

旧建筑物拆除垃圾相对建筑施工单位面积产生垃圾量更大，旧建筑物拆除垃圾的组成与建筑物的结构有关：旧砖混结构建筑中，砖块、瓦砾约占 80%，其余为木料、碎玻璃、石灰、渣土等，现阶段拆除的旧建筑多属砖混结构的民居；废弃框架、剪力墙结构的建筑中，混凝土块占 50%~60%，其余为金属、砖块、砌块、塑料制品等，旧工业厂房、楼宇建筑是此类建筑的代表。随着时间的推移，建筑水平的提高，旧建筑物拆除垃圾的组成会发生变化，主要成分由砖块、瓦砾向混凝土块转变。

建筑垃圾具有以下危害。

（1）侵占土地。当前，建筑垃圾收集后一般直接运送到郊外堆放。每堆积 1 万吨建筑垃圾就会占用 0.067 hm² 的土地。随着我国经济高速发展，建筑垃圾会越来越多，需对其进行及时有效的处理和利用。

（2）污染水体。因为建筑垃圾在堆放时会经过雨水渗透的浸淋，而废砂浆和混凝土块中含有大量的水合硅酸钙和氢氧化钙等，这些都会随着雨水流入河流、湖泊或地下水中，污染水体。

（3）污染土壤。建筑垃圾及其渗滤液所含有的有害物质会对土壤产生污染，破坏土壤内部的生态平衡，影响植物营养的吸收和生长，严重的还会导致植物死亡，再通过食物链影响人体健康。

1.4.4　农业固体废物

农业固体废物是指在农业生产活动中产生的固体废物。农业固体废物主要包括作物生产过程中的植物残余类固体废物、渔牧业生产过程中产生的动物固体废物、农业加工过程中产生的加工类固体废物和农村生活垃圾等。农业固体废物种类繁多、产生量大。我国每年产生的农业固体废物约有 40 亿吨，其中畜禽粪便 26 亿吨，农作物秸秆 7 亿吨。农业固体废物的数量不断增多，大多数没有被作为资源利用而随意丢弃或者排放到环境中，对生态环境造成很大的污染。

1. 农业固体废物的物理化学特征

元素组成：农业固体废物的主要元素为碳（C）、氢（H）、氧（O）（三者总和占比高达 65%～90%）。除此之外，农业固体废物含有丰富的氮（N）、磷（P）、硫（S）、钾（K）、钙（Ca）、镁（Mg）等。

化学组成：农业固体废物的化学组成包括天然高分子聚合物及其混合物（纤维素、半纤维素、淀粉、木质素等）和天然小分子化合物（氨基酸、生物碱、单糖、激素、抗生素、脂肪酸等）。

物理性质：表面密度小，韧性大，抗拉、抗弯、抗冲击能力强等。

2. 农业固体废物的分类

农业固体废物主要分为以下 4 类。

（1）农业生产固体废物，主要是指农田和果园残留物，如作物秸秆、果树枝条、杂草、落叶、果实外壳、甘蔗渣等。

（2）养殖业固体废物，主要是指畜禽粪便和栏圈垫物等。

（3）农副产品加工后的剩余物。

（4）农村居民生活固体废物，包括人粪尿及生活垃圾。

3. 农业固体废物的来源

农业固体废物来源广泛，种类复杂，其主要来自种植业、养殖业、农村生活及农用等。

1）种植业固体废物

种植业固体废物是指农作物在种植、收割、交易、加工利用和食用等过程中产生的源自作物本身的固体废物，主要包括作物秸秆及蔬菜、瓜果等加工后的残渣等，其特点是种类繁多，产生量大。据估计，地球上每年光合作用生产的生物质约 1 500 亿吨，其中 11%（约 160 亿吨）来自种植业，可作为人类食物或动物饲料的部分约占其中的 1/4（约为 40 亿吨）；在这 40 亿吨中，经过加工供人类直接食用的大约仅为 3.6 亿吨。因此，地球上每年生产的种植业固体废物的数量是巨大的。

2）养殖业固体废物

养殖业固体废物是指在畜禽养殖加工过程中产生的固体废物，主要包括畜禽粪便、畜禽舍垫料、废饲料、散落的毛羽等固体废物以及含固率较高的畜禽养殖废水等。现今，随着我国人民生活水平的不断提高，人们对肉类、奶类和禽蛋类的消费需求量急剧增加，促使养殖业快速发展。畜禽养殖业规模的不断扩大，将不可避免地带来养殖及加工生产废物的大量产生。

3）农村生活垃圾固体废物

农村生活垃圾固体废物是指在农村这一地域范畴内，在日常生活中或者为日常生活提供服务的活动中产生的固体废物。其主要有两种类型：一是农民日常生活所产生的垃圾，主要来自农户家庭；二是集团性垃圾，主要来自学校、服务业、乡村办公场所和村镇商业、企业等单位。生活垃圾的成分主要是厨余垃圾（如蛋壳、剩菜等）、废织物、废塑料、废纸、陶瓷玻璃碎片、废电池，以及其他废弃的生活用品及生产用品等。由于我国农村人口较多，因此农村生活垃圾固体废物的产生量和堆积量较大。

1.4.5 危险废物

在我国，根据《中华人民共和国固体废物污染环境防治法》的规定，危险废物是指列入国家危险废物名录或者根据国家规定的危险废物鉴别标准和鉴别方法认定的具有危险特性的固体废物。

具有下列情形之一的固体废物（包括液态废物），列入《国家危险废物名录（2021年版）》：

（1）具有毒性、腐蚀性、易燃性、反应性或者感染性一种或者几种危险特性的；

（2）不排除具有危险特性，可能对生态环境或者人体健康造成有害影响，需要按照危险废物进行管理的。

按照《国家危险废物名录（2021年版）》，结合我国实际情况将危险废物按照废物属性分为50种二级分类，同时结合产生行业和工艺环节进行三级分类，细化为467种。在附录部分，新增豁免16个种类危险废物，豁免的危险废物共计达到32个种类。

随着工业的发展，工业生产过程排放的危险废物日益增多。据估计，全世界每年的危险废物产生量为3.3亿吨。危险废物具有以下巨大的危害。

（1）破坏生态环境。随意排放、贮存的危险废物在雨水、地下水的长期渗透、扩散作用下，会污染水体和土壤，降低地区的环境功能等级。

（2）影响人类健康。危险废物通过摄入、吸入、皮肤吸收、眼接触而引起毒害，或引起燃烧、爆炸等危险性事件，长期危害包括重复接触导致的长期中毒、致癌、致畸、致变等。

（3）制约可持续发展。危险废物不处理或不规范处理所带来的大气、水源、土壤等的污染也将会成为制约经济活动的瓶颈。

由于危险废物带来的严重污染和潜在的严重影响，在工业发达国家中，危险废物已被称为"政治废物"，公众对危险废物问题十分敏感，反对在自己居住的地区设立危险废物处置场，并且危险废物的处置费用高昂，一些公司极力试图向工业不发达国家和地区转移危险废物。

危险废物的这种越境转移数量很难统计，但显然是正在增长。据绿色和平组织的调查报告，发达国家正在以每年 5 000 万吨的规模向发展中国家转运危险废物。1986—1992 年，发达国家已向发展中国家和东欧国家转移总量为 1.63 亿吨的危险废物。危险废物的越境转移给发展中国家乃至全球环境都带来不可忽视的危害。首先，由于废物的输入国基本上都缺乏处理和处置危险废物的技术手段和经济能力，危险废物的输入必然会导致当地生态环境和人群健康的损害。其次，危险废物向不发达地区的扩散实际上是逃避本国规定的处置责任，使危险废物没有得到应有的处理和处置而扩散到环境中，长期积累的结果必然会对全球环境产生危害。危险废物越境转移的危害还在于，这些废物是在贸易的名义掩盖下进入的，进口者是为了捞取经济利益，根本不顾其对环境和人体健康可能产生的影响，因此都得不到应有的处理和处置。危险废物越境转移已成为严重的全球环境问题之一，若不采取措施加以控制，势必对全球环境造成严重危害。1989 年 3 月，在联合国环境规划署（UNEP）主持下，在瑞士的巴塞尔通过了《控制危险废物越境转移及其处置的巴塞尔公约》。该公约于 1992 年 5 月生效。我国是该条约的签约国。

危险废物的特性包括腐蚀性（Corrosivity，C）、毒性（Toxicity，T）、易燃性（Ignitability，I）、反应性（Reactivity，R）和感染性（Infectivity，In）。

1. 腐蚀性

腐蚀性是指易于腐蚀或溶解金属等物质，且具有酸或碱的性质。根据《危险废物鉴别标准　腐蚀性鉴别》（GB 5085.1—2007）规定，符合下列条件之一的固体废物，属于腐蚀性危险废物。

（1）按照《固体废物　腐蚀性测定　玻璃电极法》（GB/T 15555.12—1995）的规定制备的浸出液，pH≥12.5 或者 pH≤2.0。

（2）在 55 ℃条件下，对《优质碳素结构钢》（GB/T 699—2015）中规定的 20 号钢材的腐蚀速率≥6.35 mm/a（毫米/年）。

常见的具有腐蚀性的危险废物包括：一是石油炼制过程产生的废碱液及碱渣；二是石油炼制过程产生的废酸及酸泥；三是硫酸和亚硫酸、盐酸、氢氟酸、磷酸和亚磷酸、硝酸和亚硝酸等生产、配制过程中产生的废酸及酸渣等。

2. 毒性

危险废物毒性分为急性毒性和浸出毒性。

急性毒性是指机体（人或实验动物）一次（或 24 h 内多次）接触外来化合物之后所引起的中毒甚至死亡的效应。

根据《危险废物鉴别标准　急性毒性初筛》（GB 5085.2—2007）的规定，符合下列条件之一的固体废物，属于危险废物。

（1）经口摄取：固体 LD_{50}≤200 mg/kg，液体 LD_{50}≤500 mg/kg。

（2）经皮肤接触：LD_{50}≤1 000 mg/kg。

（3）蒸气、烟雾或粉尘吸入：LC_{50}≤10 mg/L。

浸出毒性是指固态的危险废物遇水浸沥，其中有害的物质迁移转化，污染环境，浸出的有害物质的毒性称为浸出毒性。根据《危险废物鉴别标准　浸出毒性鉴别》（GB 5085.3—2007）的规定，按照《固体废物　浸出毒性浸出方法　硫酸硝酸法》（HJ/T 299—2007）制备的固体废物浸出液中任何一种危害成分含量超过浸出毒性鉴别标准限值，则判定该固体废物是具有浸出毒性特征的危险废物。

常见的具有毒性的危险废物包括：一是使用切削油和切削液进行机械加工过程中产生的油/水、烃/水混合物或乳化液；二是废弃的铅酸蓄电池、镉镍电池、氧化汞电池、汞开关、荧光粉和阴极射线管；三是废电路板（包括废电路板上附带的元器件、芯片、插件、贴脚等）等。

3. 易燃性

易燃性是指易于着火和维持燃烧的性质。但像木材和纸等废物不属于易燃性危险废物。《危险废物鉴别标准　易燃性鉴别》（GB 5085.4—2007）将下列固体废物定义为易燃性危险废物。

（1）液态易燃性危险废物：闪点温度低于60 ℃（闭杯实验）的液体、液体混合物或含有固体物质的液体。

（2）固态易燃性危险废物：在标准温度和压力（25 ℃、101.3 kPa）状态下，因摩擦或自发性燃烧而起火，经点燃后能剧烈而持续地燃烧并产生危害的固态废物。

（3）气态易燃性危险废物：20 ℃、101.3 kPa 状态下，在与空气的混合物中体积分数≤13%时可点燃的气体，或者在该状态下，不论易燃下限如何，与空气混合，易燃范围的易燃上限与易燃下限之差大于或等于12 个百分点的气体。

常见的具有易燃性的危险废物包括：一是石油开采和炼制产生的油泥；二是石油炼制过程中产生的溢出废油或乳剂；三是金属、塑料的定型和物理机械表面处理过程中产生的废石蜡和润滑油等。

4. 反应性

反应性是指易于发生爆炸或剧烈反应，或反应时会挥发有毒气体或烟雾的性质。根据《危险废物鉴别标准　反应性鉴别》（GB 5085.5—2007）规定，符合下列任何条件之一的固体废物，属于反应性危险废物。

（1）具有爆炸性质。常温常压下不稳定，在无引爆条件下，易发生剧烈变化；在25 ℃、101.3 kPa 条件下，易发生爆轰或爆炸性分解反应；受强起爆剂作用或在封闭条件下加热，能发生爆轰或爆炸反应。

（2）与水或酸接触产生易燃气体或有毒气体。与水混合发生剧烈化学反应，并放出大量易燃气体和热量；与水混合能产生足以危害人体健康或环境的有毒气体或烟雾；在酸性条件下，每千克含氰化物废物分解产生≥250 mg 氰化氢气体，或者每千克含硫化物废物分解产生≥500 mg 硫化氢气体。

（3）废弃氧化剂或有机过氧化物。极易引起燃烧或爆炸的废弃氧化剂；对热、震动或摩擦极为敏感的含过氧基的废弃有机过氧化物。

常见的具有反应性的危险废物包括：一是炸药生产和加工过程中产生的废水处理污泥；二是含爆炸品废水处理过程中产生的废炭；三是三硝基甲苯（TNT）生产过程中产生的粉红水、红水，以及废水处理污泥等。

5. 感染性

感染性是指细菌、病毒、真菌、寄生虫等病原体，侵入人体引起的局部组织和全身性不良反应。

常见的具有感染性的危险废物包括：一是感染性废物；二是损伤性废物；三是为防止动

物传染病而需要收集和处置的废物等。

1.5　固体废物的污染及危害

固体废物在一定条件下会发生化学的、物理的或生物的转化，对周围环境造成一定的影响。如果采取的处理方法不妥当，其中的有害物质就会通过环境介质（如大气、土壤、地表水或地下水等）进入生态系统，破坏生态环境，甚至通过食物链等途径危害人体健康。

固体废物对人类环境的危害主要表现在以下 5 个方面。

（1）侵占土地。固体废物产生以后须占地堆放，堆积量越大，占地越多。据估算，每堆积 1 万吨废渣约须占地 1 亩①。我国许多城市利用市郊设置垃圾堆场，侵占了大量的农田。

（2）污染土壤。废物的有害组分容易污染土壤。如若直接利用来自医院、肉类联合厂、生物制品厂的废渣作为肥料施入农田，其中的病菌、寄生虫等污染土壤，人与污染土壤直接接触或生吃在此类土壤上种植的蔬菜，极易生病。

（3）污染水体。固体废物随天然降水或地表径流进入河流、湖泊，会造成水体污染。

（4）污染大气。有机固体废物在适宜的温度下被微生物分解，会释放有害气体，固体废物在运输和处理过程中也会产生有害气体和粉尘。

（5）影响环境卫生，危害人类健康。在不发达地区，工业固体废物的综合利用率很低，城市生活垃圾、粪便清运能力不高，严重影响城市容貌和环境卫生，对人类的健康构成潜在威胁。

思考题

1. 简述固体废物的含义。
2. 简述固体废物的特征。
3. 简述固体废物的分类。
4. 简述危险废物的定义及鉴别标准。
5. 简述固体废物的污染及危害。

---

① 1 亩 = 666.$\overset{.}{6}$ m^2。

第2章

固体废物的产生量估算及特征

掌握固体废物的数量和特性有助于相关市政和环保部门制定系统的固体废物管理体系和政策。市政和环保部门根据固体废物的来源、产生量、类型和成分等特征，对现有固体废物处理处置系统进行监控和管理。随着人口和社会的不断发展，固体废物的产生量不断增加，固体废物的管理形势日渐严峻。

生态环境部《2020年全国大、中城市固体废物污染环境防治年报》公布的数据显示，2019年，全国196个大、中城市共产生一般固体废物13.8亿吨，其中工业危险固体废物4 498.9万吨，医疗废物84.3万吨，城市生活垃圾2.356亿吨。城市生活垃圾数量巨大，是固体废物管理过程中重点关注的对象。随着城市发展和人民生活水平的不断提高，我国城市生活垃圾产生量逐年增加，其引起的环境问题越来越严重。

2.1 固体废物的产生量估算

近年来，我国固体废物产生量不断增加，其中大、中城市固体废物产生量较多，如表2-1所示。2020年，我国200个大、中城市一般固体废物产生量约为18.3亿吨，同比增长了近12.0%。对于城市固体废物的数量与组成，不同地区、国家甚至城市之间存在很大的差别，这主要取决于该地区居民的生活方式和水平。表2-2为2018年世界银行统计的部分国家生活垃圾年产生量及人均日产生量。

表2-1　我国固体废物产生量与处理现状（数据摘自国家统计局）

时间	全国固体废物产生量/ （×10⁸ t）	大、中城市固体废物产生量/ （×10⁸ t）	全国固体废物处理量/ （×10⁸ t）
2015 年	32.7	19.1	7.3
2016 年	37.1	14.8	8.5
2017 年	38.7	13.1	9.4
2018 年	40.8	15.5	10.3
2019 年	44.1	13.8	11.0

表2-2　2018年世界银行统计的部分国家生活垃圾年产生量及人均日产生量

国家	人口数/万人	总产生量/（×10⁵ t · a⁻¹）	人均日产生量/kg
中国	1 403 500 000	220 402 706	0.43
美国	318 563 456	258 000 000	2.21

续表

国家	人口数/万人	总产生量/($\times 10^5$ t·a^{-1})	人均日产生量/kg
日本	127 141 000	43 981 000	0.95
韩国	50 746 659	18 218 975	0.98
英国	65 128 861	31 567 000	1.33
法国	33 399 000	66 624 068	1.38
德国	81 686 611	5 104 600	1.72
意大利	60 730 582	29 524 000	1.34
荷兰	16 939 923	8 855 000	1.44
瑞士	8 372 098	6 056 000	1.98

评估固体废物产生量的方法有物料衡算法、产生系数法等。

2.1.1　物料衡算法

物料衡算法是对生产过程中的物料投入、消耗、产出情况进行定量分析的一种方法，其基本原理是某一生产过程中投入物料和产出物料的质量守恒，通过对固体废物产生企业或产废环节进行物料衡算，从而得出固体废物的产生量。

物料衡算法是基于质量守恒定律的计算方法，即输入物质的总量＝输出物质的总量，根据原料与产品之间的定量转化关系，计算原料的消耗量，各种中间产品、产品和副产品的产量，生产过程中各阶段的消耗量、流失量，进而评估固体废物的产生量。

物料衡算的一般通式如下：

$$\sum G_{投入} = \sum G_{产品} + \sum G_{回收} + \sum G_{流失} \tag{2-1}$$

式中　　$\sum G_{投入}$——投入系统的物料总量；

　　　　$\sum G_{产品}$——系统产出的产品和副产品总量；

　　　　$\sum G_{回收}$——系统中回收的物料总量；

　　　　$\sum G_{流失}$——系统中流失的物料总量。

运用物料衡算法需要满足以下条件：

（1）固体废物与生产原料直接相关，能建立稳定严格的定量关系；

（2）生产工艺明确，生产单元可清晰划分，可建立生产单元的物料衡算系统；

（3）生产工艺、物理变化、化学反应及副反应和环境管理等情况全面了解；

（4）生产环节原辅材料、燃料的成分和消耗量、产品的产收率等生产性数据稳定且连续，同时具备准确的计量方法和记录。

物料衡算法主要适用于工厂或企业等估算废物的产生量。

2.1.2　产生系数法

产生系数法是指利用不同影响因素条件下行业单位产品（原料、产值等）固体废物产生量进行固体废物产生总量预测和校核的方法。

根据固体废物产生系数制定方法，对收集的数据进行分类管理，并根据数据间的比对分析，选择最具科学、合理、客观、直接的数据作为最终的使用数据，主要依据如下。

（1）确定数据来源的权威性。优先选择第二次全国污染源普查数据，其次为省固体废物管理数据以及环评数据等。

（2）确定数据的准确性。根据企业物料衡算、资金流动、企业类比等信息，判断数据的准确性。

1. 个体产生系数计算

通过对某一组合条件下，某样本企业不同来源、不同样本数据的处理（加权平均或者算术平均），得到该组合条件下样本企业的个体产生系数。

个体产生系数的建议表达式如下：

$$R_{个体} = \sum_{i=1}^{n} W_i \times \frac{P_i}{M_i} \tag{2-2}$$

式中　$R_{个体}$——某一类固体废物个体产生系数；

　　　P_i——某一类固体废物产生量；

　　　M_i——某一类固体废物原料使用、产品产生量、能源消耗处置花费金额等；

　　　W_i——不同样本量产生系数的权重。

若不同样本量数据来源不同，则权重可由不同来源数据的原始样本数目比例、数据差异和质量保证等确定。各权重之和为1。

2. 平均产生系数计算

通过对某行业某影响因素组合条件下不同样本企业个体产生系数的处理，得到该影响因素组合条件下的平均产生系数。

平均产生系数 $R_{产生}$ 是通过个体产生系数 R_{xj} 加权平均得到，计算公式如下：

$$R_{产生} = \sum_{j=1}^{k} W_j \times R_{xj} \tag{2-3}$$

式中　$R_{产生}$——某一类固体废物个体产生系数；

　　　W_j——不同样本企业个体产生系数的权重，权重可根据数据质量及行业特征自定，权重之和为1；

　　　R_{xj}——不同样本企业的个体产生系数。

3. 产生量计算方法

固体废物产生量预测按式（2-4）进行计算：

$$W_{产生} = R_{产生} \times P \tag{2-4}$$

式中　$W_{产生}$—— 固体废物的产生量；

　　　P——某类固体废物处置花费金额、耗电量等。

使用产生系数法评估的城市固体废物产生量，一方面用于和城市固体废物产生量的申报数据进行对比，分析已申报数据是否合理、准确；另一方面用于检查是否存在漏报、少报数据等行为。此外，根据城市对固体废物处理处置的财政预算，运用产生系数法可以预测和校核固体废物的产生量，对城市固体废物的管理提供数据支持。

2.2　固体废物的物理组分及分析

2.2.1　物理组分类别

固体废物的类别十分复杂，依据其产生途径和性质而确定。在经济发达国家，将固体废物分为工业废物、矿业废物、农业废物、城市生活垃圾与放射性废物 5 类。在我国，固体废物主要分为工业固体废物、生活垃圾、建筑垃圾、农业固体废物和危险废物 5 类。考察固体废物的物理、化学和生物等特性，首先要了解固体废物的主要成分。表 2-3 列出了各类固体废物的主要类别和成分。

表 2-3　各类固体废物的主要类别和成分

类别	废物来源	主要成分
工业固体废物	矿山开采、金属冶炼	废矿石、尾矿、废渣等
	能源、煤炭	废矿石、煤矸石、木料、废金属、粉煤灰、炉渣等
	黑色冶金	金属、矿渣、模具、边角料、陶瓷、橡胶、塑料、灰渣、绝缘材料等
	化学工业	金属填料、陶瓷、沥青、化学药剂、油毡、石棉、烟灰、涂料等
	石油化工	催化剂、沥青、还原剂、橡胶、塑料、废渣等
	有色冶金	化学药剂、废渣、赤泥、炉渣、灰渣、金属等
	机械、交通运输	涂料、木料、金属、橡胶、塑料、陶瓷、废轮胎等
	轻工业	木质素、木料、金属填料、化学药剂、橡胶、塑料、纸类等
	建筑材料	金属、砖瓦、灰石、陶瓷、橡胶、塑料、石膏、石棉、纤维素等
	纺织工业	棉、毛、纤维、棉纱、橡胶、塑料、金属等
	仪器仪表	绝缘材料、金属、陶瓷、玻璃、木料、塑料、化学药剂等
	食品加工	油脂、果蔬、五谷、蛋类、塑料、玻璃、纸类、烟草等
城市生活垃圾	居民生活	食品废物、废纸、纺织品、废木材、塑料、玻璃、金属、陶瓷、煤渣、庭院废物、废家用电器、建筑垃圾、家用杂物、粪便等
	事业单位	废纸、建筑垃圾、塑料、玻璃、橡胶、炉渣、废金属类、园林垃圾、办公废品等
	机关、商业	废汽车、电器、建筑垃圾、废金属类、废轮胎、办公废品等
有毒有害固体废物	核工业	含放射性废渣、同位素实验废物、核电站废物、含放射性劳保用品等
	科研部门	具有危险性的各类废药剂及被危险品污染的各种固体废物

本表主要摘自李国鼎，环境工程手册（固体废物污染防治卷），北京：高教出版社，2003。

我国于 2009 年颁布的《生活垃圾采样和分析方法》（CJ/T 313—2009）列出了生活垃圾物理组成分类，如表 2-4 所示。

表 2-4　生活垃圾物理组成分类一览表

序号	类别	说明
1	厨余类	各种动、植物类食品（蔬菜、水果等）的残余物
2	纸类	各种废弃的纸张及纸制品
3	橡塑类	各种废弃的塑料、橡胶、皮革制品
4	纺织类	各种废弃的布类（包括化纤布）、棉花等纺织品
5	木竹类	各种废弃的木竹制品及花木
6	灰土类	炉灰、灰砂、尘土等
7	砖瓦陶瓷类	各种废弃的砖、瓦、瓷、石块、水泥块等块状制品
8	玻璃类	各种废弃的玻璃、玻璃制品
9	金属类	各种废弃的金属、金属制品（不包括各种纽扣电池）
10	其他	各种废弃的电池、油漆、杀虫剂等
11	混合类	粒径小于 10 mm 的、按上述分类比较困难的混合物

2.2.2　物理组分分析步骤

对城市生活垃圾的物理组分进行分析前，需采集有代表性的生活垃圾样品。生活垃圾的采样一般遵循以下步骤。

（1）明确生活垃圾采样点选择原则。该点生活垃圾应具有代表性和稳定性。

（2）调查生活垃圾采样点的背景资料，包括区域类型、服务范围、产生量、处理量、收运处理方式等。采样点背景资料应建档并及时更新。

（3）生活垃圾采样点应按垃圾流节点进行选择，如表 2-5 所示。

表 2-5　生活垃圾流节点及分类

序号	生活垃圾流节点	类别
1	产生源	居住区、事业区、商业区、清扫区等
2	收集站	地面收集站、垃圾桶收集站、垃圾房收集站、分类垃圾收集站等
3	收运车	车箱可卸式、压缩式、分类垃圾收集车、餐厨垃圾收集车等
4	转运站	压缩式、筛分、分选等
5	处理场（厂）	填埋场、堆肥厂、焚烧厂、餐厨垃圾处理场等

注：1. 产生源节点是按产生生活垃圾的功能区特性进行分类。其他节点是按设施的用途进行分类。
　　2. 在产生源功能区采样，适用于原始生活垃圾成分和理化特性分析。
　　3. 在其他生活垃圾流节点采样，适用于生活垃圾动态过程中成分和理化特性分析。

（4）确定采样点数。在生活垃圾产生源设置采样点，应根据所调查区域的人口数量确定最少采样点数（表 2-6），并根据该区域内功能区（表 2-7）的分布、生活垃圾特性等因素确定采样点分布。

表 2-6　人口数量与最少采样点数

人口数量/万人	$x<50$	$50\leqslant x<100$	$100\leqslant x<200$	$x\geqslant200$
最少采样点数/个	8	16	20	30

表 2-7　功能区种类

居住区			事业区		商业区					清扫区	
燃煤	半燃煤	无燃煤	机关团体	教育科研	商场超市	餐饮	文体设施	集贸市场	交通场（站）	园林	道路、广场

在生活垃圾产生源以外的垃圾流节点设置采样点，应由该类节点（设施或容器）的数量确定最少采样点数，如表 2-8 所示。

表 2-8　生活垃圾流节点数与最少采样点数（单位：个）

生活垃圾流节点（设施或容器）的数量	最少采样点数
1~3	所有
4~64	4~5
65~125	5~6
125~343	6~7
>344	每增加 300 个容器或设施，增加 1 个采样点

在调查周期内，地理位置发生变化的采样点数不宜大于总数的 30%。

（5）确定采样频率和间隔时间。产生源生活垃圾采样与分析以年为周期，采样频率宜每月 1 次，同一采样点的采样间隔时间宜大于 10 天。因环境引起生活垃圾变化时，可调整部分月份的采样频率。调查周期小于 1 年时，可增加采样频率，同一采样点的采样间隔时间不宜小于 7 天。垃圾流节点生活垃圾采样与分析应根据该类节点特性、设施的工艺要求、测定项目的类别确定采样周期和频率。

（6）确定最小采样量。根据生活垃圾最大粒径及分类情况，选取的最小采样量应符合表 2-9 的规定。

表 2-9　生活垃圾最小采样量

生活垃圾最大粒径/mm	最小采样量/kg		主要适用范围
	分类生活垃圾	混合生活垃圾	
120	50	200	产生源生活垃圾、生活垃圾筛上物
30	10	30	生活垃圾筛下物、餐厨垃圾等
10	1	1.5	堆肥产品、焚烧灰渣等
3	0.15	0.15	

注：最大粒径指筛余量为 10% 时的筛孔尺寸。

（7）选取合适的采样设备和工具。生活垃圾的采样设备和工具根据实际情况进行选取，主要采样设备和工具如表2-10所示。

表2-10 主要采样设备和工具

设备和工具	说明
采样车	人与生活垃圾样品隔离
机械搅拌及取样设备	推土机、挖掘机、抓斗或其他能够搅拌生活垃圾的设备
人工搅拌及取样工具	尖头铁锹、耙子、长柄推把等工具
密闭容器	带盖采样桶或内衬塑料的采样袋
其他工具	锯、锤子、剪刀、夹子等
辅助设备	照明设备、供电设备；标杆、警戒绳、标签、胶带、计算器、皮尺等

（8）确定生活垃圾的采样方法。对呈堆体状态的生活垃圾应根据其体积采用下述方法进行采样。对非堆体状态的生活垃圾（桶、箱或车内生活垃圾），应先将生活垃圾转化成堆体后再采用下述方法进行采样。对坑（槽）内生活垃圾（焚烧厂贮料坑和堆肥厂发酵槽等）可参照下述方法四采样。

方法一：四分法。将生活垃圾堆搅拌均匀后堆成圆形或方形，按图2-1所示将其十字四等分，然后随机舍弃其中对角的两份，余下部分重复进行前述铺平并分为四等份，舍弃一半，直至达到表2-9所规定的采样量。

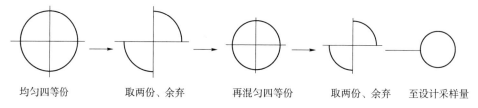

均匀四等份　　　取两份、余弃　　　再混匀四等份　　　取两份、余弃　　　至设计采样量

图2-1 四分法采样示意图

方法二：剖面法。沿生活垃圾堆对角线做一采样立剖面，按图2-2所示确定点位，水平点距不大于2 m，垂直点距不大于1 m。各点位等量采样，直至达到表2-9所规定的采样量。

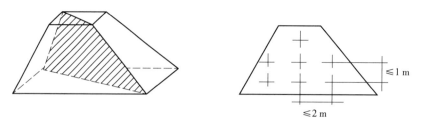

图2-2 剖面法采样位置示意图

方法三：周边法。在生活垃圾堆四周各边的上、中、下3个位置采集样品，按图2-3所示

方式确定点位（总点位数不少于 12 个），各点位等量采样，直至达到表 2-9 所规定的采样量。

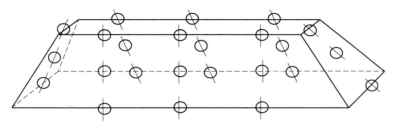

图 2-3　周边法采样位置示意图

方法四：网格法。将生活垃圾堆成一厚度为 40~60 cm 的正方形，把每边三等分，将生活垃圾平均分成 9 个子区域，将每个子区域中心点前后左右周边 50 cm 内以及从表面算起垂直向下 40~60 cm 深度的所有生活垃圾取出，把从九个子区域内取得的生活垃圾倒在清洁的地面上，搅拌均匀后，采用四分法缩分至表 2-9 所规定的采样量。

（9）物理组成分析。采样后应立即进行物理组成分析，否则必须将样品摊铺在室内避风阴凉干净的铺有防渗塑胶的水泥地面，厚度不超过 50 mm，并防止样品损失和其他物质的混入，保存期不超过 24 h。称量生活垃圾样品总重，按照表 2-4 的类别分捡生活垃圾样品中各成分。

（10）生活垃圾采样过程需注意以下事项：一是应结合现场环境条件选择不同的采样方法；二是采样应避免在大风、雨、雪等异常天气条件下进行；三是在同一区域有多个点采样点时，宜尽可能同时进行；四是应详细记录采样的全过程；五是采样应注意现场安全。

其他关于生活垃圾的采样及具体的物理组分分析的细节详见《生活垃圾采样和分析方法》（CJ/T 313—2009）。

2.3　固体废物的物理、化学和生物特性

固体废物成分复杂，特性差异大，特别是工业固体废物与城市固体废物（城市生活垃圾）的成分有显著差异。工业固体废物具有明显的行业特征，其中大部分物料可被回收再次使用。工业固体废物一般不与城市生活垃圾等混合处理，而由各行业单独管理与处理，以便于回收资源或进行特殊管理与处置。城市固体废物则无此特征，一般由市政部门集中管理与处置。对固体废物的性质进行描述，对市政和环保部门以及固体废物处置企业建立和优化固体废物管理系统与处置措施有重要的参考意义。下面主要阐述城市固体废物的物理、化学和生物特征。

2.3.1　城市固体废物的物理特性

城市固体废物（城市生活垃圾）的主要物理特性包括容重、含水率和密度。其中，含水率对堆肥过程和填埋处置时产生的渗滤液计算有至关重要的作用。密度用于评估运输车辆的体积和处置设施的大小。这两项指标与垃圾的堆存、运输、加工处理与最终处置，有着密切关系。

1. 容重

通过称量固定体积容器内生活垃圾质量，计算生活垃圾容重。

以生活垃圾桶这一容器为例，首先称量空生活垃圾桶质量，然后将所采集的样品放入生活垃圾桶中，振动 3 次，不压实，然后称量样品质量。

生活垃圾容重应按下式进行计算：

$$d = \frac{1\ 000}{m} \sum_{j=1}^{m} \frac{M_j - M}{V} \tag{2-5}$$

式中　d——生活垃圾容重，kg/m^3；

　　　m——重复测定次数；

　　　j——重复测定序次；

　　　M——生活垃圾桶质量，kg；

　　　M_j——每次称量质量（包括容器质量），kg；

　　　V——生活垃圾桶容积，L。

计算结果以 3 位有效数字表示。

若用集装箱为容器，其计算方法参照《生活垃圾采样和分析方法》（CJ/T 313—2009）。

2. 含水率

含水率指的是城市生活垃圾中的含水量占总量的比例。城市生活垃圾与污水处理厂污泥有所不同，属于低含水率固体废物，且受地区与季节影响，在收集与运输过程，也发生水分传递。因此，城市生活垃圾含水率应根据季节与地区定期测定。

城市生活垃圾含水率通常用烘干法测定，将测重后的固体废物样品置于 105～110 ℃的烘箱中烘烤至恒重。含水率计算可参照以下公式：

$$P_w = \frac{M_w - M_d}{M_w} \times 100\% \tag{2-6}$$

式中　P_w——含水率，%；

　　　M_w——生活垃圾样品初始湿基质量，kg；

　　　M_d——生活垃圾样品烘干后干基质量，kg。

表 2-11 介绍了美国环境保护署公布的城市生活垃圾各单一物理组分与混合物含水率的统计数据。

表 2-11　美国城市生活垃圾各单一物理组分与混合物含水率的统计数据

成分	含水率/%	
	范围	典型值
食品废物	50～80	70
废纸类	4～10	6
废塑料	1～4	2
纺织品	6～15	10
橡胶类	1～4	2
皮革类	8～12	10

成分	含水率/%	
	范围	典型值
庭院废物	30~80	60
废木料	10~40	20
玻璃陶瓷	1~4	2
非铁金属	2~4	3
钢铁类	2~6	3
渣土类	12~21	8
混合垃圾	15~40	30

3. 密度

密度是指在收集站自然堆放条件下，单位体积垃圾的质量（kg/m^3 或 t/m^3）。由于运输、加工与最终处置过程中，需要经过不同程度的压实，故密度随压实程度而变化。

表 2-12 为美国环境保护署公布的城市生活垃圾单一组分与不同压实程度的密度的统计数据。

表 2-12　美国城市生活垃圾单一组分与不同压实程度的密度的统计数据

组分	密度/($kg \cdot m^{-3}$)	
	范围	典型值
食品废物	120~480	290
废纸类	30~130	85
废塑料	30~130	65
纺织品	30~100	65
橡胶类	90~200	130
皮革类	90~260	160
庭院废物	60~225	105
废木料	120~320	240
玻璃陶瓷	160~480	195
马口铁罐头盒	45~160	90
钢铁类	120~1 200	320
渣土类	360~960	480
未压实混合垃圾	90~180	130

另外，可影响固体废物管理和处置的物理特性还包括颜色、空隙率、成分的形状/颗粒大小、光学特性、磁性、电特性等。

2.3.2 城市固体废物的化学特性

城市固体废物的化学特性主要包括化学成分与热值两项指标。

1. 化学成分

化学成分通常可由近似分析与基础成分分析获得。

1）近似分析

近似分析是对废物进行分析，以确定含水率、挥发性物质质量分数（950 ℃煅烧的质量损失率）、固定碳、不可燃物（惰性物质）和灰分。近似分析资料是初步评估城市生活垃圾资源回收利用的参考依据。

2）基础成分分析

基础成分分析项目包括垃圾中碳（C）、氢（H）、氧（O）、氮（N）、硫（S）与不可燃物（惰性物质）主要化学成分的含量。由于废物的不均性以及受垃圾原产地的影响，分析数据的偏差范围一般较大，欲获得较准确的数据，可以通过即时采样分析，获得某一特定条件的分析数据，并且需要多次测量，取其具有统计学意义的数值。元素分析仪可测量固体废物样品中的 C、H、O、N、S 等元素含量。

固体废物是各种成分的混合物，其化学成分和化学式不确定。推导近似公式将有助于计算自然降解或废物处理过程中的氧气需求量和其他气体的排放量。以下过程展示了在没有元素分析仪的情况下推导化学式的程序。

第一步：获得固体废物的基础成分含量和水分（表 2-13）。

表 2-13　固体废物的基础成分含量和水分

成分	湿质量/kg	干质量/kg	水分质量/kg	C 质量/kg	H 质量/kg	O 质量/kg	N 质量/kg	S 质量/kg	灰分质量/kg
食物残渣	16	5	11	11	0.32	1.88	0.13	0.02	0.26
纸	46	43	3	3	2.58	18.92	0.13	0.08	2.58
硬纸板	11	10	1	1	0.59	4.46	0.03	0.02	0.51
塑料	11	10	1	1	0.72	2.38	0.00	0.00	1.00
总计	84	68	16	16	4.21	27.64	0.29	0.12	4.35

第二步：将水分转化为氢气和氧气。

氢气：$(2/18) \times 16$ kg = 1.78 kg。

氧气：$(16/18) \times 16$ kg = 14.22 kg。

第三步：以千克为单位修改成分（表 2-14）。

表 2-14　以千克为单位修改成分

项目	C	H	O	N	S	灰分
质量/kg	31.50	5.99	41.86	0.29	0.12	4.35

第四步：计算废物的摩尔组成。

第五步：计算归一化摩尔比（表 2-15）。

固体废物化学式为 $C_{98.26}H_{1.57}O_{173.96}N_{1.05}S$。

表 2-15　归一化摩尔比

项目	C	H	O	N	S
质量/kg	31.50	5.99	41.86	0.29	0.12
摩尔质量/（kg·mol^{-1}）	12.01	1.01	16.00	14.01	32.06
摩尔	378.32	6.05	669.76	4.06	3.85
摩尔比	98.26	1.57	173.96	1.05	1.00

表 2-16 与表 2-17 显示了我国部分城市以及部分发达国家或地区城市生活垃圾组分数据；表 2-18 显示了美国城市生活垃圾单一组分热值与不可燃物含量。

表 2-16　我国部分城市生活垃圾组分数据

城市	可燃物含量/%	水分含量/%	灰分含量/%
深圳	34.53	52.24	15.57
上海	32.82	54.95	12.23
杭州	31.28	55.87	12.85
广州	30.76	54.53	14.71
东莞	31.59	46.82	21.60

表 2-17　部分发达国家或地区城市生活垃圾组分数据

国家或地区	可燃物含量/%	水分含量/%	灰分含量/%
日本	44.10	47.50	8.40
美国	75.81	19.02	5.17
欧洲	50.16	34.00	15.84
韩国	53.68	30.29	16.03

表 2-18　美国城市生活垃圾单一组分热值与不可燃物含量

城市生活垃圾物理组分	热值（湿基）/（kJ·kg^{-1}）		不可燃物含量/%	
	范围	典型值	范围	典型值
食品废物	3 500~7 000	4 650	2~8	5
废纸类	11 600~18 600	16 750	4~8	6
废塑料	27 900~37 200	32 600	6~20	10
纺织品	15 100~18 600	17 450	2~4	2.5
橡胶类	20 900~27 900	23 250	8~20	10
皮革类	15 100~19 800	17 450	8~20	10

续表

城市生活垃圾 物理组分	热值（湿基）/（kJ·kg⁻¹）		不可燃物含量/%	
	范围	典型值	范围	典型值
庭院废物	2 300~18 600	6 500	2~6	4.5
废木料	17 450~19 800	18 600	0.6~2	1.5
玻璃	100~250	150	96~99	98
罐头盒	250~1 250	700	96~99	98
非铁金属	—	—	90~99	96
钢铁类	250~1 200	700	94~99	98
渣土类	2 300~11 650	7 000	60~80	70

2. 城市生活垃圾热值及其估算方法

由于城市生活垃圾中含有一定量的可燃成分，因此具有一定的含热（能）量。热值（发热值）表示单位质量垃圾完全燃烧后，待残余物温度降至燃烧前的起始温度时所放出的热量（kJ/kg）。热值表明城市生活垃圾的可燃性质，是预测城市生活垃圾作为再生能源燃料的基础参数。

1）城市生活垃圾热值测定

城市生活垃圾热值的测定主要采用氧弹量热计（图2-4）。将一定质量的典型生活垃圾样品压片置于密闭的氧弹容器中，内装定量纯净水，然后向氧弹中充氧至压力为 2.5~3.0 MPa，通电点火，使垃圾压片完全燃烧，其燃烧过程将把燃烧热传递到水，用氧弹量热计测定水温变化（Δt），结合水的比热容[4.2×10^3 J/（kg·℃）]，即可计算垃圾的燃烧热值。

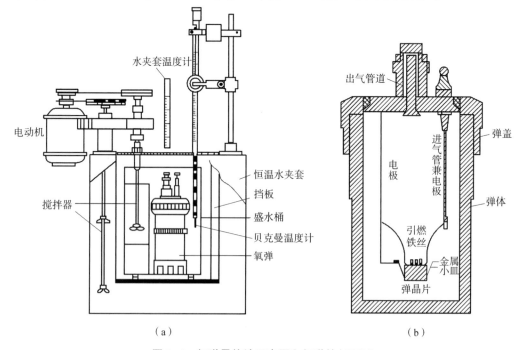

（a）　　　　　　　　　　　　（b）

图2-4　氧弹量热计示意图和氧弹的剖面图

（a）氧弹量热计示意图；（b）氧弹的剖面图

【例】 有 1 t 混合的城市生活垃圾，其物理组成及组成含量为食品垃圾 280 kg、废纸 370 kg、废塑料 150 kg、破布 60 kg、破皮革 30 kg，其余为园林废物等。查阅相关资料可知：食品垃圾的热值为 4 650 kJ/kg；废纸的热值为 16 750 kJ/kg；废塑料的热值为 32 570 kJ/kg；破布的热值为 17 450 kJ/kg；破皮革的热值为 18 000 kJ/kg；园林废物的热值为 6 510 kJ/kg。试求混合垃圾的总热值。

解：（1）园林废物的质量：

$$1\ 000-280-370-150-60-30=110\ （kg）$$

（2）采用加权公式：

混合垃圾的总热值 $Q=[\ 280×4\ 650+370×16\ 750+150×32\ 570+60×17\ 450+30×18\ 000+110×6\ 510]/1\ 000=14\ 688.1\ （kJ/kg）$

2）城市生活垃圾热值估算

城市生活垃圾热值有多种估算方法，其中最简单、直观的方法是根据垃圾标准样品物理组成分析结果，利用表 2-18 中各单一物理组分热值的典型数据，进行统计计算，获得热值统计值。此外，还有经验公式估算法，如修正的 Dulong（杜朗）公式、Steuer 公式与 Scheuer-Kestner（S-K）公式等。这些估算公式均需应用垃圾中各单一物理组分的化学成分。下面简要介绍 Dulong（杜朗）修正公式，即

$$H_w = 337C+1\ 428\left(H-\frac{O}{8}\right)+94S \qquad (2-7)$$

式中　H_w——湿基热值，kJ/kg；

C——垃圾样品含碳（湿基）率，%；

H——垃圾样品含氢（湿基）率，%；

O——垃圾样品含氧（湿基）率，%；

S——垃圾样品含硫（湿基）率，%。

固体废物成分的物理性质、近似和基础成分分析如表 2-19 所示。

表 2-19　固体废物成分的物理性质、近似和基础成分分析

固体废物	垃圾密度/ (kg·m⁻³)	湿度含量/%	惰性残留/%	热值/ (kJ·kg⁻¹)	含碳率/%	含氢率/%	含氧率/%	含氮率/%	含硫率/%
沥青	680	6~12		17 100~ 18 400	83~87	9.9~11	0.2~0.8	0.3~1.1	1.0~5.4
纸板、瓦楞、纸箱	30~80	4~10	3~6	16 375	44.0	5.9	44.6	0.3	0.2
砖/混凝土/瓷砖/污垢	800~ 1 500	6~12	99						
电子设备	105		0~50.8	14 116.27~ 45 358.28	38.85~ 83.10	3.56~ 14.22	7.46~ 51.50	0.3~ 9.95	
食物残渣	120~480	50~80	2~8		48.0	6.4	37.6	2.6	0.4
花园装饰	60~225	30~80	2~6	4 785~ 18 563	47.8	6.0	38.0	3.4	0.3

固体废物	垃圾密度/ ($kg \cdot m^{-3}$)	湿度含量/%	惰性残留/%	热值/ ($kJ \cdot kg^{-1}$)	含碳率/%	含氢率/%	含氧率/%	含氮率/%	含硫率/%
玻璃	90~260	1~4	99						
皮革	90~450	8~12	8~20		60.0	8.0	11.6	10.0	0.4
金属-铁	120~1 200	2~6	99						
金属-非铁	60~240	2~4	99						
城市固体废物/ 生物医学废物	87~348	15~40							
纸	30~130	4~10	6~20	12 216~ 18 540	43.5	6.0	44.0	0.3	0.2
塑料	30~156	1~4	6~20		60.0	7.2	22.8		
橡胶	90~200	1~4	8~20		78.0	10.0		2.0	
锯屑	250~350			20 510	49.0	6.0			0.10
纺织品	30~100	6~15	2~4		55.0	6.6	31.2	4.6	0.15
木材	156~900	15~40	1~2	14 400~ 17 400	49.5	6.0	42.7	0.2	0.1

2.3.3 城市固体废物的生物特性

固体废物的不合理堆放会影响周边环境，其有害物质的组成与环境土壤损害和细菌污染成反比。与干垃圾相比，湿垃圾更加容易滋生细菌。固体废物中的营养组分也是决定固体废物与周围环境中物种数量平衡的关键因素。有毒元素会阻碍微生物的生长；有机物则有利于某些微生物的生长，如腐生菌和真菌会分解有机物并大量繁殖。

表 2-20 显示了各种固体废物中存在的主要生物体。大多数原生动物以细菌为食，因此原生动物可以存在于任何有细菌的有氧环境中。原生动物以水生动物为主，一些原生动物寄生于人类或其他动物体内，但它们也存在于固体废物和土壤中。原生动物一般拥有形成囊肿的能力，故可在干燥和不利条件下存活。许多人类疾病由原生动物引起，如阿米巴痢疾。

固体废物也含有大量的真菌。每 100 000 种真菌中约有 100 种对动物和人类具有致病性。例如，真菌在空气中大量存在时可被吸入人体内造成感染，也可导致头发、指甲、皮肤和肺部感染；食用受黄曲霉菌所产生的毒素污染的食物可能导致肝癌、肝脏脂肪变性等。

表 2-20　各种固体废物中存在的主要生物体

固体废物名称	真菌	原生动物	细菌	昆虫	啮齿动物
生物医学垃圾	√	√	√	√	√
食物残渣	√	√	√	√	√
危险废物					

固体废物名称	真菌	原生动物	细菌	昆虫	啮齿动物
城市固体垃圾	√	√	√	√	√
放射性废物					
电子废物				√	√

一些细菌可以产生孢子，以便在干燥期间没有营养物质时可以存活，这些孢子容易随风转移，危害人类健康。例如，梭菌孢子污染伤口和食物会导致致命的后果；肉毒杆菌等物种会产生毒素，导致食物中毒；产气荚膜梭菌等菌种在引起坏疽的伤口中可迅速繁殖造成感染。

微生物在分解固体废物的过程中起着重要的作用。嗜热细菌会分解蛋白质和其他易于生物降解的物质。真菌和放线菌会降解纤维素和木质素等复杂的有机物。在堆肥过程中，常见的放线菌有链霉菌和小孢子虫，常见的真菌有热霉菌、曲霉菌和青霉菌，这些微生物在堆肥前大多出现在城市生活垃圾中。

思考题

1. 评估固体废物产生量的方法有哪些？
2. 分别以常见的固体废物产生量的方法对熟悉区域固体废物的产生量进行衡算。
3. 简述固体废物具有的物理、化学和生物特性。
4. 简述近似分析和基础成分分析各自包含的测试项目，并简述一个测试项目的测试方法。
5. 以身边典型城市生活混合垃圾为对象，分类获知其物理组成，查阅相关资料获知其物理组成的热值，并计算混合垃圾的总热值。

第 3 章
固体废物管理及资源化

固体废物的产生量随着社会、人口、经济、科技等的快速发展逐年攀升。据统计，"十四五"初期，我国各类固体废物累积堆存量约 800 亿吨，年产生量近 120 亿吨。如此巨量的固体废物，若不妥善处置和利用，不仅会对环境造成严重污染，更是对资源的极大浪费。构建先进、合理、健全的固体废物管理体系有助于有效管理和控制固体废物污染。

世界各国对固体废物的可持续管理制定了一系列法案和措施。我国也逐渐认识到固体废物可持续管理的重要性，逐步建立了固体废物管理的法律法规和技术体系。《中华人民共和国固体废物污染环境防治法》（以下简称《固废法》）是为了防治固体废物污染环境，保障人体健康，维护生态安全，促进经济社会可持续发展而制定的法律。《固废法》于 1995 年 10 月 30 日第八届全国人民代表大会常务委员会第十六次会议通过，自 1996 年 4 月 1 日起施行。《固废法》的施行为固体废物管理体系的建立和完善奠定了法律基础。近年来，我国固体废物环境治理体系和治理能力建设取得了长足发展，固体废物污染环境防治工作已经转入污染防治攻坚战的主战场。2016 年 11 月 7 日第十二届全国人民代表大会常务委员会第二十四次会议通过对《固废法》第四十四条第二款和第五十九条第一款做出修改。2019 年 6 月 5 日，国务院常务会议通过《中华人民共和国固体废物污染环境防治法（修订草案）》。2020 年 4 月 29 日，《固废法》由第十三届全国人民代表大会常务委员会第十七次会议修订通过，自 2020 年 9 月 1 日起施行。新修订的《固废法》从生态文明建设和经济社会可持续发展的全局出发，健全生态环境保护法律制度，完善固体废物管理法规体系，落实环境污染防治责任，统筹推进各类固体废物综合治理，强化危险废物全过程精细化管理，进一步巩固和完善固体废物污染环境防治的相关法律。

3.1 固体废物管理的内涵和目的

固体废物管理是指运用环境管理的理论和方法，通过法律、经济、技术、教育和行政等手段，鼓励废物资源化利用和控制废物污染，促进经济与环境的可持续发展。固体废物管理基本框架如图 3-1 所示。固体废物管理要实现最大化地回收利用废物总量，最小化地减少废物造成的环境影响。

在我国，固体废物管理的主体或行为执行者主要是政府层面的相关组织机构，主要内容是指导编制与固体废物处理相关的法律法规体系和标准体系等，以实施管理行为。固体废物相关行业的企业、协会、非政府组织也适当参与到固体废物的管理活动中，但一般不是主导者。

固体废物管理的目的是固体废物管理首要关注的最基本问题，引导固体废物管理手段、

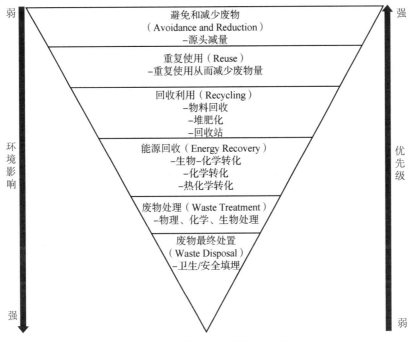

图 3-1　固体废物管理基本框架

策略的制定和优化，以及固体废物处理与处置技术的发展与应用。随着人类对环境问题和固体废物本身特性认识的加深，以及固体废物相关管理技术的发展，固体废物管理的目的向多元化方向不断演变和发展。

现阶段，固体废物管理的主要目的是解决现存的由固体废物引起的综合资源利用率和环境污染问题，并最终实现社会和环境的可持续发展。结合固体废物所具有的"废弃性"和"资源性"的特点，固体废物管理的目标可细化为以下 4 个方面：一是减少废物危险性；二是减少最后需要处理的废物总量；三是将废物转化为有用的物质或能量；四是减少废物处理过程中的二次污染。

西方发达国家一直重视固体废物的可持续管理，已提出应将固体废物管理作为资源管理，即固体废物应作为一种资源（如城市生活垃圾被认为是"城市矿产"）来加以管理和资源化利用。西方发达国家的固体废物管理目包含公众健康保护、资源利用、环境影响、成本削减等多元化的内容。现今，欧盟倡导"零废弃管理"，我国推行"无废城市"建设，把固体废物管理推向更先进和可持续的阶段。

3.2　固体废物管理的技术路线和实现手段

固体废物管理的技术路线可总结如下：首先，尽量避免固体废物的产生；其次，合理利用固体废物的资源价值；最后，妥善处置暂时无法利用的固体废物。该技术路线的全部过程都需做到环境无害化。

（1）避免固体废物的产生包括固体废物产生量的减少和固体废物污染危害风险的减少两个方面的内容。该路线可由推广清洁生产技术和优化居民生活习惯来实现。

（2）合理利用固体废物的资源价值包括以下 3 个方面。一是利用其原有的使用价值。在某些场合丧失使用价值的固体废物，若其使用功能还在，换到其他情景下可继续使用。例如，有些物品的某些功能丧失了，但是经过修整，还可继续发挥其全部或者部分功能，故可达到再利用（Reuse）的目的。二是当固体废物彻底丧失原有的使用价值后，其中某种材料或部件可作为新产品的原料。例如，废铁回炉再精炼获得优质铁产品，废塑料重新造粒或用于炼油。三是能源的再生利用。有机废物若无法通过再生进行物质回收或该回收方式在经济上不合理，则考虑综合应用合适的资源再生手段，使有机废物转化成能量进行再利用。

固体废物管理手段是管理方法设计的依据；管理方法可保障管理目的。管理手段与管理方法的区别在于管理手段强调的是管理作用形成的机制。常用的固体废物管理手段包括经济手段、法规手段、教育手段和技术手段。经济手段达到一定管理目标的作用机制依据的是经济规律；教育手段的作用机制则主要依靠环保教育和引导的作用。管理方法强调具体的管理实施机制，如管理的经济手段可通过固体废物处理费或税收机制来实施。

固体废物管理目的的多元化发展要求固体废物管理边界的扩大，使固体废物管理的手段不断丰富，管理方法也日益多样化。在固体废物管理以隔离或以对公众健康无害化为目的的阶段，管理手段主要是工程技术性的，而管理方法是以适当的技术处理与处置固体废物。现阶段，在污染防控、资源保护、资源再生、实现经济效益多目标的引导下，固体废物必须实行全过程管理。全过程固体废物管理要综合运用经济、法规、教育及技术手段来实现管理目的，如欧盟推行的填埋税、包装物生产者预交固体废物处理费等经济手段和美国某些州实施的固体废物产生许可证交易制度等。从这些国际经验可以看出，对固体废物实行环境管理，其实就是运用环境管理的先进理论和方法管理固体废物。充分结合我国现今国情，通过法规、经济、教育和技术等手段，遵循相关的固体废物管理政策，实施具体可行的行动计划，采用先进的、行之有效的技术措施和合适的管理方法（如鼓励综合利用、提倡废物资源化等），全面地、多方位地防控固体废物的环境污染，促进社会、环境和经济的可持续协调发展，实现资源再生与保护。

3.3　固体废物管理的主要原则

固体废物管理存在诸多挑战，确定和执行固体废物管理的主要原则有助于相关市政和环保部门对固体废物实施可持续的管理。目前，固体废物管理的主要原则有"三化"原则、全过程管理原则、"谁污染谁负责"原则、"谁排污谁缴费"原则和分类管理原则等。

3.3.1　"三化"原则

防治固体废物污染环境必须坚持减量化、资源化和无害化的原则，其简称为"三化"原则。"三化"原则是固体废物污染控制的主要技术政策。任何单位和个人都应当采取措施，减少固体废物的产生量，促进固体废物的综合利用，降低固体废物的危害性。

1. 减量化

减量化就是采取相应的措施和控制手段，减少固体废物的产生量，最大限度地合理开发资源和能源。这是可持续管理固体废物和控制固体废物污染的首先要求和措施。减量化不仅要减少固体废物的数量和体积，还要尽可能地减少其种类、降低危险废物的有害成分的浓度、减轻或消除其危险特性等。减量化是对固体废物的数量、体积、种类、有害性质进行全面管理。

减量化原则上要求在物质、材料或产品成为固体废物之前要积极采取措施，努力从以下3 个环节提高它们的利用效率，尽量防止固体废物的产生。

（1）在生产环节，应开展生态设计和清洁生产，提高再生原材料的使用比例，减少有毒有害和不可降解物质的使用。

（2）在流通环节，减少使用一次性制品，加强纸或塑料包装物的回收再利用。

（3）在消费环节，应延长产品使用期限，提倡使用绿色环保产品等。

实现固体废物减量化的目标可从以下方面着手。

（1）从"源头"开始治理。采用"绿色技术""生态设计"和"清洁生产"，合理地利用资源，最大限度地减少固体废物的产生和排放。从"源头"上直接减少或减轻固体废物对环境的污染或对人类健康的危害，最大限度地全面合理开发和利用资源。

（2）改变粗放经营发展模式，提倡绿色制造。企业应改善粗放经营的发展模式，积极开展清洁生产，开发和推广先进的绿色制造生产技术和设备，遵循循环经济的先进理念，合理地选择和利用原材料、能源和其他资源，采用使废物产生量最少化的生产工艺和设备。

2. 资源化

资源化是指采取管理和工艺措施，从固体废物中回收物质和能源，加速物质和能量的循环流动，创造经济价值的技术方法。资源化也是指对已产生的固体废物进行回收加工、循环利用等，亦称为废物综合利用。资源化使废物经过综合利用后，直接变为产品或转化为可供再利用的二次原料。资源化的实现不但能减轻固体废物的危害，还可以减少资源浪费。

资源化可通过以下方式实现。

（1）物质回收。在处理废物过程中回收有用的二次物质或原料，如废纸、塑料、金属等。

（2）物质转换。利用废物制取新物质。例如，利用锅炉灰渣生产水泥和建筑材料，有机垃圾堆肥后生产肥料等。

（3）能量转换。从废物处理中回收能量，将其作为热能，然后转化为电能。例如，通过焚烧城市生活垃圾回收热能并发电；通过热解有机物生产燃料；利用垃圾厌氧发酵生产沼气，作为能源向居民和企业供热或供电等。

城市生活垃圾的资源化手段主要有以下方式。

（1）分类收集和回收其中的纸制品、人工高聚物、金属等。

（2）利用生物质制肥，如利用厨余垃圾进行堆肥等。

（3）通过热处置回收热量进行供热、制冷和发电。

我国生活垃圾成分复杂，分类收集程度不高，可供直接或回收利用的物质并不多，因此分类回收和堆肥常缺乏经济效益。垃圾通过焚烧回收的热能用于发电或取暖，对于分类收集的要求不高，可作为垃圾资源化的好方式。

3. 无害化

无害化是指对已产生但又无法或暂时无法进行综合利用的固体废物，进行对环境无害或低危害的安全处理处置，还包括尽可能地减少其种类，降低危险废物的有害浓度，减轻和消除其危险特征等，以防止、减少或减轻固体废物的危害。垃圾无害化处理的方法有填埋、焚烧、热解、微生物分解（如堆肥和厌氧发酵）等。危险废物的无害化处理方法有固化/稳定化、烧结处理等。

3.3.2　全过程管理原则

全过程管理是指对固体废物从产生、收集、贮存、运输、利用到最终处置的全过程实行一体化的管理。由于废物自身特有的属性，废物的收集、贮存、运输、回收利用以及处理处置的各个管理环节和过程均存在污染环境的可能。若不恰当地焚烧城市生活垃圾，则会产生重金属和二噁英等有毒物质，导致二次污染环境和危害人类健康。对废物的管理不能只遵循"源头控制"或"末端治理"原则，应采用对废物的生命周期进行"从摇篮到坟墓"的全过程管理原则，即避免产生（Clean）、综合利用（Cycle）、妥善处置（Control），亦称为"3C"原则。

《固废法》第四条规定：任何单位和个人都应当采取措施，减少固体废物的产生量，促进固体废物的综合利用，降低固体废物的危害性。第五条规定：产生、收集、贮存、运输、利用、处置固体废物的单位和个人，应当采取措施，防止或者减少固体废物对环境的污染，对所造成的环境污染依法承担责任。第六十八条规定：产品和包装物的设计、制造，应当遵守国家有关清洁生产的规定。国务院标准化主管部门应当根据国家经济和技术条件、固体废物污染环境防治状况以及产品的技术要求，组织制定有关标准，防止过度包装造成环境污染。以上要求就是全过程管理原则的具体体现。

3.3.3　"谁污染谁负责"原则

固体废物的管理要遵循"谁污染谁负责"原则。《中华人民共和国环境保护法》第四十二条规定：排放污染物的企业事业单位和其他生产经营者，应当采取措施，防治在生产建设或者其他活动中产生的废气、废水、废渣、医疗废物、粉尘、恶臭气体、放射性物质以及噪声、振动、光辐射、电磁辐射等对环境的污染和危害。排放污染物的企业事业单位，应当建立环境保护责任制度，明确单位负责人和相关人员的责任。《固废法》第五条规定：固体废物污染环境防治坚持污染担责的原则。

3.3.4　"谁排污谁缴费"原则

对于那些难以按照"谁污染谁负责"原则进行管理的固体废物的产生、贮存、运输和消费者，则实施"谁排污谁缴费"原则。例如，小型的产生者、产品的运输和贮存者，建立处理设施可能成本太高，或者运行效率太低，需要委托专业处理机构代为处置；个体消费者也不可能自己处理所产生的废物，也需要由政府部门负责处理，其处理费用则由排污者负担。

3.3.5　分类管理原则

分类管理原则，即根据固体废物的不同来源和性质对其进行分类管理的原则。例如，国家对工业固体废物、生活垃圾、危险废物、医疗废物的管理都分别做了规定。固体废物的类型十分复杂，对环境危害程度各不相同，危险废物较工业废物和城市生活垃圾而言，产生量虽然较少，但是危害性严重，应根据不同的危险特性与危害程度，采取区别对待、分类管理的原则。对具有特别严重危害性的危险废物，要实行严格控制和重点管理。《固废法》第六章重点规定了危险废物污染环境的防治，并提出比普通废物管理和防治更严格的标准和更高的技术要求。

3.4　循环经济背景下的固体废物管理

3.4.1　循环经济与固体废物管理

循环经济（Circular Economy）源自生态经济。美国经济学家肯尼思·鲍尔丁在 1966 年发表《一门科学——生态经济学》，开创性地提出生态经济的概念和生态经济协调发展的理论。生态经济就是把经济发展与生态环境保护和建设有机结合起来，使二者互相促进的经济活动形式。生态经济要求在经济与生态协调发展的思想指导下，按照物质能量层级利用的原理，把自然、经济、社会和环境作为一个系统工程统筹考虑，立足于生态，着眼于经济，强调经济建设必须重视生态资本的投入效益，认识到生态环境不仅是经济活动的载体，还是重要的生产要素。总的来说，生态经济是要实现经济发展、资源节约、环境保护、人与自然和谐的相互协调和有机统一。

循环经济以资源的高效利用和循环利用为核心，以减量化、再利用、再循环（"3R"）为原则，以低消耗、低排放、高效率为基本特征。循环经济符合可持续发展理念的经济增长模式，是对大量生产、消费、废弃的传统增长模式的根本变革。从循环经济的视角来看，固体废物是放错了地方的资源，是地球上唯一增长的资源。固体废物管理与循环经济理论具有共同的目标，固体废物管理是构建循环经济系统的必要条件，循环经济理论是固体废物管理的指导思想。因此，实践中，应将固体废物管理工作与循环经济的理念和原则紧密结合，以环境无害化技术为手段，以提高生态效率为核心，开展固体废物管理工作。

循环经济与固体废物管理的关系有以下几点。

1. 循环经济包含固体废物管理理念

固体废物管理是要建立一个经济而有效的废物管理机制，以达到安全化、卫生化、无害化和资源化等目标。固体废物管理策略的主要体现：首先是进行总量削减，即通过适当的处理设备，从源头减少产生的废物量，或将这些废物在排出之前加以回收利用，提取出有用资源；其次是污染源管制，即通过政府的预先审查核准、登记许可、事后稽查、废物产生量与去向的记录申报等手段，监控废物的产生与处置；最后是废物处理，即采用焚烧、热解、堆肥、固定化、填埋等现有的工程技术，集中这些废物并加以无害化、减量化。在微观层面上，循环经济要求企业节能降耗，提高资源利用效率，实现固体废物的减量化；对生产过程中产生的固体废物进行综合利用，并延伸到废旧物资回收和再生利用；根据资源条件和产业布局，延长和拓宽生产链条，促进产业间的共生耦合。在宏观层面上，循环经济要求对产业结构和布局进行调整，将循环经济理念贯穿于经济社会发展的各领域、各环节之中，建立和完善全社会的资源循环利用体系。

循环经济是一种新的生产观。传统工业经济的生产观念是最大限度地开发利用自然资源，最大限度地创造社会财富，最大限度地获取利润。循环经济的生产观念是要充分考虑自然生态系统的承载能力,尽可能地节约自然资源,不断提高自然资源的利用效率,循环使用资源,创造良性的社会财富。在生产过程中,循环经济观要求遵循"3R"原则,尽可能地利用可循环再生的资源替代不可再生资源,使生产合理地建立在自然生态循环之上;尽可能地利用先进的科学技术,尽可能地以知识投入替代物质投入,以达到经济、社会与生态的和谐统一,使人类在良好的环境中生产生活,真正全面提高人民生活质量。根据"3R"原则,在循环经济过程中,应当最大化利用资源,同时要求废物排放的最小化。为了实现社会发展可持续,必须同时充分考虑工业生产活动和固体废物管理。

2. 循环经济与固体废物管理目标相同

循环经济倡导的是一种建立在不断循环利用基础上的经济发展模式。循环经济把清洁生产、资源综合利用、生态设计、绿色制造和可持续消费融为一体,是一种"促进人与自然的协调与和谐"的经济发展模式,它运用生态学的规律把经济活动组织成一个"资源-产品-再生资源"的物质反复循环的流动过程。其特征是低开采、高利用、低排放,以最大限度地合理和持久地利用进入系统的物质和能量,提高资源利用率;最大限度地减小污染排放,提升经济运行质量和效益,把经济活动对自然环境的影响降低到尽可能小的程度。废物管理和循环经济所追求的根本目标相同,即都是为了使资源得到更加有效的利用,减少资源浪费,减轻环境压力,并且最终实现社会的可持续发展。资源节约论观点认为,发展循环经济的目标是解决资源短缺的问题。我国素有勤俭节约的优良传统。改革开放前,生产力落后,物质资源匮乏,我国人民在众多方面体现出废物综合利用和循环利用的习惯。缺乏大工业化过程的中国社会以节约资源为基本出发点循环利用废旧物资,故在较长时期内,我国的循环经济常处于简约的循环经济阶段,大部分的循环利用废物和节约资源主要是因为生产力落后导致社会不能提供足够的商品供给,以及生活水平低下导致大众没有足够的购买力购置物资。

目前,对于发达国家而言,循环经济模式已作为一种解决其堆存的固体废物的主要手段而被积极发展。对于发展中国家,循环经济模式是一种经济效益与生态效益并举的"双赢"经济模式。这种经济模式的发展既可实现经济的可持续发展,又可实现解决环境污染、资源短缺、能源危机等问题的目标。

循环经济的特点之一就是在经济活动中实现"资源-产品-再生资源",这其中就包含了废物-资源再生的技术环节。废物是具有相对性的,通过技术手段可以实现其"价值"一定程度的恢复,变废为宝。在循环经济中,废物资源化可归为两个方面:一是对于同一生产过程,可通过相应的技术提取废物中所包含的有用成分,再通过相应的技术处理转化为资源重新投入生产过程;二是该生产过程的废物可能会被转化为另一生产过程所需要的资源,甚至这一产业的废物可能会被转化为另一个产业的原材料。这也为中循环乃至大循环的实现提供了可能。

3. 循环经济理论的发展促进固体废物处理技术革新

循环经济与固体废物处理技术的发展关系密切。固体废物处理技术和方法的发展历程经历了 3 个阶段:第一阶段是为维护环境卫生而进行无害化处置阶段;第二阶段是在确保无害化的基础上,避免产生二次污染的处置阶段;第三阶段是资源化系统成为固体废物综合处理系统中的一个重要组成。第三阶段的发展主要是因为固体废物产生量的不断增大,成分的不断变化,城市化进程发展的不断加快,而使废物中可再循环使用的成分急剧增加。

循环经济思想对固体废物处理的方式产生了影响。许多国家为此颁布了各种关于固体废物处理的循环经济法规，由"资源-产品-废物排放"开放式经济链转化为"资源-产品-废物再资源化"闭环式循环经济链。在生态效益优先、环境效益优先的指导思想下，先进国家的废物处理方式，充分体现了"生态环境-经济-社会"各要素之间高度的协调统一，有利于社会经济的可持续发展。

3.4.2　循环经济"3R"原则

循环经济本质上是一种生态经济，它遵循生态学规律，以环境友好的方式利用自然资源和环境容量，在物质不断循环利用的基础上发展经济，使经济系统和谐地纳入自然生态系统的物质循环过程中，实现经济活动的生态型转化。循环经济的建立依赖于相关原则，而"3R"原则在相关原则中占有关键地位。"3R（Reduce，Reuse，Recycle）"原则是减量化、再利用和再循环 3 种原则的英文简称。"3R"原则的基本特征如图 3-2 所示。

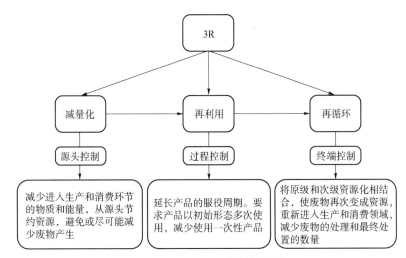

图 3-2　"3R"原则的基本特征

1. 资源利用的减量化（Reduce）原则

减量化原则是循环经济的第一原则，它要求在生产过程中通过管理技术的改进，减少进入生产和消费环节的物质和能量。减量化原则强调，在经济增长的过程中，为使这种增长具有持续和环境相容的特性，人们须在生产源头的输入端就充分考虑节约资源、提高单位生产产品对资源的利用率、预防废物的产生，而不是把眼光放在产生固体废物后的治理上。对生产过程而言，企业可以通过技术改造，采用先进的生产工艺，或实施清洁生产，从而减少单位产品生产的原料使用量和污染物的排放量。此外，减量化原则要求产品的包装应该追求简单、实用、朴实，达到减少固体废物排放的目的。

2. 产品生产的再利用（Reuse）原则

循环经济的第二原则是尽可能多次以及尽可能多种方式地使用人们所买的东西。通过再利用，人们可以防止物品过早成为垃圾。在生产中，要求制造的产品和包装容器能够以初始的形式被反复利用，尽量延长产品的使用期，而不是非常快地更新换代；鼓励再制造工业的发展，以便拆卸、修理和组装用过的和破碎的东西。在生活中，反对一切一次性用品的泛滥，鼓励人们把可用的或可维修的物品返回到市场体系中供别人使用。

3. 固体废物的再循环（Recycle）原则

循环经济的第三原则是尽可能多地再生利用或循环利用。要求尽可能地通过对废物的再加工处理（再生）使其成为资源，然后制成使用资源、能源较少的新产品而再次进入市场或生产过程，以减少垃圾的产生。再循环有两种情况：第一种是原级再循环，也称为原级资源化，即将消费者遗弃的固体废物循环用来形成与原来相同的新产品，如利用废纸生产再生纸，利用废塑料生产塑料制品；第二种是次级再循环，也称为次级资源化，即将固体废物用来生产与其性质不同的其他产品的原料的再循环过程，如将制糖厂所产生的蔗渣作为造纸厂的生产原料等。原级再循环在减少原材料消耗上达到的效率要比次级再循环高得多，是循环经济追求的理想境界。

"3R"原则中，各原则在循环经济中的重要性并不是并列的，其优先次序为减量化→再利用→再循环。需注意的是，再利用和再循环原则是为减量化原则服务的，人们在使用循环经济理念指导生产生活时，应该首先在不减少社会福利的基础上，从源头减少资源的过多使用，而不是更在意如何去处理终端的废物。循环经济的根本目的是在经济流程中尽可能减少资源投入，并且系统地避免和减少废物。废物的再利用只是减少废物的最终处理量。环境与发展协调的最高目标是实现从末端治理到源头控制，从利用废物到减少废物的质的飞跃，要求从根本上减少自然资源的消耗，从而减少环境负载的污染。

在利用"3R"原则理解循环经济时，应当注意到，近年来国内有一些报道把循环经济片面理解为传统意义上的"三废"综合利用，认为其是污染防治策略的表现形式，但实际上，废物综合利用仅仅是减少废物最终处理量的方法之一。循环经济的根本目标是发展经济，废物的循环利用只是一种措施和手段，而投入经济活动的物质和所产生废物的减量化才是"3R"原则的真正核心。图3-3展示了"3R"原则在循环经济中的体现。

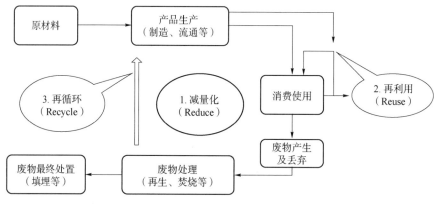

图 3-3　"3R"原则在循环经济中的体现

3.4.3　循环经济实践的判定标准

"3R"原则是循环经济的基本实践原则，其中的任一个原则都是界定一种实践是否为循环经济活动的充分条件，而非必要条件。只要符合"3R"原则中的任一个原则，其实践活动就可当作循环经济活动。亦可如此理解，只要是在生产过程中能够体现资源消耗的减量化，或能够体现产品使用的再利用，或者只要是在生产末端能够实现废物的再循环，这种活动就属于循环经济活动。其中提及的有利于资源的节约并非只重视生产效率。生产效率的提高并不一定带来生态效率的提高，因为高生产效率也可能带来严重的环境污染。因此，提高资源生态效率的生产方式才具备循环经济的特征，循环经济不仅包括废物资源化的"静脉产业"，而且包括自然资源开发过程中能够有效实现资源节约、保证资源生态效率的"动脉产业"。

3.4.4　循环经济衡量指标

"3R"原则体现出循环经济的核心目标是减少资源的投入和废物的产生，即实现资源流和废物流的减量化。因此，减量化的实施水平可用于衡量一个国家或地区循环经济的发展程度，可以运用物质利用强度公式进行评价。物质利用强度（Intensity of Use，IU）是用于评估生产或服务过程中物质消耗量与经济产出之间关系的指标，其在数值上等于物质消耗量与产出值的比值，表达式如下：

$$IU = \frac{X_i}{GDP} = \frac{X_i}{Y_i} \frac{Y_i}{GDP} \tag{3-1}$$

式中　X_i——特定物质 i 的消耗量，亦可为污染物排放量，其实际意义是国内生产总值所消
　　　　　耗物质 i 的总量或所排放的污染物总量，单位一般是 kg 或 m³；

　　　　Y_i——消耗物质 i 的工业产出值；

　　　　GDP——经济总产出值。

从式（3-1）可以看出，物质利用强度由两部分组成，即生产的商品中某物质的组成比例与经济产出中该商品的比例。其表述的是创造单位财富的物质消耗量，实质上反映的是资源的利用效率问题，可用于评估生产和服务过程中单位经济产出与物质消耗量之间的关系。物质利用强度的倒数可解释为单位物质创造的财富，是物质的生产能力。

3.4.5　"5R"循环经济理念

传统的循环经济观要求遵循减量化（Reduce）、再利用（Reuse）和再循环（Recycle）原则（"3R"原则）。资源利用的减量化是在生产的投入端尽可能少地输入自然资源；产品的再利用原则是尽可能延长产品的使用周期，并在多种场合使用；固体废物的再循环原则是最大限度地减少固体废物排放，力争做到排放的无害化，实现资源再循环。

在循环经济的发展进程中，这 3 个原则得到了广泛应用，在发达国家如日本、德国等取得了一些成效。然而循环经济的理论也是与时俱进的，它在各国的推广和实践的检验中不断发展、扩充和完善。循环经济理念的最新规范体现在原则的变化上，已从"3R"原则发展成"5R"原则。

2005 年 3 月 26—30 日，在阿拉伯联合酋长国首都阿布扎比举行的"思想者论坛"大会上，我国著名学者吴季松教授参与了国际循环经济理念从"3R"向"5R"转变的讨论，会上提出了"5R"循环经济的新经济思想，并得到一致认同，循环经济的发展从此有了新的指导原则。"5R"理念主要包括以下 5 个方面。

（1）再思考（Rethink），即改变旧经济理论。新经济理论的重点是不仅研究资本循环、劳力循环，而且要研究资源循环。生产的目的除了创造社会新财富以外，还要维系生态系统

平衡。由于管理水平低、监督不力，我国在资源开采、储运、生产、消费等各个环节都存在大量的浪费现象，节约的潜力十分巨大。加强管理监督，是短期内节约资源最直接、最有效的办法。应建立健全各项管理制度，制定明确的节约目标和切实有效的节约措施；建立资源节约技术服务体系，加强资源节约的统计工作和信息发布制度，为企业和各个方面节约资源提供良好的服务。

（2）减量化（Reduce）。除了原有的改变旧生产方式、最大限度地提高资源利用效率，减少工程和企业土地、能源、水和材料投入的概念外，还延伸到减少第二产业的城市化集中，在提高人类的生活水准中合理地减少物质需求。

（3）再利用（Reuse）。除了原有的尽量延长产品寿命、做到一物多用、尽可能利用可再生资源、减少废物排放的概念外，还延伸到企业和工程充分利用可再生资源的领域，如尽可能利用地表水、太阳能和风能等。

（4）再循环（Recycle）。除了原有的企业生产废物利用，形成资源循环外，还延伸到经济体系中，即由生产粗放的开链变为集约的闭环，形成循环经济的技术体系与产业体系，如土地复垦、中水回用和余热利用等。

（5）再修复（Repair）。自然生态系统是社会财富的基础，是第二财富。不断地修复被人类活动破坏的生态系统与自然和谐也是创造财富。科技园区是 21 世纪的新工厂，不仅要减少排污，逐步接近零排放，而且要承担修复周边生态系统的任务，创造第二财富，如建设生态科技园区和循环经济城市等。

"5R" 理论在原有 "3R" 理论的基础上进行了拓展，是对循环经济理论的发展和完善。原有的 "3R" 理论主要着眼于人们在实施循环经济过程中操作规范的约束，"5R" 理论则从理论的角度审视循环经济的深远意义。

3.5 固体废物资源化

固体废物具有两重性，虽是废物，但也是资源。1970 年以前，世界各国对固体废物的认识仅停留在处理和防治污染上。1970 年以后，世界各国出现了能源危机，使人们增强了对固体废物资源化的认识，对固体废物由被动处理转向资源化。若能有效地开发利用城市废物，如城市生活垃圾等，城市不再是产生垃圾的地方，而是产生 "资源和宝藏" 的 "新型淘金" 之地，城市生活垃圾也将成为可持续开发利用的 "城市固体资源"。

"城市固体资源" 是 "城市资源" 最主要的部分，分为 "城市矿产资源" 和 "城市非矿产资源" 两个部分。由于人类生活和工业以城市形式大规模地聚集和发展，以城市生活垃圾为主要特征的 "城市固体资源" 的开发利用，既是环境保护的要求，也是弥补现在与将来 "矿产与自然资源" 严重不足的要求，更是保障人类社会健康和社会可持续发展的要求。现在人类社会将主要从以城市固体废物为特征的 "城市固体资源" 中获取社会发展所需要的各种固体资源。一些发达国家已将固体废物资源化作为解决固体废物污染和减缓资源紧张的方式之一。我国资源消耗高，二次资源利用率低，有相当一部分资源变成了污染物，大量固体废物未能回收利用，固体废物的综合利用在我国尤为重要，对于我国保护环境和经济的可持续发展具有重要意义。

3.5.1　固体废物资源化含义

资源化是指自然资源在人类生活和生产活动中被加以利用的全过程，即自然资源在人类生产–消费循环系统中的循环利用。

广义的固体废物资源化是指从原料制成成品，经过市场直到最后消费变成废物后，又把它引入新的生产-消费循环系统中的全过程。它既是指将消费过程中产生的废物通过各种措施和技术手段回收、利用（末端控制），也指在进入废物处理系统之前，在生产系统内或相关生产系统之间的废料向原料的转换，同时还包括通过清洁生产（如改变生产工艺、改变原材料和改变产品结构等方式）实现废物最小量化的首端控制内容。

狭义的固体废物资源化是指对已经产生的废物，通过各种措施和技术手段，将废物重新加以利用，或赋予固体废物以新的使用价值，或作为资源再利用。固体废物资源化就是对其中有用的物质和能量加以回收和利用，同时对其无法利用的部分进行无害化和减量化处理，达到资源利用和保护环境的目的，并获得一定的社会、经济和环境效益。

3.5.2　固体废物资源化系统

固体废物资源化与工业生产类似，它是由一些基本的过程构成的系统，称为资源化系统。典型的资源化系统一般由前端系统和后端系统构成，如图 3-4 所示。

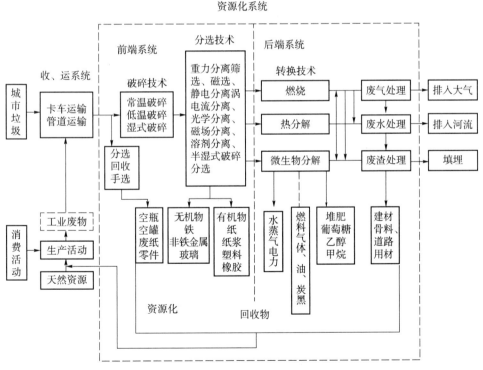

图 3-4　典型的资源化系统的构成

在前端系统中，物质的性质不发生改变，利用物理的方法如破碎和分选等，对废物中的有用物质进行分离提取型的回收。这一系统又可分为两类：一类是保持废物的原型和成分不变的回收利用，如对空瓶、空罐、设备的零部件等只需经分选、清洗及简单的修补即可直接再利用；另一类是破坏废物原型，从中提取有用成分加以利用，如从固体废物中回收金属、废纸、塑料等原材料。

在后端系统中，把前端系统回收后的残余物质用化学或生物学的方法（如焚烧、堆肥、生物质转化等），使废物的性质发生改变而加以回收利用。这一系统显然比前端系统复杂，实现资源化较为困难，成本也比较高。其中的生物学方法使废物原材料化、产品化而再利用。另外还有的是以回收能源为目的，包括制得燃料气体、油等可储存或迁移型的能源回收和燃烧、发电、水蒸气、热水等不能储存或随即使用型的能源回收。

3.5.3 城市生活垃圾资源化

对于不同类别固体废物，其资源化的途径也不尽相同。城市生活垃圾资源化方法主要有循环再利用、加工再利用和转换再利用3大类方法（图3-5）。

（1）循环再利用是指对垃圾中有用物质的利用，如玻璃瓶等的回收再利用。

（2）加工再利用是指对垃圾中的某些物质经过加压、加温等物理方法处理，其化学性质未发生改变的利用，如塑料的熔融再生，用塑料、纸板生产复合板材等。

（3）转换再利用是指利用垃圾中某些物质的化学和生物性质，经过一系列的化学或生物反应，其物理、化学和生物性质发生了改变的利用，如垃圾的焚烧、堆肥等。

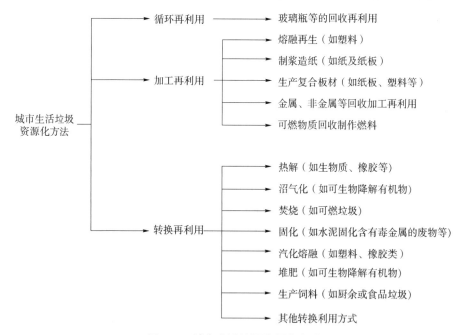

图3-5 城市生活垃圾资源化方法

城市生活垃圾资源化的关键问题之一是生活垃圾的分类收集。城市居民的环境意识不足和住房条件及区域垃圾收集设施设计的不合理是造成生活垃圾分类收集困难的主要原因。目前在大型垃圾填埋场或焚烧厂中配有能量回收系统，利用填埋场的沼气和焚烧产生的热量产生蒸气用于发电或取暖。在考虑能量回收时，总体的环境效益需得到权衡。为保证能量回收装置的正常运转，要考虑固体废物的成分、热值和运行成本等。城市生活垃圾资源化产业链及路径如图 3-6 所示。

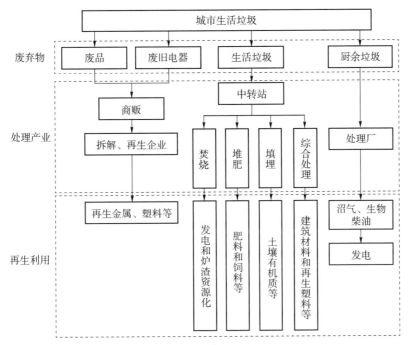

图 3-6　城市生活垃圾资源化产业链及路径

3.5.4　工业/危险固体废物资源化

与城市生活垃圾相比，工业固体废物的分类是由工业体系主导。同种工业固体废物的成分相对集中和稳定。在同一地区不同的生产企业之间进行的固体废物的直接交换利用是实行无废或少废工艺的表现。因此，某一个工厂的固体废物能否成为另一个工厂的原料，其主要问题在于工业园区的统筹规划和工厂之间的运输距离。

危险固体废物主要产生于化学工业、冶金工业等各种生产企业。能否有效地收集并处置危险固体废物，取决于人们的环境意识和固体废物管理水平。危险固体废物普遍存在，如在城市生活垃圾中就可能混有含汞或铅的废电池、具有毒性的废日光灯管，而在农业固体废物中会混入空的农药容器等。因此，在危险固体废物管理中的最有效的环节是尽量利用无毒或低毒的原料代替危险物质，采用低废或无废的新技术、新工艺和新设备尽量减少危险性固体废物的产生量。由于处理处置危险物质过程对技术设备和材料要求较高，进行危险物质或能量回收都有较大的困难。在进行资源回收的规划和实施前，应该对其经济效益和风险进行认真的评价。危险固体废物进行无害化与资源化处理处置的一般途径如图 3-7 所示。

3.5.5　固体废物资源化的发展趋势

目前，固体废物的资源化虽备受重视，但实现固体废物资源化还需克服以下问题。

（1）废物组分复杂，其成分常呈现不均性与不定性。城市生活垃圾成分的不均性和不

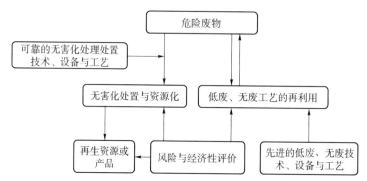

图 3-7 危险固体废物进行无害化与资源化处理处置的一般途径

定性是典型的，垃圾成分随地区与时间的不同有很大的变化；大多数工业固体废物和家用电器固体废物也都是多种物质的混合物。作为原料，其纯度低和难分选会极大地影响其使用和回收价值，如寒冷地区城市生活垃圾中燃煤所产生的灰渣量远高于温暖的南方城市等。生活垃圾易于腐败，其放置或处置时间不同，垃圾组分也会产生一定的差别。固体废物组分的不定性给回收工艺带来了较大的困难。

（2）固体废物来源与资源化产品市场的不定性。固体废物收集的质量受到以下 3 个因素的制约：丢弃废物消费者的合作程度、废物收集者的意愿程度以及回收物料与废物生产的产品销售情况。对于固体废物回收和资源化，一般情况下，这 3 个因素都具有明显的不定性。此外，由于人们的传统观念，即使最终的产品质量完全相同，国家大力提倡使用回收产品时，仍难以保证市场的稳定。另外，固体废物成分的不均性与不定性，以及来源与市场的不定性也常造成固体废物资源化在经济上缺乏较好的竞争性，即利用回收的固体废物作为原料的成本常会高于一般水平。

（3）固体废物的收集与运输。与一般的原料生产过程相比，固体废物需要更长的预处理过程。特别是对于人工费用较高的经济发达国家，这些预处理会形成很高的附加费用，如废金属的收集、分类与运输费用可能会超过冶炼矿石的费用。这些因素都是企业不得不考虑的问题。当前，许多固体废物资源化系统的技术经济性差也是关键问题之一。

3.6 生命周期评价

生命周期评价（Life Cycle Assessment，LCA），又称生命周期分析或生命周期方法等，是评价产品、工艺或活动（服务）整个生命周期阶段有关环境负荷，进而辨识和评价减少环境影响机会的一种非常有用的工具。1966 年，美国经济学家 Raymond Vernon 在《产品生命周期中的国际投资与国际贸易》中首先提出了生命周期理论。生命周期理论认为，产品和生物一样具有生命周期，会先后经历创新期、成长期、成熟期、标准化期和衰亡期 5 个不同的阶段。生命周期评价就是将生命周期理论应用于产品（服务）生产和消费过程分析，以更好地理解和说明可能伴随的环境影响。将生命周期评价应用于固体废物环境管理，对我国建立科学化的固体废物管理体系有十分重要的作用。

3.6.1　生命周期评价的定义

生命周期评价的定义较多，其中具有代表性的有以下 3 种。

（1）国际环境毒理学和化学学会（Society of Environmental Toxicology and Chemistry，SETAC）对生命周期评价方法论的发展、完善和应用的规范化做出了巨大的贡献。SETAC 定义生命周期评价为"一个评价产品、工艺或行动（服务）相关的环境负荷的客观过程，它通过识别和量化能源与材料使用和环境排放，评价这些能源与材料使用和环境排放的影响，并评估和实施影响环境改善的机会。该评价涉及产品、工艺或活动的整个生命周期，包括原材料提取和加工，生产、运输和分配，使用、再使用和维护，再循环以及最终处置"。

（2）联合国环境规划署（United Nations Environment Programme，UNEP）对生命周期评价的应用和开发做出了重要贡献。UNEP 对生命周期评价的定义为"评价一个产品系统生命周期整个阶段，从原材料提取和加工，到产品生产、包装、市场营销、使用、再使用和产品维护，直至再循环和最终废物处置的环境影响的工具"。

（3）国际标准化组织（Internalional Organiaztion for Standardization，ISO）于 1993 年 6 月成立了一个负责制定生命周期评价标准的技术委员会 TC207，其发布了一系列标准。这些标准将生命周期评价纳入 ISO14000 环境管理系列标准中，为生命周期评价的标准化和规范化做出了巨大的贡献。根据 ISO14040—2006 的定义，生命周期评价是"对一个产品系统的生命周期中输入、输出及其潜在环境影响的汇编和评价"。

关于生命周期评价的定义，尽管有多种表述方式，但目前各国际机构已趋向于采用比较一致的框架和内容，其总体核心是：生命周期评价是对贯穿产品生命周期全过程"从获取原材料、生产、使用直至最终处置"的环境风险及其潜在环境影响的研究。

3.6.2　生命周期评价的框架和实施步骤

生命周期评价基本框架如图 3-8 所示。根据 ISO14044—2006，生命周期评价的实施步骤主要包括以下 4 个步骤：目的和范围的确定；清单分析；影响评价；生命周期解释。

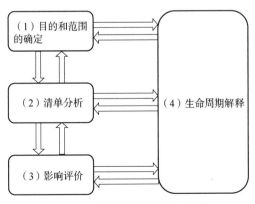

图 3-8　生命周期评价基本框架

1. 目的和范围的确定

确定目的和范围是生命周期评价的第一步，也是生命周期评价的关键环节。生命周期评价一般需要先确定生命周期评价的目的，然后根据目的来界定评价系统的功能单位、系统边界、环境影响类型等。确定目的和范围主要有以下几步。

（1）确定评价的目的。依据一定的标准和框架确定评价的目的，如评价现阶段固体废物的处理方式的科学性，并提出处理固体废物的可持续性对策。

（2）明确评价系统的功能单位。开展生命周期评价前需确定评价系统的功能单位，这一过程可确保对不同的系统进行评价时，其结果具有可比性。固体废物的生命周期评价功能单位根据系统的输入不同而确定。固体废物的产生量较大，常采用"吨"作为功能单位。

（3）界定系统边界。生命周期评价的系统边界界定根据"从摇篮到坟墓"的原则。对于固体废物管理来说，系统边界通常定义为从垃圾产生开始，到资源化利用或最终无害化消纳于自然为止。图3-9列出了典型固体废物生命周期评价的系统边界。系统边界是动态可变的，根据实际情况变化，需对最初设定的系统边界不断进行修正。在某些情况下，研究目标本身也可能需要修正。

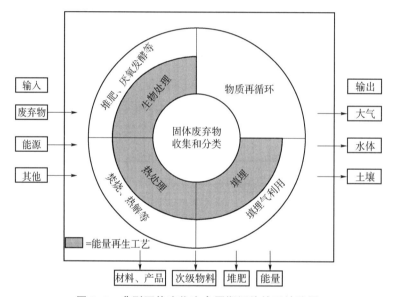

图3-9 典型固体废物生命周期评价的系统边界

2. 清单分析

清单分析阶段主要是对系统整个生命周期内数据的收集及计算，并以此量化分析系统中的输入（资源）和输出（污染物排放）。清单分析的目的在于收集、确定所设定系统整个生命周期的输入和输出。通过收集数据和计算给出产品系统的各种输入、输出信息，作为开展环境影响评价的依据。对城市固体废物进行生命周期评价时，清单分析包括数据收集、数据分析和结果分析等步骤。

1）数据收集

数据收集前应先确定系统的流程，把系统流程每个阶段的输入和输出整理列表就构成了整个系统的生命周期清单资料。随着系统复杂性的增大，数据收集难度也相应提高。数据的来源有第一手数据（通过现场调查获取）和文献数据（通过查阅相关文献获取）。

对于城市固体废物处理处置，其生命周期一般分为以下几个阶段：收集、可回收物品的再循环利用、运输、堆肥/厌氧消化、焚烧和填埋。城市固体废物管理的整个生命周期内不一定都是增加环境负担的清单，还有如堆肥后进行土地利用、沼气利用、焚烧发电、填埋气利用等通过替代化学肥料的生产、化石原料的使用等减少环境负担的清单。清单分析中这部分减少的环境负担可以用负值来表示。

以城市生活垃圾填埋阶段为例，需要收集的清单数据如下。

（1）能源输入：填埋过程中的车辆操作设备的能源消耗；填埋场监测中心操作间职工宿舍等维持填埋场运行的电能消耗；填埋场中甲烷气体回收利用所产生的能源。

（2）气体污染物排放：车辆设备等运转过程中燃油消耗所导致的废气排放；发电过程中燃料（煤炭）燃烧而引起的废气排放；填埋场垃圾分解产生的气体；填埋气利用替代相应量能源的使用而减少的废气排放（负值）。

（3）水体污染物排放：所使用（或被替代）能源制备过程中产生的污水排放（正值/负值）；垃圾填埋产生的渗滤液。

（4）固体废物排放：车辆设备运转消耗的燃油或电力在各自生产过程中产生的固体废物排放。

2）数据分析

数据分析有以下两种方式。

（1）对于某个特定的固体废物管理系统，在能够得到全面资料的情况下，可以手工进行详细的生命周期清单研究，并从清单中推断一般结论。

（2）在数据获得不够全面或难度比较大但可以获得那些关键数据的情况下，可以借助通用、可靠的评价工具或模型进行分析。

3）结果分析

结果分析可以分阶段地直观看出对土地资源的使用情况，向空气、水体及土壤的污染物排放情况。结果分析既可作为生命周期评价中环境影响评价的基础步骤，也可直接指导实践应用。

3. 影响评价

影响评价是对清单分析阶段的数据进行定性和定量排序的一个过程，是生命周期评价的核心部分。生命周期影响评价通过将生命周期的清单分析结果与具体环境影响联系起来，对清单分析辨识出的环境负荷的影响做定量或定性的描述和评价。随着生命周期影响评价方法不断发展，国际标准化组织、国际环境毒理学和化学学会等都倾向于把生命周期影响评价定为一个"三步走"模型，即影响分类、特征化和量化评价。

1）影响分类

将清单分析得到的数据分配到不同的环境影响类型中，如资源耗竭、人类健康影响和生态影响三大类。每一个环境影响大类又包含众多小类，如生态影响包含全球变暖、臭氧层破坏、酸雨、光化学烟雾和富营养化等环境影响小类。此外，一种具体的环境影响类型可能会同时具有直接影响效应和间接影响效应。

2）特征化

特征化是评价定量的第一步，它以环境过程的有关科学知识为基础，将每一种环境影响大类中的不同影响类型汇总。目前完成特征化的方法有负荷模型、当量模型等，将实际清单数据值乘以当量系数，使清单结果转化为某种环境影响类型的当量数，以增加不同影响类型数据的可比性，为接下来开展的量化评价提供依据。

3）量化评价

量化评价是通过确定不同环境影响类型的贡献大小（权重），得到一个可供比较的数字化的单一指标，以更好地解释特性化数据之间的相互关系，开展评价并比较非环境数据。

4. 生命周期解释

生命周期解释的目的是根据生命周期评价前几个步骤的研究结果或清单分析结果，以透明的方式来分析结果、形成结论、解释局限性，进而提出建议并报告生命周期解释的结果，尽可能提供易于理解的、完整的和一致的生命周期评价结果说明。

生命周期解释就是根据一定的评价标准，结合确定的目的和范围，对清单分析或影响评价结果做出解释，识别产品的薄弱环节和潜在的改善机会，进而提出达到产品生态最优化目的的改进建议，如重新选择原材料、改变产品结构、改造制造工艺，以及改变消费方式和废物管理方式等。

生命周期评价其他具体步骤和内容，可参看 GB/T 24040 系列国家标准和 ISO14000 系列国际标准或者欧盟官方现今推行的生命周期评价标准与认证体系。

3.7 固体废物管理法规及标准

固体废物法规化管理是指通过制定一系列的法律、法规、规章、国家标准等具有强制力的文件来对固体废物进行管理。对固体废物实行法规化管理具有以下重要的意义：

（1）满足可持续发展观的要求；

（2）促进国家相关环保政策的落实；

（3）有利于我国可持续发展目标的实现；

（4）加快生产工艺及相关技术设备的改进；

（5）提高我国固体废物的管理水平；

（6）改善人们的生活习惯，提高环保意识。

关于固体废物管理，我国相继制定和完善了《中华人民共和国环境保护法》《中华人民共和国固体废物污染环境防治法》等一系列与固体废物管理相关的法律法规。我国固体废物管理法规体系由法律、法规、规章、国家标准、地方法规、国际公约六部分组成。我国固体废物污染防治法规体系是由基于《中华人民共和国环境保护法》《中华人民共和国固体废物污染环境防治法》及固体废物污染防治法规、固体废物污染防治行政规章等组成的具有 4 个层次的系统（图3-10）。固体废物管理法规体系是环境保护法规体系中不可缺少的组成部分，是一个子系统。在该子系统中，由固体废物污染防治及管理方面的专门性法律规范和其他有关的法律规范形成了有机统一体。在该体系中，这种不同层级法律、法规的效力关系如表3-1 所示。在具体运用该法规体系时，应当首先执行层级较高的环境法律、法规，然后是环境规章，最后才是其他环境保护规范性文件。

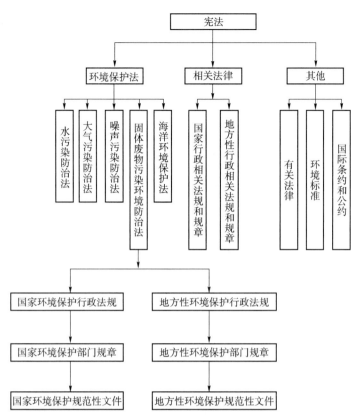

图 3-10　我国固体废物管理法规体系结构图

表 3-1　我国环保相关的各层级法律法规

层级	名称	制定和颁布权限	适用范围
根本大法	《中华人民共和国宪法》中有关环境保护条款	全国人民代表大会	全国
基本法律	《中华人民共和国环境保护法》	全国人大常委会	全国
单项法律	《中华人民共和国固体废物污染环境防治法》《中华人民共和国水污染防治法》《中华人民共和国大气污染防治法》《中华人民共和国噪声污染防治法》《中华人民共和国海洋环境保护法》等	全国人大常委会	全国
行政法规	《中华人民共和国环境保护税法》《建设项目环境保护管理条例》《危险废物经营许可证管理办法》《放射性废物安全管理条例》等	国务院	全国
部门规章	《饮用水水源保护区污染防治管理规定》《危险废物转移管理办法》等	国务院行政主管部门（国家环保总局及相关部门）	全国

续表

层级		名称	制定和颁布权限	适用范围
地方性法规		《广东省环境保护条例》《广东省固体废物污染环境防治条例》等	省、自治区、直辖市人大及其常委会	本辖区
地方政府规章		《广州市生态环境保护条例》《广州市危险化学品安全管理规定》《广州市建筑废弃物管理条例》等	省、自治区、直辖市人民政府	本辖区
其他	有关法律	《中华人民共和国刑法》《中华人民共和国民法典》《中华人民共和国标准化法》等	全国人大及其常委会	全国
	环境标准	环境质量标准、污染排放标准、环境基础标准、环境方法标准	国务院行政主管部门、地方人民政府	全国或本辖区
	国际条约或公约	《控制危险废物越境转移及其处置巴塞尔公约》《防止倾倒废物和其他物质污染海洋的公约》等	我国参加或缔约	全国

第一层级：《中华人民共和国环境保护法》中关于固体废物管理的有关条款。

第二层级：《中华人民共和国固体废物污染环境防治法》是一项包括固体废物管理指导思想、基本原则、制度和主要措施的综合性法律。在该层级中，还包括其他相关的法律、法规，如《中华人民共和国水污染防治法》《中华人民共和国海洋环境保护法》等有关固体废物管理的内容，以及刑法、刑事诉讼法、民法典、民事诉讼法等，还有我国政府参加、签约的国际性环境保护公约、条约，如《控制危险废物越境转移及其处置巴塞尔公约》等。

第三层级：国务院颁布的有关固体废物管理的行政法规，其中包括综合性法规和单项性法规，如《建设项目环境保护管理条例》《危险废物经营许可证管理办法》《放射性废物安全管理条例》等。

第四层级：国家环保总局及其他各部委颁布的关于固体废物管理的单项性行政规章。在该层级的法规中，主要包括以下几方面的内容：固体废物环境污染的防治规定；固体废物回收综合利用的规定；固体废物收集、运输等管理规定；固体废物污染源控制及监测技术的规定；固体废物监督管理办法，如《危险废物转移管理办法》等。《国家危险废物名录（2021年版)》、固体废物鉴别标准、固体废物污染控制标准、危险废物鉴别方法标准等系列技术标准则为固体废物管理法规的实施提供了技术保障。

同时，在该层级中，还包括地方性法规，即地方人大颁布的行政法规和地方政府颁发的行政规章。

国家环境法与地方性环境法的权限规定为：国家环境法的权限高于地方性环境法的权限，法律高于行政法规，行政法规高于行政规章，即上一层级的权限高于下一层级的权限。我国参加和批准的国际环境法的效力高于国内环境法的效力，特别法的效力高于普通法的效力，新法的效力高于旧法的效力。不同的是：严于国家污染物排放标准的地方污染物排放标准的效力高于国家污染物排放标准。

3.7.1　固体废物管理重要法律和法规

1. 法律

《中华人民共和国宪法》第二十六条规定：国家保护和改善生活环境和生态环境，防治污染和其他公害。保护环境是我国必须长期坚持的一项基本国策。

《中华人民共和国环境保护法》第四十二条规定：排放污染物的企业事业单位和其他生产经营者，应当采取措施，防治在生产建设或者其他活动中产生的废气、废水、废渣、医疗废物、粉尘、恶臭气体、放射性物质以及噪声、振动、光辐射、电磁辐射等对环境的污染和危害。排放污染物的企业事业单位，应当建立环境保护责任制度，明确单位负责人和相关人员的责任。将固体废物的处理作为环境保护责任制度予以确立。

《中华人民共和国刑法（含刑法修正案（十一））》第二编第六章第六节"破坏环境资源保护罪"的部分规定，如第三百三十八条：违反国家规定，排放、倾倒或者处置有放射性的废物、含传染病病原体的废物、有毒物质或者其他有害物质，严重污染环境的，处三年以下有期徒刑或者拘役，并处或者单处罚金；情节严重的，处三年以上七年以下有期徒刑，并处罚金；有下列情形之一的，处七年以上有期徒刑，并处罚金。第三百三十九条：违反国家规定，将境外的固体废物进境倾倒、堆放、处置的，处五年以下有期徒刑或者拘役，并处罚金；造成重大环境污染事故，致使公私财产遭受重大损失或者严重危害人体健康的，处五年以上十年以下有期徒刑，并处罚金；后果特别严重的，处十年以上有期徒刑，并处罚金。

《中华人民共和国固体废物污染环境防治法》是我国防治固体废物污染环境的第一部专项法律，规定了许多新的管理原则、制度和措施。例如，规定了固体废物污染环境防治的监督管理制度、防治制度等，体现了立法的重大进步。

在《中华人民共和国清洁生产促进法》中，国家鼓励和支持清洁生产技术、设备，对浪费资源和严重污染环境的落后生产技术、设备和产品实行限期淘汰制度，这就从源头上减少了可能的固体废物污染。该法也对废物回收方面有相应的规定，如第二十条：产品和包装物的设计，应当考虑其在生命周期中对人类健康和环境的影响，优先选择无毒、无害、易于降解或者便于回收利用的方案。第二十六条：企业应当在经济技术可行的条件下对生产和服务过程中产生的废物、余热等自行回收利用或者转让给有条件的其他企业和个人利用。第三十三条：依法利用废物和从废物中回收原料生产产品的，按照国家规定享受税收优惠。

《中华人民共和国环境影响评价法》规定实行规划和建设项目时，应当进行环境影响评价。对于固体废物处理而言，大型的建设项目如垃圾填埋场的建设等需要进行环境影响评价，贯彻"三同时"制度。

2. 法规

《城市市容和环境卫生管理条例》对城市固体废物管理有明确的规定。例如，第二十一条规定：多层和高层建筑应当设置封闭式垃圾通道或者垃圾贮存设施，并修建清运车辆通道。城市街道两侧、居住区或者人流密集地区，应当设置封闭式垃圾容器、果皮箱等设施。

《中华人民共和国环境保护税法》和《中华人民共和国环境保护税法实施条例》建立了缴纳环境保护税的制度。《中华人民共和国环境保护税法》第五条规定：依法设立的城乡污水集中处理、生活垃圾集中处理场所超过国家和地方规定的排放标准向环境排放应税污染物的，应当缴纳环境保护税。企业事业单位和其他生产经营者贮存或者处置固体废物不符合国家和地方环境保护标准的，应当缴纳环境保护税。环境保护税法的实行对保护和改善环境、减少污染物排放、推进生态文明建设具有重要意义。

《建设项目环境保护管理条例》是为了防止建设项目产生新的污染，破坏生态环境。它规定建设项目应当进行环境影响评价，并进行相应的环境保护设施建设。

3. 部委规章

涉及固体废物处理的部委规章主要有：

（1）《危险废物（含医疗废物）焚烧处置设施性能测试技术规范》（HJ 561—2010），环境保护部（2018 年 3 月撤销，现为生态环境部）；

（2）《城镇污水处理厂污泥处理处置及污染防治技术政策（试行）》（建城〔2009〕23 号），住房和城乡建设部、环境保护部、科学技术部；

（3）《医疗废物专用包装袋、容器和警示标志标准》（HJ 421—2008），国家环境保护总局（2008 年 3 月撤销，现为生态环境部）、卫生部（2013 年 3 月撤销，现为国家卫生健康委员会）；

（4）《城市生活垃圾管理办法》（建设部令第 157 号）（2007 年），建设部（2008 年 3 月撤销，现为住房和城乡建设部）；

（5）《废弃家用电器与电子产品污染防治技术政策》（环发〔2006〕115 号），国家环境保护总局、科学技术部、信息产业部（2008 年 3 月撤销，现为工业和信息化部）、商务部；

（6）《城市建筑垃圾管理规定》（建设部令第 139 号）（2005 年），建设部；

（7）《危险废物污染防治技术政策》（环发〔2001〕199 号），国家环境保护总局；

（8）《城市生活垃圾处理及污染防治技术政策》（建成〔2000〕120 号），建设部、国家环境保护总局、科学技术部。

以上部委规章往往是我国固体废物处理的法律法规的细化，从各个侧面调整着我国固体废物处理的各个方面，在实践中发挥了重要作用。

4. 地方性规范文件

地方性法规在法律体系中最能体现法的及时性，与普通群众的生活联系得最为紧密。在固体废物处理方面，地方性法规突出的代表有：

（1）2020 年 9 月 25 日新修正的《北京市生活垃圾管理条例》详细规定了生活垃圾的减量、分类、收集、运输与处理等，为生活垃圾处理提供了法律依据。

（2）2020 年 7 月 29 日新修正的《广州市生活垃圾分类管理条例》规定了生活垃圾的分类投放、收集、运输、处置和源头减量及其相关活动，加强广州市的生活垃圾分类管理，控制污染，保护环境，节约资源。

3.7.2　固体废物管理相关标准

固体废物环境标准体系的建立是固体废物环境立法的一个组成部分，否则将无法对固体废物实行全面、有效的管理。我国现有的固体废物标准主要分为固体废物污染控制标准、危险废物鉴别方法标准、其他相关标准等，详见中华人民共和国生态环境部生态环境标准——固体废物与化学品环境污染控制。

思考题

1. 举例简述国外循环经济实践，阐述这些实践对我国加强固体废物管理的启示。
2. 查找文献和资料，列举我国在固体废物管理过程中运用循环经济的实践。
3. 简述固体废物的资源化系统。
4. 论述对城市固体废物进行资源化的主要途径。
5. 综述基于生命周期评价的城市固体废物处理模式最新研究进展。
6. 以广州为例，采用生命周期评价方法，对城市固体废物处理方式进行评价。

第4章

固体废物的收集、运输和贮存

在众多固体废物类型中，城市固体废物是环境管理部门最为重点关注的对象之一。城市固体废物是指在城市居民日常生活中或为城市日常生活提供服务的活动中所产生的固体废物，包括食品垃圾、普通垃圾、建筑垃圾、清扫垃圾等。在不同地方或区域，城市固体废物的组成是不一样的，其组成依赖于当地的工业、文化、生活习惯、气候和废物管理水平等条件。由于组成不同，所以城市固体废物的处置方法也会有些差异。

城市生活垃圾是城市固体废物的重要类别。本章以城市生活垃圾为例介绍固体废物的收集、运输和贮存过程。城市生活垃圾的产生源分散在城市中的街道、小巷、住宅区、楼房、家庭和商业活动场所，其组分复杂，需具体调查和分析其产生源、物理组成、物理和化学性质以及数量等基本信息，然后再制订技术和经济合理可行的收运和综合处理方案。城市生活垃圾的收运是城市生活垃圾处理系统的第一步，也是城市固体废物管理的核心。垃圾收运费用要占整个垃圾处理系统费用的 60%~80%。因此，科学地制订合理、经济的收运计划和线路，是提高收运效率、降低城市固体废物处置成本的关键。

4.1　城市生活垃圾的运贮与清运

城市生活垃圾的运贮（搬运贮存）与清运（清除运输）是城市生活垃圾收运管理系统中的重要步骤，也是其中操作最为复杂，人力和物力需求最多的阶段。该阶段主要包括对城市各处垃圾源的垃圾进行及时收集、集中贮存以及使用专用车辆装运到垃圾处理站的管理过程。该管理过程的效率主要取决于垃圾清运方式、收运路线设定、收运车辆的数量和机械化装卸程度，以及垃圾的类型、特性和数量等众多因素。

城市生活垃圾收运通常由以下 3 个阶段协作完成。

第一阶段是垃圾的运贮，通常指从垃圾发生源到垃圾桶的过程。

第二阶段是垃圾的清运，通常指垃圾的近距离运输，一般用清运车辆沿一定的路线收集清除容器和其他贮存设施中的垃圾，并运至垃圾转运站，有时也可就近直接送至垃圾处理处置场。

第三阶段是垃圾的转运，通常指垃圾的长距离运输，即在转运站将垃圾装载至大容量运输工具上，运往远处的垃圾处理处置场。

后两个阶段需要运用最优化技术，将垃圾根据垃圾源位置及垃圾性质分配到不同处置场，以使成本降到最低。

4.1.1　垃圾清运

城市生活垃圾源主要分散在城市的各街道、住宅区、楼宇、家庭、商业区及企事业单位等，主要包括固定形式的垃圾源（固定源）和流动形式的垃圾源（流动源）等。针对不同类型和特点的垃圾源，应采取不同的垃圾清运方式。

1. 城市居民住宅区垃圾清运

城市居民住宅区产生的垃圾主要为生活垃圾。由于各个居住区楼层高低不一，因此低层、中高层居民住宅区常采用不同的垃圾清运方式。

（1）低层居民住宅区垃圾清运。

清运低层居民住宅区垃圾源产生的垃圾一般有两种常见的方式。

①居民使用自备的垃圾容器，把垃圾搬运到居民区附近的垃圾集装点的垃圾收集容器或垃圾收集车内，再由物业管理或环卫部门指派专门人员定期将垃圾从居民区运送出去。

优点：居民可以自觉实施，随时方便地进行操作，垃圾收集人员不必挨家挨户地进行垃圾收集工作，节省了大量的人力和物力。

缺点：若住宅区内物业管理不善或环卫部门收集不及时，垃圾将会影响居民区内的环境卫生。

②由专门的城市生活垃圾收集工作人员负责定期、按时地将每一户居民家中的垃圾清运至指定的垃圾集装点或收集车。

优点：家庭生活垃圾的清运操作对居民极为便利，只需按时支付一定的垃圾清运费用，即可达到家庭生活垃圾清运的目的，无须亲自把垃圾搬运到垃圾集装点或收集车辆上。同时，这一操作方式还有利于居民住宅区内的整个环境卫生管理。

缺点：物业或环卫部门要相应耗费较多的劳动力和作业时间。

（2）中高层居民住宅区垃圾清运。

国内外目前对这类住宅区垃圾的清运方式主要有以下几类。

①对于一些没有设立垃圾道的住宅楼，其垃圾清运方式类似于低层住宅区的清运操作方式。一般来说，采用这种方式的楼层越高，垃圾清运费用越大。

②设有垃圾通道的高层建筑中，居住家庭只需将垃圾就近投入垃圾通道内即可。垃圾落入底层的垃圾间，然后再由专门的垃圾收集工作人员从垃圾间把垃圾转运到垃圾收集点或直接送到城市生活垃圾中转站。

这种垃圾清运方式方便居民，但体积大的垃圾不能投放到垃圾通道，且需要应及时清理垃圾间内的垃圾。另外，也需注意垃圾通道和垃圾间的密封效果，以免垃圾通道内发生堵塞及出现垃圾废液和臭气泄漏等情况。

③在西方发达国家，某些建筑采用管道方式运送垃圾，以解决中高层住宅垃圾清运问题。这种方法一般利用气动传输系统，将住宅楼内的垃圾直接通过管道从住宅区运送到设在远处的垃圾转运站或处理场。

该清运方式的运行过程清洁卫生，可节约人力资源，在一定程度上提高了城市环境卫生条件。但该套清运系统前期投入高，目前在我国应用不太广泛。但因其具有诸多优越性，可靠经济的垃圾气流管道输送系统的开发仍备受关注。

④近年来，国外逐步推广使用小型家用垃圾破碎机，其主要适合处理家庭厨房产生的脆

而易破碎的食物垃圾，食物垃圾通过破碎机磨碎后随生活污水水流排入下水道系统，从而大大减少了家庭垃圾的清运量。但这种方式会明显增大城市生活污水处理系统运转的负荷。

2. 商业区与企事业单位垃圾清运

这类垃圾源产生的垃圾主要包括商业垃圾、建筑垃圾及城市污水处理厂产生的污泥等。商业区与企事业单位的固体垃圾一般由产生者自行负责，环境卫生管理部门进行监督管理，这也是国内外固体废物管理的共识。若委托环卫部门收运，各垃圾产生者使用的清运容器应与环卫部门的清运车辆相配套，清运地点和时间也应和环卫部门协商而定。

3. 城市公共场所垃圾清运

城市公共场所包括街道、公园、公共广场及其他为广大市民服务的地方。这类场所产生的垃圾主要包括落叶、纸屑、塑料袋、果皮和灰尘等。这类垃圾的清运通常有以下两种方式。

（1）配备专门的卫生工作人员（环卫工人），每天定点、定时地清扫、收集公共场所的垃圾。这一方式是维护城市公共场所环境卫生的主要方式。随着社会的不断发展进步，环卫部门还可配备高性能的环卫设备以提高劳动效率，如先进的垃圾清扫车辆和多功能垃圾收集车等装备。

（2）环卫部门应指派专门人员在城市街道、广场等公共场所白天值班，负责清理公共垃圾，同时在公共场所设置垃圾桶（箱）等垃圾临时收集容器，以方便市民投放垃圾。

4.1.2 垃圾贮存管理

城市生活垃圾的产生量具有不均性和随意性；同时，城市生活垃圾的收集、清运和处理操作过程是有时间差的。因此，城市公共场所、居民家庭以及垃圾转运站等地方需配备一定数量的垃圾贮存容器或设施，对垃圾进行科学的贮存管理。

1. 垃圾贮存方式

城市生活垃圾的贮存分为家庭贮存、公共贮存和转运站贮存等方式。

（1）家庭贮存。我国城市家庭生活垃圾的贮存容器多为塑料垃圾桶、金属垃圾桶和塑料袋等。为了减少垃圾桶脏污和清洗工作，人们常用塑料垃圾袋套封垃圾桶后再贮存垃圾。塑料垃圾袋使用方便、容量大、搬运轻便、应用范围广。另外，不同颜色的塑料垃圾袋可装不同类型的垃圾，其颜色具有垃圾类型标识意义。例如，瑞典用绿色垃圾袋装厨余废物，以便在进入焚烧炉前用光学筛选机分选出来，而医疗废物一般用具有危险标记的黄色塑料袋装。

（2）公共贮存。此类垃圾贮存是城市生活垃圾贮存的主要部分，如城市街道、公园、广场、商业区、企事业单位等公共场所都需配备一定数量的垃圾贮存容器。

（3）转运站贮存。垃圾转运站是为了适应城市生活垃圾收集及清运管理工作需要而设的垃圾暂时贮存场所。因此，在垃圾转运站必须设置专门贮存垃圾的大型贮存设施。

对于各类城市生活垃圾源，应该根据产生垃圾的种类、数量、性质及贮存时间长短等因素，确定合理的贮存方式，选择合适的垃圾贮存容器，并且科学地规划贮存容器的放置地点和适当的数量。

2. 垃圾贮存容器

（1）垃圾贮存容器的一般要求。

①应具有一定的密封隔离性能，防止搬运或在容器存放中产生垃圾外泄污染公共卫生。

②应具有足够的耐压强度，保证在垃圾投放和倾倒过程中，垃圾贮存容器不会破损。

③所用制作材料应与所装垃圾相容，不与垃圾进行反应而产生新的污染物。

④应耐腐蚀和难燃烧，满足垃圾类型多样性，防止火灾发生。

⑤应使用方便、美观耐用、造价适宜、便于机械化装车。

金属和塑料是垃圾贮存容器常见的制作材料。金属垃圾容器结实耐用、不易损坏，但笨重而价格高；塑料容器轻而经济，但不耐热。除金属和塑料垃圾贮存容器外，国内外有些地方使用纸袋作为垃圾贮存容器（如家用的为 60~70 L，商业和单位用常为 110~120 L），垃圾装入纸袋封口后处理。

（2）垃圾贮存容器类型。

垃圾贮存容器分为容器式和构筑物式两大类型。其中，构筑物式垃圾贮存容器主要存在于垃圾转运站和一些公共垃圾集装点，目前已逐步被可活动的垃圾贮运设备所取代。

容器式垃圾贮存容器应用范围广泛，分类方法很多。按使用方式分为固定式和活动式；按容器形状分为方形、圆形和柱形等；按制造材料分为塑料和金属贮存容器两大类；按贮存时间长短分为临时、长时间贮存容器；按容量大小分为小型、中型和大型贮存容器等。

对于家庭贮存，通常有家庭自备塑料袋或金属垃圾桶等容器；对于公共贮存，常见的有固定式砖砌垃圾箱和塑料垃圾桶、活动式带车轮的垃圾桶、车箱式集装箱等；对于街道贮存，除使用公共贮存容器外，还配置大量供行人丢弃废纸、塑料等物的各种类型的垃圾桶等；对于单位贮存，则由产生者根据垃圾量及收集者的要求选择合适的垃圾贮存容器类型。

（3）容器设置数量。

公共场所垃圾容器数量多少与服务范围面积大小、居民人数、垃圾类型、垃圾人均产生量、垃圾容重、容器大小和收集频率等因素有关。

容器设置数量可按照以下方法计算确定。

计算容器服务范围内的垃圾日产生量（W，t/d）：

$$W = RCYP \tag{4-1}$$

式中　R——服务范围内居住人口数，人；

　　　C——实测的垃圾单位产生量，t/（人·d）；

　　　Y——垃圾日产生量不均匀系数，通常取 1.10~1.15；

　　　P——居住人口变动系数，取 1.02~1.05。

计算垃圾日产生体积：

$$V_{\text{ave}} = \frac{W}{QD_{\text{ave}}} \tag{4-2}$$

$$V_{\text{max}} = KV_{\text{ave}} \tag{4-3}$$

式中　V_{ave}——垃圾平均日产生体积，m³/d；

　　　W——垃圾日产生量，t/d；

　　　Q——垃圾容重变动系数，取 0.7~0.9；

　　　D_{ave}——垃圾平均容重，t/m³；

　　　V_{max}——垃圾产生高峰时日产生最大体积，m³/d；

　　　K——垃圾产生高峰时体积变动系数，取 1.5~1.8。

最后以式（4-4）和式（4-5）求出收集点所需设置的垃圾容器数量：

$$N_{ave} = \frac{TV_{ave}}{Vf} \qquad\qquad (4-4)$$

$$N_{max} = \frac{TV_{max}}{Vf} \qquad\qquad (4-5)$$

式中 N_{ave}——平均所需设置的垃圾容器数量，个；

T——垃圾收集周期，d（每 1 天收集 1 次，$T=1$；每 2 天收集 1 次，$T=2$；依此类推）；

V——单个垃圾容器的容积，m^3/个；

f——垃圾容器平均填充系数，取 0.75~0.90；

N_{max}——垃圾产生高峰时所需设置的垃圾容器数量，个。

最后，使用垃圾产生高峰时所需设置的垃圾容器数量（N_{max}）来确定该服务区应设置垃圾容器的数量，然后再合理地分配在各服务地点。容器最好集中于收集点附近，收集点的服务半径一般不超过 70 m。

4.1.3 垃圾分类贮存

分类贮存是根据各类城市生活垃圾的种类、性质、数量及处理工艺等因素，由垃圾产生者或环卫部门将垃圾分为不同种类进行贮存管理。分类贮存的最大优点是有利于垃圾的资源化利用，可在一定程度上减少城市生活垃圾的处理成本，还可降低某些垃圾对环境存在的潜在危害。常见的分类贮存方式有以下几种。

（1）二类贮存。按可燃垃圾（主要是纸类、木材和塑料等）和不可燃垃圾（金属、玻璃等）分开贮存。其中，塑料通常作为不可燃垃圾贮存，有时也作为可燃垃圾贮存，这需要根据塑料的具体类型和特性来确定其贮存方式。

（2）三类贮存。按可燃物（塑料除外）、塑料、不燃物（玻璃、陶瓷、金属等）三类分开贮存。

（3）四类贮存。按可燃物（塑料除外）、金属、玻璃、塑料陶瓷及其他不燃物四类分开贮存。金属类和玻璃类作为有用物质分别加以回收利用。

（4）五类贮存。在上述四类贮存的基础上，再挑出含重金属的干电池、日光灯管、水银温度计等危险废物作为第五类单独贮存收集。

开展城市生活垃圾的分类收集和贮存，是今后垃圾贮存重要发展方向。分类收集和贮存在一定程度上会减少垃圾处理与处置的投资，可提高回收物料纯度。目前，我国分类贮存的城市生活垃圾主要是纸、玻璃、橡胶、金属、塑料、碎布和纤维材料等。进行分类贮存时，需设置不同垃圾贮存容器（如不同颜色的塑料袋或塑胶容器），以便存放不同种类的生活垃圾。

4.2 城市生活垃圾的清运操作方法与收集车

4.2.1 清运操作方法

城市生活垃圾清运的操作方法分为移动式和固定式两种。

1. 移动容器收集清运操作（移动式）

移动容器操作方法是指将装满垃圾的容器使用垃圾运输工具（牵引车等）运往转运站或处理场，垃圾卸空后再将空容器送回原处［图4-1（a）］或其他垃圾集装点［图4-1（b）］，如此重复循环进行垃圾清运。

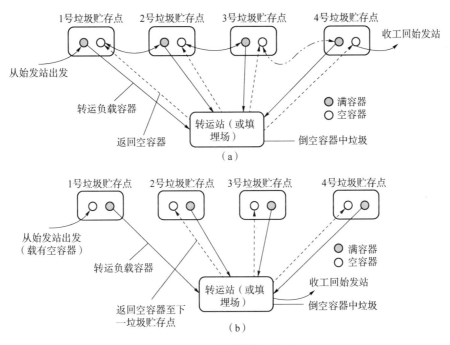

图 4-1 移动容器清运方式
（a）搬运容器方式；（b）交换容器方式

收集成本的高低主要取决于收集时间长短。对收集操作过程的不同单元时间进行分析可建立时间数学模型，求出某区域垃圾收集耗费的人力和物力，从而计算收集成本。收集操作过程分为 4 个基本用时，即集装时间（P_{hcs}）、一次收集清运操作行程所需时间（T_{hcs}）、卸车时间（s）和非生产性时间。

集装时间（P_{hcs}）是指每次行程集装时间，包括容器点之间行驶时间、满容器装车时间及卸空容器放回原处时间，其可根据下式计算获得：

$$P_{hcs} = t_{pc} + t_{uc} + t_{dbc} \qquad (4-6)$$

式中 P_{hcs}——每次行程集装时间，h/次；

t_{pc}——满容器装车时间，h/次；

t_{uc}——卸空容器放回原处时间，h/次；

t_{dbc}——容器点之间行驶时间，h/次。

一次收集清运操作行程所需时间（T_{hcs}）可用下式表示：

$$T_{hcs} = \frac{P_{hcs} + s + t}{1 - w} \qquad (4-7)$$

式中 T_{hcs}——一次收集清运操作行程所需时间，h/次；

s——卸车时间，专指垃圾收集车在终点（转运站或处理处置场）逗留时间，包括卸车及等待卸车时间，h/次；

t——运输时间，h/次；

w——非生产性时间因子，即非收集时间占总时间的百分数（收集操作全过程中非生产性活动所花费的时间），其数值一般在10%～25%变化，通常取15%。

当装车和卸车时间相对恒定时，则运输时间取决于运输距离和速度。对不同收集车的大量运输数据分析结果表明，运输时间可用下式近似表示：

$$t = a + bx \tag{4-8}$$

式中 t——运输时间，h/次；

a——经验常数，h/次；

b——经验常数，h/km；

x——往返运输距离，km/次。

其中，a 和 b 的数值大小与运输车辆的速度极限有关，称为车辆速度常数。它们的关系如表4-1所示。

表4-1　垃圾清运车辆行驶速度对应的 a、b 经验常数

行驶速度/$(km \cdot h^{-1})$	a/$(h \cdot 次^{-1})$	b/$(h \cdot km^{-1})$
88	0.016	0.011 2
72	0.022	0.014
56	0.034	0.018
40	0.050	0.025

将式（4-8）代入式（4-7）得

$$T_{hcs} = \frac{P_{hcs} + s + a + bx}{1 - w} \tag{4-9}$$

当求出 T_{hcs} 后，则每天每辆收集车的行程次数用下式求出：

$$N_d = \frac{H}{T_{hcs}} \tag{4-10}$$

式中 N_d——每天行程次数，次/d；

H——每天工作时间，h/d；

其余符号同前。

每周所需收集的行程次数，即行程数，可根据收集范围的垃圾清除量和容器平均容量，用下式求出：

$$N_w = \frac{V_w}{V_c f} \tag{4-11}$$

式中 N_w——每周收集的行程次数，即行程数，次/周（若计算值带小数，需进位到整数）；

V_w——每周清运垃圾产生量，m^3/周；

V_c——容器平均容量，m^3/次；

f——容器平均填充系数。

因此，每周所需作业时间 D_w（h/周）为

$$D_w = N_w T_{hcs} \tag{4-12}$$

通过上述计算，可得到每周工作时间和收集次数，进而可制订科学合理的工作计划。

【例 4-1】　某商业区的垃圾产生量 350 m³/周，计划只安排 1 辆垃圾车负责清运工作，实行改良操作法的移动式清运。已知该垃圾车每次集装容积为 10 m³/次，容器填充系数为 0.70，垃圾车每天收运垃圾只工作 8 h。已知条件如下：平均运输时间为 0.512 h/次，容器的装车时间为 0.033 h/次，容器放回原处时间为 0.033 h/次，卸车时间为 0.022 h/次，非生产时间占全部工作时间的 25%。试求每周需出动清运的次数和累计的工作时间。

解：按式（4-6），可得

$$P_{hcs} = t_{pc} + t_{uc} + t_{dbc} = (0.033 + 0.033 + 0) = 0.066 (h/次)$$

收集一次清运操作行程所需时间按式（4-7），可得

$$T_{hcs} = \frac{P_{hcs} + s + t}{1 - w} = \frac{0.066 + 0.022 + 0.512}{1 - 0.25} = 0.80 \ (h/次)$$

清运车每天可以进行的清运次数按式（4-10），可得

$$N_d = \frac{H}{T_{hcs}} = \frac{8}{0.8} = 10 (次/d)$$

每周所需收集的行程数按式（4-11），可得

$$N_w = \frac{V_w}{V_c f} = \frac{350}{10 \times 0.7} = 50 (次/周)$$

每周所需要的工作时间按式（4-12），可得

$$D_w = N_w T_{hcs} = 50 \times 0.8 = 40 (h/周)$$

2. 固定容器收集清运操作（固定式）

垃圾的装车时间是该收集法一次行程所使用时间的主要影响因素。垃圾车辆装车一般有机械装车和人工装车两种方式，因此与移动容器法相比，计算方法有所不同。

1）机械装车

一般使用压缩机进行自动装卸垃圾，因此每一次收集行程所需时间为

$$T_{scs} = \frac{P_{scs} + s + a + bx}{1 - w} \tag{4-13}$$

式中：T_{scs}——每一次收集行程所需时间，h/次；

　　　P_{scs}——每次行程集装时间，h/次；

　　　其余符号同前。

此处，集装时间为

$$P_{scs} = c_t t_{uc} + t_{dbc} (N_p - 1) \tag{4-14}$$

式中　c_t——每次行程倒空的容器数，个/次；

　　　t_{uc}——卸空一个容器的平均时间，h/个；

　　　N_p——每一次行程经历的集装点数；

　　　t_{dbc}——每一次行程各集装点之间平均行驶时间，h/次。

如果集装点之间平均行驶时间未知，也可用式（4-8）进行估算，但应以集装点间距离代替往返运输距离 x（km/次）。每一次行程能倒空的容器数（c_t）直接与收集车容积、压缩比及容器体积有关，其关系式为

$$c_t = \frac{Vr}{V_m f} \tag{4-15}$$

式中 V——收集车容积，m^3；

r——垃圾压缩比；

V_m——垃圾容器的体积，m^3；

f——垃圾容器的平均填充系数。

每周需要的行程数（N_w）可用下式求出：

$$N_w = \frac{V_w}{Vr} \tag{4-16}$$

由此可计算出每周需要的收集时间为

$$D_w = \frac{N_w P_{scs} + t_w(s + a + bx)}{H(1 - w)} \tag{4-17}$$

式中 D_w——每周收集时间，d/周；

t_w——N_w 值进位到的最大整数值；

其余符号同前。

【例 4-2】 某生活区有 1 000 户居民，由 2 个清洁工人清运该区垃圾。试按固定容器收集和清运垃圾，计算清运时间及清运车辆的容积。已知每一集装点平均服务人数 3.5 人，垃圾单位产生量 1.2 kg/(d·人)，容器内垃圾的容重为 120 kg/m^3，每个集装点设 0.12 m^3 的容器 2 个，收集频率每周 1 次，收集车压缩比为 2，来回运距 24 km，每天工作 8 h，每天行程次数为 2 次/d，卸车时间 0.1 h/次，运输时间 0.29 h/次，每个集装点需要的集装时间为 1.76 人·min/点，非生产时间占 15%。

解：每天每辆收集车的行程数为

$$N_d = \frac{H}{T_{scs}}$$

每一次收集行程所需时间为

$$T_{scs} = \frac{P_{scs} + s + a + bx}{1 - w}$$

运输时间为

$$h = a + bx$$

则集装时间为

$$H = N_d(P_{scs} + s + h)/(1 - w)$$

故 $P_{scs} = (1 - w)H/N_d - (s + h) = (1 - 15\%) \times 8/2 - (0.1 + 0.29) = 3.01(h/次)$

一次行程能进行的集装点数目为

$$N_p = 60 P_{scs} n/t_p = 60 \times 3.01 \times 2/1.76 = 205(点/次)$$

每集装点每周的垃圾量换成体积数为

$$V_p = 1.2 \times 3.5 \times 7/120 = 0.245(m^3/次)$$

清运车的容积应大于：

$$V = V_p N_p/r = 0.245 \times 205/2 = 25.11(m^3/次)$$

每星期需要进行的行程数为

$$N_w = T_p F / N_p = 1\ 000 \times 1/205 = 4.88(\text{次/周})$$

每周需要的工作时间为

$$D_w = 2 \times [N_w(P_{scs} + s + h)] / [(1-w)H]$$
$$= 2 \times [4.88 \times (3.01 + 0.1 + 0.29)] / [(1-15\%) \times 8] = 4.89(\text{d/周})$$

每人每周工作日为

$$D_w / n = 4.89/2 = 2.44[\text{d/(周·人)}]$$

2）人工装车

使用人工装车的工作方式，其原理基本与前面所述一致，但计算公式有所变化。若每天进行的收集行程数为已知或保持不变，则在这种情况下每次行程集装时间为

$$P_{scs} = \frac{H(1-w)}{N_d} - (s + a + bx) \tag{4-18}$$

每一次行程能够收集垃圾的集装点数目（N_p）可以由下式估算：

$$N_p = \frac{60 P_{scs} n}{t_p} \tag{4-19}$$

式中　n——收集工人数，人；

$\quad\quad t_p$——每个集装点需要的集装时间，人·min/点；

$\quad\quad$其余符号同前。

t_p 可由下式求得：

$$t_p = 0.72 + 0.18 c_n + 0.014 P_{rh} \tag{4-20}$$

式中　c_n——每一个集装点的垃圾容器数；

$\quad\quad P_{rh}$——服务到居民家的收集点占全部垃圾集装点的百分数,%。

每一次行程的集装点数确定后，即可用下式估算收集车的容积：

$$V = \frac{V_p N_p}{r} \tag{4-21}$$

式中　V_p——每一集装点收集的垃圾平均量，m³/点；

$\quad\quad$其余符号同前。

每周的行程数，即收集次数 N_w 为

$$N_w = \frac{N_T F}{N_p} \tag{4-22}$$

式中　N_T——集装点总数，点；

$\quad\quad F$——每周容器收集频率，次/周；

$\quad\quad$其余符号同前。

4.2.2　收集车

1. 收集车类型

城市生活垃圾收集车一般配置专用垃圾集装、卸载设备，并具有一定程度的机械化和自动化功能。城市生活垃圾收集车类型众多，各国还没有形成统一的分类标准。收集车常用的

分类方式：按照装车形式可分为前装式、后装式、侧装式、顶装式、集装箱直接上车式等类型；按照车辆垃圾最大允许装载质量分为 2 t、5 t、10 t、15 t、30 t 等类型；按照装载垃圾容积分为 6 m^3、10 m^3、20 m^3 等类型。

不同城市应根据当地的垃圾组成特点以及垃圾收运系统的构成、交通、经济等实际情况，选用与其相适应的垃圾收集车。一般应根据整个收集区内的建筑密度、交通状况和经济能力选择最佳的收集车规格。近年来，我国各地的环卫部门引进配置和自主研发了不少机械化、自动化程度较高的适合国内具体情况的垃圾收集车。下面简要介绍几种国内常用的垃圾收集车。

1) 简易自卸式收集车

简易自卸式收集车适用于固定容器收集法作业，一般需配以叉车或铲车，便于在车箱上方机械装车。简易自卸式收集车常见的有两种形式：一种是罩盖式自卸车，这种车辆为了防止输送途中垃圾飞散，使用防水帆布盖或框架式玻璃钢罩盖，后者可通过液压装置在装入垃圾前启动罩盖，密封程度较高；另一种是密封式自卸车，即车箱为带盖的整体容器，顶部开有数个垃圾投入口。

2) 活动斗式收集车

活动斗式收集车主要用于移动容器收集法作业。这种收集车的车箱为活动敞开式贮存容器，平时放置在垃圾收集点。由于车箱贴地且容量大，适合于装载大件垃圾，故亦称为多功能车。目前在我国大多数城市使用广泛。

3) 侧装式密封收集车

这种收集车一般装有液压驱动提升装置，装载垃圾时，利用液压驱动提升装置将地面上配套的垃圾桶提升至车箱顶部，由倒入口倾翻，然后空桶送回原处，完成收集过程。

国外这类车的机械化程度高，具有很高的工作效率，一个垃圾桶的卸料用时不到 10 s。此外，这类车提升架悬臂长、旋转角度大，可以在相当大的作业区内抓取垃圾桶，车辆不必对准垃圾桶停放，十分灵活方便。

4) 后装式压缩收集车

这种车是在车箱后部开设投入口，一般自带压缩推板装置，能够满足体积大、密度小的垃圾收集工作，并且在一定程度上降低了垃圾对环境造成二次污染的可能性。这种车与手推车收集垃圾相比，工作效率提高 6 倍以上，大大减轻了环卫工人的劳动强度，缩短了工作时间。此外，为方便中老年人和小孩倒垃圾，该车的垃圾投入口距地面较低。为了收集胡同、小巷内的垃圾，许多城市还配有很多人力手推车、人力三轮车和小型机动车作为辅助的垃圾清运工具。

2. 收集车数量配备

收集车数量的配备是否合理，直接影响垃圾收集的效率和成本。在进行车辆配备时，应考虑车辆的种类、满载量、垃圾输送量、输送距离、装卸自动化程度及人员配备情况等因素。

各类收集车配备数量可参照以下公式计算：

$$简易自卸车数 = \frac{该车收集垃圾日平均产生量}{车额定吨位 \times 日单班收集次数定额 \times 完好率} \quad (4-23)$$

式中，垃圾日平均产生量由式（4-3）计算；日单班收集次数定额按各地方环卫部门定额计算；完好率一般按 85% 计算。

$$多功能车数 = \frac{该车收集垃圾日平均产生量}{车厢额定容量×车厢容积利用率×日单班收集次数定额×完好率} \quad (4-24)$$

式中，车厢容积利用率按 50%~70% 计算；完好率按 80% 计算；其余同前。

$$侧装密封车数 = \frac{该车收集垃圾日平均产生量}{桶额定容量×桶容积利用率×日单班装桶数×日单班收集次数定额×完好率}$$

$$(4-25)$$

3. 收集车劳力配备

每辆收集车配备的收集工作人员，一般根据运输车辆的最大允许装载质量、机械化作业程度、垃圾容器放置地点与容器类型以及工人的业务能力和素质等情况而定。

一般情况下，除司机外，采用人力装车的 3 t 简易自卸车配备 2 名工作人员，5 t 简易自卸车配备 3~4 名工作人员；侧装密封车配备 2 名工作人员；多功能车配备 1 名工作人员。

此外，还应配备一定数量的备用工作人员，当在特定阶段工作量增大、人员生病或设备出现故障时，备用人员可以马上投入工作。此外，当遇到工作量、气候、雨雪、收集路线和其他因素变化时，劳力配备规模可随实际需要而调整。

4.3　城市生活垃圾的收运路线

当城市生活垃圾收集方法、收集车类型、收集劳力、收集次数和收集时间确定后，就可着手设计收运路线，以便有效使用车辆和劳力。收运路线的合理性对整个垃圾收运水平、收运费用等都有重要影响。

一条完整的垃圾收运路线通常由收集路线和运输路线组成。前者指收集车在指定街区收集垃圾时所行进的路线；后者指装满垃圾后，收集车运往中转站（或处理处置场）所走过的路线。

4.3.1　收运路线的设计原则

（1）每个工作日每条路线限制在一个地区，尽可能紧凑，没有断续或重复的路线。

（2）工作量平衡，使每个作业、每条路线的收集和运输时间都大致相等。

（3）收集路线的出发点从车库开始，要考虑交通繁忙和单行街道的因素。

（4）在交通拥挤时间，应避免在繁忙的街道上收集垃圾。

4.3.2　收运路线的设计步骤

（1）在商业区、工业区或住宅区的详细地图上标出每个垃圾桶的放置点、垃圾桶的数目和收集频率。如果是固定容器系统，还应标出每个放置点垃圾的产生量，并根据工作使用面积将地区划分成长方形或正方形的小面积。

（2）根据上述平面图，将每周收集频率相同的收集点的数目和每天需要出空的垃圾桶数目列出一张表。

（3）计算并设计路线，要求每条路线距离大致相等，司机负荷基本平衡。从调度站或垃圾停车场开始设计每天的收集路线，设计路线时需考虑以下因素：一是收集地点和收集频率应与现存的政策和法规一致；二是收集人员的多少应与车辆类型和现实条件协调；三是路线的开始与结束应邻近主要道路，尽可能地利用地形和自然边界作为路线的边界；四是在陡峭地区，路线的开始应在道路倾斜的顶端，下坡时收集，便于车辆滑行；五是路线上最后收集的垃圾桶应距离处理处置场的位置最近；六是交通拥挤地区的垃圾应尽可能地安排在一天的开始时收集；七是产生垃圾量大的地点应安排在一天的开始时收集；八是如果可能，收集频率相同而垃圾量大的收集点应在同一天收集或同一行程中收集。利用这些因素，可制订出效率高的收集路线。

（4）当初步路线设计完成后，应对垃圾桶之间的平均距离进行计算，使每条路线所经过的距离基本相等或相近；若相差太大，应当重新设计。若不止一辆收集车时，各辆车的垃圾收运负荷应平均。

4.3.3　收运路线的设计实例

【例4-3】　图4-2所示为某生活小区垃圾存放点分布［步骤（1）已在图上完成］，要求设计收运路线。在每日8 h内必须完成收集任务，请确定处理处置场距B点的最远距离。

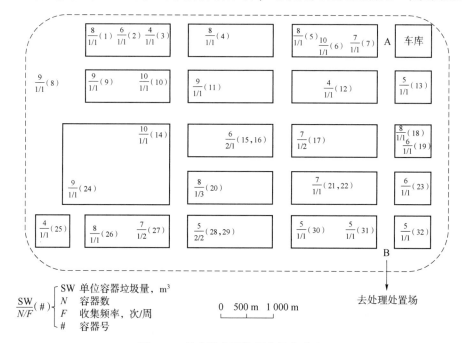

图4-2　某生活小区垃圾存放点分布

已知有关数据和要求如下：

①收集次数为每周2次的集装点，收集时间要求在星期二、五，2天；

②收集次数为每周3次的集装点，收集时间要求在星期一、三、五，3天；

③各集装点容器可位于十字路口任何一侧集装；

④收集车车库在A点，从A点早出晚归；

⑤移动容器收集操作按交换式进行；

⑥移动容器操作从星期一至星期五每天进行收集；

⑦移动容器系统操作数据：容器集装和放回时间为0.033 h/次，卸车时间为0.053 h/次；

⑧固定容器收集操作每周只安排 4 天（星期一、二、三、五），每天行程 1 次；

⑨固定容器收集操作的收集车选用容积 35 m³ 的后装式压缩车，压缩比为 2；

⑩固定容器收集操作数据：容器卸空时间为 0.050 h，卸车时间为 0.10 h/次；容器间估算行驶时间常数 $a = 0.060$ h/次，$b = 0.067$ h/km；

⑪确定两种收集操作的清运时间，使用运输时间常数为 $a = 0.080$ h/次，$b = 0.025$ h/km；

⑫非收集时间系数均为 0.15。

解：1. 移动容器收集操作法的路线设计

（1）根据图 4-2 提供资料进行分析、列表［路线设计步骤（2）］。收集区域共有集装点 32 个，其中收集次数每周 3 次的有点 11 和点 20，每周共收集 3×2＝6 次行程，时间要求在星期一、三、五，3 天；收集次数每周 2 次的有点 17、点 27、点 28、点 29，每周共收集 4×2＝8 次行程，时间要求在星期二、五，2 天；其余 26 个点，每周收集 1 次，其收集 1×26＝26 次行程，时间要求在星期一至星期五。合理的安排是使每周各个工作日集装的容器数大致相等，以及每天的行驶距离相当。如果某日集装点增多或行驶距离较远，则该日的收集将花费较多时间并且将限制确定处理处置场的最远距离。3 种收集次数的集装点，每周共需行程 40 次，因此平均每天安排收集 8 次，分配办法列于表 4-2 中。

表 4-2 容器收集安排

收集次数/ (次·周⁻¹)	集装点数	行程数/ (次·周⁻¹)	每天倒空的容器数				
			星期一	星期二	星期三	星期四	星期五
1	26	26	6	4	6	8	2
2	4	8	—	4	—	—	4
3	2	6	2	—	2	—	2
共计	32	40	8	8	8	8	8

（2）通过反复试算设计均衡的收集路线［步骤（3）和步骤（4）］。在满足表 4-2 所示的次数要求的条件下，找到一种收集路线方案，使每天的行驶距离大致相等，即 A 点到 B 点间行驶距离约为 86 km。每周收集路线设计和距离计算结果在表 4-3 中列出。

（3）确定从 B 点至处理处置场的最远距离。

①求每次行程的集装时间。因为使用交换容器收集操作法，故每次行程时间不包括容器间行驶时间，即

$$P_{hcs} = t_{pc} + t_{uc} + t_{dbc} = 0.033 + 0.033 + 0 = 0.066 (h/次)$$

②利用式（4-9）和式（4-10）求往返运距。

$$H = \frac{N_d(P_{hcs} + s + a + bx)}{1 - w}$$

即

$$8 = \frac{8 \times (0.066 + 0.053 + 0.080 + 0.025x)}{1 - 0.15}$$

$$x \approx 26 (km/次)$$

③最后确定从 B 点至处理处置场距离。往返运输距离 x 包括收集路线距离在内，将其去

除后除以往返双程，便可确定从 B 点至处理处置场最远单程距离，即

$$\frac{1}{2} \times \left(26 - \frac{86}{8}\right) = 7.63\,(\text{km})$$

表 4-3　移动容器收集操作法的收集路线设计及距离计算结果

集装点	收集路线 星期一	距离/km	集装点	收集路线 星期二	距离/km	集装点	收集路线 星期三	距离/km	集装点	收集路线 星期四	距离/km	集装点	收集路线 星期五	距离/km
	A→1	6		A→7	1		A→3	2		A→2	4		A→13	2
1	1→B	11	7	7→B	4	3	3→B	7	2	2→B	9	13	13→B	5
9	B→9→B	18	10	B→10→B	16	8	B→8→B	20	6	B→6→B	12	5	B→5→B	16
11	B→11→B	14	14	B→14→B	14	4	B→4→B	16	18	B→18→B	6	11	B→11→B	14
20	B→20→B	10	17	B→17→B	8	11	B→11→B	14	15	B→15→B	8	17	B→17→B	8
22	B→22→B	4	26	B→26→B	12	12	B→12→B	8	16	B→16→B	8	20	B→20→B	10
30	B→30→B	6	27	B→27→B	10	20	B→20→B	10	24	B→24→B	16	27	B→27→B	10
19	B→19→B	6	28	B→28→B	8	21	B→21→B	4	25	B→25→B	16	28	B→28→B	8
23	B→23→B	4	29	B→29→B	8	31	B→8→B	0	32	B→32→B	2	29	B→29→B	8
	B→A	5		B→A	5		B→A	5		B→A	5		B→A	5
	合计	84		合计	86		合计	86		合计	86		合计	86

2. 固定容器收集操作法的路线设计

（1）用相同的方法可求得每天需要收集的垃圾量，列于表 4-4 中。

表 4-4　每日垃圾收集安排

收集次数/（次·周⁻¹）	垃圾量/m³	每日收集的垃圾量/m³				
		星期一	星期二	星期三	星期四	星期五
1	1×178	53	45	52	0	28
2	2×24	—	24	—	0	24
3	3×17	17	—	17	0	17
共计	277	70	69	69	0	69

（2）根据收集的垃圾量，经过反复试算后制订均衡的收集路线，每日收集路线列于表 4-5 中，A 点和 B 点间的每日行驶距离列于表 4-6 中。

表 4-5　固定容器收集操作法的收集路线

星期一		星期二		星期三		星期五	
集装点	垃圾量/m³	集装点	垃圾量/m³	集装点	垃圾量/m³	集装点	垃圾量/m³
13	5	2	6	18	8	3	4
7	7	1	8	12	4	10	10
6	10	8	9	11	9	11	9

星期一		星期二		星期三		星期五	
集装点	垃圾量/m³	集装点	垃圾量/m³	集装点	垃圾量/m³	集装点	垃圾量/m³
4	8	9	9	20	8	14	10
5	8	15	6	24	9	17	7
11	9	16	6	25	4	20	8
20	8	17	7	26	8	27	7
19	4	27	7	30	5	28	5
23	6	28	5	21	7	29	5
32	5	29	5	22	7	31	5
总计	70	总计	68	总计	69	总计	70

表4-6　A 点和 B 点间的每日行驶距离

星期	一	二	三	五
行驶距离/km	26	28	26	22

（3）从表 4-5 中可以看出，每天行程收集的容器数为 10 个，故容器间的平均行驶距离为

$$\frac{26+28+26+22}{4 \times 10} = 2.55 (\mathrm{km})$$

（4）利用式（4-14）可以求出每次行程的集装时间：

$$P_{\mathrm{scs}} = c_{\mathrm{t}} (t_{\mathrm{uc}} + t_{\mathrm{dbc}}) = c_{\mathrm{t}} (t_{\mathrm{uc}} + a + bx)$$

$$= [10 \times (0.05 + 0.06 + 0.067 \times 2.55)]$$

$$= 2.81 (\mathrm{h/次})$$

（5）利用式（4-18）求从 B 点到处理处置场的往返距离：

$$H = \frac{N_{\mathrm{d}} (P_{\mathrm{hcs}} + s + a + bx)}{1 - w}$$

$$8 = \frac{1 \times (2.81 + 0.10 + 0.08 + 0.025x)}{1 - 0.15}$$

$$x = 152.4 (\mathrm{km})$$

（6）确定从 B 点到处理处置场的最远距离：

$$\frac{152.4}{2} = 76.2 (\mathrm{km})$$

4.4　城市生活垃圾的转运及转运站设置

垃圾转运站是垃圾从产生源到达处理场的中间转运场所，即城市生活垃圾一般首先经由环卫部门收集清运到垃圾转运站，然后再在转运站把垃圾转运到垃圾处理场。

4.4.1 转运的必要性

垃圾转运的必要性主要有以下几点。

（1）收集到的城市生活垃圾最终要送到垃圾处理场进行无害化处理，但随着城市规划的变化，在市区垃圾收集点附近已较难找到合适的地方建设垃圾处理场。另外，从环境保护与环境卫生角度考虑，垃圾处理点不宜离市区内居民区太近。因此，垃圾处理场一般距离城区较远，城市生活垃圾必须经过远距离运输才能到达处理场。

（2）城市生活垃圾的产生量具有一定的可变性和随机性。

（3）设立垃圾转运站的优点是可以有效地利用人力和物力，使垃圾收集车更好地发挥其效益，保证最大允许装载质量较大的垃圾清运运输车辆能经济而有效地进行长距离清运，有助于垃圾清运的总费用降低。

垃圾转运站自身需要一定的基建费用，还需投资购买大型的垃圾装卸、清运工具及其他必需的专用设备，这些投资必然也会在一定程度上增加清运费用。因此，当处理场远离收集路线时，是否需要设置转运站，主要根据当地现实技术和经济条件来确定。一般来说，垃圾清运距离长，设置转运站可有效地降低城市生活垃圾管理系统运行总费用。

在一定条件下，垃圾转运站对垃圾清运总费用的影响可通过下面的计算进行评估分析。

移动容器方式直接清运操作费用方程（不设转运站）：

$$C_1 = a_1 S \tag{4-26}$$

固定容器方式直接清运操作费用方程（不设转运站）：

$$C_2 = a_2 S + p \tag{4-27}$$

转运站转运清运操作费用方程：

$$C_3 = a_3 S + b \tag{4-28}$$

式中　$C_n(n=1,2,3)$——垃圾清运总费用，元；

　　　　S——垃圾清运距离，km；

　　　　$a_n(n=1,2,3)$——单位距离垃圾的清运费用，元/km；

　　　　p——固定容器操作方式中集装点垃圾装卸和其他管理等费用，元；

　　　　b——转运站基建和操作管理增加到垃圾清运中的费用，元。

一般情况下，$a_1 > a_2 > a_3$，$b > p$。

利用上面3种清运操作费用方程作图（C-S图）[图4-3（a）]。当$S > S_3$时，转运站转运清运操作费用低，即需设置转运站；当$S < S_1$时，应用移动容器方式直接清运操作较为经济合理，不需要设置转运站；当$S_1 < S < S_3$时，使用固定容器方式直接清运操作费用合理，因此也无须设置转运站。

【例4-4】　设清运成本如下：移动式清运方式，使用自卸式收集车，容积6 m³，运输成本32 元/h；固定式清运方式，使用15 m³侧装带压缩装置密封收集车，运输成本48 元/h；转运站采用重型带拖挂垃圾运输车，容积90 m³，运输成本64 元/h；转运站管理费用（包括基建投资偿还在内）12 元/m³；第三种较其他车辆增加成本0.20 元/m³。

解：用 C 表示单位运输成本（元/m³），t 表示运输时间（h），根据式（4-26）~式（4-28）分别求出三种运输方式的 C 与 t 之间的关系（其中运输时间取 min 为单位，则运输时间为 $60\,t$）。

（1）用自卸式收集车（移动式清运），$C = 32t/(6\times60) = 0.089t$；

（2）用侧装带压缩装置密封收集车（固定式清运方式，垃圾装卸和其他管理费用为 0 元），$C = 48t/(15\times60) = 0.053t$；

（3）用重型带拖挂垃圾运输车（设置转运站），$C = (1.2+0.2) + 64t/(90\times60) = 1.4+0.012t$。

根据上述方式，可以绘制运输时间与成本的关系曲线，如图 4-3（b）所示，横坐标表示需要的运输时间 t，纵坐标表示运输成本 C。当 $t<18$ min（可算出相应的运距），可以用方式①；当 18 min$<t<34$ min 时，选定用方式②；当 $t>34$ min，则用方式③，即设转运站最经济。

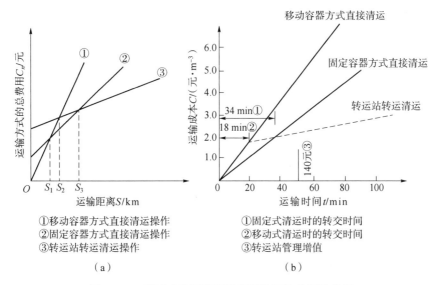

图 4-3　3 种形式的运费图及设置转运站的经济分析

（a）3 种形式的运费图；（b）设置转运站的经济分析

4.4.2　转运站类型与设置要求

1. 转运站类型

转运站可按不同的分类标准进行分类。常见的分类标准包括垃圾日转运量大小、装载方式、载卸料方式、清运工具类型等。

（1）按照垃圾日转运量大小划分。

①小型转运站：日转运量 150 t 以下；

②中型转运站：日转运量 150~450 t；

③大型转运站：日转运量 450 t 以上。

（2）按装载方式划分。

①直接倾卸装车，即垃圾收集车直接将垃圾倒进转运站内的大型清运车或集装箱内（不带压实装置）。该类转运站的优点是投资较低，装载方法简单，设备事故少。缺点是装

载密度较低，运费较高。

②直接倾卸压实装车，即经压实机压实后直接推入大型清运工具。此类转运站装载垃圾密度较大，能够有效降低运输费用，降低能耗。

③贮存待装，即垃圾运到转运站后，先卸到贮存槽内或平台上，再装到清运工具上。这种方法的最大优点是对城市生活垃圾的转运量的变化适应性好，特别是高峰期时，即操作弹性好，但需建大平台来贮存垃圾，投资费用较高，而且易受装载机械设备事故影响。

④复合型转运站，即综合了直接装车和贮存待装式转运站的特点。这种多用途的转运站可比单一用途的转运站更方便地转运垃圾。

（3）按装卸料方式划分。

①高低货位方式，即利用地形高度差来装卸垃圾，也可用专门的液压台使卸料台升高或大型运输工具下降（图4-4）。

图4-4 直接倾卸拖挂车

②平面传送方式，即利用传送带、抓斗车等辅助工具进行收集车的卸料和大型清运工具的装料，垃圾收集车和大型清运工具停在一个平面上，如图4-5所示。

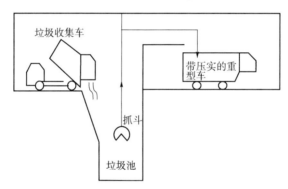

图4-5 抓斗作业传送方式

（4）按大型清运工具类型划分。

①公路转运站，即垃圾收集和清运运输工具是汽车等陆路运输车辆，位于公路干线附近。公路转运车辆是最主要的运输工具，使用较多的公路转运车辆有半拖挂转运车、液压式集装箱转运车。由于集装箱密封性好，不散发臭味和溢流渗滤液，故用集装箱收集和转运垃圾是较理想的方法。常用的集装箱收集车最大允许装载质量为2 t，在卡车底盘上安装集装箱装置，集装箱转运车则在最大允许装载质量为6 t的卡车底盘上设置3个集装箱底板，一次可转运3个集装箱。

②铁路转运站，即对于远距离输送大量城市生活垃圾的情况，特别是在比较偏远地区，公路清运困难，但有铁路线，且铁路附近有可供填埋的场地时，铁路清运是有效的解决方法。铁路转运站地处铁路干线附近，便于列车进出，省掉了不方便的公路清运，减轻了停车

场的负担。铁路运输城市生活垃圾常用的车辆：设有专用卸车设备的普通卡车，最大允许装载质量为 10~15 t；大容量专用车辆，其最大允许装载质量为 25~30 t。

③水路转运站，即通过水路可廉价清运大量垃圾，故也备受重视。水路转运站需设在河流或者运河边，垃圾收集车可将垃圾直接卸入停靠在码头的驳船里。水路转运站需要设计良好的装卸专用码头，降低其昂贵的卸船费用。水路转运清运方式有以下优点：提供了把垃圾最后处理地点设在远处的可能性；使用大容积驳船的同时保证了垃圾收集与处理之间的暂时贮存。

2. 转运站设置要求

（1）转运站一般设置要求。

在大、中城市通常设置多个垃圾转运站。在设置转运站时，要考虑的重要因素包括垃圾贮存容量、地址选择、转运站类型、卫生设备、出入口以及其他附属设备，如铲车、卸料装置、挤压设备和称量用地磅等。另外，设置转运站时，尽可能考虑到将其作为目前或未来某些资源回收利用的场所。

根据《环境卫生设施设置标准》（CJJ 27—2012），我国对垃圾转运站设置要求如下。

①垃圾转运站的设计日转运能力，可按规划分为大、中、小型 3 大类和Ⅰ、Ⅱ、Ⅲ、Ⅳ、Ⅴ 5 小类。

②当垃圾运输距离超过经济运距且运输量较大时，宜设置垃圾转运站。垃圾转运站的设置应符合下列规定。

a. 服务范围内垃圾运输平均距离超过 10 km，宜设置垃圾转运站。平均距离超过 20 km 时，宜设置大、中型转运站。

b. 镇（乡）宜设置转运站。

c. 采用小型转运站转运的城镇区域宜按每 2~3 km² 设置 1 座小型转运站。

d. 垃圾转运站的用地指标应根据日转运量确定，并应符合表 4-7 的规定。

表 4-7　垃圾转运站用地标准

类型		设计转运量/ (t·d⁻¹)	用地面积/m²	与站外相邻 建筑间距/m	转运作业功能区 退界距离/m	绿地率/ %
大型	Ⅰ类	1 000~3 000	≤20 000	≥30	≥5	20~30
	Ⅱ类	450~1 000	10 000~15 000	≥20	≥5	
中型	Ⅲ类	150~450	4 000~10 000	≥15	≥5	
小型	Ⅳ类	50~150	1 000~4 000	≥10	≥3	
	Ⅴ类	≤50	800~1 000	≥8	—	—

注：1. 表内用地面积不包括垃圾分类和堆放作业用地。

　　2. 与站外相邻建筑间隔自转运站边界起计算。

　　3. 转运作业功能区指垃圾收集车回转、垃圾压缩装箱、转运车牵箱及转运车回转等功能区域。

　　4. 以上规模类型Ⅱ、Ⅲ、Ⅳ类含下限值但不含上限值，Ⅰ类含下限值。

③垃圾转运站外形应美观，并应与周围环境相协调，应采用先进设备，作业时应能实现封闭、减容和压缩。飘尘、噪声、臭气及排水等指标应符合国家相关环境保护标准要求。

④大、中型垃圾转运站内应设置垃圾称重计量系统和监控系统，小型转运站可设置垃圾

称重计量系统和监控系统。

（2）不同类型转运站设置要求。

①公路转运站一般要求。公路转运站的设置数量和规模取决于收集车的类型、收集范围和垃圾转运量。一般每 $10\sim15$ km² 设置 1 座转运站，一般在居住区或城市的工业、市政用地中设置，其用地面积根据日转运量确定，如表 4-8 所示。

表 4-8 转运站用地标准

转运量/(t·d⁻¹)	用地面积/m²	附属建筑面积/m²	转运量/(t·d⁻¹)	用地面积/m²	附属建筑面积/m²
150	1 000~1 500	100	300~450	3 000~4 500	200~300
150~300	1 500~3 000	100~200	>450	>4 500	>300

②铁路转运站一般要求。当垃圾处理场距离市区路程大于 50 km 时，可设置铁路转运站。此类转运站须设置装卸垃圾的专用站台及与铁路系统衔接的调度、通信、信号等系统。

③水路转运站一般要求。水路转运站设置要有供装卸垃圾、停泊运输船只及其他必须展开作业所需的岸线。岸线长度应根据垃圾日装卸量、装卸生产率、船只吨位、河道状况等因素确定。其计算公式为

$$l = mq + l_{附} \tag{4-29}$$

式中：l——水路转运站岸线长度，m；

m——垃圾日装卸量，t；

q——岸线折算系数，m/t；

$l_{附}$——附加岸线长度，m。

表 4-9 为水路转运站岸线计算表，表中为日装卸量 300 t 时所要求的停泊岸线。当日装卸量超过 300 t 时，用表中"岸线折算系数"栏中的系数进行计算。附加岸线是拖轮的停泊岸线。

表 4-9 水路转运站岸线计算表

船只吨位/t	停泊挡数	停泊岸线/m	附加岸线 $l_{附}$/m	岸线折算系数 q/(m·t⁻¹)
30	二	130	20~25	0.43
30	三	105	20~25	0.35
30	四	90	20~25	0.30
50	二	90	20~25	0.30
50	三	60	20~25	0.20
50	四	60	20~25	0.20

水路转运站还应有一定的陆上面积，用以安排车道、大型装卸机械、仓储、管理等项目的用地。所需陆上面积按岸线规定长度配置。一般规定每 1 m 岸线配备不少于 40 m² 的陆上面积。

3. 环境保护与卫生要求

城市生活垃圾转运站若管理不善，会给环境带来不利影响，引起附近居民的不满，故大多数现代化及大型垃圾转运站都采用封闭形式、规范化的作业模式，并采取一系列环保措施。

（1）转运站周围一般设置防风网罩和其他栅栏，防止碎纸、破布及其他垃圾碎屑和飞尘等随风飘散到周围环境，造成负面影响。当垃圾抛洒到外边时，要及时捡回。

（2）转运站平时贮存的垃圾，要采取有效措施，避免飘尘及臭气污染周围环境。

（3）转运站内部运行要严格按照相应的环境安全规范程序进行组织和管理。例如，垃圾进出要严格管理，认真检查运输车辆的环保措施是否得当；工人在进行操作作业时，必须穿工作服、戴防尘面罩等。

（4）转运站一般均设有防火设施，以免垃圾长期堆放引发火灾。

（5）转运站要有防止垃圾产生的残液渗入地下的防渗处理等卫生设施，防止地下水遭到污染和破坏。

（6）转运站应采用多种预防措施，减小垃圾装卸机械、运输车辆等工作时的噪声，防止对周围居民生活形成噪声危害。

（7）转运站应最大限度地减少对周围环境造成的负面影响，采取综合防治污染措施。

（8）转运站应考虑站内外的绿化，绿化面积应达到10%~20%，充分实现与周围环境和谐共处。

总之，转运站要注意飘尘、噪声、臭气、排水等指标，这些指标都要符合环境监测标准。

4.4.3　转运站选址

转运站位置的合理与否，直接关系到其效能是否能最大限度发挥和对周围环境的影响程度。转运站选址，既要满足环境卫生要求，还要尽可能地降低垃圾中转过程的费用。转运站选址需注意以下因素。

（1）转运站选址要综合考虑各个方面的要求，科学合理地进行规划设置。

（2）转运站应尽可能设置在城市生活垃圾收集中心或垃圾产生量较多的地方。

（3）转运站最好位于对城市居民身体健康和环境卫生危害及影响较少的地方，如离城市水源地和公众生活区不能太近。

（4）转运站应尽可能靠近公路、水路干线等交通方便的地方，以方便垃圾进出，减少运输费用。

（5）转运站最好位于便于垃圾中转收集输送，运作能耗最经济的地方。

（6）转运站选址应考虑便于废物回收利用及能源生产的可能性。

4.4.4　转运站工艺设计计算

转运站的工艺设计是关乎其功能可否充分合理发挥的关键因素之一，要根据中转的垃圾量、中转周期、垃圾类型及地方经济等实际情况进行设计。

假定某转运站要求：①采用挤压设备；②高低货位方式装卸垃圾；③机动车辆清运。

其工艺设计如下：

清运车在货位上的卸料台卸料，倾入低货位上的压缩设备漏斗内，然后将垃圾压入半拖挂车内，满载后由牵引车拖运，另一辆半拖挂车装料。

根据该工艺与服务区的垃圾量，可计算应建造多少高低货位卸料台和配备相应的压缩设备数量，需合理使用多少台牵引车和半拖挂车数量。

1. 卸料台数量（A）

该垃圾转运站每天的工作量可按下式计算：

$$E = \frac{MW_a k_1}{365} \tag{4-30}$$

式中　E——每天的工作量，t/d；

　　　M——服务区的居民人数，人；

　　　W_a——垃圾年产生量，t/（人·a）；

　　　k_1——垃圾产生量变化系数（参考值 1.15）。

一个卸料台工作量的计算公式为

$$F = \frac{t_1}{t_2 k_1} \tag{4-31}$$

式中　F——卸料台 1 d 接受清运车数量，辆/d；

　　　t_1——转运站 1 d 的工作时间，min/d；

　　　t_2——每辆清运车的卸料时间，min/辆；

　　　k_1——清运车到达的时间误差系数。

因此，所需卸料台数量为

$$A = \frac{E}{WF} \tag{4-32}$$

式中　W——清运车的最大允许装载质量，t/辆。

2. 压缩设备数量（B）

每一个卸料台配备一台压缩设备，因此压缩设备数量为

$$B = A \tag{4-33}$$

3. 牵引车数量（C）

一个卸料台工作的牵引车数量按下列公式计算：

$$C_1 = \frac{t_3}{t_4} \tag{4-34}$$

式中　C_1——牵引车数量；

　　　t_3——清运车辆往返的时间，h；

　　　t_4——半拖挂车的装料时间，h。

其中，半拖挂车装料时间的计算公式为

$$t_4 = t_2 n k_4 \tag{4-35}$$

式中　n——一辆半拖挂车装料的清运车数量；

　　　k_4——半拖挂车装料的时间误差系数。

因此，该转运站所需的牵引车数量为

$$C = C_1 A \tag{4-36}$$

4. 半拖挂车数量（D）

半拖挂车是轮流作业，一辆车满载后，另一辆装料，故半拖挂车的总数为

$$D = (C_1 + 1)A \tag{4-37}$$

思考题

1. 简述城市生活垃圾的搬运与贮存管理过程。
2. 简述城市生活垃圾的收集与清除方法。
3. 简述城市生活垃圾收运路线的设计原则。
4. 简述城市生活垃圾收运路线的设计步骤。
5. 简述转运站类型与设置要求以及选址。
6. 试应用转运站设计相关知识，设计一个垃圾转运站。

第 5 章

固体废物的预处理

固体废物预处理是指采用物理、化学或生物方法，将固体废物转变成便于运输、贮存、回收利用和处置的形态，主要采用压实、破碎、分选、磁选、筛选、脱水和干燥等处理技术。这些技术在材料回收过程中被应用的频率很高。

5.1 压 实

通过外力加压于松散的固体废物，以缩小其体积，使固体废物变得密实的操作称为压实，又称为压缩。固体废物经过压实处理，一方面可增大容重、减少固体废物体积，以便于装卸和运输，确保运输安全与卫生，降低运输成本；另一方面可制取高密度惰性块料，便于储存、填埋或作为建筑材料使用。压实的目的主要是便于运输、贮存和填埋固体废物。

压实主要用于处理压缩性能大而恢复性小的固体废物，如城市生活垃圾、汽车、易拉罐、塑料瓶、各类纸制品及纤维等。对于某些较密实的固体，如木头、玻璃、金属、硬质塑料块等则不适宜采用。在压实过程中，某些可塑性废物，当解除压力后不能恢复原状；但有些弹性废物在解除压力后的几秒钟内体积膨胀 20%，几分钟后达到 50%，因此对于有些弹性废物（如橡胶轮胎等）也不宜采用压实处理。对于那些可能使压实设备损坏的固体废物也不宜采用压实处理；某些可能引起操作问题的固体废物，如焦油、污泥或液体物料，一般不宜做压实处理。

垃圾经压实处理有以下优点：

（1）增加填埋场使用年限；

（2）减少沉降，保持垃圾体的稳定性；

（3）减少飘扬物；

（4）降低孔隙率；

（5）减少虫害及啮齿动物的数量；

（6）为垃圾运输车提供更为坚实的卸车平台；

（7）暴雨时减少垃圾被冲走或暴露的可能性；

（8）消除垃圾体自燃、发生爆炸的可能性；

（9）便于填埋气体的集中收集和利用。

5.1.1 压实原理

大多数固体废物是由不同颗粒与颗粒间的孔隙组成的集合体。一堆自然堆放的固体废物，其表观体积是废物颗粒有效体积与孔隙占有的体积之和，即

$$固体废物总体积(V_m) = 固体废物颗粒体积(V_s) + 空隙体积(V_v)$$

固体废物可看成由各种固体废物颗粒及颗粒间充满气体的空隙所构成的集合体，则固体废物的空隙比（e）和空隙率（ε）可由式（5-1）和式（5-2）计算获得：

$$e = V_v / V_s \tag{5-1}$$

$$\varepsilon = V_v / V_m \tag{5-2}$$

ε、e 与容重的关系：ε 或 e 越小，则垃圾压实程度越高，容重越大。

体积减小分数（R），可由式（5-3）计算：

$$R = 100\% \times (V_{压缩前} - V_{压缩后}) / V_{压缩前} \tag{5-3}$$

当对固体废物实施压实操作时，随压力强度的增大，空隙体积减小，表观体积也随之减小，而容重增大。所谓容重，就是固体废物的干密度，用 ρ 表示。容重的计算可用以下公式：

$$\rho = (W_s - W_{H_2O}) / W_m \tag{5-4}$$

式中　W_s——固体废物颗粒质量；

　　　W_m——固体废物总质量，包括水分质量；

　　　W_{H_2O}——固体废物中水分质量。

固体废物压实的实质，可以看作消耗一定的压力能而提高废物容重的过程。当固体废物受到外界压力时，各颗粒间相互挤压，变形或破碎，从而达到重新组合的效果。

固体废物经过压实处理后体积减小的程度称为压缩比（r），可用以下公式计算：

$$r = V_{压缩前} / V_{压缩后} \tag{5-5}$$

显然，r 越大，压实效果越好。固体废物的压缩比取决于废物的种类及施加的压力。一般，施加的压力可在每平方厘米几至几百千克力（$1\ \text{kgf/cm}^2 = 98\ 066.5\ \text{Pa}$）。当固体废物为均匀松散物料时，其压缩比可达到 3~10。

压缩的实质就是减少空隙率。例如，城市生活垃圾经压实，其密度可增大到 320 kg/m³，表观体积可减少 70% 左右。如果采用高压压实，除可减少固体废物的空隙率外，还可能产生分子晶格的破坏，从而使物质变性。

5.1.2　压实设备

压实设备也称压实器。压实器有固定式和移动式两种。定点使用的压实器称为固定式压实器，如用于转运站转车的压实器。带有行驶轮或可在轨道上行驶的压实器称为移动式压实器，常用于垃圾填埋场。

1. 固定式压实器

1）水平式压实器

水平式压实器结构如图 5-1 所示。水平式压实器借助水平往返运动的压头，将垃圾压入矩形或方形容器中，使垃圾致密和定型，然后将被压实的块体推出。水平式压实器常配有破碎杆，对被压实的块体表面的杂乱废物进行破碎，以便于顺利推出被压实的块体。水平式压实器主要用于城市生活垃圾的预处理。

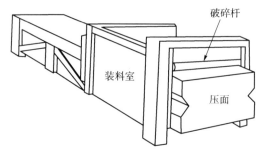

图 5-1　水平式压实器结构

2）三向联合压实器

三向联合压实器是带有 3 个相互垂直的压头的压实器（图 5-2），可将装入料斗中的垃圾压实成块，适用于金属类废物压实。

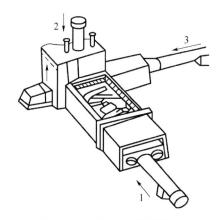

图 5-2　三向联合压实器结构
1，2，3—三个方向的压头

3）回转式压实器

回转式压实器结构如图 5-3 所示。此类压实器有一个平板型压头，连接于容器一端的转动轴上，借助液压驱动，使压头以轴向旋转运动，将垃圾压入容器中。回转式压实器适用于压实体积小、质量轻的废物。

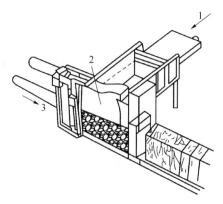

图 5-3　回转式压实器结构
1，3—两个方向的压头；2—平板型压头

4）城市垃圾压实器

先进的高层楼房可能配有垃圾压实器，其工作示意图如图 5-4 所示。图 5-4（a）为开始压缩，从滑道中落下的垃圾进入料斗。图 5-4（b）为压臂全部缩回处于起始状态，垃圾充入压缩室内。压臂全部伸展，垃圾被压入容器中，如图 5-4（c）所示，垃圾不断充入，最后在容器中压实，将压实的垃圾装入袋内。

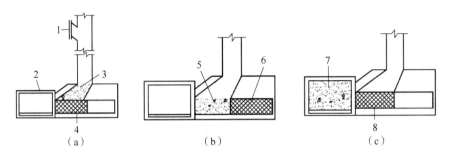

图 5-4　高层楼房垃圾压实器工作示意图

（a）开始压缩状态；（b）压臂缩回状态；（c）压实状态
1—垃圾投入口；2—容器；3，5—垃圾；4，6，8—压臂；7—已压实的垃圾

2. 移动式压实器

带有行驶轮、履带或可在轨道上行驶的压实器称为移动式压实器。移动式压实器主要用于填埋场压实所填埋的废物，也可安装在收集车上压实收集车所接收的废物。移动式压实器可采用多种方式和各种类型的压实器压实固体废物，增加填埋容量。最简单的办法是将废物布料铺平整后，就以装载废物的运输车辆来回行驶将废物压实。废物达到的密度由废物性质、运输车辆来回次数、车辆型号和最大允许装载质量而定，平均可达到 500～600 kg/m³。移动式压实器按压实过程工作原理不同，可分为碾（滚）压、夯实、振动 3 种，而相应的压实器分为碾（滚）压压实器、夯实压实器、振动压实器 3 类。固体废物压实处理主要采用碾（滚）压方式。填埋现场常用的压实器主要包括胶轮式压容器、履带式压容器和钢轮式布料压实器等。

5.1.3　压实设备参数

（1）装料截面尺寸。确定装料截面尺寸大小的原则是使所需压实的垃圾能够毫无困难地被容纳。此外，选用压实设备还需考虑与预计使用地点的结构相适应。

（2）循环时间。循环时间是指压头的压面从完全缩回位置使垃圾由装料箱压入容器，然后进行挤压，并使压头回到原来完全缩回的位置，准备接受下一次装载垃圾所需要的时间。循环时间的变化范围很大，为 20～60 s。如果压实系统需要有快速接收垃圾的能力，则循环时间应较短，但短的循环时间往往得不到高的压实比。

（3）压面上的压力。压面上的压力由压实设备的额定作用力来确定。额定作用力发生在压头的全部高度和全部宽度上，用来度量压实设备产生的压力。

（4）压面的行程长度。压头进入压实设备越深，越容易向设备中清洁有效地装填废物。

（5）体积排率。压头每次把废物载荷推入容器可压缩的体积与 1 h 内机器完成的循环次数的乘积就是体积排率，可用来度量废物可被压入容器的速率。

5.1.4 压实设备的选用

压实设备的选用主要针对固体废物的压实程度，选择合适的压缩比和压力。

同时，应针对不同的废物，采用不同的压实方式，选用不同的压实设备。

此外，应注意压实过程中的具体情况，如城市生活垃圾压缩过程中会出现水分，塑料热压时会粘在压头上等。应针对不同废物采用不同的压实设备。

最后，压实过程与后续处理过程有关，应综合考虑是否选用压实设备。

5.2 破 碎

5.2.1 破碎定义

破碎是指利用人力或机械等外力的作用，破坏固体废物质点间的内聚力和分子间作用力而使大块固体废物破碎成小块的过程。磨碎是指小块固体废物颗粒分裂成细粉的过程。

5.2.2 破碎目的

破碎的主要目的：一是使固体废物的体积减小，便于运输和贮存；二是为固体废物的分选提供所要求的入选粒度，以便有效地回收固体废物中某种成分；三是使固体废物的比表面积增加，提高焚烧、热解、熔融等处理的效率；四是为固体废物的下一步加工做准备；五是用破碎后的生活垃圾进行填埋处置时，压实密度高而均匀，提高填埋场的利用效率；六是防止粗大、锋利的固体废物损坏分选设备或焚烧和热解的炉膛。

为了使进入焚烧炉、填埋场、堆肥系统等固体废物的外形尺寸减小，必须提前对固体废物进行破碎处理。经过破碎处理的废物，由于消除了大的空隙，不仅尺寸大小均匀，而且质地也均匀，在填埋过程中更容易压实。

5.2.3 破碎方式

破碎方式可分为干式破碎、湿式破碎、半湿式破碎 3 类。干式破碎即通常所说的破碎。按所用的外力即消耗能量形式的不同，干式破碎分为机械能破碎和非机械能破碎。机械能破碎是利用工具对固体废物施力而将其破碎。非机械能破碎则是利用电能、热能等对固体废物进行破碎的新方法，如低温破碎、热力破碎、热压破碎和超声波破碎等。机械能破碎技术已比较成熟，在实际中有广泛应用。

机械能破碎常用的方法有压碎、劈碎、剪碎、冲击、磨碎等破碎作用方式。压碎是将固体废物放置到挤压设备，经施加压力后挤碎固体废物。劈碎需要刃口，适合破碎强度较小的废物，如秸秆、塑料等。剪碎是指切开或割裂固体废物，特别适合于二氧化硅含量低的松软固体废物。冲击分为重力冲击和动冲击：重力冲击是物体落到一个硬表面上，在自重作用下固体废物被撞碎的过程；动冲击是指固体废物碰到一个比其硬的快速旋转的表面进行破碎的过程。磨碎是在两个坚硬物体表面之间来碾碎固体废物。

一般的破碎机同时兼有多种破碎方法，通常是破碎机的组件与要被破碎的物料间多种作用力混合作用。机械能破碎技术在处理固体废物方面比较成熟，并在很多垃圾处理技术中得到应用。固体废物的力学性能特别是固体废物的硬度，直接影响破碎方法的选择。下面简单介绍某些破碎方法及它们的组合形式。

1. 压碎

当压碎时，破碎设备的工作部件对物料施加挤压作用，物料在压力作用下被破碎，这种方法通常多用于脆性物料的粗碎。

2. 冲击破碎

冲击破碎包括高速运动的破碎体对被破碎物料的冲击和高速运动的物料向固定壁或靶的冲击。这种破碎过程可在较短时间内发生多次冲击碰撞，破碎体和被破碎物料的动量交换非常迅速。锤式破碎机和反击式破碎机都属于这种破碎方式。

3. 压碎-剪碎

这是挤压和剪切两种基本破碎方法相结合的破碎方法。雷蒙磨及各种立式磨通常采用这种破碎方式。

4. 研磨-磨削破碎

研磨和磨削本质上均属剪切摩擦破碎，包括研磨介质对物料的破碎和物料相互间的摩擦作用。与施加强大破碎力的压碎和冲击破碎不同，研磨和磨削是靠研磨介质对物料颗粒表面的不断腐蚀而实现破碎的。

由于城市生活垃圾组成复杂，材料特性差异大，因此选择破碎方法时，需要依据不同物料的力学性能，尤其是依据物料的硬度而选择以下不同的破碎方法：

（1）对于中等强度以上的固体废物，宜采用压碎和冲击破碎；

（2）对于韧性固体废物，宜采用剪碎；

（3）对于脆性固体废物，则采用劈碎或冲击破碎；

（4）对于塑料、橡胶类固体废物，可利用其低温条件下脆化的特性进行破碎，即应用低温破碎技术进行破碎；

当固体废物体积较大不能直接将其放置到破碎机内时，需先将其切割到可以放入破碎机装料口的尺寸，再送入破碎机内；

（5）对于城市生活垃圾，当其中含有较多纸类时，则应利用纸类在水力作用下的浆液化特性，采用湿式破碎法。

5.2.4　破碎比

在破碎过程中，原废物粒度与破碎产物粒度的比值称为破碎比。破碎比表示废物粒度在破碎过程中减少的程度。破碎机的能量消耗和处理能力都与破碎比有关。破碎比有以下表示方法。

最大粒度法：

$$i = D_{max}/d_{max} \tag{5-6}$$

式中　D_{max}——破碎前的最大粒度；

　　　d_{max}——破碎后的最大粒度。

平均粒度法：

$$i = D_{ave}/d_{ave} \tag{5-7}$$

式中　D_{ave}——破碎前的平均粒度；

d_{ave}——破碎后的平均粒度。

5.2.5　破碎流程

破碎流程的类型较多，根据预先筛分和检查筛分效果的配置条件，以及实际生产中的固体废物（如尾矿等）粒度和破碎最终粒度大小范围，总结出以下4种常见的破碎流程：两段破碎流程、三段破碎流程、四段破碎流程、带清洗作业的破碎流程。

1. 两段破碎流程

两段开路破碎流程［图5-5（a）］所得的破碎产物粒度比较粗，常在简易小型选矿厂或工业性试验厂采用。第一段可不设预选筛分，固体废物或矿石直接进入破碎设备。

两段一闭路破碎流程［图5-5（b）］适用于小型选矿厂处理井下开采粒度不大的矿石或尾矿，且第二段破碎一般采用破碎比大的破碎设备，如反击式破碎机。

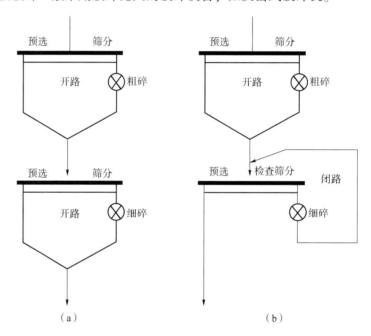

图 5-5　两段破碎流程

（a）两段开路破碎流程；（b）两段一闭路破碎流程

2. 三段破碎流程

三段破碎流程，可作为磨细较硬的固体废物如尾矿等的准备作业，特别是在采矿或尾矿的处理方面有较广泛的应用，只要含泥量不高，都能有效适应。因此，规模不同的选矿厂都适用。

三段开路破碎流程［图5-6（a）］与三段一闭路破碎流程［图5-6（b）］相比，所得产品粒度较粗，但三段开路破碎流程可简化破碎车间的设备配置，节省基建投资。因此，当供给的原料粒度要求不严或粗磨采用棒磨机时，以及处理含水量较高的废石料和受地形条件限制等条件下，可采用三段开路破碎流程。其在处理含泥量、含水量较高的废石料时，不像三段一闭路破碎流程那样，容易使筛网和破碎腔体堵塞。采用三段开路破碎组合棒磨机的流程，无须复杂的闭路筛分和返回产物的运输作业，且棒磨过程受给矿粒度影响较小，产品粒度均匀，可保证下段破碎作业的操作稳定；同时，生产过程产生的灰尘少。当磨矿产物要求粒度较粗（重选）或处理脆性、大比重废石料时，可采用三段开路破碎组合棒磨机的流程。

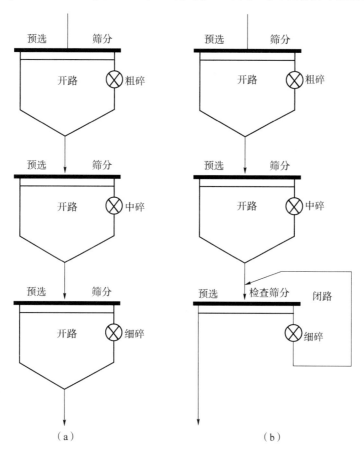

图 5-6　三段破碎流程

（a）三段开路破碎流程；（b）三段一闭路破碎流程

3. 四段破碎流程

只有处理极坚硬的石料或废石料和特大规模的选矿厂，为了减少各段的破碎比或增加总破碎比，才考虑采用四段破碎流程。

4. 带清洗作业的破碎流程

当原料含泥（<3 mm）量超过 10% 和含水量大于 8% 时，细小的颗粒就会黏结成团，恶化破碎过程的生产条件，会造成破碎机的破碎腔和筛分机的筛孔堵塞等情况，容易引发设备事故，导致储运设备出现堵和漏的现象，严重时阻碍生产进行。此时，应在破碎流程中增加清洗设施，这样可以充分发挥设备潜力，使生产正常进行，改善劳动强度，而且能提高有价金属的回收率，提高资源的利用率。

5.2.6　破碎设备

常用破碎设备有颚式破碎机、锤式破碎机、冲击式破碎机、剪切式破碎机、辊式破碎机、粉磨机及特殊破碎设备等。

1. 颚式破碎机

颚式破碎机（图 5-7）属于挤压型破碎设备，广泛应用于冶金、建材和化学等行业，适用于坚硬和中硬固体废物的破碎。根据可动颚板的运动特性，颚式破碎机分为简单摆动型、复杂摆动型和综合摆动型。复杂摆动型颚式破碎机破碎粒度较细，破碎比可达 4~8，而简单摆动型只能达 3~6。规格相同时，复杂摆动型比简单摆动型颚式破碎机的生产率高 20% ~ 30%。颚式破碎机主要类型如图 5-8 所示。

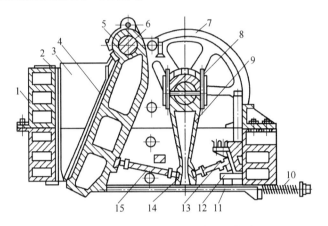

图 5-7　简单摆动型颚式破碎机构造

1—机架；2，4—破碎齿板；3—侧面衬板；5—可动颚板；6—心轴；7—飞轮；8—偏心轴；9—边杆；
10—弹簧；11—拉杆；12—砌块；13—后推力板；14—肘板支座；15—前推力板

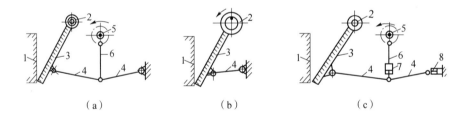

图 5-8　颚式破碎机主要类型

（a）简单摆动型颚式破碎机；（b）复杂摆动型颚式破碎机；（c）液压型颚式破碎机
1—固定颚板；2—动颚悬挂轴；3—可动颚板；4—前（后）推力板；5—偏心轴；6—连杆；
7—连杆液压油缸；8—调整液压油缸

2. 锤式破碎机

锤式破碎机（图 5-9）按转子数目不同，可分为单转子和双转子两种。单转子锤式破碎机根据转子的转动方向不同，又可分为不可逆式和可逆式（图 5-10），目前普遍采用的为可逆式单转子破碎机。锤式破碎机按破碎轴安装方式不同，可分为卧轴和立轴锤式破碎机，常见的是卧轴锤式破碎机，即水平轴式破碎机。破碎固体废物的锤式破碎机还包括 Hammer Mills 型锤式破碎机(图 5-11)、BJD 型普通锤式破碎机（图 5-12）、BJD 型破碎金属切屑式锤式破碎机(图 5-13)和 Novorotor 型双转子锤式破碎机（图 5-14）等。

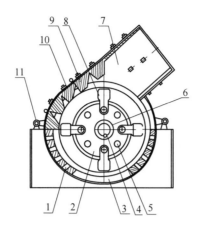

图 5-9 锤式破碎机构造

1—大衬板；2—转盘；3—出口；4—转动轴；5—锤轴；6，11—衬板；7—进料口；
8—锤子；9—冲击板；10—记分牌

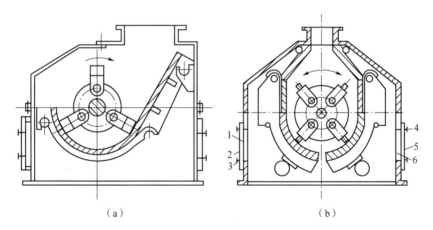

（a）　　　　　　　　　　　　　　　　（b）

图 5-10 不可逆式和可逆式单转子锤式破碎机构造

（a）不可逆式；（b）可逆式

1，6—检修孔；2，5—盖板；3，4—螺栓

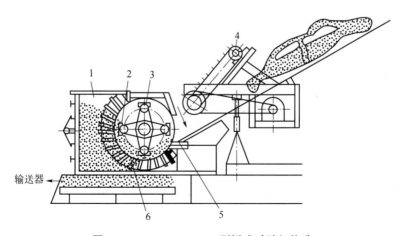

图 5-11 Hammer Mills 型锤式破碎机构造

1—破碎机本体；2—小锤头；3—大锤头；4—压缩给料机；5—切断垫圈；6—栅条

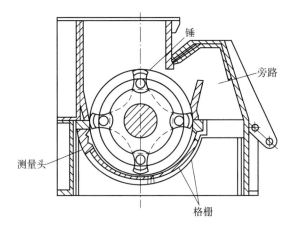

图 5-12　BJD 型普通锤式破碎机构造

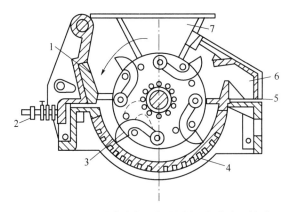

图 5-13　BJD 型破碎金属切屑式锤式破碎机构造

1—衬板；2—弹簧；3—锤子；4—筛条；5—小门；6—非破碎物收集区；7—进料口

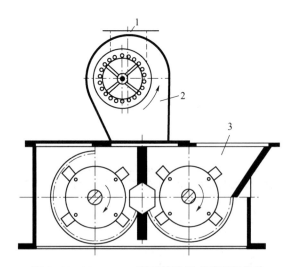

图 5-14　Novorotor 型双转子锤式破碎机构造

1—细料级产品出口；2—风力分级机；3—物料入口

锤式破碎机主要用于破碎中等硬度且腐蚀性弱、体积较大的固体废物，还可用于破碎含水及含油的有机物、纤维结构物质、弹性和韧性较强的木块、石棉水泥废料、石棉纤维和金属切屑等。

3. 冲击式破碎机

冲击式破碎机主要是利用冲击作用进行破碎的设备,主要有 Universa 型 (图 5-15) 和 Hazemag 型 (图 5-16)。冲击式破碎机适用于破碎中等硬度、软质、脆性、韧性及纤维状等固体废物。

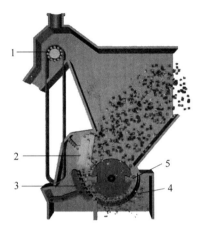

图 5-15　Universa 型冲击式破碎机构造

1—链带;2—冲击板;3—研磨板;4—筛条;5—板锤

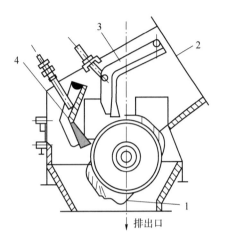

图 5-16　Hazemag 型冲击式破碎机构造

1—旋转打击刀;2—固体废物;3——级冲撞板
(固定刀);4—二级冲撞板 (固定刀)

4. 剪切式破碎机

剪切式破碎机根据活动刀的运动方式,可分为复式和回转式。广泛使用的剪切式破碎机主要有冯·罗尔 (Von Roll) 型往复剪切式破碎机 (图 5-17)、林德曼 (Linclemann) 型剪切式破碎机 (图 5-18)、旋转剪切式破碎机 (图 5-19) 等。剪切式破碎机适用于处理松散状态的大型废物,剪切后的物料尺寸可达 30 mm,其也适用于切碎强度较小的可燃性固体废物。

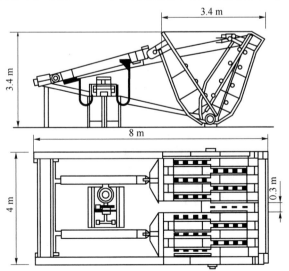

图 5-17　冯·罗尔 (Von Roll) 型往复剪切式破碎机构造

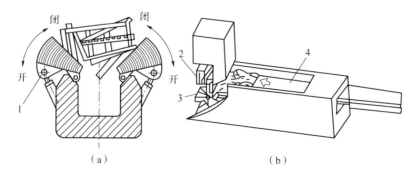

图 5-18　林德曼（Linclemann）型剪切式破碎机构造

（a）预压机；（b）剪切机

1—压缩盖；2—夯锤；3—刀具；4—推料杆

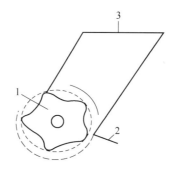

图 5-19　旋转剪切式破碎机构造

1—旋转刀；2—固定力；3—固体废物

5. 辊式破碎机

辊式破碎机根据辊子的特点，可将辊式破碎机分为光辊破碎机和齿辊破碎机。光辊破碎机可用于硬度较大的固体废物的中碎和细碎。齿辊破碎机可用于破碎脆性或黏性较大的固体废物，也可用于堆肥物料破碎。按齿辊数目的多少，可将齿辊破碎机分为单齿辊和双齿辊（图 5-20）两种。

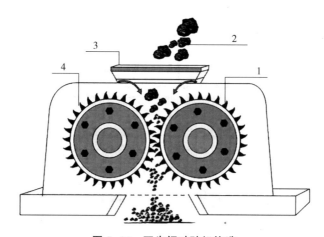

图 5-20　双齿辊破碎机构造

1—主辊轮；2—物料；3—进料口；4—固定辊轮

6. 粉磨机

粉磨机是进行破碎固体废物的最后一项破碎，使其中各种成分单体分离，为下一步分选创造条件。常用的粉磨机主要有球磨机和自磨机两种。球磨机由圆柱形筒体、端盖、中空轴颈、轴承和传动大齿轮组成（图 5-21）。自磨机又称为无介质磨机，分为干磨和湿磨两种。球磨机在破碎生活垃圾中的有机物效果很好，并在很多做联合厌氧发酵的垃圾处理场得到广泛应用。干式自磨机给料粒度一般为 350 mm 左右，一次磨细到 0.1 mm 左右，破碎比可达 3 500 左右，比有介质磨机大数十倍。

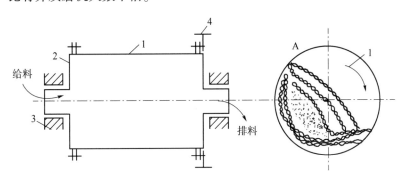

图 5-21　球磨机示意图

1—圆柱形筒体；2—端盖；3—轴承；4—传动大齿轮

7. 特殊破碎设备

特殊破碎设备主要有低温破碎、湿式破碎和半湿式破碎等。低温破碎利用物料在低温变脆的性能，对一些在常温下难以破碎的固体废物进行有效破碎，也可利用不同固体废物脆化温度的差异，在低温下进行选择性破碎。低温破碎与常温破碎相比，动力消耗可减至 1/4 以下，噪声降低约 4 dB，振动减轻 1/4 左右。湿式破碎是利用特制的破碎机，将投入破碎机内含纸垃圾和大量流水一起剧烈搅拌和破碎，使其成为浆液的过程。半湿式破碎是利用不同物质在一定均匀湿度下的强度、脆性不同而使其破碎成不同粒度的过程。

5.3　分　　选

固体废物分选指的是基于物质的物理和化学性质，如粒度、密度、颜色、磁性、静电感应的不同，采用筛分、重力分选、光谱分选、磁选、静电分选等方法将混杂的固体废物按类别分开的方法。

固体废物分选是实现固体废物资源化、减量化的重要手段。通过分选将有用的物料分选出来并加以利用，同时也将有害物料有效分离出来，为进一步处理提供条件。分选还可将不同粒度级别的固体废物进行分离。分选的基本原理是利用物料的某些性质方面的差异，将其分选开，如利用固体废物中的磁性和非磁性差别进行磁性分离，利用粒径尺寸差别进行分离，利用比重差别进行分离等。根据不同性质，可设计制造各种机械对固体废物进行分选。

城市生活垃圾分选的目的是将各种有用资源用人工或机械方法分门别类地分离，然后用于生产中。分选方法包括人工拣选和机械分选。人工拣选是各国最早采用的方法，适用于废物产源地、收集站、处理中心、转运站或处置场。无须预处理的物品，特别是对危险性或有毒有害物品,必须通过人工拣选。在发展中国家,无序的人工拣选城市生活垃圾较为普遍,通常带有商业性质。在发达国家,人工拣选也并未取消,但大多数集中于转运站或处理中心的垃圾传送带两旁。人工拣选物品的种类与数量,取决于收购市场条件。机械分选分为筛分、重力分选、磁选、涡电流分选、光选等。机械分选主要用于机械化垃圾堆肥厂、焚烧厂和其他垃圾资源化工厂。在垃圾分选前,多数需进行预处理,如破碎处理等。机械分选设备根据被分选物质的种类与性质进行选择。机械分选技术与设备种类较多,应用范围较广。表 5-1 列出了各类分选技术与应用评述,以供评价与选用时参考。

表 5-1　各类分选技术与应用评述

分选技术	分选物料	预处理要求	应用评述
风选	适于较轻的可燃物分离	不需要	利用垂直或水平气流分选轻质可燃物;亦可用于重组分中的金属、玻璃等物质分选;适用于大规模垃圾转运站和处置场
磁选	铁金属类	破碎、风选	利用各种物料磁性的差异,在不均匀磁场中实施分选;适用于大规模工业固体废物与城市生活垃圾转运站与填埋场
筛分	玻璃类	预先破碎与风选为宜	利用振动或滚动作用,将碎玻璃由筛孔分离;主要适用于垃圾堆肥后,熟肥中碎玻璃的筛分
静电分选	玻璃与非铁金属类	破碎、风选与筛分	依据导电性能的差异,由垃圾中分选出玻璃与铝等
光谱分选	具有颜色差异的塑料、玻璃等	破碎、风选	依据颜色、透明度的差异,由垃圾中分离出塑料玻璃

5.3.1　分选效果

城市生活垃圾分选单元的分选效果,可用回收率与分选物纯净度等指标评价。图 5-22 描述了某分选单元操作过程中进、出口物料平衡关系。每一出料口除被选的 x_{ij} 主组分外,其余组分,则视为该组分的杂质。由第 j 出料口选出的第 i 种组分回收率,由式 (5-8) 计算得出:

$$R_{ij} = \frac{x_{ij}}{x_{i0}} \times 100\% \tag{5-8}$$

式中　R_{ij}——第 j 出料口选出的第 i 种组分回收率,%;

　　　x_{ij}——第 j 出料口选出的第 i 种组分的回收产率,kg/h;

　　　x_{i0}——第 i 种组分在混合料进料口处的进料负荷率,kg/h。

由第 j 出料口回收的第 i 种组分纯净度,由式 (5-9) 计算得出:

$$P_{ij} = \frac{x_{ij}}{\sum\limits_{i=1}^{n} x_{ij}} \times 100\% \tag{5-9}$$

式中　P_{ij}——第 j 出料口第 i 种主组分纯净度,%。

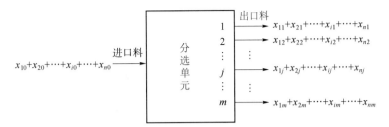

图 5-22　固体废物分选单元物料平衡关系

为简化评价分选效果的方法，在单一综合评价指标法中，提出了综合分选效率概念。常用的综合分选效率公式如下所示：

$$E_{ij} = \frac{x_{ij}}{x_{i0}} \times \left(1 - \frac{\sum\limits_{i=1}^{n} x_{ij} - x_{ij}}{\sum\limits_{i=1}^{n} x_{i0} - x_{i0}}\right) \times 100\% \qquad (5-10)$$

式（5-10）称为瓦雷（Worrell）分选效率模型。

此外，总结的另一效率模型（雷特曼分选效率模型）如下：

$$E_{ij} = R_{ij} - \frac{\sum\limits_{i=1}^{n} x_{ij} - x_{ij}}{\sum\limits_{i=1}^{n} x_{i0} - x_{i0}} \times 100\% \qquad (5-11)$$

上述两种分选效率定义都是合理的。假如被分选的各组分达到完全分离时，$x_{ij} = x_{i0}$，$\sum\limits_{i=1}^{n} x_{ij} = x_{ij}$，则综合分选效率等于回收率（100%）；假如各组分完全未被分离，则 $x_{ij} = x_{i0}$，$\sum\limits_{i=1}^{n} x_{ij} = \sum\limits_{i=1}^{n} x_{i0}$，综合分选效率为 0。

【例】 已知建筑垃圾中的碎石块含量占废物总量的 8%，拟采用单筛将大部分碎石块分选出来。废物供料负荷率为 100 t/h，碎石块筛分速率为 7.2 t/h，其余杂质为 2.8 t/h，分别采用瓦雷分选效率模型和雷特曼分选效率模型计算出碎石块的筛分综合效率。

解：（1）单筛筛分属于二级分选，混合废物中碎石块负荷率 $X_{10} = 100 \times 8\% = 8$ t/h；非碎石块废物负荷率 $X_{20} = 92$ t/h；碎石块筛分速率 $X_{11} = 7.2$ t/h；其他杂质 $X_{12} = 2.8$ t/h。

（2）计算碎石块的回收率，即

$$R_{11} = (X_{11}/X_{10}) \times 100\% = 7.2/8 \times 100\% = 90\%$$

（3）计算碎石块筛分综合效率。

①用瓦雷分选效率模型：

$$E_{11} = X_{11}/X_{10} \times \left(1 - \frac{X_{11} + X_{12} - X_{11}}{X_{10} + X_{20} - X_{10}}\right) = 0.9 \times (1 - 2.8/92) \times 100\% = 87.2\%$$

②用雷特曼分选效率模型：

$$E_{11} = R_{11} - \frac{X_{11} + X_{12} - X_{11}}{X_{10} + X_{20} - X_{10}} \times 100\% = 90\% - 2.8/92 \times 100\% = 87\%$$

由此可见，两种分选效率综合评价模型计算结果十分接近。

5.3.2 风选技术

1. 风选工作原理与影响因素

风选是重力分选技术中常用的方法之一。重力分选是利用不同物质密度的差异，达到轻、重颗粒分离的方法。风选是利用空气流作为携带介质，以实现轻、重颗粒分离的目的。图 5-23 描述了两种类型风选过程原理。

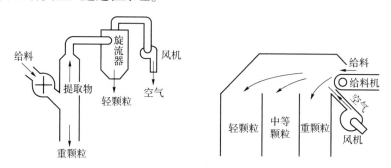

图 5-23 两种类型风选过程原理

（a）垂向型；（b）水平型

由图 5-23 可见，欲达到有效分离，应满足以下四要素：

（1）待分选的各种物料颗粒间密度应有一定差异；

（2）各物料颗粒与空气间的密度应有显著差异；

（3）各物料颗粒应有适度粒径；

（4）供给的空气流，可将进入给料口的料团充分吹成按密度分布的分层形式。

2. 气流中运动颗粒的沉降速度

在气流中运动的颗粒，与水中悬浮颗粒运动的规律相似，受重力（F_e）、浮力（F_b）与阻力（F_d）的共同作用，颗粒运动方程式为

$$\frac{\mathrm{d}v}{\mathrm{d}t} = \frac{F_e - F_d}{\rho_s V} \tag{5-12}$$

式中 $\dfrac{\mathrm{d}v}{\mathrm{d}t}$——颗粒加速度，$m/s^2$；

ρ_s——颗粒密度，kg/m^3；

V——颗粒体积，m^3。

该颗粒在气流中因重力作用而沉降，当 3 个作用力达到平衡状态时，颗粒的加速度 $\mathrm{d}v/\mathrm{d}t = 0$，因而颗粒将以末速度 v 稳定沉降，此时有

$$F_e = F_d + F_b \tag{5-13}$$

$$F_b = \rho_a v g \tag{5-14}$$

$$F_d = \frac{1}{2} C_d \rho_a A v^2 \tag{5-15}$$

$$F_e = \rho_s V g \tag{5-16}$$

式中 ρ_a——空气密度，$\rho_a = 0.0012\ kg/m^3$；

g——重力加速度，$g=9.81$ m/s^2；

A——颗粒投影面积，m^2；

C_d——阻力系数；

v——颗粒沉降末速度，m/s。

假定颗粒形状为圆球体，直径为 d，则

$$A=\frac{1}{4}\pi d^2 ; V=\frac{1}{6}\pi d^3$$

整理式（5-13）~式（5-16），可得

$$v=\left[\frac{4(\rho_s-\rho_a)gd}{3C_d\rho_a}\right]^{1/2} \tag{5-17}$$

式（5-17）为牛顿速度方程式，用以表示颗粒物在气流中的运动速度。与水中颗粒运动有所不同，风选机中气流速度通常为紊流状态，雷诺数 $Re\geqslant 10^4$。

影响风选过程的主要因素为颗粒在气流中的沉降速度（v）。不同物料颗粒间沉降速度差异越大，越易于分离（回收率与纯净度越高）。影响沉降速度的主要因素是颗粒与空气间的密度差和粒径，沉降速度均正比于两者的平方根。由于空气密度为定值，因此不同物料颗粒在气流中的沉降速度取决于各自的密度与粒径。例如，城市生活垃圾经过破碎处理，颗粒较为均匀，可以预料，当采用风选时，有机物与无机物之间的分离是最有效的，通常称为轻组分（如纸张、塑料膜等）与重组分（如各类金属、玻璃及其他惰性物质）的分离。然而在城市生活垃圾中，轻、重组分的含水率不同，导致各组分颗粒间密度差异发生变化，影响分离效率。因此，也可通过控制物料的粒径，达到有效分离的目的。对于垃圾中重金属、轻金属与玻璃等密度较大的物料，也可通过控制各物料粒径差异采用风选。

3. 风选机械

风选机械有两种类型，即水平风选机与垂向风选机。图 5-23（b）是典型水平风选机的示意图，由供料输送带、风机和带有隔断的分离室组成。排出的空气需经气、固分离装置净化后排出。这种风选机适用于密度有一定差异、两种以上物料颗粒的分离。

垂向风选机种类较多，图 5-24 为两种典型的垂向风选机示意图。第一种为常规槽型垂向风选机［图 5-24（a）］。经破碎后的垃圾颗粒，通过顶部旋轮空气闭锁器，落入竖槽，空气流由风机通过槽底吹入，与废物流形成逆流。轻组分被空气流携至顶部，经旋分器分离回收，而重组分不足以被气流携带而落入槽底，由输送带输出。

第二种为锯齿型垂向风选机［图 5-24（b）］，其竖槽为一连续中央锯齿反射器，抽风机与旋分器相连，通过抽吸作用，气流由槽底吸入，与旋轮空气闭锁器中落入的废物流形成逆流。重组分落入槽底，轻组分随气流上升至旋分器被分离。锯齿反射器使气流形成旋流，废物颗粒在转弯处产生滚翻作用，团状物料可被充分分散，以达到最佳分离效果。

图 5-25 为一种开口振荡型风选机系统图，亦属于垂向风选机。轻、重组分的分离由 3 种作用完成：一是通过振荡作用使进入分选器的轻、重组分分层，在废物颗粒沿分选器向下传输过程中，重组分在振荡搅拌作用下，沉于底部；二是通过惯性作用，使进料口引入的空气流，对轻组分颗粒产生初始加速度；三是送风机由物料通道下部，以 2 倍于进料口气速吹入逆向气流，使之形成低气团流态化，以改变轻组分颗粒的方向，并通过上部抽风机的抽吸气流（相当于流态气量 3 倍），将轻物料传输至旋分器。这种风选机对固体废物颗粒尺寸

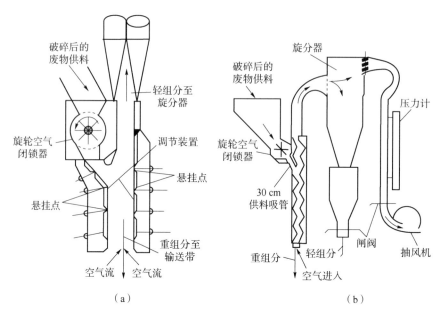

图 5-24　两种典型的垂向风选机示意图

（a）常规槽型垂向风选机；（b）锯齿型垂向风选机

没有严格要求，进料口无须闭锁装置。除风选机本体外，尚需配备旋分器，以净化排出的空气。

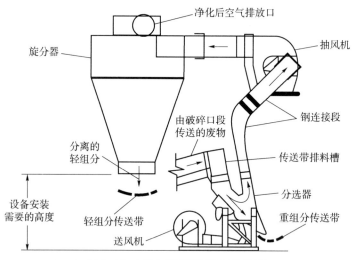

图 5-25　开口振荡型风选机系统图

1. 风选设备设计要点与基本参数

1）风选设备设计要点

（1）确定经破碎的垃圾颗粒特征，包括粒径、形状、含水率、纤维含量及成团状态等。

（2）确定轻组分物料特征。

（3）由破碎单元到分选单元的物料输送与进料方法。

（4）考虑风选操作特性，包括能源的要求，维修、操作的简易性，性能的可靠性，噪声输出量，以及空气与水污染控制的要求。

（5）考虑设备安装的空间、高度、通道等要求条件。

2）风选设备设计基本参数

风选设备设计时，需要确定以下基本参数。

（1）气固比。对城市生活垃圾中轻组分的分选气固比取 1.25：1～5：1（质量比）为宜。

（2）气流速度。城市生活垃圾颗粒形状与性质比较复杂，同时又是在密集的、有限壳体内气流中运动，颗粒与边界作用形成阻力，以及物料之间成团作用等，对气流速度均产生较大影响。因此，对于不同类型城市生活垃圾，采用风选分离时，所需气流速度不尽相同，目前尚无统一的计算公式，通常采用表 5-2 中的经验数据。

（3）其他。如单位时间供料负荷、空气输送量、气体压力降等。

表 5-2　不同废物颗粒所需气流速度

废物颗粒种类	气流速度/(m·s^{-1})
粉末颗粒	10.2
木片、木屑	15.3
锯末	10.2
黄麻短纤维	10.2
胶末	10.2
纤维屑	7.6
金属粉末	11.2
铝末	25.5
黄铜车屑	20.4
煤粒	20.4

5.4　磁　　选

5.4.1　磁选原理与应用

磁选是利用固体废物中不同组分的磁性差异，在不均匀磁场中实现分离的一种分选技术。城市生活垃圾中存在 3 种不同磁性介质，即弱（顺）磁性、铁（强）磁性与非磁性介质。各自的磁性特征，可用磁化强度表征。介质的磁化强度用式（5-18）表示：

$$M = x_m H \tag{5-18}$$

式中　M——磁化强度，A/m；

　　　H——磁场强度，A/m；

　　　x_m——磁化率，无量纲纯数，只与介质种类有关。

当 $0 < x_m < 1$ 时，经磁化后，介质的磁场与外磁场方向相同，此为顺磁性介质，磁性较弱，如铝、铋、锑等。若介质 $x_m = 0$，则为非磁性介质。铁磁性介质为强磁性，在外磁场的作用下，可产生与外磁场方向相同的强附加磁场，x_m 较大，且不为恒量，一般在 $10^2 \sim 10^3$，甚至高达 10^6，与磁场强度的关系较为复杂。

电磁场是由电流感应产生的磁场，其磁场强度由式（5-19）获得：

$$H = \frac{NI}{L} \tag{5-19}$$

式中　N——线圈匝数；

　　　L——螺线管长度，cm；

　　　I——通过的电流强度，A。

磁场强度与磁感应强度（亦称磁通密度）是表述外磁场的两个特征参数，在有弱磁性介质存在的磁场中，磁感应强度与磁场强度有以下关系：

$$B = \mu H \tag{5-20}$$

式中　B——磁感应强度，T；

　　　μ——磁导率，与磁化率呈正相关，$\mu = (1 + x_m)\mu_0$，x_m 为磁化率，μ_0 为真空磁导率（$\mu_0 = 4\pi \times 10^{-7}$ H/m）。

对于铁磁性介质，B 与 H 为非线性关系，即

$$dB = \mu dH \tag{5-21}$$

在磁场中，各点磁感应强度大小和方向均相同时，称为匀强磁场；反之称为非匀强磁场。也可用磁场强度随空间位移变化率——磁场梯度 dH/dl 定义磁场的均匀性：当 $dH/dl = 0$ 时，为匀强磁场；当 $dH/dl \neq 0$ 时，为非匀强磁场。

磁导率为 μ，体积为 V 的废物颗粒，在磁场中被磁化所做的功（dW）为

$$dW = VHdB = VH\mu dH = Fdl \tag{5-22}$$

式中　F——磁场对颗粒的作用（吸）力，N；

　　　dl——距离，m。

磁场对颗粒的作用（吸）力为

$$F = \frac{VH\mu dH}{dl} \tag{5-23}$$

由式（5-23）可知，磁性介质在固定磁场中所受的吸引力，随磁场梯度增大的方向而增大。磁导率越大的介质，所受吸力越大。固体废物中含有不同磁性组分颗粒，磁选过程就是利用在非匀强磁场中不同磁性组分颗粒受到磁场吸力的差异与同时作用于各颗粒的重力、摩擦力与惯性等力的平衡关系来实现分离。对处理较大颗粒的磁选装置，重力与摩擦力起主导作用；对处理小颗粒的磁选装置，静电力与流动阻力起主导作用。

被分离的介质间，磁导率差别不大的组分，回收率主要取决于粒度的差别，因为磁选装置对于此类物料无明显选择性，这是磁选的固有缺点。因此，磁选仅适用于铁磁性与非铁磁性物质间的分选，是一种辅助分选手段，多用于下列几种情况：一是回收黑色金属；二是纯化非铁磁性材料；三是预选固体废物中大块黑色金属，保护后续处理设备，并减少焚烧与填埋量。

5.4.2　磁选设备

用于固体废物的磁选设备有以下几种类型。

1. 吸持型磁选机

图 5-26 为两种吸持型磁选机示意图。滚筒式吸持型磁选机的构造：水平滚筒外壳由黄铜或不锈钢制造，内包有半环形电磁铁。垃圾颗粒由传送带落入滚筒表面时，磁性材料被吸引至下部，由刮片刮脱至收集斗，非铁金属与其他非磁性材料由滚筒面直接落入另一集料斗。在带式吸持型磁选机中，磁性滚筒与废物传送带合为一体，传送带随滚筒旋转，带上垃圾颗粒至磁性面时，即可实现物料的磁性分离。

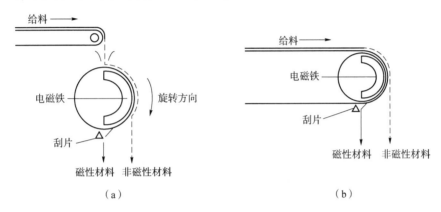

图 5-26　两种吸持型磁选机示意图

（a）滚筒式吸持型磁选机；（b）带式吸持型磁选机

2. 悬吸型磁选机

图 5-27 为悬吸型磁选机示意图。悬吸型磁选机通过传送带，将垃圾颗粒输送至有较大磁场梯度的磁选机下方。其中，黑色金属被传送带式磁选机悬吸至远离磁场部位，落入集料斗；弱磁性材料被悬吸至磁场梯度较小处被收集；非磁性材料则直接由传送带端部落入集料斗。

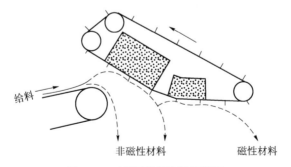

图 5-27　悬吸型磁选机示意图

5.4.3　磁选工程设计要点

（1）通过技术经济评价，选择适宜的工程建厂地址。

（2）确定被分选的垃圾颗粒特征，如铁磁性材料含量、密实度，各组分间彼此成团或黏附的倾向，颗径（大块铁件直径应小于 20 cm）以及含水率等。

（3）磁选机的类型与特征参数选择。选择适宜的磁选机类型，根据磁选机类型确定其特征参数：给定磁选机负荷率、分选效率、滚筒长度与转速；磁体长度、直径、磁场强度与磁场梯度；传送带速度、设备结构材料与冷却系统选择等。通常，滚筒式吸持型磁选机滚筒长为 30~150 cm，直径为 30~75 cm，传送带速度为 50~250 m/min；带式吸持型磁选机滚筒直径为 30~60 cm，带宽为 2.5 m，传送带速度为 2.5~7.5 m/min。磁体磁场强度与磁场梯度，根据废物颗粒大小确定。

（4）其他。考虑设备安装的空间、高度与通道等因素。

5.5　筛　　分

5.5.1　筛分原理

筛分是根据固体废物颗粒粒径的差异，通过一定孔径的筛分器，达到不同粒径的颗粒分级的分选方法。一个有均匀筛孔的筛分器，只允许小于筛孔的颗粒通过，较大颗粒留在筛面之上而被排除。一个颗粒至少有两个方向尺寸小于筛孔才能通过。因此，筛分是通过一个以上不同孔径的筛面，将不同粒径颗粒的混合固体分选为两组以上颗粒组的过程。筛分分为干筛与湿筛两种，城市生活垃圾多采用干筛。在城市生活垃圾资源与能源回收工程中，已大量应用筛分设备，主要用于破碎后有机组分的筛分，也可作为资源回收工厂处理前的粗清理作业，通过一道筛分，可将大部分玻璃分离出来，以减少后工段的机械磨损。

5.5.2　筛分设备

城市生活垃圾处理常用的筛分设备是旋转圆筒形筛分器（图 5-28）。此种筛分器的主体是一个筒壁开有筛孔的倾斜圆筒，置于若干驱动滚轮之上，以较缓慢的速度（10~15 r/min）转动。其优点是不易堵塞、功率较小、应用广泛。

另一种常用筛分设备是振动平板筛。由于振动平板筛易被纺织物或废纸堵塞，因而限制了其用于轻组分的筛分。振动平板筛的主要用途是筛除小颗粒的玻璃。

5.5.3　影响筛分效率的因素

在筛分过程中，小于筛孔的所有颗粒，由于种种影响因素，不可能全部通过筛孔，因此有一个筛分效率问题。通常情况，筛分综合效率在 85%~95%，筛分效率受以下因素影响。

1. 颗粒尺寸与形状

颗粒尺寸与形状是影响筛分效率的主要因素。粒径与筛孔孔径差异越大，筛分效率越高，球形与多边形颗粒比其他形状更易于过筛。

2. 含水率

固体废物含水率过高，易造成细小颗粒黏附成团，从而影响筛分效率。

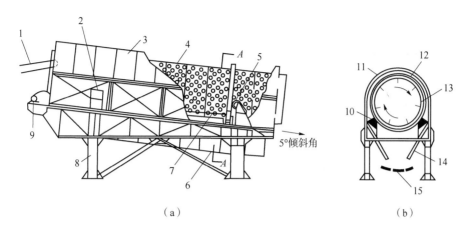

图 5-28　旋转圆筒形筛分器

（a）侧视图；（b）*A-A* 剖面

1—供料传送带；2—驱动轮罩；3，11—外壳；4—筛筒；5—止推轮；6，14—排料斗；7—驱动轴；
8—支撑腿；9—电机；10—驱动轮；12—驱动环；13—废物导流板；15—排料传送带

3. 筛孔形状

筛分器筛孔形状有方形与圆形两种。方孔面积较大，有利于筛分；但颗粒小、含水率高的颗粒宜采用圆孔。

4. 操作方式

供料负荷的均匀程度以及沿筛面宽度方向上给料方式，均影响筛分效率。

5. 筛分器的长宽比、倾斜度与振荡频率

当给料负荷恒定时，筛面长宽比对筛分效率有较大影响。平板筛的长宽比一般在 2.5 ~ 3.0；筛面与水平倾斜度在 15°~30°；振动筛振幅与频率必须使筛面产生足够的加速作用，以防堵塞。

5.6　其他分选技术

除上述常用的几种分选技术外，尚有以下几种可供选用的分选技术。

5.6.1　浮选

浮选是以水为介质，投加适宜的化学浮选剂，如捕获剂、发泡剂、活化剂、抑制剂或调节剂等，根据各类废物颗粒表面性质的差异，借助水中泡沫的浮力，从混合物中分离物料。浮选与被分离的颗粒密度无关，但需要在较细的粒度下操作。

5.6.2　跳汰分选

跳汰分选也是一种重力分选技术，适用于密度差较大废物颗粒的分选。此法以水为介质，当物料进入筛面时，随上下往复运动而形成的垂向交变振荡水流作用，按密度差逐级分层，密度最小的物料浮于表面溢流分离，密度大的物料沉于筛底，由侧口随水流出。跳汰分选适用于在分选分级操作中未得到分选的细粒金属的回收。

5.6.3　静电分选

静电分选是利用固体物料中各组分在高压电场中电性的差异而实现分选的一种方法。静电分选技术既可从导体与绝缘体的混合物中分离出导体，也可对含不同介电常数的绝缘体进行分离。用于导体（如金属类）和绝缘体（如玻璃、砖瓦、塑料与纸类等）混合颗粒分离的静电分选装置，其主要部件是由带负电的绝缘滚筒与靠近滚筒和供料器的一组正电极组成。当物料接近滚筒表面时，由于高压电场感应作用，导体颗粒表面发生极化作用，产生正电荷，被滚筒聚合电场所吸引；与滚筒接触后，传导作用使之转而带负电荷，在库仑力作用下，又被滚筒排斥，脱离滚筒而下落。绝缘体因不产生上述作用，被滚筒迅速甩落，达到导体与绝缘体的分离。

不同介电常数的绝缘体静电分选是将待分离的混合颗粒悬浮于介电常数介于两种绝缘体之间的液体中，在悬浮物间建立汇聚电场。此时，介电常数高于液体的绝缘体，向电场增强方向移动，而低介电常数的绝缘体则反向移动，达到分离目的。静电分选可使塑料类物质回收率达到99%以上，纸类回收率高达100%。含水率对静电分选的影响与其他分选方法相反，回收率随含水率升高而增加。

静电分选设备电极中心距约为0.15 m，需用电压35~50 kV。

5.6.4　光谱分选

1981年，美国回收技术公司（NRT）采用检测PVC中的氯原子技术，开启了X光塑料垃圾分选时代。20世纪90年代，美国研发了首台近红外光电分选机，利用近红外吸收光谱可以分辨出多种不同的塑料。2000—2010年，近红外光谱分选技术有了很好的发展。意大利Montell公司制造了TiTech NIR塑料分离系统，德国Buhler AG公司开发了NIRIKS系统。该类系统能够快速鉴别废旧塑料，被测物件的最小尺寸为4 cm × 4 cm，分选速度可达每秒25个扫描数据。

基于非常多窄波段，高光谱成像系统将光谱技术与成像技术相结合，可实现分辨率高、图谱合一和快速无损检测等。高光谱成像主要应用于农业、医学、遥感等领域，现在也可用于垃圾分类。其原理主要是根据不同类别的生活垃圾对不同波长的光产生的不同吸收特性。只要获得垃圾对不同波长的光的反射率光谱信息，高光谱成像就可以建立识别分类模型，从而对其进行分析，实现垃圾的识别和分类。相比于检测时间长、分类效率低、无法快速分拣的现有设备，高光谱成像拥有更高的分类准确度和效率，有助于垃圾分类的系统化、机械化和智能化。近期，国外科学家还发明了可以嵌入手机的微型光谱仪，其也是依据高光谱成像的原理制成。

近年来，我国自主研发了一些用于实现垃圾精细分选的光谱分选系统，如小武基光谱分选系统。该系统根据不同物质对光谱形成的反射不同的原理，实现不同物质之间的精细筛分。该系统投入使用后，对废塑料类材料能分辨出PVC、PE、PP、PET等8种不同材料，提高分选、处理和综合利用的效率。该系统也能分辨出纸张等轻质物质。

除了光谱技术，人工智能也逐渐引起了人们的注意。近年来，美国一所人工智能实验室开发了一种基于人工智能技术的垃圾回收分选机器人，可通过触摸的方式区分纸张、金属和塑料。日本企业也逐渐推出垃圾分拣机器人，可通过视觉分析系统对垃圾进行分类，并对废旧物品进行自动回收。其他利用传感器和人工智能技术开发的垃圾分拣系统也在不断升级和更新，期望在实际的生产生活中发挥更大的作用。

5.7　脱水和干燥

造纸工业废水和污水处理后的固体废物多是以有机物为主要成分的有机泥渣或污泥，具有有机物含量高、容易腐败发臭、密度较小、含水率较高、呈胶状结构、不易脱水、流动性较好及便于用管道输送的特点。凡含水率超过 90% 的固体废物都需要进行脱水处理。脱水方法很多，主要为浓缩脱水、机械脱水和干燥等。脱水和干燥的具体内容见第 10 章污泥的管理及处理处置。

思考题

1. 简述各种压实设备与破碎设备的作用原理及应用范围。

2. 城市生活垃圾中含有铁金属 10%，废铝金属 4%，采用风选、磁选组合工艺，分离铁与铝废物供料负荷 100 t/h。其中，回收铁金属物料 11 t/h，实际含铁质量为 9.2 h；回收铝金属 4.5 t/h，实际含铝为 3.5 t/h。求各自的回收率、纯净度与综合效率。

3. 简述各分选技术在处理城市生活垃圾中的原理及作用。

第6章

固体废物的焚烧处理

城市生活垃圾中含有较多的可燃物，通过焚烧回收热资源是城市生活垃圾资源化的重要途径。焚烧可减少垃圾体积的 80%~95%，使最终产物成为体积很小的灰渣。高温焚烧可彻底消灭各类病原体，消除腐化源，同时可提供热能。城市生活垃圾焚烧处理与能源回收是实现垃圾资源化的有效技术，日益受到各国的重视。

露天焚烧垃圾会产生大量的烟尘，严重污染环境。英、美等主要工业化国家于 19 世纪末率先发展了垃圾集中焚烧处理技术。至 20 世纪初叶，现代化垃圾焚烧炉系统相继建立，并逐步将焚烧炉应用于工、矿企业固体废物的焚烧与能源回收领域。目前，全球已建垃圾焚烧-发电连供系统 2 000 余座，主要集中于西欧、美国与日本等地。日本 97% 的城市生活垃圾采用焚烧-发电处理，美国与德国的垃圾超 40% 是采用焚烧-发电处理。

我国于 20 世纪 80 年代开始研究、发展适合国情的城市生活垃圾焚烧技术，并用于中小规模的垃圾焚烧系统。近年来，随着我国垃圾焚烧技术研究与应用的不断深化，各大中城市均大力推进了垃圾焚烧-发电工程建设。自 1988 年深圳建成我国第一座垃圾焚烧-发电系统，截至 2022 年 1 月，全国生活垃圾焚烧发电厂已达 710 家左右，目前尚有多座在建。近期建成的深圳东部环保电厂是我国目前最大的垃圾焚烧环保发电厂，是国内首个集生产、生活、办公、教育、旅游为一体的废物处理综合体项目，开拓了传统垃圾焚烧发电厂的用途。深圳东部环保电厂每日可处理 5 000 t 垃圾，配备 6 条 850 t/d 的垃圾焚烧处理生产线，余热锅炉产生的蒸汽供 3 台 60 MW 汽轮发电机组，年发电量约 6 亿千瓦时。我国垃圾焚烧-发电应用工程发展迅速，垃圾焚烧处理率逐年上升。

城市生活垃圾能否采用焚烧处理，主要取决于其可燃性与热值。表 6-1 列出了城市生活垃圾与几种典型燃料热值与起燃温度。由表 6-1 可以看出，城市生活垃圾起燃温度较低，且其热值适中，具备焚烧与热源回收条件。

表 6-1 城市生活垃圾料和几种典型燃料的热值与起燃温度

焚烧对象	热值/(kJ·kg⁻¹)	起燃温度/℃
城市生活垃圾	9 300~18 600	260~370
煤炭	32 800	约 410
氢气	142 000	575~590
甲烷	55 500	630~750
硫黄	1 300	约 240

6.1 焚烧处理的基本条件

为保证燃料在焚烧炉中达到最佳燃烧水平，需满足以下基本条件。

（1）燃料在炉内的停留时间（Time）。

入炉燃料在炉内燃尽所需的时间，称为燃料在炉内的停留时间，包括燃烧室加热、起燃与燃尽时间。燃料在炉内的停留时间受燃料粒径的显著影响。燃料粒径越大，停留时间越长。为使停留时间缩短，投料前应预先对燃料（或垃圾）进行破碎处理。不同的垃圾在炉内的停留时间不一致，不同炉型其垃圾的停留时间也不一样。若用炉排焚烧垃圾，为让垃圾在炉内充分干燥，垃圾在第 1 级炉排上的停留时间应在 100~110 s；为让垃圾在炉内充分焚烧，第 2~3 级炉排停留时间一般在 80~100 s；为使垃圾完全烧透，第 4 级炉排的停留时间应在 180~200 s。

（2）燃料与空气的混合状态（Turbulence）。

燃料与助燃空气混合越充分，紊流度越大，焚烧越充分，停留时间亦相应缩短。因此，通过鼓风机在火焰上、下喷射适度过量空气是必要的。但过度供风会导致火焰温度降低，烟气中一氧化碳等含量增高，从而增加能耗。设计合理的供风与炉算系统是满足此条件的重要保证。

（3）焚烧过程的温度（Temperature）。

焚烧过程的温度取决于燃料的性质，如热值、燃点与含水率等，同时也受炉体结构与供风量的影响。较高的火焰温度，可减少燃料在炉内的停留时间，但对炉体及耐火材料（砖）会有不利影响。因此，火焰温度足够高时，需对燃烧速度加以限制，此时停留时间成为主要控制因素；相反，火焰温度过低时，则需采取合适的辅助手段，提高燃烧效率。当垃圾热值较低时，火焰不能达到足够的温度，常需投加适量辅助燃料，以提高燃烧效率。此时燃料的停留时间不再是主要控制因素，应通过控制供风量进行调节。

（4）过剩的空气（Excess of Air）。

固体废物焚烧所需的空气量，可根据其中可燃成分焚烧时所需的氧气量计算出来，一般为可燃成分（如 C、H、S）达到完全燃烧所需的空气量，称为理论空气量。但在工程实践中，固体废物中的可燃成分在焚烧过程中，不可能和空气中的氧气百分之百接触。为了实现完全燃烧，一般都要供给比计算出的理论空气量多一些的空气，多供给的这部分空气量则称为过剩空气量。实际空气用量和理论空气用量的比值，即"实际空气用量/理论空气用量"表示空气的过剩程度，称为过剩空气系数（α）。但太多过剩的空气会吸收过多的热量，不仅会引起燃烧室温度的降低，而且会增加输送空气及余热所需的能量。同时，还要注意空气在燃烧室内的分布。在氧化反应集中的燃烧区，应多送入空气。炉膛空气供给量的选择与炉型、垃圾性质、空气供应方式有关。对具体的废物焚烧过程，需要根据物料的特性和设备的类型等因素确定过剩空气量。垃圾水分多，热值低时，空气比值较大；间歇运行的焚烧炉比连续运行的要大。

以上基本条件既有各自的独立性，又相互制约，称为燃烧的"3T+A"原则。

6.2 焚烧过程的热量与物料衡算

焚烧过程是物质相变和能量转化的过程，遵循质量守恒和能量守恒规律。在焚烧过程中，可列出质量衡算和能量衡算的关系式。以水蒸气为最终热产品的焚烧过程的质量衡算、能量衡算相关参数分别列于表 6-2 和表 6-3 中。根据相关参数，可分别列出质量和能量衡算关系式。

表 6-2　质量衡算相关参数

质量输入	质量输出
燃料总量	灰渣产量
	飞灰量
	烟气总产量

表 6-3　能量衡算相关参数

热量输入	热量输出
燃料产生的总热量	蒸发潜热
锅炉进水的含热量	辐射热损失
	灰渣中热损失
	烟气热损失
	蒸汽热焓

根据焚烧过程的质量与能量衡算关系计算获得的质量和热量产出的各项数据，是焚烧炉或锅炉设计的主要依据。

6.3 城市生活垃圾焚烧与热源回收系统

一个完整的城市生活垃圾焚烧与热源回收系统，通常包括下面介绍的 7 个子系统。

（1）垃圾处理与贮存系统。

城市生活垃圾进入焚烧设备的必要技术条件，是使物料中不可燃成分降低至 5% 左右，粒度小且均匀，含水率低于 15%，不含有毒有害物质。因此，城市生活垃圾需要进行人工拣选、破碎、分选、脱水与干燥等预处理环节，以满足上述各项技术条件。为保证焚烧过程的连续性，需建造一定容量的垃圾贮存场所。对于小型焚烧炉，贮存系统要有 1 周的贮存量；对于大型焚烧炉（日处理量>500 t），通常要具备 2~3 天的贮存量。

（2）进料系统。

焚烧系统的进料过程分为间歇式和连续式两种。由于连续进料具有炉容量大、燃烧带温度高、易控制等优点，所以现代大型焚烧炉均采用连续进料方式。连续进料系统是由一台抓斗吊车将待燃垃圾从垃圾贮存池抓取、提升，然后卸入炉前给料漏斗，漏斗一般处于充满状态，以保证燃烧室的密封。料斗中垃圾通过导管，在重力作用下输送到燃烧室，提供连续的供燃烧的物料流。

（3）燃烧室。

燃烧室是固体废物焚烧系统的核心，主要由炉膛、炉箅与助燃空气供风系统等组成。炉膛结构由耐火材料或水管壁构成，有单室方型、多室型、垂直循环型、复式方型与旋转窑等构型。

燃烧过程一般经历初级与次级两个阶段。初级阶段包括干燥、脱水、升温、起燃等初步燃烧过程，起燃区火焰温度保持在 700~1 000 ℃；次级阶段是初级燃烧带未燃尽的细小颗粒与可燃气体进一步氧化燃烧过程，此燃烧带温度通常在 600~1 000 ℃。现代焚烧炉的设计需考虑初级与次级燃烧过程的特征。两级燃烧带可由多个独立燃烧室构成，也可在初级燃烧室附加空间作为次级燃烧带。炉膛尺寸与燃烧室数是焚烧炉设计的主要内容。炉膛尺寸影响燃烧效率，炉膛过大会导致燃烧效率低，炉膛过小则燃料不能得到充分燃烧，加重空气污染并产生过多灰渣。燃烧室数取决于焚烧炉燃烧负荷，高负荷炉宜采用双室结构。

炉箅是燃烧室的重要组成部分。炉箅有两个功能：一是传送燃料通过燃烧带，将燃尽的灰渣转移到排渣系统；二是在移动过程中使燃料发生搅动，促进空气由下向上通过炉箅料层进入燃烧室，促进燃烧。常见的炉箅结构类型有往复式、摇动式与移动式等，应根据燃烧室结构与操作特征进行设计和选择。炉箅技术设计原则包括防止产生二次起燃、可靠地运送燃料、稳定的操作性能与易损零件的可更换性等。

助燃空气供风系统是保障燃烧室内燃料有效燃烧所需的风量，由送风机或抽风机通过风道与炉箅系统，将足够的风量供于火焰上下。火焰上送风是使炉气达到紊流状态，保障燃料完全燃烧；火焰下进风是通过炉箅向燃烧室进风，控制燃烧过程，防止炉箅过热。实际供风量应高于理论值，适度过量的供风除了能保证垃圾完全燃烧外，还有助于控制炉温。由耐火材料衬砌的炉膛，实际供风量应比理论值至少大 1 倍。

（4）废气排放与污染控制系统。

废气排放与污染控制系统包括烟气通道、废气净化设施和烟囱等。焚烧过程产生的主要污染物包括粉尘、恶臭、易挥发或半挥发金属污染物、氮氧化物、硫氧化物等。若垃圾中含氯塑料在焚烧过程中未能被完全分解，会产生二噁英。二噁英具有很强的毒性，且较难处理，对环境和人类健康有较大危害，在垃圾焚烧过程中必须严格控制二噁英的产生。通常焚烧温度达到 850 ℃以上时，含氯塑料可被完全分解，基本不会产生二噁英。因此，垃圾焚烧炉温度均需控制在 850 ℃以上，以阻碍二噁英产生。

垃圾焚烧炉首要控制的污染对象是粉尘与恶臭气味。粉尘污染控制的常用设施为沉降室、旋分器、湿式除尘设备、袋式过滤器、静电除尘器等。废气通过除尘设施后，烟气所含颗粒物不能超过《生活垃圾焚烧污染控制标准》（GB 18485—2014）最高允许排放值（1 h均值 30 mg/m³或 24 h 均值 20 mg/m³）。焚烧过程产生的氮氧化物、硫氧化物与二噁英也需要同时去除。恶臭的控制，主要采用负压系统，把臭气输送到焚烧炉中一并燃烧处理。此外，根据其中某种气味的成分，采用适当的物理与化学处理措施，也能在一定程度上减少异味废气的排出。

烟囱的作用：一是为建立焚烧炉中的负压度，使助燃空气能顺利通过燃烧带；二是将燃后废气由顶口排入高空大气，使剩余污染物、臭气与余热等通过高空大气稀释扩散作用得到最终处理。

（5）排渣系统。

对燃尽的灰渣应通过排渣系统及时排出，以保证焚烧炉正常操作。排渣系统由炉箅、通道与履带相连的水槽组成。灰渣在移动炉箅上经过通道，在重力作用下落入储渣室水槽，经水淬冷却后，由传送带转移到渣斗，最后由车辆运走。

（6）焚烧炉的控制与测试系统。

现代焚烧炉基本都配备自动化控制与测试系统，以保证焚烧过程的自动化进行，同时实现以最少的操作人员，达到高效率、正常工况运行水平。由于焚烧炉各辅助系统间相互联系，其控制与测试系统较为复杂。焚烧炉控制与测试系统包括以下部分：一是运转性能判断装置；二是确定各性能的传感器（仪表）；三是设备运转系统；四是符合运转性能标准的控制装置。

焚烧炉控制系统是典型的反馈回路系统，每一分支系统都有一个反馈回路，经常在被控制的变量间相互联系。每一因素依赖于另一因素，所有因素在整体控制系统中相互联系，形成联级控制系统。信息模拟、数字显示与转换装置、计算机技术的快速发展，促使焚烧-发电控制系统日臻完善和可靠，使垃圾焚烧系统各因素间的协作更和谐。

一般垃圾焚烧炉采用的控制系统包括供风控制，炉温、炉压与冷却系统控制，收尘系统控制和发电系统控制等。测试的参数包括压力、温度、流量、烟气污染物浓度等。焚烧炉控制系统也具有指示与警报功能。

（7）热资源回收系统。

回收垃圾焚烧系统的热资源是建立垃圾焚烧系统的主要目的之一。据统计，焚烧 1 kg经处理、分选后的城市生活垃圾，可产生 0.5 kg 蒸汽。焚烧炉热资源回收系统有 3 种方式：一是与锅炉合建焚烧系统，锅炉设在燃烧室后部，使热能转化为蒸汽回收利用，可用于发电或供热；二是利用水墙式焚烧炉结构，炉壁以纵向循环水列管替代耐火材料，管内循环水被加热成热水，再通过与后方相连的锅炉，生成蒸汽回收利用，用于发电或供热；三是将加工后的垃圾与常规燃料按比例混合，作为大型发电站锅炉的混合燃料。图 6-1 为典型城市生活垃圾焚烧系统流程。

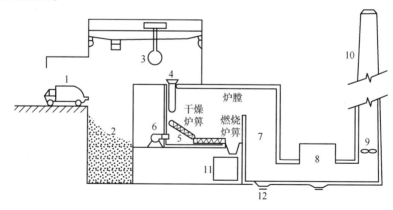

图 6-1　典型城市生活垃圾焚烧系统流程

1—运料卡车；2—储料仓库；3—吊车抓斗；4—装料漏斗；5—自动输送炉箅；6—强制送风机；7—燃烧室与废热回收装置；8—废气净化装置；9—引风机；10—烟囱；11—灰渣斗；12—冲灰渣沟

6.4　焚烧炉的效率

在焚烧过程中，垃圾中可燃成分不可能一次全部燃尽，故存在燃烧效率问题。燃烧效率的高低关系到焚烧炉设计水平的高低。焚烧炉的燃烧效率可根据炉渣中可燃物剩余率关系式计算获得：

$$E = 100 \times \left(1 - \frac{M_r}{M_f}\right) \tag{6-1}$$

式中　E——焚烧炉的燃烧效率，%；

　　　M_r——单位时间排出灰渣中可燃物含量，kg/h；

　　　M_f——单位时间进料中可燃物含量，kg/h。

通过等值浓度式，也可以获得焚烧炉的燃烧效率：

$$E = \frac{1 - M_r}{M_A + M_r} \tag{6-2}$$

式中　M_A——炉渣中灰分含量，g（灰）/g（渣）；

　　　M_r——炉渣中可燃物含量，g（可燃物）/g（渣）。

6.5　焚烧炉的类型

常用于垃圾焚烧的焚烧炉有以下几种。

（1）标准焚烧炉。

标准焚烧炉属于小型炉，适用于日处理垃圾 45 t 以下，一般焚烧厂可设多套，每 2~8 套为一组。这种炉型可以焚烧不经预处理加工的垃圾，需要投配适量辅助燃料，如天然气等。焚烧后剩余灰渣体积小于原垃圾体积的 10%，质量减少 65%~70%。若与热回收锅炉一起建设，热回收率可达到 60%~65%。这种焚烧炉可分散配置在居民小区附近。

（2）层燃式（多腔）焚烧炉。

这种炉型是工业中常见的焚烧炉，适用于各类固体废物的焚烧。焚烧炉中心有一个可转动的烟囱，带有多层旋转型炉箅，每排炉箅占一层炉膛，箅上有螺旋推料板。物料在每层燃烧旋转一周后，由推料板通过排料口流至下一层继续燃烧，直到最后一层燃尽，将灰渣排出。层燃式（多腔）焚烧炉可分为 3 个操作区：顶部进料膛为烘干脱水区，温度在 300~550 ℃；中部为燃烧区，温度在 760~980 ℃；最下层为灰渣冷却带，温度降为 260~540 ℃。此种焚烧炉燃烧效率较高，适用于城市生活垃圾与污水处理厂污泥混合料的焚烧。

（3）水墙式锅炉。

水墙式锅炉燃烧室内设有循环水列管炉壁，端部与封闭管板相连，管内循环水可直接加热成蒸汽回用，也可作为热水回用。这种炉在焚烧垃圾时，无须引入过量助燃空气，即可有效控制燃烧温度。当垃圾中含有过多聚氯乙烯塑料废物时，燃烧过程会产生大量氯化物，列管容易被腐蚀，故水墙式锅炉不太适合处理含有较多聚氯乙烯塑料废物的垃圾。

（4）流化床焚烧炉。

流化床焚烧炉一般为圆锥形，热空气由炉底输入，使炉箅上铺设的砂（或耐热材料颗粒）层形成流态化，待燃废物与辅助燃料由上部喷入燃烧室，在流化床中燃烧。由于流化床内传热速度快，可使物料立即起燃，燃烧热可迅速被燃烧床吸收。砂床与喷入燃料之间的热传递为一个连续过程，燃烧床温度（760~870 ℃）一般低于其他炉型，砂床热容量高于常规炉 2~3 个数量级。废物燃料在炉内停留时间较长，到其体积与质量减至最小为止。流化床内气流速度为 1.5~2.5 m/s，砂层厚度为 0.5~3.0 m，反应器直径一般为 15 m 左右。这种焚烧炉适于细小颗粒固体废物，如干污泥颗粒等的焚烧，不适于含有易熔或易结渣的废物。流化床焚烧炉的运行费用一般较高。

6.6　固体废物焚烧烟气的污染物控制

6.6.1　焚烧烟气中的污染物及其控制方法

1. 烟气中的污染物

焚烧烟气中所含污染物的产生及含量，与废物的成分、燃烧速率、燃烧炉结构形式、燃烧条件、废物的进料方式等密切相关。垃圾焚烧产生的主要污染物如下。

（1）不完全燃烧产物：CO、炭黑、烃、烯、酮、醇、有机酸及聚合物等。

（2）粉尘：废物中的惰性金属盐类、金属氧化物或不完全燃烧物质等。

（3）酸性污染物：卤化氢（氟、氯、溴、碘），SO_x（主要为 SO_2 和 SO_3），NO_x，P_2O_5，H_3PO_4（磷酸）等。

（4）重金属污染物：包括铅、汞、铬、镉等的单质、氧化物及氯化物形态存在的污染物。

（5）二噁英：多氯二苯并对二噁英（PCDDs）和多氯二苯并呋喃（PCDFs）。

2. 主要控制方法

（1）不完全燃烧产物：设计良好、操作正常的焚烧炉中不完全燃烧物质的产生量极低，因此通常在设计尾气处理系统时，不过于考虑对其进行处理。

（2）粉尘：采用湿式、布袋和静电除尘等可有效去除粉尘。

（3）NO_x：很难用一般方法去除，但因其含量低（约 100 mg/L），通常通过控制焚烧温度来降低 NO_x 产生量。另外，选择性催化还原（SCR）或选择性非催化还原（SNCR）脱硝技术也可实现氮氧化物的去除。

（4）SO_x：城市生活垃圾和危险废物的含硫量很低（0.1% 以下），尾气中少量 SO_x 可经湿式洗涤设备吸收。

（5）Br_2、I_2、HI 等：目前尚无有效的去除方法，实际上因其含量极低，在一般情况下，尾气处理系统并不考虑它们的去除。

（6）氯化氢（HCl）：烟气中的主要酸性物质，其含量有几百 mg/L 或百分之几，必须将其降至 1% 以下，通常可通过洗涤器、填料塔吸收去除。

（7）重金属污染物：一是挥发性重金属污染物，部分在温度降低时可自行凝结成颗粒，于飞灰表面凝结或被吸附，从而被除尘设备收集去除；二是部分无法凝结及被吸附的重金属氯化物，可利用溶于水的特性，经湿式洗涤塔的洗涤液自废气中吸收下来。

（8）二噁英：高温煅烧或吸附等。

3. 焚烧烟气污染控制设备

典型空气污染控制设备可分为湿式、干式和半干式三类。

（1）湿式处理流程：典型处理流程包括湿式洗气塔与文丘里除尘器或静电除尘器的组合，通常用文丘里除尘器或静电除尘器去除粉尘，用湿式结合塔去除酸气。

（2）干式处理流程：典型处理流程由干式洗气塔与静电除尘器或布袋除尘器等组合而成，以干式洗气塔去除酸气，布袋除尘器或静电除尘器去除粉尘。

（3）半干式处理流程：典型处理过程由半干式洗气塔与静电除尘器或布袋除尘器等组合而成，以半干式洗气塔去除酸气，布袋除尘器或静电除尘器去除粉尘。

6.6.2　硫氧化物的生成及控制

硫氧化物（SO_x）主要包括 SO_2、SO_3、硫酸雾和酸性尘。

1. SO_x 的生成

1）SO_2 的生成

物料中的 S 在燃烧过程中与 O_2 反应，主要产物有 SO_2 和 SO_3，但 SO_3 的浓度很低，约占 SO_2 生成量的百分之几。

通常，当过剩空气系数 $\alpha<1$ 时，有机硫将分解，除生成 SO_2 外，还产生 S、H_2S 等；当 $\alpha>1$ 时，S 将全部生成 SO_2。有 0.5%～2.0% 的 SO_2 进一步氧化生成 SO_3。

燃料中的可燃硫在完全燃烧时，化学反应方程式为

$$S+O_2 \longrightarrow SO_2+70.86 \text{ kJ/mol}$$

SO_2 的生成量可按下式计算：

$$V_{SO_2} = 0.7 \times \frac{SB}{100} \times \frac{273+t}{273} \tag{6-3}$$

式中　V_{SO_2}——燃烧装置单位时间排出的 SO_2 体积，m^3/h；

　　　S——物料的含硫量，%；

　　　t——燃烧温度（排烟温度），℃；

　　　B——单位时间消耗的燃料量，kg/h。

$$G_{SO_2} = 2 \times \frac{SB}{100} \tag{6-4}$$

式中　G_{SO_2}——燃烧装置单位时间排出的 SO_2 质量，kg/h；

　　　S，B 同上式。

2）SO_3 的生成

当 $\alpha>1$ 时，SO_2 会氧化生成 SO_3。SO_2 氧化生成 SO_3 是通过与离解的氧原子结合而生成的，即

$$O_2 \Longleftrightarrow O+O$$

$$SO_2+O \underset{k-}{\overset{k+}{\Longleftrightarrow}} SO_3$$

式中　$k+$——正反应速率常数；

k——逆反应速率常数。

由此可见，SO_3 的生成量与氧原子的浓度成正比。

有学者研究了氧气浓度的影响，发现在炉中火焰结束后的下游区域内，即使再增加氧气的浓度，SO_3 的浓度也不会增加。SO_3 的生成量主要取决于火焰中生成的氧原子浓度，即火焰温度越高，火焰中氧原子浓度就越大，SO_3 的生成量也会增加。

SO_3 的生成量与火焰末端温度的关系表明，火焰末端的温度越低，烟气中 SO_3 的浓度越高。火焰末端温度低使 SO_3 生成量增加，实质上是由于火焰末端温度低拖长了烟气停留时间，即停留时间越长，SO_3 的生成量就越多。缩短火焰长度，保证其末端温度不会过低，减少停留时间，从而减少 SO_3 生成量。为防止 SO_3 生成量过大，火焰的中心温度不能太高，火焰不能拖得很长。

影响 SO_3 生成量的主要因素：一是过剩空气系数 α 越大，SO_3 的生成量就越多；二是火焰中心温度越高，生成的 SO_3 也越多；三是烟气停留时间越长，SO_3 的生成量就越多；四是燃料中的含硫量越多，SO_2 和 SO_3 的生成量就越多。

2. SO_x 的控制

1）流化床燃烧脱硫

流化床燃烧利用空气动力使固体废物在流动状态下，完成传热、传质和燃烧反应。流化床燃烧属低温燃烧过程，炉内有局部的还原气氛，SO_x 基本上不生成。

流化床燃烧脱硫，使用的脱硫剂通常为石灰石。将石灰石粉碎成粒径约为 2 mm 的颗粒，与固体废物同时加入炉内，在 850~1 050 ℃下燃烧，石灰石受热分解析出 CO_2，形成多孔的 CaO，然后与 SO_2 作用，生成硫酸盐，达到固硫的目的，反应式如下：

$$CaO + SO_2 + \frac{1}{2}O_2 \longrightarrow CaSO_4$$

$$CaCO_3 + SO_2 + \frac{1}{2}O_2 \longrightarrow CaSO_4 + CO_2$$

$$CaO + H_2S \longrightarrow CaS + H_2O$$

$$CaCO_3 + SO_2 \longrightarrow CaSO_3 + CO_2$$

脱硫剂的用量用钙与硫的摩尔比表示，即

$$\beta = \frac{脱硫剂消耗量 \times Ca\ 的含量/40}{燃料消耗量 \times S\ 的含量/32}$$

通常，流化床的 β 值应为 3~5，这将使石灰石消耗量过大。实际过程中，一般取 $\beta = 2 \sim 2.5$。当流化速度一定时，脱硫率随 β 值增大而上升；当 β 一定时，脱硫率随流化速度降低而上升。

2）低氧燃烧

S 和 O_2 生成 SO_2，部分 SO_2 氧化生成 SO_3，SO_3 与烟气中的水结合生成 H_2SO_4。硫酸蒸气遇到低温金属表面就会凝结成粒径微小的硫酸雾滴。这些硫酸雾滴如果是在受热面的金属表面产生，受热面将受到腐蚀，如硫酸蒸气凝结在飞灰表面，将形成含酸的大颗粒，造成酸性尘。

如前所述，SO_3 的生成量主要与烟气中氧的浓度有关。降低剩余氧的浓度，可使 SO_3 生成量降低。因此，低氧燃烧可有效地控制因硫燃烧造成的危害。

但值得注意的是，低氧燃烧将会使烟气中粉尘浓度增大，不完全燃烧增大，炉内火焰变暗，烟囱冒黑烟。因此，进行低氧燃烧时，应采取一定的技术措施，使燃烧设备更加完善，尽量使之在接近理论空气量的条件下完全燃烧。

6.6.3 氮氧化物的生成和控制

1. 氮氧化物（NO_x）的形成、分类及危害

1）形成和分类

NO_x 包括 NO、NO_2、N_2O、N_2O_3、N_2O_4、N_2O_5 等，但燃烧过程中，生成的 NO_x，几乎全是 NO 和 NO_2。通常所指的 NO_x，就是 NO 和 NO_2。

燃烧过程生成的 NO_x，按其形成过程可分为 3 类：一是温度型 NO_x（或称热力型 NO_x），即空气中的 N_2，在高温下氧化而形成的 NO_x；二是燃料型 NO_x，即燃料中所含氮的化合物在燃烧时氧化而形成的 NO_x；三是快速温度型 NO_x（也称瞬时 NO_x），即当燃料过浓时燃烧产生的 NO_x。

NO 是一种无色无臭的气体，相对分子质量 30.01，其熔点为 $-161\ ℃$，沸点为 $-152\ ℃$，略溶于水，在空气中易氧化为 NO_2。

NO_2 是一种棕红色有害恶臭气体。其含量为 $0.205\ mg/m^3$ 时，可嗅到臭味；其含量为 $2.05 \sim 8.2\ mg/m^3$时，有恶臭；达到 $51.3\ mg/m^3$ 时，恶臭极为明显。NO_2 的相对分子质量为 46.01，密度为空气的 1.5 倍。

NO_x 在空气中的含量始终处于变动中，在一天之中也有变化，既有日变化，也有季节变化。其含量变化为：在一天中，早上最高，傍晚次高，午后最低；在一年中，冬季高，夏季低。

NO_x 的日变动主要是光化学作用的结果。对 NO_2，早上 NO_2 含量最高；随太阳上升，光照加强，光化学作用加快，NO_2 消耗增大，O_3 随之增多；一直到午后约 2 点，光化学作用最为明显，此时 NO_2 含量最低，O_3 含量最高；此后阳光逐渐减弱，NO_2 消耗逐渐增加，傍晚出现次高点。

2）危害

氮氧化物的危害主要是以下 3 个方面。一是 NO_x 对人的危害。当空气中 NO_2 含量 $7.2\ mg/m^3$持续 1 h 时，开始对人有影响；含量为 $40 \sim 100\ mg/m^3$ 时，对人眼睛有刺激作用；含量达到 $300\ mg/m^3$ 时，对人的呼吸器官有强烈的刺激作用。NO_2 参与光化学烟雾的形成，其毒性更强。另外，N_2O 在高空同温层中会破坏臭氧层，使较多的紫外线辐射到地面而增加皮肤癌的发生率，影响人的免疫系统。二是对森林和作物生长的危害。酸雨由硫酸、硝酸以及少量的碳酸和有机酸的稀释液组成，它们对作物和林木生长有危害和破坏作用。三是 NO_x 对全球气候变化的影响主要是破坏臭氧层，造成温室效应（CO_2 起一半作用，其他起作用的还有氯氟化碳、氧化亚氮、甲烷等）。

相关研究预测，若地球大气中 NO 或 CO_2 含量加倍，地球气温会上升 $1.5 \sim 4.5\ ℃$。在《2022 年全球气候状况报告》中被世界气象组织（WMO）重点关注的关键气候指标（如温室气体、温度、海平面上升、海洋热量和酸化以及海冰和冰川等）数据显示，2015—2022 年的全球平均温度达到有记录以来的最高值；2022 年，温室气体排放在继续上升，全球各地从山峰到海洋深处，气候变化均在继续，极端天气及其破坏性影响仍在持续。

2. 降低 NO$_x$ 生成的燃烧技术

1）低氧燃烧法

低氧燃烧法就是采用低过剩空气系数（α）运行的燃烧方法来降低氧气浓度，从而降低 NO$_x$ 的生成量。同时，低氧燃烧也能降低 SO$_x$ 的生成量。

通常炉中的 $\alpha=1.10\sim1.40$，也就是说，燃烧是在理论空气量的 $1.10\sim1.40$ 倍的条件下进行的。低过剩空气系数运行就是要尽可能降低空气供给量，使空气中的氧气完全与燃料反应，使空气中的 N 或燃料中的 N 不被氧化，破坏 NO$_2$ 的生成条件。但低过剩空气系数 α 运行时，由于会出现部分空气不足，故会引起烟尘浓度增加。

2）两段燃烧法

研究表明，当 $n<1$ 时，NO$_x$ 的生成量减少。$n<1$，也就是燃料过浓燃烧，该法对控制温度型 NO$_x$ 和燃料型 NO$_x$ 生成都有明显效果。

该法分两段供给空气：在炉中第一段供给焚烧炉 $n<1$ 的空气，使燃烧在燃料过浓的条件下进行，产生不完全燃烧；在第二段供给多余的空气与燃料过浓燃烧生成的烟气混合，完成整个燃烧过程。

3）烟气循环燃烧法

该法同时降低炉内温度和氧气浓度，是控制温度型 NO$_x$ 生长的有效方法。温度较低，不完全燃烧的锅炉排烟，通过循环风机，将烟气、空气送入混合器，然后一起送入焚烧炉中燃烧。

4）新型燃烧器

新型燃烧器通过降低火焰温度和利用稀薄氧气的燃烧抑制 NO$_x$ 的生成。例如，使炉内具有烟气循环的功能，外围不必再设置排气循环系统和管路等设备。

6.6.4 二噁英的生成与控制

1. 二噁英的物理、化学性质

1）结构

二噁英是多氯二苯并对二噁英（PCDDs）和多氯二苯并呋喃（PCDFs）类物质的总称。其中，2,3,7,8-四氯二苯并对二噁英（2,3,7,8-TCDD）的毒性最强，为氰化钾的 1 000 倍，是目前毒性最强的物质之一。二噁英分子结构如图 6-2 所示。

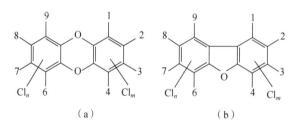

图 6-2 二噁英分子结构

（a）PCDDs；（b）PCDFs

二噁英的毒性用毒性当量（Toxicity Equivalence Quantity，TEQ）表示，设定 2,3,7,8-TCDD 的 TEQ 为 1,其他为与之比较的毒性当量。例如：

1,2,3,7,8-P$_5$CDD 的 TEQ 为 0.5 TEQ；

二噁英的结构十分对称，其化学稳定性很高，不易分解，在环境中的半衰期长达 5~10 年。二噁英在环境中易迁移，对大气、水体、土壤等造成污染。

2）理化性质

T$_4$CDD 的相对分子质量为 322，无色结晶（室温），25 ℃ 时在水中的溶解度很低（0.2 mg/m^3），在苯中的溶解度为 57 g/m^3，在辛醇中的溶解度为 4.8 g/m^3。它极易溶于脂肪，被人体接触后易在人体内积累，引起皮肤痤疮、头痛、忧郁、失聪等症状。长期受其影响，还会引起染色体损伤、畸形、癌症等。

2. 二噁英的生成

1）二噁英的生成途径

二噁英主要产生于垃圾焚烧过程和烟气冷却过程。例如，日本过去采用传统的垃圾焚烧处理，每年产生的二噁英达 5~10 kg。其在焚烧过程的生成途径为：

（1）垃圾中的含氯高分子化合物（聚氯乙烯、氯苯、五氯苯酚等）前驱体，在适宜的温度和 FeCl$_3$、CuCl$_2$ 联合催化作用下，与 O$_2$、HCl 反应（重排、自由基缩合、脱氯等）生成二噁英。

（2）在 $T>800$ ℃，$t>2$ s 的情况下，约 99.9% 的二噁英会分解，但高温下被分解的二噁英类前驱体，在 FeCl$_3$、CuCl$_2$ 等灰尘的作用下，又会与烟气中的 HCl 在 300 ℃ 左右重新合成二噁英。

2）二噁英的生成机制

（1）生成方式。

方式①：

其中，X 代表 H、Na、K；Y 代表 Cl。

方式②：

方式①是 200~500 ℃ 时，在灰尘中 CuCl$_2$、FeCl$_3$ 等联合催化下，未完全燃烧的含碳物质进行合成反应；方式②则是氯苯、五氯苯酚等前驱体的分解、合成反应。

（2）前驱体及二噁英的生成。

①前驱体的生成。高温时，二噁英分解，结合力小的 C—O 键断裂，生成的氯苯，热稳定性好，不易分解。—(CH$_2$—CHCl)$_n$—类分解，结合力较小的 C—Cl 键断开，HCl 和 O$_2$ 进行连锁反应，一部分生成较稳定的苯核，另一部分则生成稳定的氯苯化合物；低温时，对苯而言，当处于 300~400 ℃ 的还原气氛中时，有以下反应：

$$3-(CH_2-CHCl)_n- \longrightarrow nC_6H_6+3nHCl$$

对氯苯而言，反应为

$$C_6H_6+HCl+\frac{1}{2}O_2 \longrightarrow C_6H_5Cl+H_2O$$

$$C_6H_5Cl+HCl+\frac{1}{2}O_2 \longrightarrow C_6H_4Cl_2+H_2O$$

$$C_6HCl_5+HCl+\frac{1}{2}O_2 \longrightarrow C_6Cl_6+H_2O$$

在剧烈的燃烧反应中，存在大量的·OH 游离基，它与苯环进行以下游离基反应：

$$C_6H_6+\cdot OH \longrightarrow \cdot C_6H_5+H_2O$$

$$\cdot C_6H_5+\cdot Cl \longrightarrow C_6H_5Cl$$

$$\cdot C_6H_5+\cdot OH \longrightarrow C_6H_5OH$$

②二噁英的生成。

$$C_6H_3Cl_3 + C_6H(OH)Cl_4 + H_2O \xrightarrow{CuCl_2,\ FeCl_3} \ \ + 3HCl$$

③二噁英生成量与 HCl 的关系。

从前面的分析可见，C_6H_5Cl、$C_6H_4(OH)Cl$ 生成量与 HCl 的浓度（分压）成正比。

3）影响二噁英合成反应的因素。

（1）前驱体、HCl、O_2 等。

（2）在 200~500 ℃的停留时间。

（3）$FeCl_3$、$CuCl_2$ 等催化剂。

传统焚烧炉（炉排炉）灰分中含 $CuCl_2$（0.04%~0.07%）、$FeCl_3$（2%~3%）及 HCl。HCl 的来源：一是高分子氯化物的分解；二是垃圾中所含的 NaCl、$CaCl_2$、$MgCl_2$、$FeCl_3$、$AlCl_3$ 等在燃烧过程中进行反应生成。例如：

$$2NaCl+SO_2+\frac{1}{2}O_2+H_2O \longrightarrow Na_2SO_4+2HCl$$

$$CaCl_2+SiO_2+H_2O \longrightarrow CaO\cdot SiO_2+2HCl$$

$$2MgCl_2+Al_2O_3\cdot 5SiO_2+2H_2O \longrightarrow 2MgO\cdot Al_2O_3\cdot 5SiO_2+4HCl$$

$$2FeCl_3+3H_2O \longrightarrow Fe_2O_3+6HCl$$

$$2AlCl_3+3H_2O \longrightarrow Al_2O_3+6HCl$$

因此，传统炉排炉垃圾焚烧过程中，既产生含有 $CuCl_2$、$FeCl_3$ 的灰尘，又产生大量的 HCl，而在烟气的冷却过程中又有 300 ℃左右的温度带。这些都是生成二噁英的有利条件。

4）二噁英的高温分解与重新合成

二噁英在高温（>800 ℃）下会分解，分解产生的氯苯类物质（如 C_6H_5Cl）稳定性很高，不易分解。随着燃烧的进行，这类物质会进行自由基反应，形成 $C_6H_4(OH)Cl$ 等物质。当烟气温度冷却到 300 ℃左右时，在 $CuCl_2$、$FeCl_3$ 催化下，C_6H_5Cl 和 $C_6H_4(OH)Cl$ 类前驱体又重新合成二噁英。

5）二噁英生成的控制因素

在垃圾焚烧过程中，二噁英生成量的多少与燃烧状态的好坏直接相关。焚烧过程的主要控制因素是垃圾的焚烧温度（Temperature）、高温烟气在炉内的停留时间（Time）、空气与垃圾的混合程度［湍流度（Turbulence）］。因此，这 3 个因素也会影响二噁英的生成。

3. 二噁英的控制

降低垃圾焚烧中二噁英的产生量可从以下几方面入手。

（1）控制来源。分类收集，加强资源回收，避免含氯高的物质（如 PVC 塑料等）和重金属含量高的物质进入焚烧系统。

（2）减少炉内二噁英的形成。一是焚烧炉燃烧室中应保持足够高的燃烧温度（850 ℃以上）；二是足够的烟气停留时间（>2 s）；三是确保废气中具有适当的氧含量（6% ~ 12%）。

这些措施可分解破坏垃圾内含有的 PCDDs 和 PCDFs，避免氯苯及氯酚等物质生成，从而降低二噁英产生量，但会使 NO_x 的浓度升高。

若欲同时控制二噁英和 NO_x 的产生，应先以燃烧控制法降低炉内形成的二噁英及其前驱体，再向炉内注入 NH_3 或喷入尿素（无催化剂脱氮系统）降低 NO_x 生成量。当然，也可在气体处理设备末端加装催化剂脱硝系统（SCR），从而减少 NO_x 的产生。

（3）避免炉外低温再合成。根据二噁英的形成机理可知，当焚烧烟气中有 HCl、二噁英的前驱体及 O_2、$CuCl_2$ 和 $FeCl_3$ 等物质存在，且有适宜的温度（300 ~ 400 ℃）时，极易形成二噁英。为了扼制焚烧烟气中二噁英的再合成，采用控制烟气温度的办法。当具有一定温度（温度不应低于 500 ℃）的焚烧烟气从余热锅炉中排出后，采用急冷技术使烟气在 0.2 s 以内急速冷却到 200 ℃以下，从而跃过二噁英易形成的温度区。急冷所用的设备称为急冷塔。

（4）活性炭吸附法（已产生的微量二噁英）。

①干式处理。在烟气出口喷入活性炭粉，以吸附去除废气中的二噁英。喷入活性炭的位置依除尘设备的不同而异。

a. 使用布袋除尘器时，吸附作用可能发生在滤袋表面，可为吸附物提供较长的停留时间，活性炭粉直接喷入除尘前的烟道内即可。

b. 当使用静电除尘器时，因为无停滞吸附作用，故活性炭粉喷入点应提前至半干式或干式洗器塔内（或其前烟管内），以增大吸附作用时间。

c. 除尘器后设置吸附塔，可直接在静电除尘器或布袋除尘器后加活性炭吸附过滤装置（固定床吸附塔）。

②湿式处理。二噁英水溶性很低，目前还无很好的湿式处理技术。

4. 熔融汽化焚烧技术

对城市生活垃圾焚烧处理来说，其主要任务是如何设计出更合理，操作上更便捷和更稳定的焚烧设备。熔融汽化焚烧技术是发达国家为解决垃圾焚烧处理中产生的二噁英问题而开发的一种新型焚烧技术。该技术包括两个过程：一是垃圾于 450 ~ 600 ℃温度下的热解汽化；二是炭灰渣在 1 300 ℃以上的熔融燃烧。

熔融汽化焚烧技术有以下特点。

（1）首先，垃圾在还原性气氛下热分解制备可燃气体，垃圾中的有价金属不会被氧化，有利于金属回收；其次，垃圾中的 Cu、Fe 等金属也不易生成促进二噁英生成的催化剂。

（2）热分解的气体，燃烧时过剩空气系数较低，能降低排烟量，提高能量利用率，降低 NO_x 的排放量，减少烟气处理设备的投资及运行费用。

（3）炭灰渣在高于 1 300 ℃ 以上的高温熔融状态下燃烧，能扼制二噁英的形成，熔融渣通过高温处理可再生利用，同时能最大限度地实现垃圾的减容和减量。

熔融汽化焚烧通常有以下两种工艺结构。

（1）热解汽化与熔融焚烧过程在两个相对独立的设备中进行，即两步法汽化熔融技术。

（2）将汽化与熔融焚烧两个过程有机结合成一个整体，即在一个设备中进行，称为直接汽化熔融焚烧技术。

与两步法相比，直接法工艺过程和设备更简单，工程投资和运行费用更低，操作更容易，运行更稳定。

6.7 生活垃圾焚烧炉烟气排放环保标准

城市固体废物管理和处理处置的环保标准，因国家、地区、年代不同而不同。经济发达国家的环保标准相对经济欠发达国家要严格一些，同一国家不同年代环保标准也不相同，一般随着经济、技术的发展日益严格。一般来说，环保标准越严格越好，但相应的设备、技术的投资也越大。

目前，欧洲的环保标准最为严格；美国、加拿大等北美国家的环保标准通常比欧洲国家要低一些；日本的环保标准有一个从低到高的过程，现在与欧洲国家基本相同。表 6-4 为欧盟与欧洲各国生活垃圾焚烧过程烟气排放的环保标准。

表 6-4 欧盟与欧洲各国生活垃圾焚烧过程烟气排放的环保标准 （单位：mg/m³）

污染物	欧盟	德国	奥地利	荷兰	瑞士	瑞典
HCl	10	10	10	10	20	50
HF	1	1	0.7	1	2	2
SO_2	50	50	50	40	50	50
NO_2	—	200	100	70	80	—
CO	100	50	50	50	50	100
烟尘	30	10	15	15	10	30
Hg	0.05	0.05	0.05	0.05	0.1	0.2
Cd	0.05	0.5	0.05	0.05	0.1	0.1
重金属	0.5	0.5	2	1	1	1
二噁英/（ng·m⁻³）	0.1	0.1	0.1	0.1	0.1	0.1

我国于 2014 年 4 月制定了新的《生活垃圾焚烧污染控制标准》（GB 18485—2014），标

准要求新建生活垃圾焚烧炉自 2014 年 7 月 1 日、现有生活垃圾焚烧炉自 2016 年 1 月 1 日起执行本标准。新标准主要参照欧盟标准制定，且与其标准接近。一方面我国作为发展中国家，其标准是以经济、技术水平为前提，因此我国的环保标准不可定得太高，否则会造成处理设施投资巨大而无法建设，或运转费用昂贵而无法运行；另一方面要求尽量不造成二次污染，这就要求环境保护与经济建设共同健康持续发展。表 6-5 为我国生活垃圾焚烧炉排放烟气中污染物限值。

表 6-5　我国生活垃圾焚烧炉排放烟气中污染物限值（单位：mg/m³）

序号	污染物项目	限值	取值时间
1	颗粒物	30	1 h 均值
		20	24 h 均值
2	氮氧化物（NO$_x$）	300	1 h 均值
		250	24 h 均值
3	二氧化硫（SO$_2$）	100	1 h 均值
		80	24 h 均值
4	氯化氢（HCl）	60	1 h 均值
		50	24 h 均值
5	汞及其化合物（以 Hg 计）	0.05	测定均值
6	镉、铊及其化合物（以 Cd+Tl 计）	0.1	测定均值
7	锑、砷、铅、铬、钴、铜、锰、镍及其化合物（以 Sb+As+Pb+Cr+Co+Cu+Mn+Ni 计）	1.0	测定均值
8	二噁英/（ng TEQ·m^{-3}）	0.1	测定均值
9	一氧化碳（CO）	100	1 h 均值
		80	24 h 均值

6.8　生活垃圾焚烧炉烟气余热回收利用

生活垃圾焚烧炉烟气余热回收利用有十分重要的意义。余热回收利用一般是在原有工艺基础上进行的，但常受现场条件的限制，应因地制宜选用合适的设备和安装方式。一般来说，余热类型往往有多种，在技术上可行、经济上合理的原则下，高温烟气优先考虑回收利用。若不回收余热，不仅浪费了热能，而且有更多的烟尘污染大气。在新型转式垃圾焚烧炉系统中，利用部分烟气循环干燥垃圾，既可节能，又可利用垃圾的多孔性吸附烟尘等有害物质，减少污染。下面介绍几种主要的余热回收方式。

（1）气-水热管余热回收器。

气-水热管余热回收器是燃煤、油、气锅炉专用设备，安装在锅炉烟口，回收烟气余热后加热生活用水或锅炉补水。其构造包括以下部分：下部是烟道，上部为水箱，中间有隔板，顶部有安全阀、压力表、温度表接口，水箱有进出水口和排污口。工作时，烟气流经热管余热回收器烟道，冲刷热管下端，热管吸热后将热量导至上端，热管上端放热将水加热。为了防止堵灰和腐蚀，余热回收器出口烟气温度一般控制在露点以上，即燃油、燃煤锅炉排烟温度≤130 ℃，燃气锅炉排烟温度≤100 ℃，可节约燃料4%～18%。

（2）气-气热管余热回收器。

气-气热管余热回收器也是燃油、煤、气锅炉专用设备，安装在锅炉烟口或烟道中，将烟气余热回收后加热空气，热风可用作锅炉助燃和干燥物料。其构造包括以下部分：四周管箱，中间隔板将两侧通道隔开，热管为全翅片管，单根热管可更换。工作时，高温烟气从左侧通道向上流动冲刷热管，此时热管吸热，烟气放热温度下降。热管将吸收的热量导至右侧，冷空气从右侧通道向下逆向冲刷热管，此时热管放热，空气吸热温度升高。余热回收器出口烟气温度不低于露点。

（3）余热氨水吸收制冷机组。

以氨为制冷剂，以水为吸收剂实现溶液循环的吸收制冷机组为氨水吸收制冷机组。由于采用氨作为制冷剂，制冷温度范围为-30～5 ℃，应用范围广。余热回收制冷可以用作空调或工业冷源。

6.9 焚烧飞灰处理处置

垃圾焚烧时会产生大量的飞灰，由于飞灰中含有众多有害金属和有机物，故其已被列为危险废物。

6.9.1 飞灰的产生

生活垃圾焚烧灰渣是从烟气除尘器和垃圾焚烧炉的炉排、余热锅炉等收集的排出物，主要由底灰和飞灰两种物质组成。其中，飞灰是指在烟气净化系统（APC）收集而得的残余物，占灰渣总质量的10%～20%；底灰占垃圾总质量的30%～35%。

6.9.2 飞灰的特点

硅、铝、钙是飞灰的最主要组成元素，在很大程度上决定飞灰的特性。飞灰也含有少量其他化学元素，如钠、锌、铜、钛、氯等。由于原料和焚烧方式的差异，生活垃圾焚烧飞灰的主要成分也有较大差异，并有不同的物理、化学性能。粉煤灰一般是灰色或暗灰色，颗粒一般小于30 μm，颗粒形状不规则且多样化，多数颗粒以聚集态形式存在，絮状集合体相对较小。生活固体废物焚烧产生的飞灰，主要是因为其重金属的浸出毒性而被列为危险废物。飞灰中含有质量分数高达20%的溶解盐类，如钠、钾和钙的氯化物等，处置不当会污染地下水和附近水体。大量的氯也增加了其他污染物的溶解度，例如铅和锌在高离子强度、高碱度和高氯化物含量的情况下，其溶解性会随之增加。此外，飞灰中含有少量剧毒的有机污染物，如二噁英和呋喃，其毒性当量非常大，严重威胁人们的健康。这就需要人们必须严格按要求贮存、运输、处理和处置好飞灰，防止这些污染物对环境和人类健康造成潜在的污染风险和危害。

6.9.3　飞灰的处理处置

1. 水泥固化法

在目前的生活垃圾焚烧飞灰的处理处置方法中，水泥固化法应用广泛，效果良好，但该法会使处理后的固化体有明显的增容现象。另外，飞灰中的锌、铜和六价铬等金属离子难以处理，不易被固化，特别是溶解性高的盐类，抑制了水泥的正常凝结。同时，飞灰还会降低固化强度，致使有害物质的浸出率提高。为了提高固化效果，需在进行水泥固化前将飞灰进行预洗，增强固化体强度，降低固化体的重金属浸出毒性，并能够有效地降低水泥的消耗量。利用石灰固化飞灰所得的固化体强度不如水泥固化的，故很少单独使用，一般需结合水泥一起使用，才能达到良好的固化效果。沥青固化、塑性材料固化等也是传统的危险废物固化方法，但受技术和经济等原因限制，较少应用于生活垃圾焚烧飞灰的处置。

2. 重金属提取法

对于生活垃圾焚烧飞灰中重金属的提取，可采用酸提取法，从而提高重金属的提取效率。重金属提取法可提取出飞灰中的金属部分，使进入普通垃圾填埋或作为建设资源回收飞灰而固化，效果较好。酸提取后的飞灰的体积无明显增加，成本低，易于实现，且设备简单、操作方便。采用酸提取的技术关键是如何精准控制其 pH 值。pH 值在适宜的范围内，才能提高金属的提取效率。焚烧飞灰组成由于其条件不相同而不同，存在于飞灰中的重金属，在形式和内容上有很大的不同。因此，即使在相同的加工条件下，提取效果也有很大的不同。此外，由于酸溶剂性质不同，飞灰中各种金属溶解曲线有较大差异，但酸提取不适用于去除二噁英等有机污染物。若直接用酸提取，需在酸提取前进行水洗预处理，以增强飞灰中重金属的热稳定性，确保其符合酸提取的要求，进而减少酸耗量。生活垃圾焚烧飞灰中含有大量的铝、铁、镁、钙、铬等有毒重金属，采用酸提取方法时，这些重金属能够在短时间内被迅速溶解。然而，提取效率也与酸的含量与种类相关，不同的酸对不同重金属提取效果不一。

3. 熔融固化技术

熔融固化技术也是一种焚烧飞灰处置方法。其原理是利用燃料或电将焚烧飞灰加热至 1 000 ℃以上的高温区域，使飞灰在特制容器内熔融，等到飞灰熔融后，再经过一定的程序冷却，使之变成熔渣，并保持高温时的状态而不析出毒性物质。一般情况下，采用熔融固化技术进行飞灰处理时，熔融后的玻璃态物质的力学性能达到同类材料的要求，并且熔融物质的重金属含量完全符合相关的标准。因此，采用熔融固化技术进行焚烧飞灰处理具有熔渣性质稳定、减容率高、重金属浸出率低等优点。此外，最近研究表明，采用熔融固化技术进行飞灰处置时，处于还原性气氛下的熔融效果明显优于氧化气氛。飞灰在还原性气氛下熔融时，重金属镍、钴、铬的沸点较高，不易沸腾，很难形成气体状，因而重金属等大部分物质都会固溶在熔渣中而很少排放到废气中，避免造成空气污染，且固溶率在较低熔融温度下均达到最大值。熔融固化技术虽有较多优点，但也有其不足，如因其采用高温熔融工艺，故需要消耗大量的能源，成本相对较高。熔融固化技术也可能会间接对环境造成污染，对飞灰中的镉、铅、锌等易挥发重金属元素，需辅以其他装置进行后续严格的烟气处理，但不易实现，实践起来工序比较麻烦，故其往往只适用于经济发达国家和地区。

4. 生物淋滤法

生物淋滤法是近年来兴起的金属浸提技术。生物淋滤法与传统化学浸提法相比，具有耗酸少、反应温和、效率高、运行成本较低等优点。其原理主要是利用化能自养型的嗜酸性硫杆菌，如氧化硫硫杆菌的生物氧化与产酸作用，从固相溶解成液体的可溶性金属离子的不溶性重金属，再使用适当的方法使重金属等从液相中回收。为了保持微生物的生长与生物氧化活性，需向飞灰浆液中添加磷源和氨源。

思考题

1. 简述垃圾焚烧的过程。
2. 简述影响垃圾焚烧的主要因素。
3. 简述垃圾焚烧炉的主要类型。
4. 论述垃圾焚烧后的主要产物和污染物及其控制措施。

第7章

固体废物的热解处理

7.1 热解过程与产物

大多数有机化合物有热不稳定性的特征，若将其置于缺氧、高温条件下，经分解与缩合的共同作用，大分子有机物将发生裂解，继而转化为相对分子质量较小的气态、液态与固态组分。该化学转化过程称为热解。

焚烧是在高电极电位条件下的氧化放热分解反应过程，而热解则是在低电极电位下的吸热分解反应过程，因此，热解也称为"干馏"，可用下式表述热解的化学反应过程：

含碳固体有机物——→相对分子质量较高的有机液体（焦油、煤油、芳香族）+相对分子质量低的有机液体（醇、醛类）+多种有机酸+炭渣+CO+CH$_4$+H$_2$+CO$_2$+NH$_3$+H$_2$S+HCN+H$_2$O

由反应式可知，热解过程产生的 3 种相态物质中，气相一般以氢气、甲烷、一氧化碳和二氧化碳为主，其比例取决于固体废物的成分；液相一般以焦油、燃油为主，也有乙酸、丙酮与甲醇等易挥发性液体；固相一般为炭质材料或惰性物质。

在城市生活垃圾热解过程中，转化的产物组分含量与温度有显著关系。图 7-1 与图 7-2 分别给出了典型城市生活垃圾热解处理过程产生的气、液、固三相物质质量与温度的关系。气相物质质量与温度呈正相关关系，超过 800 ℃，其增量有所下降。液、固两相物质质量与温度之间有比较复杂的关系：634 ℃时，固相物质质量最多，液相物质质量最少，有明显互补性；温度达到 800 ℃时，产生相反的结果；温度继续增加，两相质量不再发生变化。气相中 H$_2$ 质量随温度升高而增加，而 CO$_2$ 则减少；固相中挥发性物质质量随温度的升高而下降，灰分相应减少。

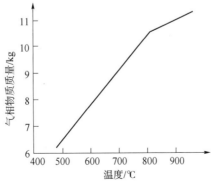

图 7-1　热解垃圾产生的气相物质质量与温度关系

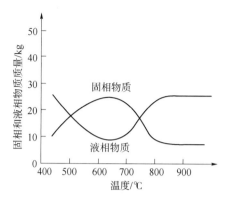

图7-2 热解垃圾产生的固相和液相物质质量与温度关系

7.2 热解工艺与设备

最早开展固体废物热解处理的是美国联合碳化公司，使用的热解工艺设备如图7-3所示，其称为Purox系统。主体设备为纵向汽化热解炉，废物由顶部供料漏斗落入炉膛，氧气由底部注入燃烧区，与热解产生炭渣反应。炉体中产生的热量足以熔融废物中的金属、玻璃与其他惰性物质，并连续由底口流入水槽形成水淬渣。由氧与炭渣反应生成的热气流上升，与下落的物料接触，在炉体中部的热解区内，有机物被热裂解（600～800 ℃），产生混合气体。气体上升过程与下落废物流逆向接触，使之预干燥与升温。由炉体排出的气体含有水汽、挥发油与燃气等杂质，经气体净化装置与冷凝装置处理，即获得燃气。系统中有机物转化率约为70%。

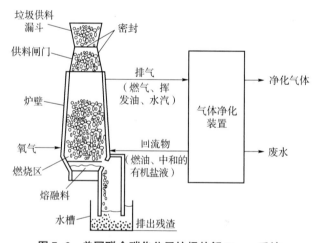

图7-3 美国联合碳化公司垃圾热解 Purox 系统

热解燃气属于低热值产品（热含量 $1.1×10^4～1.4×10^4$ kJ/m³），含热量与天然气相差2倍以上，若供用户使用，需进一步提高热含量，可采用如图7-4所示的流程进行转化。压缩环节使燃气压力提高150倍；在固定床催化反应器中，用水蒸气除去 CO_2 与 H_2S 等酸气；净化的燃气进行甲烷化，使 H_2、CO 与 CO_2 在高压下合成甲烷（CH_4），反应式如下：

$$CO+3H_2 \xrightarrow{\text{催化剂}} CH_4+H_2O$$

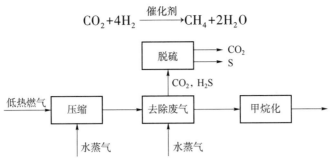

图 7-4　低热燃气合成天然气流程

7.3　热解过程基本要素

热解过程主要控制因素是操作温度、升温速度、垃圾燃料的理化性质和热解停留时间。图 7-1 与图 7-2 的结果显示操作温度对产物成分有显著影响。升温速度影响气相产物与液相产物间的关系，即升温速度过快，气相产物增多，液相产物减少。垃圾燃料的理化性质是产物成分与传热速率的影响因素。物料在炉中的停留时间取决于熔渣时间。以上因素是热解系统设计的基本要素。

7.4　热转化产品与能源的利用

城市生活垃圾或其他固体废物（如干污泥）的焚烧和热解处理过程产生的热转化产品可通过不同途径加以利用。例如，焚烧炉产生的蒸汽可并入城市热力管网进行供热；燃气与燃料油可作为民用与工业燃料。但由于此类处理厂大都远离城市与居民区，直接利用此类产品多有不便，因此将其产物再进一步转化为易于输送的能源将更有利于应用。例如，将城市生活垃圾热转化系统与电站合建，生产电能，并入电网，是最经济的利用方法。当前绝大多数垃圾焚烧炉均与发电站合建。

7.4.1　热-电转化系统

不同性质的热转化产品，可采用图 7-5 所示的三类不同的热-电转化系统。其中，图 7-5（a）、（b）两类发电系统是常用的以蒸汽驱动汽轮机的热-电转化系统；图 7-5（c）是以燃烧室产生的高压气体为动力，驱动汽轮机的热-电转化系统，这种系统其过程相对来说较为复杂，目前较少采用。

7.4.2　过程热转化率与热效率

理论热功当量为 3 600.7 kJ/(kW·h)，在实际发电过程中，热转化率远低于理论热功当量。热转化率由下式确定：

$$R_p = \frac{H_f}{E_0} \tag{7-1}$$

式中　R_p——热转化率，kJ/(kW·h)；

　　　H_f——消耗垃圾燃料的有效热量，kJ；

　　　E_0——电能输出量，kW·h。

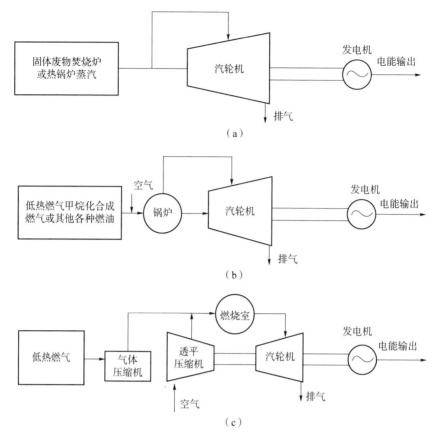

图 7-5　三类不同的热-电转化系统

（a），（b）以蒸汽驱动汽轮机的热-电转化系统；（c）以高压气体驱动汽轮机的热-电转化系统

热效率由下式确定：

$$e = \frac{R_t}{R_p} \tag{7-2}$$

式中　e——热效率，%；

　　　R_t——理论热功当量，3 600.7 kJ/（kW·h）。

表 7-1 列出了不同供热类型电站的热转化率与热效率；表 7-2 列出了城市生活垃圾焚烧与能源转化系统热效率统计。

表 7-1　不同供热类型电站的热转化率与热效率

供热类型	热转化率/[kJ·（kW·h）⁻¹]	热效率/%
固定蒸汽厂（平均）	26 350	14
中心蒸汽供应站（平均）	15 820	30
大型蒸汽供应站	8 962	40
小型不冷凝蒸汽供应站	26 950	10
柴油机发电	12 135	30
天然气内燃机发电	14 700	24
汽油内燃机发电	16 800	21
城市生活垃圾焚烧炉-废热锅炉发电	4 750~5 250	70~75

表 7-2 城市生活垃圾焚烧与能源转化系统热效率统计

设备		热效率/%		备注
		范围	典型值	
焚烧炉-锅炉		40~68	63	标准焚烧炉，块状燃料
水墙锅炉	块状燃料	65~72	70	未加工的垃圾
	粒状燃料	60~75	72	经加工后的垃圾
	低热燃气	60~80	75	改进燃烧器
	燃油	65~85	80	防腐措施
热解反应器	常规型	65~75	70	—
	Purox 系统	70~80	75	—
	沼气化过程	80~90	85	—
燃气透平机	简单循环	8~12	10	配辅助设备
	再生式	20~26	26	配辅助设备
	膨胀气型	30~50	40	配辅助设备
蒸汽轮机系统	小于 12.5×10^6 kW	24~30	29	计入冷凝器、加热器及其他辅助设备，未包括锅炉
	大于 12.5×10^6 kW	28~32	31.6	—
发电机组	小于 10×10^6 kW	8~92	90	—
	大于 10×10^6 kW	94~98	96	—
设备		自用电与损失率/%		备注
		范围	典型值	
蒸汽轮机-发电机组		4~8	6	—
Purox 系统		18~29	21	—
沼气系统		18~22	20	—
系统未预见热损失		2~8	5	—

【例】 日处理 1 000 t 城市生活垃圾的能源回收系统，由焚烧炉、锅炉、蒸汽轮机、发电机组成。垃圾热值为 10 467 kJ/kg，试计算系统的电能输出量、回收系统热效率、估算热转化率，并设计全系统详细流程。

解：（1）总发电量。单位时间焚烧垃圾的有效热量为

$$E_d = 1\ 000 \times 10\ 467 \times 10^3 \div 24 = 436.13 \times 10^6 (\text{kJ/h})$$

则焚烧炉-锅炉单位时间实产蒸汽热量（由表 7-2 可查到热效率为 63%）为

$$E_p = 436.13 \times 10^6 \times 0.63 = 274.76 \times 10^6 (\text{kJ/h})$$

因此，电能实际产量（小于 12.5×10^6 kW 的汽轮机发电系统热效率为 29%，见表 7-2）为

$$E_e = E_p \times 0.29 / R_t = 274.76 \times 10^6 \times 0.29 / 3\ 600.7 = 22\ 129 (\text{kW})$$

（2）系统输出电量是电能实际产量减去自身用电量与损失量（见表7-2，自身用电率为6%，损失率为5%），即

$$E_0 = E_e \times [1-(0.06+0.05)] = 22\ 129 \times 0.89 = 19\ 694.8(\text{kW})$$

（3）系统的热转化率（R_p）为

$$R_p = E_d/E_0 = 436.13 \times 10^6/19\ 694.8$$

$$= 22\ 144.4[\text{kJ}/(\text{kW} \cdot \text{h})]$$

（4）系统的总热效率（e）为

$$e = R_t/R_p = 3\ 600.7/22\ 144.4 = 0.16 = 16\%$$

由于垃圾的前处理系统需消耗发电量中的8%~14%，按10%计，则最终输出电量为

$$19\ 694.8 \times (1-0.1) = 17\ 725.32(\text{kW})$$

（5）设计垃圾处理焚烧-发电系统。

垃圾处理焚烧-发电系统设计流程如图7-6所示。

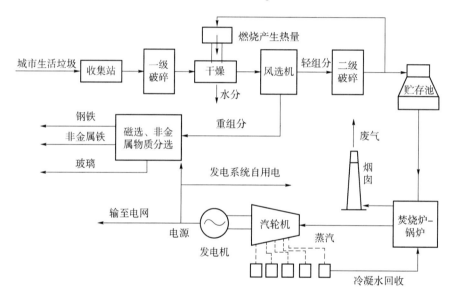

图7-6 垃圾处理焚烧-发电系统设计流程

7.5 流态化热解处理技术

7.5.1 流态化热解设备

流态化热解设备有单塔式和双塔式两种，其中双塔式流化床已经达到工业化生产规模。

1. 外热式双塔流化床热解炉

作为热解工艺中心的流化床热解装置，外热式双塔流化床热解炉由用管相互连接的两个流化炉构成。一个是热解炉，投入的固体废物与被加热的砂子混合并被热解；热解中放出热

量的砂和在热解反应中生成的炭再一起进入另一个炉。在另一个炉中，炭及辅助燃料和空气接触燃烧，将砂再一次加热，加热的砂再移向热解炉，这样砂在两炉之间循环流动，进行热量传递。外热式双塔流化床热解炉如图 7-7 所示。

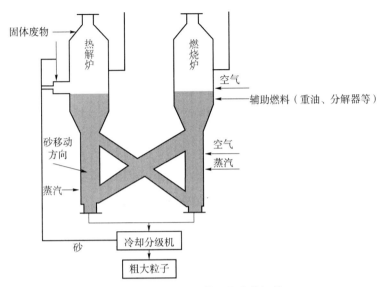

图 7-7　外热式双塔流化床热解炉

　　外热式双塔流化床热解炉因在热解炉内不进行燃烧反应，所以是间接加热的热解，燃气也具有 NO_x、SO_x、HCl 少，热值高的优点。此外，外热式双塔流化床热解炉还具有以下特点：一是运转稳定，控制容易，停止、再运转操作简单；二是因热解仅回收燃气，而炭渣、油在系统中作为辅助燃料燃烧，因此不必另做处理；三是高热值的燃气可用于燃气轮机发电，能量回收率高；四是重金属大部分以不溶性的形式固定在灰或残渣中。外热式双塔流化床热解炉存在以下问题：一是固体废物必须破碎，动力消耗大；二是流化需用气体压缩机，动力消耗大。

　　2. 内热式单塔流化床热解炉

　　内热式单塔流化床热解炉是竖型流化床反应炉。垃圾由螺旋给料机连续加入，在炉内和高温砂混合，快速被加热、干燥和分解。有机物被分解成燃气、焦油和炭渣。热解所需的热量由废物的部分燃烧来供给。反应炉下部设有空气入口供流化和燃烧用。热解生成的燃气、油分、水分及燃烧气由炉上部排出，进入旋风除尘器，分离除去砂和炭渣，再去燃气处理工序，粒径大的不燃物沉于炉下部排出炉外。利用这种方式，按热解回收的主要产品又可分为油回收和燃气回收方式。油回收是在 450~550 ℃进行反应，燃气回收的反应温度是 650~750 ℃。图 7-8 为内热式单塔流化床热解炉。

　　内热式单塔流化床热解炉和其他形式的热解炉相比，结构简单，被认为特别适用于小规模的处理。热解时因反应温度低，耐火材料的损伤较焚烧炉小。重金属呈还原状态固定在灰和分解残渣中，在填埋场溶出少。油回收方式能回收可贮存和运输的油，不产生 NO_x，与焚烧相比燃烧排气量少，但若原料废物水分太多，会降低油化率，需要做干燥前处理。燃气回

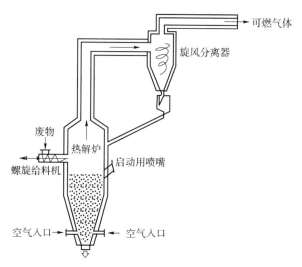

图 7-8　内热式单塔流化床热解炉

收装置更简单，前处理仅是破碎，不需要干燥，排水处理容易，但存在大量贮存分解生成的燃气难且燃气热值低等问题。

7.5.2　流态化热解技术在固体废物处理中的应用

随着人们对流态化技术研究的逐渐深入，流化床热解技术近年来得到越来越广泛的使用，如煤的流化床反应器热解技术、废轮胎循环流化床热解技术、城市生活垃圾流化床热解系统及塑料的流化床热解技术等。这些技术虽然有的还不是很成熟，但采用流态化热解与其他技术相比有一定的优越性。下面简要介绍流态化热解技术在城市生活垃圾和废轮胎处理中的应用。

1. 城市生活垃圾的热解

城市生活垃圾的热解技术可以根据其装置的类型分为移动床熔融炉方式、回转窑方式、流化床方式、多段炉方式、闪速热解方式。下面主要介绍双塔循环流化床热解工艺。

双塔循环流化床热解装置由热解炉和燃烧炉组成。热解炉以蒸汽作为流化介质，燃烧炉以空气作为流化介质并兼作为助燃剂。该装置以砂为热载体，粒径约为 0.1~0.5 mm，通过输送装置和两炉间适当的压差使其在两炉之间进行循环。双塔循环流化床热解工艺流程如图 7-9 所示。

燃烧用空气兼起流态化作用，在燃烧炉③中的射流层内加热后，经连接管④送至热解炉①的流化层内，把热量供给垃圾热分解后，再经过回流管②返回燃烧炉③内。垃圾在热解炉①内分解。所产生的气体部分作为流态化气体循环使用。另外，加入水蒸气可生产水煤气。

双塔循环流化床热解城市生活垃圾的工艺流程：垃圾经过预处理（破碎至粒径在50 mm 以下），经定量输送带传至螺杆进料器，由此投入热解炉内。在流化床内，作为载体的石英砂在热解生成气和助燃空气的作用下产生流动，从进料口进入的垃圾在流化床内接受热量，在大约 500 ℃时发生热解，热解过程产生的炭黑在此过程中发生部分燃烧。热解产生

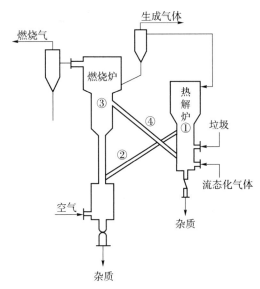

图 7-9 双塔循环流化床热解工艺流程

的可燃性气体经旋风除尘器去除粉尘后，再经分离塔分出气、油和水。分离出的热解气一部分用于燃烧，用来加热辅助流化空气，残余的热解气作为流化气回流到热解炉中。当热解气不足时，由热解油提供所需的那部分热量。

在热解中，物料随着停留时间的延长，垃圾的转化率增加，产气量上升，而液态产物减少。液态产物的二次分解会有少量的碳析出，碳又会与水蒸气发生反应。因此，只要物料在热解炉内有足够的停留时间，产生的半焦量就不会变化。由于垃圾不具有黏结性，与黏结性煤进行混合热解时，垃圾具有破黏结性作用。垃圾与煤的质量比在 1.5∶1 以上时，黏结性煤几乎不出现黏结；当降到 1∶1 时，会出现少量黏结。垃圾可热解的质量分数为有机质（如厨余垃圾、纸张、纤维等）70%、塑料 5%、水分 10%、无机物 15%。双塔循环流化床热解工艺参数和产气成分，以及双塔循环流化床热解过程的热平衡分别如表 7-3 和表 7-4 所示。

表 7-3 双塔循环流化床热解工艺参数和产气成分

项目		热解炉	燃烧炉
操作速度/(m·s⁻¹)		0.3	>5
物料停留时间/s		4~8	—
气体停留时间/s		5	—
操作温度/℃		850	1 050
垃圾热量/(kJ·kg⁻¹)		4 186	—
单位质量垃圾辅助燃料量（煤）/(kg·kg⁻¹)		—	0.088
单位质量垃圾物料循环量/(kg·kg⁻¹)		10~20	10~20
消耗指标	单位质量垃圾蒸汽量/(kg·kg⁻¹)	0.2	—
	单位质量垃圾空气消耗量/(kg·kg⁻¹)	—	0.484

项目		热解炉	燃烧炉
可燃气体各组分的体积分数/%	H₂	58.1	—
	CO	10.2	—
	CH₄	9.0	—
	C₂H₄	1.86	—
可燃气体热值/(kJ·Nm⁻³)		13 880	—
单位质量垃圾产气量/(m³·kg⁻¹)		0.23	—

注：Nm³是指在 0 ℃时 1 个标准大气压下的气体体积，称为标准立方米。

表 7-4　双塔循环流化床热解过程的热平衡

收入/(kJ·kg⁻¹)			支出/(kJ·kg⁻¹)		
	项目	数量		项目	数量
热解炉				蒸气焓	1 713.4
				载热体显热	9 820.4
	垃圾潜热	5 660.8		半焦显热	704.6
	蒸气焓	1 081.7		半焦潜热	1 201.3
	载热体显热	12 131.0		可燃气体潜热	2 988.3
	合计	18 873.5		焦油潜热	1 506.5
				热损失	605.3
				合计	18 539.3
燃烧炉	辅助燃料潜热	2 026.4			
	载热体显热	9 822.2		载热体显热	12 133.3
	半焦潜热	1 201.6		烟气焓	879.2
	半焦显热	704.6		热损失	592.4
	空气焓	12.5		灰渣显热	160.0
	合计	13 767.3		合计	413 765.3

注：以 1 kg 生活垃圾为基准。

　　该方法适用于处理废塑料、废轮胎。由于干馏法处理能力小，用部分燃烧法可以提高处理速度。但是，当分解气体中混入燃烧废气时，其热值会降低，炭化物质将被烧掉一部分，其回收率也降低。根据热分解的不同目的，可对炉子结构炉排、除灰口构造、空气入口位置、操作条件等加以适当改变，以适应工作需要。

2. 废轮胎的流化床热解

　　目前世界各地每年有大量的轮胎报废，如欧洲约为 $1.5×10^9$ kg/a，北美约为 $2.5×10^9$ kg/a，日本约为 $0.8×10^9$ kg/a，中国约为 $1×10^9$ kg/a，因此，有效地回收利用这些废轮胎具有重要的意义。传统的填埋不仅放弃了轮胎中潜在的能量（轮胎的热值约为 $3.36×10^5$ kJ/kg），而且存在火灾隐患和污染来源。鉴于此，焚烧、汽化和热解等回收处理工艺便受到了人们的关注并发展起来。废轮胎的热解作为一种新兴的技术，具有很多优点。它不仅回收了能量，消除了污染，可作为简单的替代燃料，而且获得的产品油还易于存储和输运，因而得到了国内外的广泛关注。

废轮胎的热解主要应用流化床及回转窑，现已达到使用阶段。其热解产物非常复杂，有研究指出，轮胎热解所得产品的组成中，气体占 22%（质量分数），液体占 27%，炭灰占 39%，钢丝占 12%。气体组成主要为甲烷（15.13%）、乙烷（2.95%）、乙烯（3.99%）、丙烯（2.5%）、一氧化碳（3.8%）、水、二氧化碳、氢气和一定比例的丁二烯。液体组成主要是苯（4.75%）、甲苯（3.62%）和其他芳香族化合物（8.50%）。

气体和液体中还有微量的硫化氢，但硫含量未超标。热解产物组成随热解温度不同略有变化。温度增加，气体含量增加而油品减少，炭含量也增加。某流化床热解橡胶的工艺流程如图 7-10 所示。废轮胎经剪切破碎机破碎至粒径小于 5 mm，轮缘及钢丝帘子布等绝大部分被分离出来，用磁选去除金属丝。轮胎粒子经螺旋输送器等进入直径为 5 cm，流化区为 8 cm，底铺石英砂的电加热器中。流化床的气流速率为 500 L/h，流化气体由氮及循环热解气组成。热解气流经除尘器与固体分离，再经静电沉积器除去炭灰，在深度冷却器和气液分离器中将热解所得油品冷凝下来，未冷凝的气体作为燃料气为热解提供热能或作为流化气体使用。

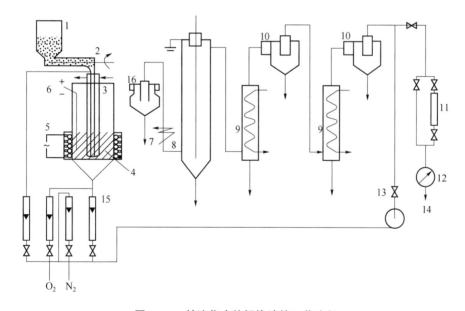

图 7-10　某流化床热解橡胶的工艺流程

1—塑料加料斗；2—螺旋输送器；3—冷却下伸管；4—流化床反应器；5—电加热器；6—热电偶；7—冷却器；
8—静电沉积器；9—深度冷却器；10，16—气旋；11—气体取样器；12—气量计；13—节气阀；
14—压气机；15—转子流量计

由于上述工艺要求进料切成小块，预加工费用较高，因此日本、美国和德国的几家公司合作，在汉堡研究院建立了日处理 1.5~2.5 t 废轮胎的试验性流化床反应器。该流化床内部尺寸为 900 mm×900 mm，整轮胎不经破碎即能进行加工，可节约因破碎所需的大量费用。流化床由砂或炭黑组成，由分置为两层的辐射火管间接加热。一部分生成的气体用于流化床，另一部分燃烧为分解反应提供热量。

整轮胎通过气锁进入反应器，轮胎到达流化床后，慢慢地沉入砂内，热的砂粒覆盖在它的表面，使轮胎热透而软化，流化床内的砂粒与软化的轮胎不断交换能量、发生摩擦，使轮胎逐渐分解，两三分钟后轮胎全部分解完，在砂床内残留的是一堆弯曲的钢丝。钢丝由伸入流化床内的移动式格栅移走。热解产物连同流化气体经过旋风分离器及静电除尘器，将橡胶、填料、炭黑和氧化锌分离除去。气体通过油洗涤器冷却，分离出含芳香族高的油品，最后得到含甲烷和乙烯较高的热解气体。整个过程所需能量不仅可自给，还有剩余热量可供给其他方面使用。

目前，虽然流态化技术在固体废物处理领域中的应用还不是很成熟，但随着人们对流态化技术研究的不断深入，以及流态化技术相对于其他技术的优点和其对固体废物处理的适用性，流化床热解技术仍具有可观的应用前景。

思考题

1. 简述热解的原理和过程。
2. 简述热解的基本要素。
3. 论述焚烧和热解的区别。
4. 举例论述热解回收资源的潜力。

第8章

固体废物的堆肥化处理

固体废物，特别是厨余垃圾，一般含有大量含水率高、有机物含量高的物质，这些物质不适宜采用焚烧等热处理方式，而适宜采用堆肥化处理，获得肥料或者沼气等，从而实现其资源化利用，这是较为经济有效的处理方式。堆肥化处理就是在人工控制的条件（主要控制条件是一定的水分、碳氮比和通风）下，通过微生物的发酵作用，将有机物转化为肥料或沼气等的过程。堆肥化过程的产物称为堆肥。

堆肥化的实质就是有机物在微生物的作用下，通过生物化学反应实现转化和稳定化的过程。在堆肥化过程中，废物中有机物由不稳定状态转化为稳定的腐殖质残渣，对环境不再构成明显危害。腐熟的堆肥具有一定的养分，是一种极好的土壤调理剂和田地改良剂。堆肥化是对富含有机物的固体废物进行稳定化、无害化和资源化的重要处理技术之一，具有广泛的应用。

较早用于堆肥化处理的原料主要是农业废物（如秸秆、禽畜粪便等）。现今，随着社会和经济的快速发展，有机固体废物的种类越来越多，适用于堆肥的原料变得广泛，如污泥、厨余垃圾、工业有机废渣等。20 世纪 90 年代以来，庭院废物同污泥混合堆肥在美国得到广泛应用。此外，不同的氮源（如牛血、污泥和酵母萃取物）和高粱废物也可进行混合堆肥。猪粪、褐煤、轧棉剩余物和米糠等也适合进行混合堆肥。

堆肥工艺相对比较简单，可在室外各种天气下进行。为了高效操作，减少臭味，降低成本，很多堆肥设备可在完全封闭的建筑物内完成自动化控制操作。堆肥有以下优点：

（1）堆肥产品是一种对环境有用的资源；

（2）能够加速植物生长，保持土壤中的水分，增加土壤中的有机质含量，有利于防止侵蚀。

8.1　堆肥技术的基本原理

根据堆肥化过程中微生物对氧气的需求情况不同，堆肥可分为好氧堆肥和厌氧消化。好氧堆肥是在通风条件好、氧气充足的条件下借助好氧微生物的生命代谢活动降解有机物。好氧堆肥温度高，一般在 55~60 ℃，极限时甚至达 80~90 ℃，故好氧堆肥也常称为高温堆肥。厌氧消化则是在通风条件差、氧气不足的条件下借助厌氧微生物发酵堆肥。

8.1.1　好氧堆肥的基本原理

好氧堆肥是在有氧条件下，依靠好氧微生物的作用把有机物转化为腐殖质、二氧化碳、热量等的过程。微生物通过新陈代谢活动分解有机废物来维持自身的生命活动，同时达到有机物被生物利用的目的。在堆肥过程中，有机废物中的可溶性小分子有机物透过微生物的细胞壁和细胞膜而被微生物直接利用；不溶性的胶体有机物先吸附在微生物体外，依靠微生物分泌的胞外酶分解为可溶性物质，再渗入细胞。微生物通过自身的生命代谢活动，进行分解代谢（氧化还原过程）和合成代谢（生物合成过程），把一部分被吸收的有机物氧化为简单的无机物，并放出生物生长活动所需的能量，而把另一部分有机物转化合成新的细胞物质，使微生物生长繁殖，产生更多的生物体（图8-1）。简而言之，有机物的转化可归纳为两个同时进行的过程：

（1）有机物的矿质化过程，即把复杂的有机物分解成简单的物质，最后生成二氧化碳、水和矿质养分等；

（2）有机物的腐殖化过程，即有机物经分解再合成，生成更复杂的特殊有机物——腐殖质。

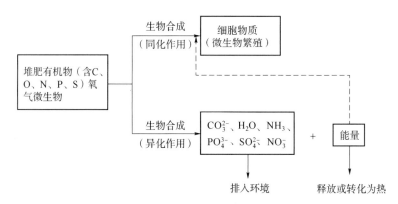

图8-1 有机固体废物的好氧堆肥过程

好氧堆肥的时间对堆肥产品的质量有较大的影响。我国国内大多数有机肥料产品一般堆肥发酵仅15~20 d，但该过程只能初步达无害化标准。优质的有机肥料堆肥发酵过程一般需要45~60 d。因为在堆肥前期的升温阶段以及高温阶段会杀死植物致病病原菌、虫卵等有害微生物，但此过程中微生物的主要作用是新陈代谢、繁殖，只产生很少量的代谢产物，且这些代谢产物不稳定也不易被植物吸收。到后期的降温期，微生物才会进行有机物的腐殖质化，并在此过程中产生大量有益于植物生长吸收的代谢产物，这个过程需45~60 d。经45~60 d的堆肥可达到以下目的：一是无害化；二是腐殖质化；三是大量微生物代谢产物，如各种抗生素、蛋白质等。参与堆肥过程的主要微生物种类是细菌、真菌及放线菌。堆肥过程主要经历以下阶段（图8-2）。

（1）发热（中温）阶段。该阶段主要发生在堆肥初期，堆肥中的微生物以中温、好氧性的种类为主，最常见的是无芽孢细菌、芽孢细菌和霉菌。这些微生物启动堆肥的发酵过程，在好氧环境下活跃分解易分解有机物（如简单糖类、淀粉、蛋白质等），产生大量的热，不断推高堆肥的温度，堆体可从约20 ℃上升至40 ℃。

（2）高温阶段。随着堆体温度的升高，嗜热微生物逐渐取代中温微生物而起主导作用，温度持续上升，一般在几天之内可达50 ℃以上，进入高温阶段。在高温阶段，嗜热放线菌和嗜热真菌成为主要种类，对堆肥中复杂的有机物（如纤维素、半纤维素、果胶物质等）进行强烈分解，热量积累，堆肥温度上升至 60~70 ℃，甚至可高达 80 ℃。随即大多数嗜热微生物大量死亡或进入休眠状态（20 d 以上），这对加快堆肥的腐熟有很重要的作用。若堆肥不当，堆肥只有很短的高温期，或者根本达不到高温，因而腐熟很慢，导致在半年或者更长时期内还没有达到半腐熟状态。

（3）降温阶段。当高温阶段持续一段时间后，纤维素、半纤维素、果胶物质大部分已被分解，剩下很难分解的复杂成分（如木质素）和新形成的腐殖质，微生物的活动减弱，温度逐渐下降。当温度下降到 40 ℃ 以下时，中温性微生物又成为优势种类。如果降温阶段来得早，表明堆肥条件不够理想，植物性物质分解不充分。这时可以翻堆，将物料拌匀，使之产生第二次发热、升温，以促进堆肥的腐熟。

（4）腐熟保肥阶段。堆肥腐熟后，体积缩小，堆温下降至稍高于气温，这时应将堆肥压紧，造成厌氧状态，使有机物矿质化作用减弱，以利于保肥。

总的来说，有机堆肥的发酵过程实际上就是各种微生物新陈代谢、繁殖的过程。微生物的新陈代谢过程即有机物分解的过程，有机物分解必然会产生能量，推动堆肥化进程，使温度升高，同时干燥湿基质。

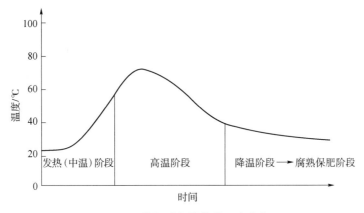

图 8-2　堆肥过程堆体的温度变化

堆肥用的物料常携带人类、动植物的病原体以及植物种子等。在堆肥过程中，通过短时间的持续升温，可有效地控制这些生物的生长。因此，高温堆肥的一个主要优势就是能够使人和动植物病原体以及种子失活。病原体以及种子失活是由于其细胞死亡，而细胞的死亡很大程度上基于酶的热失活。在适宜的温度下，酶的失活是可逆的，但在高温下是不可逆的。在很小的温度范围内，酶的活性部分将迅速降低。如果没有酶的作用，细胞就会失去功能，然后死亡，只有少数几种酶能够经受长时间的高温。因此，微生物对热失活非常敏感。研究表明，在一定温度下加热一段时间可以破坏病原体等其他生物体。通常在 60~70 ℃ 的温度下，加热 5~10 min，可破坏非芽孢细菌和芽孢细菌的非休眠体的活性。利用加热灭菌，在 70 ℃ 条件下加热 30 min，可消灭污泥中的病原体。但在较低温度下（50~60 ℃），一些病原体的灭活则可长达 60 天。因此，堆肥过程有必要保持 60 ℃ 以上温度一段时间。

在堆肥过程中，应进行适当的翻堆。一般在堆温越过高峰开始降温时进行，翻堆可以使内外层分解温度不同的物质重新混合均匀。若湿度不足可补加一些水，促进堆肥均匀腐熟。堆肥过程中的各种生物、微生物的死亡、更替及物质形态转化都是同时进行的。从热力学、生物学以及物质转化角度看，这些反应都不是几天或十几天这么短时间能够完成的。即使在温度、湿度、水分、微生物等条件都控制得很好的前提下，想获得优质的堆肥产品，堆肥时间在 45~60 d 最佳。因此，堆肥厂一般配置足够大的贮存场地，以保证足够的堆肥时间。

堆肥过程除了温度变化明显，其堆体的 pH 值也在变化。堆肥过程随时间的推移，其 pH 值先下降后升高。pH 值下降主要是由于堆肥中的有机物分解过程中产生的酸性物质，如碳酸、硫酸、磷酸等。随后堆肥产生大量氨氮，致使 pH 值升高，因为氨氮会被微生物分解成氨基酸，而氨基酸又会被微生物分解成氨气（NH_3）。为防止 NH_3 大量逸出，应控制堆肥 pH<8，一般可采取以下措施：增加堆肥中的碳水化合物；增加堆肥中的碱性物质；减少堆肥中的氨氮；减少堆肥中的硝酸盐；减少堆肥中的微生物活动等。

8.1.2 厌氧消化的基本原理

厌氧消化的基本原理与废水厌氧消化基本原理类似，都是在缺氧条件下利用兼性厌氧微生物和专性厌氧微生物进行的一种腐败发酵分解，将大分子有机物降解为小分子的有机酸、腐殖质和二氧化碳、氨气、硫化氢、磷化氢等物质。厌氧消化的堆肥温度低，分解不够充分，成品肥中氮素保留较多，但堆制周期长，完全腐熟通常要几个月的时间。传统的农家堆肥很多为厌氧消化。

厌氧消化主要分成两个阶段，如图 8-3 所示。第一阶段是产酸阶段。产酸菌将大分子有机物降解为小分子有机酸和醇类等物质，并提供部分能量因子 ATP。在此阶段，由于有机酸大量积累，pH 值随之下降，所以也叫酸性发酵阶段，参与的细菌称为产酸菌。

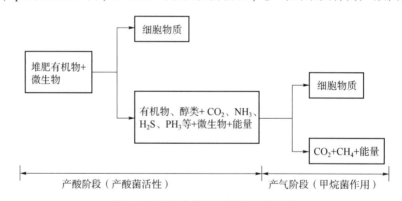

图 8-3　有机物的厌氧消化分解过程

第二阶段为产气阶段。在分解后期，由于所产生的氨的中和作用，pH 值逐渐下降；同时，甲烷菌开始分解有机酸和醇类，主要产物是甲烷、二氧化碳。随着甲烷菌的繁殖，有机酸被迅速分解，pH 值迅速上升，因此这一阶段也称为碱性发酵阶段。

厌氧过程没有氧分子的参与，酸化过程中产生的能量较少，许多能量保留在有机酸分子中，在甲烷菌作用下，以甲烷气体的形式释放出来。厌氧消化的特点是反应步骤多、速度慢、周期长。

8.2　影响堆肥化处理的主要因素

8.2.1　好氧堆肥的影响因素

1. 有机物含量

堆肥物料适宜的有机物含量为 20%~80%。有机物含量过低，不能提供足够的热能，影响嗜热微生物增殖，难以维持高温发酵过程；有机物含量大于 80% 时，堆制过程要求大量供氧，实践中常因供氧不足而发生部分厌氧过程。

2. 含水率

图 8-4 是垃圾含水率与需氧量和细菌生长的关系曲线，其中细菌的生长和需氧量均在含水率为 50%~60% 时达到峰值。因此，在用生活垃圾堆肥时，一般以含水率 55% 为最佳。通常，生活垃圾的平均含水率低于此值，可添加粪稀或污水污泥等进行调节。添加的调节剂与垃圾的质量比，可根据式（8-1）求出：

$$M = (W_m - W_e)/(W_b - W_m) \tag{8-1}$$

式中　M——调节剂与垃圾的质量（湿重）比；

　　　W_m，W_e，W_b——分别为混合原料含水率、垃圾含水率和调节剂含水率。

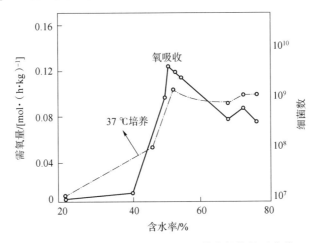

图 8-4　垃圾含水率与需氧量和细菌生长的关系曲线

3. 通风供气量

通风的目的是为好氧微生物提供生命活动所必需的氧，是影响堆肥化过程最重要的因素之一。一个良好的机械堆肥生产系统的条件：首先，要具有提供足够氧气的能力，如果废物堆体的氧气含量不足，微生物会处于厌氧状态，使降解速率减缓，并产生 H_2S 等臭气，同时使堆体温度下降。其次，通风可以调节温度。堆肥需要微生物作用而产生高温。但是，对于快速堆肥来讲，必须避免长时间的高温。温度控制的问题就要靠强制通风来解决。此外，在高温堆肥后期，一次发酵排出废气的温度较高，会从堆肥中带走大量水分，从而使物料干化。有研究指出，堆体中的氧含量保持在 8%~18% 比较适宜。氧含量低于 8% 会导致厌氧发酵而产生恶臭，而氧含量高于 18% 则会使堆体冷却，导致病菌的大量存活。通风供气量主要取决于堆肥原料的有机物含量、挥发度（％）、可降解系数（分解效率,％）等，可用式（8-2）推算出理论上氧化分解需要的氧气量，再折算成理论空气量。为便于估算需氧量，有以下的化学计算式：

$$C_aH_bN_cO_d + \frac{1}{2}(nz+2s+r-d)O_2 \longrightarrow n\ C_wH_xN_yO_z + sCO_2 + rH_2O + (c-ny)NH_3 \qquad (8-2)$$

式中　$C_aH_bN_cO_d$——堆肥原料成分；

　　　$C_wH_xN_yO_z$——堆肥产物成分。

$$r = \frac{1}{2}[b-nx-3(c-ny)]$$

$$s = a-nw$$

式中　n——降解效率（摩尔转化率）。

【例】　现用一种成分为 $C_{31}H_{50}NO_{26}$ 的堆肥物料进行好氧堆肥化。经好氧堆肥化后，每 1 000 kg 堆料在完成堆肥化后仅剩下 180 kg，测定产品成分为 $C_{11}H_{14}NO_4$，试求 1 000 kg 物料的化学计算理论需氧量。

解：（1）堆肥物料的千摩尔质量为

$$M(C_{31}H_{50}NO_{26}) = 852(kg/kmol)$$

则参加反应的有机物摩尔数为

$$n_0 = 1\ 000/852 = 1.173(kmol)$$

（2）堆肥产品物料的千摩尔质量为

$$M(C_{11}H_{14}NO_4) = 224(kg/kmol)$$

则每摩尔参加反应的残余有机物的摩尔数为

$$n = 180/(1.173 \times 224) = 0.685$$

（3）由题可知，$a=31$，$b=50$，$c=1$，$d=26$，$w=11$，$x=14$，$y=1$，$z=4$，则

$$r = 1/2[b-nx-3(c-ny)] = 19.733$$

$$s = a-nw = 23.465$$

故需氧量为

$$W(O_2) = 1/2 \times (nz+2s+r-d) \times 1.173 \times 32 = 814.588(kg)$$

4. 碳氮比

微生物每利用 30 份碳就需要 1 份氮，故初始物料的碳氮比为 30:1，合乎堆肥需要，其最佳值为 26:1~35:1。成品堆肥的适宜碳氮比为 10:1~20:1。由于初始原料的碳氮比一般都高于前述最佳值，故应加入氮肥水溶液、粪便、污泥等调节剂，使之调到 30 以下。当有机原料的碳氮比为已知时（可通过分析预测出），可按下式计算所需添加的氮源的数量：

$$K = \frac{C_1+C_2}{N_1+N_2} \qquad (8-3)$$

式中　K——混合原料的碳氮比，通常取最佳范围值，配合后为 35:1；

　　　C_1、C_2、N_1、N_2——分别为有机原料和添加物的碳、氮含量。

5. 温度

对于堆肥化系统而言，温度是影响微生物活动和堆肥工艺过程的重要因素。堆肥微生物对有机物进行分解代谢会释放热量，这是堆肥物料温度上升的内在原因。堆肥化过程中，温

度的变化受供养状况以及发酵装置、保温条件等因素的影响。堆肥化过程中温度的控制十分必要，在实际生产中往往通过温度–通风反馈系统来进行温度的控制。

6. pH

大多数微生物对 pH 的适应范围为 4.5~9.0，而最适宜的 pH 值的范围为 6.5~7.5。pH 值太高或太低都会使堆肥处理遇到困难。在整个堆肥过程中，pH 值先下降（可降至 5.0），然后上升至 8~8.5，如果废物堆肥变成厌氧状态，则 pH 值持续下降。此外，pH 值也会影响氮的损失。但在一般情况下，堆肥过程中堆体对 pH 值有足够的缓解作用，能使 pH 值稳定在可以保持好氧微生物代谢的酸碱度水平。堆肥发酵一般在 pH 值为 6.5~8.5 进行，且 pH 值为 8 左右时可获得最大堆肥速率；否则，温度上升就会变得迟缓。

7. 粒度

堆肥前需要用到破碎、分选等预处理方法去除粗大垃圾，降低不可堆肥化物质含量，并使堆肥物料达到一定程度的均匀化。颗粒变小，物料表面积增大，便于微生物繁殖，可以促进发酵过程。但颗粒也不能太小，因为要考虑到保持一定程度的孔隙率与透气性能，以便均匀充分地通风供氧，适宜的粒径范围是 10~60 mm，具体的粒度可根据堆肥工艺和产品的性能要求而定。对于静态堆肥，粒径适当增加可以起支撑结构的作用，通过增加物料的孔隙率达到通风的目的。

8. 接种剂

堆料中加入接种剂可以加快堆腐材料的发酵速度。向堆体中加入分解较好的厩肥或加入占原始材料体积 10%~20%的腐熟堆肥，都能加快发酵速度。有人分别比较添加纤维素分解真菌和添加固氮菌及溶磷菌对堆肥总氮和碳氮比的影响，结果发现接种剂均明显加快堆肥发酵的速度。

9. 碳磷比

磷是磷酸和细胞核的重要组成元素，也是生物能 ATP 的重要组成部分，一般要求堆肥原料的碳磷比在 75∶1~150∶1 为宜。

8.2.2 厌氧消化的影响因素

1. 厌氧条件

厌氧消化最显著的一个特点是有机物在无氧的条件下被某些微生物分解，最终转化成 CH_4 和 CO_2。产酸阶段微生物大多数是厌氧菌，需要在厌氧的条件下才能把复杂的有机物分解成简单的有机酸等。产气阶段的细菌是专性厌氧菌，氧对甲烷菌有毒害作用，因而需要严格的厌氧环境。判断厌氧程度可用氧化还原电位（Eh）表示。当厌氧消化正常进行时，Eh 应维持在–300 mV 左右。

2. 原料配比

厌氧消化原料的碳氮比以（20~30）∶1 为宜。碳氮比过小，细菌增殖量降低，氮不能被充分利用，过剩的氮变成游离的 NH_3，抑制了甲烷菌的活动，厌氧消化不易进行。但碳氮比过高，反应速率降低，产气量明显下降。磷含量（以磷酸盐计）一般以有机物量的 1/1 000 为宜。

3. 温度

温度是影响产气量的重要因素，厌氧消化可在较为广泛的温度范围内进行（40~65 ℃）。

温度过低，厌氧消化速率低、产气量低，不易达到卫生要求上杀灭病原菌的目的；温度过高，微生物处于休眠状态，不利于消化。研究发现，厌氧微生物的代谢速率在 35～38 ℃和 50～65 ℃时各有一个高峰。因此，一般厌氧消化常把温度控制在这两个范围内，以获得尽可能高的消化效率和降解速率。

4. pH

产甲烷微生物细胞内的细胞质 pH 一般呈中性。但对于甲烷菌来说，维持弱碱性环境是十分必要的，当 pH 低于 6.2 时，甲烷菌就会失去活性。因此，在产酸菌和甲烷菌共存的厌氧消化过程中，系统的 pH 应控制在 6.5～7.5，最佳 pH 范围是 7.0～7.2。为提高系统对 pH 的缓冲能力，需要维持一定的碱度，可通过投加石灰或含氮物料的办法进行调节。

5. 添加物和抑制物

在发酵液中添加少量的硫酸锌、磷矿粉、炼钢渣、碳酸钙、炉灰等，有助于促进厌氧发酵，提高产气量和原料利用率，其中以添加磷矿粉的效果最佳。此外，添加少量钾、钠、镁、锌、磷等元素也能提高产气量。但是也有些化学物质能抑制发酵微生物的生命活力，当原料中含氮化合物过多，如蛋白质、氨基酸、尿素等被分解成铵盐，从而抑制甲烷发酵。因此，当原料中氮化合物含量较高时，应适当添加碳源，调节碳氮化在（20～30）∶1 范围内。此外，如铜、锌、铬等重金属及氰化物等含量过高时，也会不同程度地抑制厌氧消化。因此，在厌氧消化过程中应尽量避免这些物质的混入。

6. 接种物

厌氧消化中细菌数量和种类会直接影响甲烷的生成。不同来源的厌氧发酵接种物，对产气量有不同的影响。添加接种物可有效提高消化液中微生物的种类和数量，从而提高反应器的消化处理能力，加快有机物的分解速率，提高产气量，还可使开始产气的时间提前。用添加接种物的方法，开始发酵时，一般要求菌种量达到料液量的 5% 以上。

7. 搅拌

搅拌可使消化原料分布均匀，增加微生物与消化基质的接触，使消化产物及时分离，也可防止局部出现酸积累，排除抑制厌氧菌活动的气体，从而提高产气量。

8.3 堆肥的程序、工艺与装置

8.3.1 好氧堆肥的程序、工艺与装置

1. 好氧堆肥的程序

传统的堆肥技术采用厌氧的野外堆积法，这种方法堆肥占地面积大、时间长。现代化的堆肥生产一般采用好氧堆肥工艺，它通常由预处理、一次发酵（主发酵）、二次发酵（后发酵）、后处理、脱臭及贮存等工序组成。

1）原料预处理

预处理包括分选、破碎以及含水率和碳氮比调整。

2）原料发酵

我国高温堆肥，大多采用一次发酵方式，周期长达 30 d 以上。目前，试验推广的是二

次发酵方式，周期一般需要 20 d。

（1）一次发酵。好氧堆肥的中温与高温两个阶段的微生物代谢过程称为一次发酵或主发酵。它是指从发酵初期开始，经中温、高温阶段到温度开始下降的整个过程，一般需要 10~12 d，其中高温阶段持续时间较长。

（2）二次发酵。物料经过一次发酵，还有一部分易分解和大量分解的有机物存在，需将其送到后发酵室，堆成 1~2 m 高的堆垛进行二次发酵，使之腐熟。此时温度持续下降，当温度稳定在 40 ℃左右时即达到腐熟，一般需 20~30 d。

3）后处理

后处理包括去除杂质和进行必要的破碎处理。

2. 好氧堆肥的工艺与装置

1）间歇式发酵工艺与装置

（1）间歇式发酵工艺。

间歇式发酵工艺足以将原料逐批地发酵，一批原料堆积之后不再添加新料，待完成发酵成为腐殖土运出。图 8-5 是国内日处理生活垃圾 100 t 的工艺流程。该工艺采用二次发酵方式。一次发酵采用机械强制通风，发酵期为 10 d，60 ℃高温保持 5 d 以上，堆料达到无害化。然后将一次发酵堆肥通过机械分选，去除非堆腐物，送去二次发酵仓，进行二次发酵，一般 10 d 左右即达到腐熟。

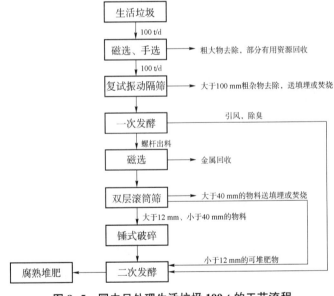

图 8-5　国内日处理生活垃圾 100 t 的工艺流程

由于该工艺的一次发酵周期只需 10 d 左右，故可加快发酵池的周转，建池数量可比周期 30 d 的一次发酵方式减少 2/3；由于一次发酵后将非堆腐物排除，可使堆肥体积减小 1/2；此外，因堆肥由一次发酵转入二次发酵时，经过机械翻堆，故加快了腐熟化进程，缩短了发酵周期。

（2）间歇式发酵装置。

间歇式发酵装置有长方形池式发酵仓、倾斜床式发酵仓、立式圆筒形发酵仓等，并各配设通风管，有的还配设搅拌装置。图 8-6 是立式圆筒形发酵仓示意图，直径 5 m，高 4 m，底部呈锥状。在圆筒的底部用 8.3 cm 的钢管沿池壁装设一圈通风管，通风管上均匀开出 8 个出气口。通风管与鼓风机相接，强制鼓入空气，日处理垃圾 50 t。

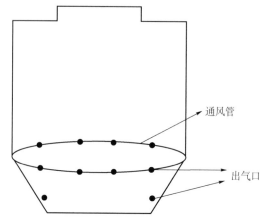

图 8-6　立式圆筒形发酵仓示意图

2）连续发酵工艺与装置

连续发酵工艺采取连续进料和连续出料方式发酵，原料在一个专设的发酵装置内完成中温和高温发酵过程。这种系统发酵时间短，能杀灭病原微生物，还能防止异味，成品质量比较高，已在美国、日本和欧洲国家广泛采用。

连续发酵装置有多种类型，但基本上可分为立式和卧式两大类。下面以丹诺发酵器和桨叶式发酵塔为代表分别进行介绍。

（1）丹诺（Dano）发酵器。

丹诺法是一种比较古老的至今仍较普遍采用的好氧堆肥技术。其关键设备是丹诺发酵器（图 8-7），其外形类似于工业回转窑。

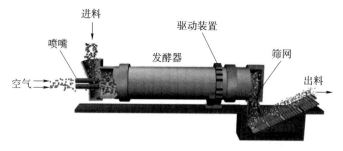

图 8-7　丹诺发酵器

丹诺发酵器通过安装在固定端前壁的进料口进料，通过后壁上的闸门出料，末端还装有一孔径为 100~150 mm 的筛网。发酵器安装在支重轮上，由电动机驱动旋转。生活垃圾随发酵器转动被搅拌、磨蚀和捣碎，并依靠微生物分解放出的热量使温度保持在 60~70 ℃，所需空气由两排沿发酵器装设的喷嘴供给，生成的 CO_2 和用过的空气通过排气管排出。物料在发酵器内完成一次发酵过程，需 3~5 d；从出口收集的堆肥，再送到二次发酵室腐化 5~6 周。

（2）桨叶式发酵塔。

桨叶式发酵塔（图 8-8）外观类似于多段焚烧炉。外壁由隔热材料做成，是一种可保温的具有多段发酵槽的圆筒；一般有 5 个发酵槽，各由混凝土或钢板做成。装置的中心有一垂直空心主轴，相对于主轴的每段发酵槽内，按横向位置各装设一组旋转桨叶；每段发酵槽底，各开一个孔口，并使各槽孔口逐次错开一个向位。全部搅拌系统通过由设在主轴中心的垂直轴和齿轮所组成的转动装置，形成一个以较快速度一起驱动的系统；主轴与桨叶的速度可分别调节，物料搅拌及其依次在槽间的移动同时进行。工作时，物料被桨叶搅起并被甩到与主轴旋转方向相反的方位。通过转动，由最上层进入的原料，在槽内一面受到搅拌，一面通过槽底孔口进入下一段发酵槽，同时受来自以下各层热空气作用，发生生物降解过程。

桨叶式发酵塔便于选定最适当的运行条件，通风均匀，物料不易结块，槽内停留时间不同的发酵物料不会相混，易于使发酵过程处于最佳条件。

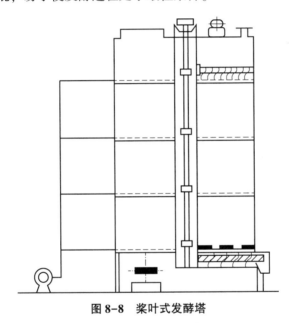

图 8-8　桨叶式发酵塔

8.3.2　厌氧消化的程序、工艺与装置

1. 厌氧消化的程序

厌氧消化是碳水化合物、蛋白质和脂肪等各类生物质基质在缺氧或无氧环境下被微生物分解，形成各种代谢产物，并获得自身生长与繁殖的能量和合成前体的过程。厌氧消化工艺可分为 3 个阶段：分选预处理、厌氧发酵、后处理。

1）分选预处理

分选预处理是分离出垃圾中的可生物降解组分，避免杂质进入后续生物转化单元，同时回收金属等废品，进行接种、调质和预加热等。

2）厌氧发酵

在这一阶段可生物降解组分被转化为沼气。

（1）水解。有机物厌氧分解菌产生胞外酶水解有机物。这些细菌的种类和数量随着有机物种类而变化，通常按原料种类分为纤维素分解菌、脂肪分解菌和蛋白质分解菌。在这些细菌作用下，多糖分解成单糖，蛋白质转化成肽和氨基酸，脂肪转化成甘油和脂肪酸。

（2）酸化。醋酸菌（如胶醋酸细菌、某些梭状芽孢杆菌等）分解较高级的脂肪酸产生醋酸和氢气。此外，有机物厌氧分解菌在分解脂肪时，也产生长链脂肪酸，如硬脂酸；分解蛋白质时产生芳族酸，如苯基醋酸和吲哚醋酸。这些酸也被第二阶段细菌所分解，产生醋酸和氢气。在此阶段产酸速率很快，致使料液 pH 值迅速下降，料液具有腐烂的气味。

（3）酸性衰退。有机酸和溶解的含氮化合物分解成氨、胺、碳酸盐和少量的 CO_2、N_2、CH_4 和 H_2，且此阶段 pH 值上升。酸性衰退阶段的副产物还有 H_2S、吲哚、粪臭素和硫酸。

（4）甲烷化。甲烷菌使醋酸转化为 CH_4 和 CO_2，利用 H_2 还原 CO_2 成甲烷，或利用其他细菌产生的甲酸形成甲烷与水。

3）后处理

沼气和经固液分离形成的沼液与沼渣，必须进一步处理后才能利用。沼气的后处理，包括沼气的贮存、净化和利用。沼液和沼渣含有丰富的氮、磷、钾等营养元素，在条件许可时，应优先考虑土地利用。

2. 厌氧消化的工艺

根据含固率、发酵温度、级数（单级对多级）等参数的不同，厌氧消化的工艺可以分成不同的工艺类型。

1）按照含固率分类

根据含固率（TS）的不同，分为湿式厌氧消化工艺和干式厌氧消化工艺。湿式厌氧消化工艺的含固率通常低于15%，干式厌氧消化工艺的含固率通常在20%~40%，含固率介于二者之间的称为半干式厌氧消化工艺。

干式厌氧消化工艺的进料基本上保持了经分选预处理后的生活垃圾的原始状态，因此对进料的预处理要求比湿式简单，一般不需要再给垃圾加水；但为了满足废物高黏度的需求，所需设备往往比湿式厌氧消化工艺昂贵。湿式厌氧消化工艺需要给垃圾加大量的水，发酵产物较少，但质量较高；缺点是浆液处于完全混合的状态，因此更容易受到氨氮、盐分等物质的抑制。

2）按照发酵温度分类

根据发酵温度的不同，分为中温厌氧消化工艺和高温厌氧消化工艺。由于中温厌氧反应器反应温度较低，所以降解相同水平的有机物，一般停留时间要长（15~30 d），产气量低，反应器容积大。高温厌氧反应器产气量高，停留时间短（12~14 d），反应器容积小，但维修成本高。

3）按照级数分类

根据反应器内进行的厌氧发酵阶段的不同，分为单级（单项）厌氧消化工艺和多级（多项）厌氧消化工艺。单级（单项）是第一阶段和第二阶段反应都集中在一个反应器内进行。多级（多项）一般是两级，是产酸相和产甲烷相成为两个独立的处理单元。

单级厌氧消化工艺具有工艺简单、操作容易、投资相对较低、工程技术相对成熟等诸多优点，因而在生物燃气发酵过程中得到了极为广泛的应用，现有工艺中90%左右为单级工艺。单级厌氧消化工艺的缺点是工艺必须兼顾不同菌群，故导致过程效率较低，同时产酸菌代谢较快，容易引起酸积累，系统的抗冲击性能较差。

多级厌氧消化工艺弥补了单级厌氧消化工艺的不足，本质特征是实现了生物相的分离，即通过调控产酸相和产甲烷相发酵罐的运行控制参数，使产酸相和产甲烷相成为两个独立的处理单元。

4）按照进料方式分类

根据进料方式的不同，分为序批式厌氧消化工艺和连续式厌氧消化工艺。序批式厌氧消化工艺是将固体垃圾分批次投入反应器中，接种后密闭，直到垃圾降解完全再投入另一批新鲜垃圾。连续式厌氧发酵工艺是将新鲜垃圾和降解完全的垃圾分别连续地投入和排出反应器。

3. 厌氧消化的装置

厌氧消化池也称为厌氧消化器。消化罐是整套装置的核心部分，附属设备有气压表、导气管、出料机、预处理设备（粉碎、升温、预处理池等）、搅拌器等。附属设备可以进行原料的处理，产气的控制、监测，以提高沼气的质量。厌氧消化池的种类很多，按消化间的结构形式，有圆形池、长方形池；按贮气方式，有气袋式、水压式和浮罩式。

1）水压式沼气池

水压式沼气池产气时，沼气将消化料液压向水压箱，使水压箱内液面升高；用气时，料液压沼气供气。产气、用气循环工作，依靠水压箱内料液的自动提升使贮气间内的水压自动调节。水压式沼气池的结构如图 8-9 所示。

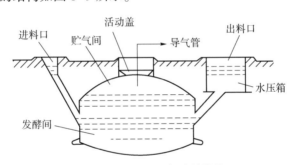

图 8-9　水压式沼气池的结构

2）长方形（或方形）甲烷消化池

这种消化池的结构由消化室、气体储藏室、贮水库、进料口和出料口、搅拌器、导气喇叭口等部分组成。长方形（或方形）甲烷消化池的结构如图 8-10 所示。其主要特点是气体储藏室与消化室相通，位于消化室的上方，设有贮水库来调节气体储藏室的压力。当气体储藏室内气压很高时，就可将消化室内经消化的废液通过进料间的通水穴压入贮水库内。相反，当气体储藏室内压力不足时，贮水库内的水由于自重便流入消化室。这样通过水量调节气体储藏室的空间，使气压相对稳定。搅拌器的搅拌可加速消化。产生的气体通过导气喇叭口输送到外面导气管。

3）红泥塑料沼气池

红泥塑料沼气池是一种用红泥塑料（红泥-聚氯乙烯复合材料）制成池盖或池体的消化池。该工艺多采用批量进料方式。红泥塑料沼气池有半塑式、两模全塑式、袋式全塑式和干湿交替式等。

（1）半塑式沼气池。半塑式沼气池由水泥料池和红泥塑料罩两大部分组成，如图 8-11

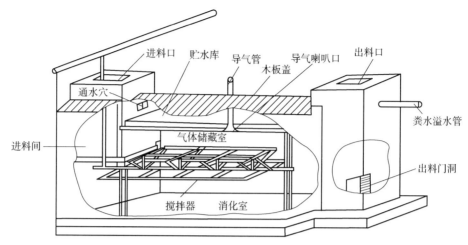

图8-10 长方形（或方形）甲烷消化池的结构

所示。料池上沿部设有水封池，用来密封红泥塑料罩与水泥料池的结合处。这种消化池适于高浓度料液或干发酵，成批量进料。可以不设进出料间。

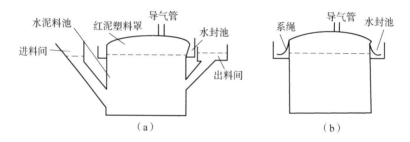

图8-11 半塑式沼气池

（a）设有进出料间；（b）不设进出料间

（2）两模全塑式沼气池。两模全塑式沼气池的池底与池盖由两块红泥塑料膜组成，如图8-12所示。两模全塑式沼气池仅需挖一个浅土坑，压平整成形后即可安装。安装时，先铺上池底膜，然后装料，再将池盖膜覆上，把池盖膜的边沿和池底膜的边沿对齐，以便黏合紧密。待合拢后向上翻折数卷，卷紧后用砖或泥把卷紧处压在池边沿上，其加料液面应高于两块膜黏合处，这样可以防止漏气。

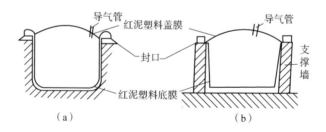

图8-12 两模全塑式沼气池

（a）地下式；（b）地上式

（3）袋式全塑式沼气池。袋式全塑式沼气池的整个池体由红泥塑料膜热合加工制成，设进料口和出料口，安装时需要建槽，主要用于处理牲畜粪便的沼气发酵，是半连续进料，如图 8-13 所示。

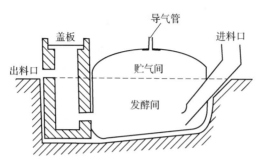

图 8-13　袋式全塑式沼气池

（4）干湿交替式沼气池。干湿交替式沼气池设有两个消化室，如图 8-14 所示。上消化室用来进行批量投料、干消化，所产沼气由红泥塑料罩收集。下消化室用来半连续进料、湿消化，所产沼气贮存在消化室的气室内。下消化室中的气室是处在上消化室料液的覆盖下，密封性好。上、下消化室之间有连通管连通。在产气和用气过程中，两个消化室的料液可随着压力的变化而上、下流动。下消化室产气时，一部分料液通过连通管压入上消化室浸泡干消化原料。用气时，进入上消化室的浸泡液又流入下消化室。

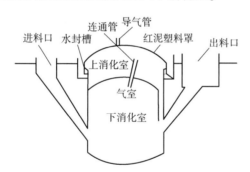

图 8-14　干湿交替式沼气池

为了能用消化技术处理大量污泥和有机废物，满足城市污水处理厂以及城市生活垃圾的处理与处置要求，提高沼气的产量与质量，扩大沼气的利用途径和效率，缩短消化周期，实现沼气消化系统化、自动化管理，近年来国内外逐步开发了现代化大型工业化消化设备。目前常用的集中消化罐有欧美型、经典型、蛋型以及欧洲平底型，如图 8-15 所示。这些消化罐一般用钢筋混凝土浇筑，并配备循环装置，使反应物处于不断的循环状态。

为了实现循环，一般消化罐的外部设动力泵。循环用的混合器是一种专门制作的一级或二级螺旋转轮，既可起到混合作用，又可借以形成物料的环流。在污泥的厌氧消化中，利用产生的沼气，在气体压缩泵的作用下，污泥进入消化罐底部并形成气泡，气泡在上升的过程中带动消化液向上运动，完成循环和搅拌。

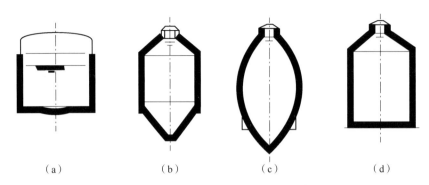

图 8-15 现代化大型工业化消化设备

（a）欧美型；（b）经典型；（c）蛋型；（d）欧洲平底型

8.4 堆肥腐熟度

腐熟度就是堆肥腐熟的程度，即堆肥中的有机物经过矿质化、腐殖化过程后达到稳定的程度。腐熟度是衡量堆肥产品的质量指标。

腐熟度的基本含义有以下两点。

（1）通过微生物的作用，堆肥的产品要达到稳定化、无害化，即不对环境产生不良影响。

（2）所产生的堆肥产品在使用期间，不能影响作物的生长和土壤的耕作能力。腐熟度是国际上公认的衡量堆肥反应进行程度的一个概念性参数。

8.4.1 堆肥腐熟度评价标准

腐熟度指标通常有物理指标、化学指标、生物指标和卫生学指标等。

1. 物理指标

1）温度

堆肥温度的变化反映了堆肥过程中微生物活性的变化，这种变化与堆肥中被氧化分解有机质的含量呈正相关。有机质被微生物降解时会放出热量，使堆体温度升高；有机质被基本降解完后，放出的热量减少，堆体温度与环境温度趋于一致，其变化不明显。根据堆体温度的变化，可判断堆肥化进行的程度、堆肥的腐熟状况，但不同堆肥系统的温度变化差别显著，堆体温度往往与通风量和热损失有关，且堆体为非均相体系，各个区域的温度差异性较大，不能很好地反映堆肥腐熟程度，限制了温度作为腐熟定量指标的应用。由于温度测量方便，目前仍是堆肥化过程最常用的检测指标之一。

2）气味和颜色

堆肥原料通常具有令人不愉快的气味。在运行良好的堆肥过程中，这种气味逐渐减弱并在堆肥结束后消失。堆肥产品具有潮湿泥土的气息。堆肥过程中物料会逐渐变黑，腐熟后的堆肥产品呈黑褐色或黑色，湿透后呈浓茶色，放置1~2 d后，表面会有白色或灰色的霉菌长出，而未腐熟的堆肥呈浅褐色。但堆肥的气味和色度受其原料成分的影响较多，很难以统一气味和色度标准来量化堆肥的腐熟度。

3) 光学特性

堆肥腐殖酸在波长 465 nm 和 665 nm 处具有特征吸收峰值，465 nm 和 665 nm 的吸光度比值称为 E4/E6 值。该比值与腐殖酸分子的数量无关，而与腐殖酸分子大小和缩合度有直接关系，通常随腐殖酸相对分子质量的增加和缩合度增大而减小。E4/E6 值的大小可作为堆肥腐殖化作用大小的重要指标。

2. 化学指标

物理指标不能定量说明堆肥腐熟度，应通过分析堆肥过程中物料的化学成分或性质的变化来评价堆肥腐熟度。用来表征堆肥腐熟度的化学指标有碳氮比（C/N）、氮化合物、阳离子交换量（CEC）、有机化合物和腐殖质等。

1) 碳氮比（C/N）

堆肥的固相 C/N 值从初始的 25~30 降低到 15~20，甚至更低时，一般可认为堆肥已达到腐熟。但由于初始和最终的 C/N 值相差很大，其指示作用具有一定的局限性。有研究者认为，腐熟的堆肥理论上应趋于微生物菌体的 C/N 值，即 16 左右。但对一些原料，如污泥，其本身的 C/N 就不足 15∶1。因此，固相 C/N 就不适宜作为评价腐熟度的参数。有学者采用 T=（终点 C/N）/（初始 C/N）来评价腐熟度。当 T 值<0.6 时，堆肥达到腐熟。由于堆肥过程是微生物对原料总水溶态有机质进行矿质化的过程，因此可以通过检测堆肥浸提液中水溶态成分的变化来判断堆肥的腐熟度。完成腐熟的堆肥中，水溶态有机质 C/N 值一般为 5~6。但当堆肥原料中含有污泥时，原料中水溶态成分本身的 C/N 值很低，经堆肥后其值反而上升，这时 C/N 值不能作为腐熟度的指标。

2) 氮化合物

随着堆肥化过程进行，氨氮减少，硝态氮逐渐增高，完全腐熟的堆肥，氮基本上以硝酸盐形式存在，未腐熟的堆肥则含较多的氨氮。因此，通过检测堆肥中氨氮、硝酸盐是否存在及其比例，可判断堆肥腐熟度。有学者提出以 NH_4^+-N 与 NO_3^--N 的比值作为堆肥腐熟度的评价指标。对污泥、猪粪以及城市生活垃圾等各种有机废物的堆肥进行研究后认为，当 NH_4^+-N 与 NO_3^--N 的比值小于 0.16 时，表明堆肥已基本腐熟。由于氨浓度变化受温度、pH 值、微生物代谢、通气条件和氮源条件的影响，这一类参数通常只作为堆肥腐熟度的参考，不能作为堆肥腐熟度评价的绝对指标。

3) 阳离子交换量（CEC）

阳离子交换量（CEC）能反映有机质的降解程度，是堆肥的腐殖化程度及新形成有机质的重要指标，可作为评价腐熟度的参数。有学者认为，对城市生活垃圾堆肥后，建议以 CEC>60 mmol/100 g 作为堆肥腐熟的指标。但对于 C/N 值较低的堆肥废物，CEC 值在 41.4~123 mmol/100 g 范围内波动，此时不能用 CEC 作为评价堆肥腐熟度的参数。腐殖质各组分和原有机质的多少会影响腐熟堆肥 CEC 值的大小。因此，CEC 也不适合作为各类堆肥腐熟度的绝对指标。

4) 有机化合物

堆肥过程中有机固体废物的水溶性糖类、淀粉、大质素、纤维素、半纤维素、脂肪类和水溶性酚等物质含量的变化可指示堆肥中有机质的腐殖化过程，其中蔗糖和淀粉的利用率接近 100%。一般认为，淀粉的消失是堆肥腐熟的标志，且它可用定性检测器来检测。完全腐熟的、稳定的堆肥产品，以不能检出淀粉为基本条件，但检不出淀粉不代表堆肥已经腐熟，以有机化合物含量的变化来评价堆肥腐熟度还有待于进一步研究。

5）腐殖质

在堆肥过程中，原料中的有机质经微生物作用，在降解的同时还进行腐殖化过程。用 NaOH 提取的腐殖质（HS）可分为胡敏酸（HA）、富里酸（FA）及未腐殖化的组分（NHF）。堆肥开始时一般含有较高的非腐殖质成分及富里酸，较低的胡敏酸；随着堆肥过程的进行，前者保持不变或有所减少，而后者大量产生并成为腐殖质的主要部分。一些腐殖质参数相继被提出，如腐殖化指数（HI）：$HI = HA/FA$；腐殖化率（HR）：$HR = HA/(FA + NHF)$；胡敏酸的百分含量（HP）：$HP = HA \times 100/HS$。HI 和 HP 与 C/N 有很好的相关性。对城市固体废物堆肥的研究表明，HI 呈上升趋势，反映了腐殖质的形成；当 HI 值达到 3、HR 值达到 1.35 时，堆肥已经腐熟。但是原材料对堆肥过程中的腐殖化影响很大，对不同的原料和堆肥技术很难给出统一的定量关系。

3. 生物指标

1）比耗氧速率

比耗氧速率（SOUR）能反映堆肥微生物的活性变化，被认为是表征堆肥腐熟度的一个良好的参数。比耗氧速率既可以指示堆肥中微生物的存在和活性，也可反映堆体中可降解有机物的量。

2）酶学分析

在堆肥过程中，多种氧化还原酶和水解酶与碳、氮、磷等基础物质代谢密切相关。分析相关的酶活力，可间接反映微生物的代谢活性和酶特定底物的变化情况。有研究者分析了污泥堆肥中脲酶、蛋白酶、磷酸酶、脱氢酶的活性变化。结果表明，水解酶的较高活性反映了堆肥的降解代谢过程，较低活性时反映堆肥达到了腐熟。

3）微生物种类

堆肥中微生物种类和数量的变化，也是反映堆肥代谢过程的依据。随着堆肥温度的变化，堆肥中优势菌种的种类也在不断变化。堆肥代谢初期，嗜温菌活动频繁，大量繁殖，分解糖类、淀粉等易降解有机物，放出大量热量，温度继续升高。到了堆肥的高温期，嗜热菌取代嗜温菌成为优势菌种，分解纤维素、半纤维素等物质，大量的寄生虫、病菌在这一阶段被杀死，腐殖质开始形成。之后，随着有机物的减少，微生物代谢活动减弱，堆体温度慢慢下降，此时堆体中以放线菌为主。当然，堆肥中微生物群落中某种微生物存在与否及其数量的多少并不能指示堆肥腐熟度的高低，但是在整个过程中微生物群落的交互演替却能很好地指示堆肥的腐熟度。

4）种子发芽指数（GI）

堆肥产品最终要在农业生产中施用，未腐熟的堆肥含有植物毒性物质，对植物的生长产生抑制作用，而腐熟的堆肥则对植物的生长有促进作用。因此，对堆肥产品进行种子发芽率测试很有必要。当 GI>50% 时，认为堆肥基本腐熟并达到了可接受的程度；当 GI 达到或超过 80% 时，堆肥完全腐熟。种子发芽指数被认为是评价堆肥腐熟度最具说服力的指标，但不同植物种类对植物毒性的承受能力和适应性存在很大差异。因此，结合当地的具体植物进行相应的种子发芽试验更为可靠。种子发芽指数不受堆肥物料的影响，且操作和测定非常简单，可作为堆肥腐熟度评价的推荐指标。

4. 波谱分析法

波谱分析法可从物质结构的角度认识堆肥过程。目前,使用较多的方法有 ^{13}C 核磁共振法和红外光谱法。红外光谱法可以辨别化合物的特征官能团。^{13}C 核磁共振法可提供有机物骨架的信息,能更敏感地反映碳核所处化学环境的细微差别,为测定复杂有机物提供帮助,基于碳谱的化学位移及其必要的分析数据,可初步确定有机物的结构。

5. 卫生学指标

污泥和城市生活垃圾中含有大量致病细菌、霉菌、病毒及寄生虫和杂草种子等,它们都会直接影响堆肥的安全性。这些致病微生物对温度非常敏感,当堆体温度高于 55 ℃,并保持 3 d 以上时,可杀死大部分的致病微生物。致病微生物的存活情况取决于堆肥的温度、微生物多样性及可利用碳源的多少。我国明确了无害化堆肥的温度、蛔虫卵死亡率和粪大肠杆菌值的卫生学指标。《粪便无害化卫生要求》(GB 7959—2012)规定,人工堆体温度应保持在 50 ℃ 以上,至少持续 10 d;机械堆体温度要保持或超过 50 ℃,至少持续 2 d;蛔虫卵死亡率≥95%;沙门苗、肠道链球菌也作为监测堆肥安全性指标。

综上所述,只用单一参数很难确定堆肥的化学及生物学的稳定性,一般综合几个参数来共同确定。化学指标可提供堆肥的基础数据,其中水溶性有机质的分析及 C/N 值最为常用;生物活性测试可反映堆肥的稳定性,其中呼吸作用是评估堆肥稳定性较为成熟的方法;植物毒性分析中发芽指数的测定较为快速、简便,可作为堆肥腐熟评价的推荐指标。将化学指标与生物指标结合起来,形成综合评价参数来评价腐熟度为目前常用的方法。

8.4.2　堆肥腐熟度评定方法

(1)直观经验法。成品堆肥显棕色或暗灰色,并具有霉臭的土壤气味,无明显的纤维。采用此法评定堆肥质量比较简便,但过于"粗糙",且因人的感觉而异,缺乏统一尺寸。

(2)淀粉测试法。淀粉测试法的理论依据是在正常的发酵过程中,堆肥的淀粉量随时间增加而减少,一般当发酵到达第 4~5 周时,淀粉绝大部分分解,在最终成品堆肥中,淀粉应全部消失。测定方法是将堆肥样品加入高氯酸溶液,搅拌、过滤,用碘液检验滤液。如果变黄,略有沉淀物,表明堆肥已经稳定;如果呈现蓝色,表明堆肥未腐熟。此法简便,适用于现场检测。但由于堆肥原料中淀粉含量一般不多,生活垃圾中只有 2%~6%,被检定的也仅是物料中可腐化部分中的一部分,不足以充分反映堆肥的腐熟度。

(3)耗氧速率法。测定方法可用气体采集枪和微型吸气泵将堆层中的气体抽吸到 O_2/CO_2 测定仪中,仪器可自动显示堆层 O_2 或 CO_2 浓度在单位时间内的变化值,以评定堆肥发酵度和腐熟情况。用耗氧速率作为堆肥腐熟度的评定依据,符合卫生学原理,具有良好的稳定性、专一性和可靠性,且该指标不受原料组分的影响,易于在工程上应用。

8.4.3　堆肥质量要求

(1)生物质废物堆肥产物的污染物含量应满足以下控制要求。

①以城镇污水处理厂污泥为原料的,应符合《城镇污水处理厂污染物排放标准》(GB 18918—2002)的要求;

②以其他类型生物质废物为原料的,应符合《绿化用有机基质》(GB/T 33891—2017)

的要求。

（2）若生物质废物堆肥处理产物将进行土地利用，则应满足以下要求。

①蛔虫卵死亡率和粪大肠菌群数应符合《肥料中有毒有害物质的限量要求》（GB 38400—2019）的要求；

②种子发芽指数应符合《有机肥料》（NY/T 525—2021）的要求；

③好氧呼吸量不超过 20mg O_2/（g 有机物）；

④杂质含量指标：杂质（粒径>2 mm 的玻璃、塑料、金属、橡胶）质量百分数不超过 0.5%（以干燥样计），塑料类杂质（粒径>2 mm）质量百分数不超过 0.1%（以干燥样计），塑料类杂质面积质量比不超过 25 cm^2/（kg 湿堆肥）。

其他关于堆肥方面的要求，具体可见《生物质废物堆肥污染控制技术规范》（HJ 1266—2022）。

8.5　好氧堆肥技术的现状和未来展望

生活垃圾堆肥技术在我国中小城市很早就得到了应用，大多数为静态露天堆肥，这是由于这些城市燃气普及率低，以烧煤为主，其垃圾成分中煤渣含量在 30%～70%，有机质含量在 15%～40%。这种静态露天堆肥产生的臭气和污水通常没得到严格的处理。随着城市煤气化率和人民生活水平的提高，垃圾中有机质的含量有的达 50%～70%。1986—1995 年，我国相继开展了机械化程度较高的动态高温堆肥研究和开发。20 世纪 90 年代中期，先后建成了动态堆肥典型工程，如常州市环境卫生综合厂和北京南宫堆肥厂；目前无锡、常州、天津、沈阳、武汉等城市已自行设计了适合中国国情的机械化垃圾堆肥处理生产线。常州市环境卫生综合厂采用动态高温堆肥工艺，每天处理城市生活垃圾 150 t，产堆肥 50 t。但我国城市生活垃圾堆肥厂普遍存在设备运转率低、运行和维修费用高，配套机械设备配套性差、实用性差、使用寿命短，堆肥的质量和肥效都较低，销路不畅等问题。影响我国城市生活垃圾堆肥化发展的另一个主要因素是市场，主要表现为以下几个方面。

（1）混合收集的垃圾杂质含量高，为保证质量采用复杂的分离过程，导致产品成本过高。

（2）一般堆肥厂的粗堆肥产品只能作为土壤改良剂（其销路取决于堆肥厂所在地区土壤条件的适宜性，在南方的红黄黏土、砖红黏土、紫色黏土等黏性土壤地区有较好的销路）或在林地、草地或绿地施用。

（3）堆肥厂产品的经济服务半径一般较小，质量较差的粗堆肥产品一般只能就近销售，利用粗堆肥产品制造的复合肥也面临着与化肥的竞争。

（4）垃圾处理的连续性和堆肥产品销售的季节性之间存在固有矛盾，增加了垃圾的处理成本和堆肥产品的生产成本。

因此，如何提高生活垃圾堆肥厂的机械化水平和堆肥质量，有效控制堆肥产品中的重金属和碎玻璃等杂质的含量，进一步完善国产化有机复合肥成套生产技术与设备是堆肥技术发展的关键。今后需进一步在部分城市应用并推广机械化动态发酵工艺和利用有效菌种快速分解的新型堆肥技术，鼓励在垃圾分类收集的基础上进行高温堆肥处理。垃圾堆肥过程中产生的渗滤液可回用于堆肥物料水分调节，堆肥过程中产生的臭气要进行处理，以达到《恶臭污染物排放标准》（GB 14554—2018）。

　　堆肥不仅可作为土壤的"调节剂"，还可作为一种新型的缓释肥源。成熟的堆肥中含有数量可观的腐殖质，是复杂的可降解的高分子有机胶体物质，除其中的胡敏酸等对植物生长直接起促进作用外，施用于土壤后还能提高土壤的交换容量和保温性，有效地吸附植物生长所必需的 N、P、K 及微量元素，保持土壤的持久肥力。此外，还可将堆肥工艺与其他方法紧密结合，进行堆肥产品的综合利用。例如，将蚯蚓养殖与堆肥相结合，即采用蠕虫堆肥法，生产蚯蚓复合饲料，利用堆肥进行无公害蔬菜栽培等。

　　另外需要注意的是，堆肥产品的重金属含量是否达到农用标准，也是堆肥产品常受市场质疑的地方。提高堆肥质量，进一步开发利用堆肥产品是未来堆肥技术发展的重要方向之一。

　　我国是一个农业大国，用肥量大，在垃圾分类回收的基础上，利用生物技术堆肥处理城市生活垃圾是实现城市生活垃圾资源化、减量化的一条重要途径。

思考题

1. 简述堆肥的基本原理及应用。
2. 简述好氧堆肥的过程及各阶段的特征。
3. 简述影响堆肥的主要因素。
4. 好氧堆肥有哪些设备？阐述这些设备的特点和运作过程。
5. 堆肥腐熟度评价标准有哪些？其评定方法有哪些？
6. 查阅最新文献和资料，论述和预测堆肥的未来发展趋势。

第 9 章
固体废物的固化处理

近年来，随着经济建设的飞速发展，各种工业活动及城市生活所产生的固体废物排放量逐年增加，其中很多固体废物特别是工业固体废物含有较多的重金属，如有色金属生产工序中所排放的冶炼渣、尾矿，工业废水处理厂排放的污泥，受重金属污染的土壤，生活垃圾焚烧厂的飞灰等。这些固体废物堆存于环境中，不仅占用了大量的土地空间，而且其中所含的重金属（如 Pb、Zn、Cd、Cu、Cr、Mn 及类金属 As 等）会随着地表径流冲刷、雨水淋溶、风化等作用而浸出，从而迁移到环境中。重金属难以被生物降解，且在环境中迁移性强，易通过食物链富集，最终危害到环境及人体健康。防治含重金属固体废物所带来的重金属污染成为目前环境治理领域重点关注和需解决的环境问题。

固体废物的治理应遵循减量化、资源化、无害化的"三化"原则，但含重金属固体废物的环境风险严重影响其治理。固化处理技术是通过一定的物理或化学手段，降低废物中有害元素的浸出毒性，使其达到安全稳定的一项废物处理技术。固化处理技术起源于 20 世纪 50 年代对放射性废物的固化处理，发达国家在处理放射性废物时，基本上是先用水泥等惰性材料对废物进行包封，然后再进行填埋处理。目前，固化处理技术被广泛用于各类含重金属固体废物，如尾矿、冶炼废渣、电镀废渣（砷渣、汞渣、铬渣等）、受重金属重度污染土壤、垃圾焚烧产生的飞灰及工业废水治理产生的污泥等固体废物的处理，具有良好的处理效果。

9.1 固化处理的原理和目的

固化处理技术主要是运用物理或化学的方法将固体废物中的重金属等有害物质固定，或将其转化成化学性质不活泼的形态，阻止其在环境中迁移、扩散，从而降低污染物质的环境风险。在美国环境保护署的定义中，固化和稳定化是两个不同的概念。固化是指将污染物包封于惰性基材中，或在污染物外部加入低渗透性材料，通过减少污染物暴露的淋滤面积，达到限制污染物迁移的目的；稳定化是从污染物的生物有效性出发，通过形态转化，将污染物转化为不易溶解、迁移性或毒性更小的形式来实现无害化处理。

固化所用的惰性材料称为固化剂。有害废物经过固化处理所形成的固化产物称为固化体。理想的固化体应具有良好的力学性能，以及良好的抗渗透性、抗浸出性、抗干湿性、抗冻融性等特性。这样的固化体可直接在安全土地填埋场处置，也可用作建筑的基础材料或道路的路基材料。固化处理根据固化基材的不同，可分为水泥固化、石灰固化、热塑性材料固化、热固性材料固化、熔融固化、自胶结固化等。

固化处理的目的是将有毒废物转化为化学或物理上稳定的物质。

9.2　固化处理的基本步骤

标准的固化处理过程主要包含以下 4 个步骤。

（1）废物预处理。废物中的其他化合物会干扰固化过程，故需对收集的固体废物进行预处理，如分选、干燥、中和、破坏氰化物等物理化学处理过程。如以水泥为固化剂时，锰、锡、铜、铝的可溶性盐类会延长凝固时间，降低固化体的物理强度。过量的水会阻碍固化过程，含酸性物质过多则会使固化剂用量增加等。

（2）加入填充剂及固化剂。填充剂及固化剂的用量一般根据试验结果来确定。

（3）混合物料和凝硬。将废物和固化剂在混合设备中均匀混合，然后送到硬化池或处置场地中放置一段时间，使之凝硬完成硬化过程。

（4）固化体的处理。根据所处理废物特性将固化体填埋或加以利用（如用作建筑材料等）。

9.3　固化效果评价

固化体的浸出率、增容比和抗压强度是衡量废物固化处理效果的主要指标。为了评估固体废物中重金属的浸出性，我国颁布了《固体废物　浸出毒性浸出方法　水平振荡法》（HJ 557—2010）、《固体废物　浸出毒性浸出方法　硫酸硝酸法》（HJ/T 299—2007）、《固体废物　浸出毒性浸出方法　醋酸缓冲溶液法》（HJ/T 300—2007）及《危险废物鉴别标准　浸出毒性鉴别》（GB 5085.3—2007）等标准。在国际上，美国环境保护署推荐的毒性特征浸出程序（TCLP）法是目前使用最为广泛的重金属毒性浸出方法。此外，欧洲国家颁布的 En-12457 系列浸出试验标准也可用于评估固体废物中重金属的浸出性。这些方法均可被用于检测固体废物中重金属元素的溶出性及迁移性。

9.3.1　浸出率

浸出率是指固化体浸于水中或其他溶液中时，其中有害物质的浸出速度，用公式可表示为

$$R_{in} = \frac{m_r / M_0}{(A/M)t} \tag{9-1}$$

式中　R_{in}——标准比表面的样品每天浸出的有害物质的浸出率，$g/(d \cdot cm^2)$；

　　　m_r——浸出时间内浸出的有害物质的质量，mg；

　　　M_0——样品中含有的有害物质的质量，mg；

　　　A——样品暴露面积，cm^2；

　　　M——样品的质量，g；

　　　t——浸出时间，d。

废物中的有害物质，特别是重金属等的赋存形态影响其浸出率以及在环境中的迁移情

况。因此，结合浸出率分析固化处理前后固体废物中重金属的形态分布变化，可综合评估固化/稳定化效果及固化体潜在的风险效应。1979 年，Tessicr 提出了颗粒中金属赋存形态的五步提取法，用于分析固体颗粒内金属元素的形态分布。Tessicr 法将重金属赋存形态分为可交换态、碳酸盐结合态、铁锰氧化物结合态、有机结合态及残渣态 5 种。固体废物中不同赋存形态重金属的迁移释放规律总结于表 9-1 中。1993 年，欧洲共同体标准物质局（BCR）提出了 BCR 提取法，将重金属赋存形态区分为酸提取态（AE）、可还原态（Red）、可氧化态（Oxi），后经改进增加残渣态（Res）。其中，酸提取态代表当环境条件变酸时，能释放到环境中的重金属元素，其活性很大，对环境的危害最大；可还原态代表与铁锰氧化物结合在一起的重金属；可氧化态代表与有机质和硫化物结合的重金属；残渣态代表与土壤中原生矿物结合的重金属。可还原态、可氧化态、残渣态的重金属的稳定性依次递增，不容易随地表径流和渗透水迁移。BCR 提取法较 Tessicr 法流程更短，因此使用更为广泛。但两种提取方法均存在一定缺陷，即在使用各种浸取剂提取重金属的过程中，重金属的赋存形态也在发生动态的变化，使结果不够准确。近年来，得益于高分辨精细光谱技术的发展，同步辐射技术能够更准确地分析重金属在颗粒内的分布情况及赋存形态等。

表 9-1　固体废物中不同赋存形态重金属的迁移释放规律

重金属赋存形态	迁移释放规律	迁移性
可交换态	可进行离子交换及专性吸附，可在阳离子溶液中被释放，也可直接被生物吸收利用	★★★★★
碳酸盐结合态	与碳酸盐结合的沉淀和共沉淀形态，重金属通过较温和的酸便能够从尾矿中溶出释放	★★★★
铁锰氧化物结合态	重金属被铁锰氧化物专性吸附或与之共沉淀，在还原条件下将会溶出释放	★★★
有机结合态	与有机质及配位基团相结合，较为稳定，但在强氧化及强碱条件下将会溶出释放	★★
残渣态	重金属被包裹于矿物晶格中，较难迁移和被生物利用，仅在强酸条件下或是经待定微生物作用才会释放	★

注：★越多，其迁移性越强。

分析固体废物重金属的赋存形态分布情况后，便能够通过重金属赋态形态的风险评价指数（RAC）来评估重金属的环境风险，RAC 计算方法如下：

$$RAC = M_{可交换态} + M_{碳酸盐结合态}$$

其中，$M_{可交换态}$、$M_{碳酸盐结合态}$分别为固体废物中某一重金属元素的可交换态及碳酸盐结合态含量占比。

计算出重金属的 RAC 值后，根据 RAC 值确定重金属的风险等级，即 RAC ≤ 1%（无风险）、1% < RAC ≤ 10%（低风险）、10% < RAC ≤ 30%（中风险）、30% < RAC ≤ 50%（高风险）、RAC > 50%（极高风险）。通过分析固化/稳定化处理前后固体废物中重金属的 RAC 值变化，便能够评估重金属的固化/稳定化效果。

9.3.2　增容比

增容比是指所形成的固化体体积与固化前有害废物体积的比值。增容比是评价固化处理方法和衡量最终成本的一项重要指标，其计算方式如下：

$$C_i = V_2 / V_1 \tag{9-2}$$

式中　C_i——增容比；

　　　V_2——固化体体积，m^3；

　　　V_1——固化前有害废物体积，m^3。

采用水泥等固化剂，其增容效应比较明显。采用陶瓷烧结等固化方式，其增容效应一般没有水泥固化的明显。

9.3.3　抗压强度

为能安全贮存，固化体必须具有一定的抗压强度，否则会出现裂缝，从而增强暴露的表面积和污染环境的可能性。对于一般的危险废物，经固化处理后得到的固化体，若进行普通的处置，对其抗压强度的要求较低，控制在 0.1~0.5 MPa；若作为填埋处理，其抗压强度大于 50 kPa；若作为建筑填土，其抗压强度大于 100 kPa；若作为建筑材料，其抗压强度大于 10 MPa。对于放射性废物，其固化体的抗压强度，苏联要求其大于 5 MPa，英国要求其达到 20 MPa。一般情况下，固化体的强度越高，其中有毒有害组分的浸出率就越低。

9.4　固化处理的基本要求

采用固化处理技术时，需注意以下几方面：

（1）有害废物经固化处理后，形成的固化体应具有良好的抗渗透性、抗浸出性、抗干湿性、抗冻融性及足够的力学性能等，最好能作为资源加以利用，如作为建筑材料和路基材料等；

（2）固化过程中材料和能量消耗要低，增容比要低；

（3）固化工艺过程简单、便于操作、处理费用低等；

（4）固化剂来源应丰富且廉价易得。

9.5　固化处理的应用

固化处理对工业废物或危害性废物具有广泛的应用：

（1）对于具有毒性或强反应性等危险性质的废物进行处理，使其满足填埋处置要求；

（2）其他处理过程产生的残渣，如焚烧产生的灰分的无害化处理，其目的是最终对其进行处置；

（3）在大量土壤被有害污染物所污染的情况下对土壤进行治理。

9.6 固化处理的方法

9.6.1 水泥固化法

1. 水泥固化法的原理

水泥固化法是基于水泥的水合和水硬胶凝作用而对废物进行固化处理的一种方法。大量研究表明，水泥固化适于处理各种含有重金属的废渣和污泥。水泥是一种无机胶凝材料，经水化反应后可形成坚硬的水泥块，能将砂、石等添加料牢固地凝结在一起。重金属水泥固化法原理可概括为以下几点：

（1）水泥水化的产物硅酸钙水凝胶（C-S-H）、钙矾石和单硫酸盐晶体对重金属的物理包封作用；

（2）水泥水化的产物硅酸钙水凝胶（C-S-H）较大的比表面积和层间交错结构对重金属的吸附作用；

（3）重金属通过同构置换的方式取代 C-S-H 或钙矾石中的 Al^{3+} 或 Ca^{2+}，从而进入 C-S-H 或钙矾石晶格中被固定；

（4）重金属与水泥的成分（高碱性物质）发生反应生成难溶性沉淀物，从而被固定。

含有重金属的废物经水泥固化处理后，有害物质被封闭在固化体内，达到稳定化、无害化的目的。水泥固化法处理含有重金属废物的一种流程是把被处理的污泥通过计量装置，以一定质量比与水泥、添加剂和水共同投入原料搅拌机中，经搅拌混合均匀，然后通过出料装置送去成型，再对成型的坯体进行养护，使之形成具有一定强度的固化产品，如图 9-1 所示。

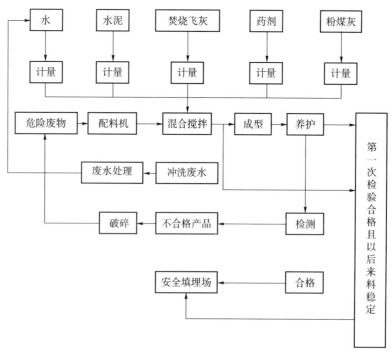

图 9-1 水泥固化法工艺流程

2. 水泥固化法的优点和缺点

水泥固化法的研究与应用十分普遍，已被证明对含高毒重金属废物的处理特别有效。

优点：固化工艺和设备比较简单，设备和运行费用低；水泥原料和添加剂便宜易得；对含水量较高的废物可直接固化；固化产品经过沥青涂覆能有效地降低污染物的浸出；固化体的强度、耐热性、耐久性均好，产品可最终安全处置，有的质量好的产品可作为路基或建筑物基础材料。

水泥水化产物对重金属的稳定机制不太清晰，还需进一步探明。虽然目前关于水泥固化重金属机理已有介绍，但各机制的占比如何，哪种机制对重金属的稳定作用更显著等问题还未知。有研究报道某些重金属离子在固化过程中会干扰水泥的水化反应，影响固化的最终效果。水泥固化法处理含重金属固体废物研究如表 9-2 所示。

表 9-2　水泥固化法处理含重金属固体废物研究

水泥材料	固体废物	废物掺量及抗压强度	重金属稳定化率	固化/稳定化机理
污泥焚烧渣基磷酸镁钾水泥（SIR-MKPC）	污泥焚烧渣	废物掺量：5% 抗压强度：40.32 MPa	Cr：92.3% Cu：96.6% Zn：96.3% Ni：91.4% Cd：87.5% Pb：90.9%	重金属因形成难溶的磷酸盐化合物而被固定
BC 型水泥	高铅污染土壤	废物掺量：50% 抗压强度：1.25~50 MPa	Pb：99.98%	BC 丰富的 C-S-H 产物对重金属产生吸附作用，重金属与磷酸盐或硫酸盐形成沉淀
Ⅰ型硅酸盐水泥	重金属污染泥土	废物掺量：82% 抗压强度：1.2~1.7 MPa	Pb：68%~95%	水解反应产生的高碱度溶液，将 SiO_2 和 Al_2O_3 溶解在黏土中，Pb^{2+} 和 SiO_2 被吸收并形成 Pb_3SiO_5
Ⅱ型硅酸盐水泥	含铅蒙脱石土壤	废物掺量：80% 抗压强度：0.6~0.7MPa	Pb：99.98%	固化/稳定化过程中添加 NaOH 能够消除 Pb 对水泥水化的阻滞作用，促进 Z-S-H 的生成，并封装可溶性 Pb 离子
石灰石煅烧黏土水泥（LC3）	铅锌冶炼渣	废物掺量：90% 抗压强度：3.539 MPa	Pb：99.14% Zn：85% Cd：99.82%	LC3 水化形成的孔隙率结构对重金属形成物理封装，使金属形成氢氧化物沉淀
氯氧镁水泥和磷酸镁水泥	电弧炉粉尘	—	Hg：>99.99% Pb：>98.46% Se：>58%	镁质水泥提供的高 pH 环境，使大部分金属阳离子的溶解性降低，水解 MgO 产物的表面正电荷对金属类氧阴离子具有较高吸附性

缺点：水泥固化体一般都比最终废物原体积增大 1.5~2.0 倍；固化体中污染物的浸出率比较高，需做涂覆处理；废物有的需做预处理或需要加入添加剂，因而可能影响水泥浆的凝固，并会使成本增加，废物体积增大，水泥的碱性能使 NH_4^+ 离子变成氨气释放。

9.6.2 石灰固化法

1. 石灰固化法的原理

石灰固化法是以石灰为基材，以粉煤灰、水泥窑灰为添加剂，专用于处理含有硫酸盐或亚硫酸盐类泥渣的一种方法。石灰固化法基于水泥窑灰和粉煤灰中含有的活性氧化铝和二氧化硅，因而能同石灰在有水存在的条件下发生反应，生成对硫酸盐、亚硫酸盐起凝结硬化作用的物质，最终形成具有一定强度的固化体。

2. 石灰固化法的应用

石灰固化法适于处理钢铁、机械工业酸洗钢铁部件时排出的废水和废渣、电镀工艺产生的含重金属污泥，以及采用石灰吸收烟道气或石油精炼气而产生的泥渣等。固化产品可运送到处置场养护，也可先养护再运送到处置场处置。

3. 石灰固化法的优点和缺点

优点：石灰固化法使用的添加剂本身是废物，来源广、成本低、操作简单，不需要特殊设备；被处理的废物不要求完全脱水；在常温下操作，没有尾气处理问题。

缺点：石灰固化产品比原废物的体积和质量增加较大；易被酸性介质浸蚀，要对其表面进行涂覆或放在有衬里的土地填埋场中处置。

9.6.3 热塑性材料固化法

1. 热塑性材料固化法的原理

热塑性材料固化法是用热塑性材料作为固化剂，一定温度下将废物进行包覆处理的一种方法。热塑性材料在常温下呈固态，高温时变成黏液，故可用来包覆废物。固化处理使用的热塑性材料有沥青、石蜡、聚乙烯、聚丁二烯等。

2. 热塑性材料固化法的应用

目前，在各种热塑性材料中以沥青的应用较为普遍，而有关沥青固化法的研究也比较多。沥青固化法开始应用于处理放射性废物方面，而后发展到处理其他工业排出的含有重金属的污泥方面。热塑性材料固化法一般要求先将废物脱水，再和沥青在高温下混合，也可将废物与沥青一起加热脱水，再冷却、固化。例如，比利时核能研究中心提出的用沥青包裹放射性废物的技术，把放射性污泥先冷冻、融解处理，然后用离心法使其脱水到含水率 50%~80%，再将脱水污泥通过有计量装置的加料器，加到装有沥青的加热混合槽内，加热到 130~230 ℃，边搅拌边蒸发和固化。该装置的处理能力为 100 t/h。

3. 热塑性材料固化法的优点和缺点

优点：热塑性材料固化所得产品孔隙率低，污染物浸出率低于水泥固化法和石灰固化法产品；干废物对固化基材的掺量为 1:1~2:1，可减少容器费、运输费以及最终处置费；固化基材对溶液或微生物具有强抗侵蚀性；固化体无须进行长时间养护。

缺点：热塑性材料是热的不良导体，蒸发过程的热效率低；废物中含有大量水分时，蒸发过程会有起泡现象，气泡破碎易污染空气；含水量大的废物需先冷冻、融解或离心脱水处理；由于基材具有可燃性，要求产品有适宜的包装；固化基材受大剂量辐射时，其弹性或软化点提高，故不宜处理高放射性废物；热塑性材料价格昂贵，操作复杂，设备费用高；对于在高温下易分解的废物、有机溶剂及强氧化性废物不宜使用。

9.6.4　热固性材料固化法

热固性材料是指在加热条件下能够逐渐硬化的材料，并且该类材料不会随着再次加热而软化。利用这种特性可实现危险废物的稳定化、无害化目标。其操作过程为将经过粉碎预处理的废物和热固性材料充分混合，在催化剂和絮凝剂的作用下发生聚合作用，产生具有海绵结构的聚合物，从而将固体废物颗粒包裹起来，达到稳定化、无害化的目的。

热固性材料固化法的优点：固化体具有较低的渗透性；可有效阻隔水溶液；添加剂用量较少。缺点：热固性材料价格昂贵，固化操作复杂；所处理的废物需经过预处理（破碎、干燥）；所处理的废物中若含有挥发性物质，可造成二次污染；需要专业人员以及专业设备。

该技术的适用对象包括废酸、部分非极性有机物、氧化物、无挥发性液体状态的有机废物、剧毒物质、医院或研究院产生的少量高危险性废物等。

9.6.5　熔融固化法

熔融固化法也称为玻璃化法，主要是指将含重金属的固体废物与玻璃粉、玻璃屑等微小的玻璃质混合，在相对高温的条件下熔融，将含重金属的废物固定在玻璃体致密的结构中，达到危险废物无害化的目的。

熔融固化法的优点：固化玻璃体具有较高的稳定性，可减少二次污染；可处理放射性核废料；可使用废玻璃作为原材料。缺点：不适宜处理具有挥发性的废物；处理温度高，能耗高，费用高；需要专业人员以及专业设备。

熔融固化法适用于处理核废料和不挥发的危险废物等。

9.6.6　陶瓷固化法

陶瓷固化法常用于放射性废物的固化处理，现广泛应用于含重金属废物的固化处理。陶瓷固化是将含有放射性核素或重金属的废物按一定比例与陶瓷基质充分混合，经高温烧结，使放射性核素或重金属与特定的原子结构结合（化学结合），形成热力学稳定的化合物的过程。陶瓷固化基材主要有简单氧化物、复杂氧化物、硅酸盐、磷酸盐等。经陶瓷固化后所获得的产物则为陶瓷固化体，大体可分为钛酸盐、铝酸盐、锆酸盐、硅酸盐和磷酸盐陶瓷固化体 5 类。陶瓷固化体可使放射性核素或重金属在原子尺度下与陶瓷基体发生固溶反应，实现晶格固化，从而获得稳定性能优良的固化体。陶瓷固化法具有以下优点：多数陶瓷晶体都具有较低的浸出率；长期抵抗辐射损伤的能力；废物包容量大；优异的热稳定性和机械稳定性；加工过程简单且成本低廉。

热烧结和低温化学键磷酸盐陶瓷固化是陶瓷固化常用的两种方式。热烧结可有效地将含重金属的固体废物掺入各种陶瓷产品中，它相对于水泥固化法、聚合物法有着较高的减容系数。热烧结不同于玻璃化，它是在固化体中的晶相边界发生部分熔融，而不是类似玻璃化的无定形玻璃态结构。热烧结固化体的材料有高温烧结陶瓷、陶粒、烧结砖等。热烧结的设备比玻璃化简单，但比常温无机材料固化要复杂，其处理负荷可以达到 80%。典型的热烧结过程包括破碎、混合、挤压、入炉、煅烧、尾气处理等。

低温化学键磷酸盐陶瓷固化是通过氧化镁和磷酸二氢钾（黏结剂）酸基的放热反应实现的。黏结剂要磨成粉末，氧化镁要预先煅烧以降低其活性，反应产物是 $MgKPO_4 \cdot 6H_2O$（MKP）。在大多数条件下，反应热会使反应体系的温度增至 80 ℃。反应式为

$$MgO+KH_2PO_4+5H_2O \longrightarrow MgKPO_4 \cdot 6H_2O$$

陶瓷中 MKP 是固化/稳定化危险废物的主晶相。废物中的重金属、放射性核素会与 KH_2PO_4 反应生成不溶的磷酸盐。独居石等磷酸盐矿物相是固化放射性物质的天然基质。固化产物的抗压强度通常大于 $1.379×10^7$ Pa，孔隙率小于水泥，有利于固化危险废物。

9.6.7　自胶结固化法

自胶结固化法是指利用原料或者固体废物本身所具有的胶结特性制备固化体，从而达到有害废物无害化的目的。该技术主要处理烟道气脱硫废渣磷石膏等含有大量亚硫酸钙、硫酸钙的废物，并且废物中二水合石膏含量应不低于80%。

自胶结固化法的优点：烧结体强度高、性质稳定；烧结体不具燃烧性，也不具生物反应性；工艺条件、设备条件简单；抗微生物降解、抗渗透性、有害组分浸出率低等。缺点：应用范围较小；需要专业人员以及专业设备。

固化处理技术比较如表9-3所示。

表9-3　固化处理技术比较

序号	名称	操作方法	适用范围	优点	缺点
1	水泥固化	利用水泥的水化反应，形成稳定坚硬的水泥固化体	含有重金属的废物氧化物废酸，如电镀污泥、多氯联苯、油、油泥、含油氯乙烯和二氯乙烷的废物、树脂、石棉、硫化物	对于 As、Cr、Cu、Pb、Ni、Zn 等重金属的固定效果较好；技术成熟；操作简单；无须对废物进行脱水处理；对酸性废物能起到一定的综合作用	有机物的分解造成裂隙，增加渗透性，降低结构强度；增容比较大；质量增加较大
2	石灰固化	以石灰、垃圾焚烧、飞灰、水泥窑灰以及熔矿炉炉渣等具有波索来反应的物质为固化基材而进行的固化操作	可用于重金属、氧化物、废酸和稳定非蒸发性的、液体状态的有机废物	所用原料便宜易得；无须特殊设备和技术	固化体强度较低，需较长养护时间；体积膨胀较大
3	塑性材料固化	利用热固性或热塑性物质，在加热时与危险物混合，达到稳定化的目的	可用于部分非极性有机物、氧化物、废酸、高危险性废物等	固化体渗透性较低；对水溶液有良好的阻隔性	需要特殊设备和专业操作人员；废物中若含有氧化剂或挥发性物质，加热时可能会着火或逸出；废物需先进行干燥和破碎

序号	名称	操作方法	适用范围	优点	缺点
4	熔融固化	将废物与细小玻璃质混合造粒成型，在 1 500 ℃熔融成固化体	可用于不挥发的高危害性废物、核能废料	可形成高质量的建筑材料；操作难度较大	需要专业设备和人员；不适用于挥发性废物；能耗高；费用高
5	自胶结固化	利用废物自身的胶结特性来达到固化的目的	只适用于含有大量硫酸钙的废物	结构强度高；工艺简单；无须加入大量添加剂	应用范围小；设备复杂，需要专业技术人员；消耗一定热量

思考题

1. 简述固化的含义和目的。
2. 简述固体废物固化处理的原理和基本步骤。
3. 固化效果评价方法有哪些？
4. 针对电镀工业废泥，提出和制定合适的重金属固化策略。

第 10 章
污泥管理及处理处置

10.1 污泥管理

10.1.1 污泥管理概述

现今很多城市生活污水处理厂采用活性污泥法处理废水，该过程会产生大量的污泥。大量堆积污泥会占用大量的土地资源，影响城乡用地功能的合理布局，并对周围环境产生极大的安全隐患。污泥若被不规范堆放或倒入防渗措施差的生活垃圾填埋场或直接排入环境中，会破坏生态环境并造成严重的污染。随着我国污水处理厂建设数量的不断增加，污泥处理量势必增加，应重视污泥管理及处理处置。

污泥管理就是对污泥的产生、贮存、运输、处理及最终处置全过程实现监督和管理。要实现对污泥的有效管理，需要结合我国实际情况，通过法律、经济、教育和行政等手段，在相关政策引领下，制定具体可行的实施方案，采取经济高效的处理与处置技术等，采用严谨可控的管理办法，多方位、多层次地控制污泥对环境的污染，促进经济与环境的协调发展，保证可持续发展战略的实施，达到社会、经济和环境效益的有机统一。

10.1.2 污泥管理的特点

1. 注意污泥的潜在危害

首先要明确污泥的危害性和潜在的资源利用价值。污泥中所含的有机质、营养物质等若直接排入水体，会对水体造成危害。若污泥经过预处理，去除其有害成分，便可将其作为土壤调理剂或肥料进行农用，使污泥变成一种良好的资源，但也要注意污泥资源化利用可能造成潜在的二次污染。

2. 全过程污染控制管理

污泥从产生到处理处置的整个过程会有多个环节，而每一个环节都有产生二次污染（特别是处理处置环节）的风险。因此，必须对污泥实行全过程污染控制管理。从污染源头即污泥产生者处提高污泥的品质、可利用性，实现污泥减量，改善生产工艺及污水处理工艺是从根本上控制污泥污染的重要措施。

3. 公众参与

针对污泥的管理与处理处置，仅依靠法律手段是不够的，还需全社会的参与、支持和监督。提高全民对污泥污染环境的认识,做好科学研究,加强对公众的宣传教育,使政策获得人民群众的理解和支持,有利于污泥管理工作的开展。发动群众进行监督,有利于执法工作到位和预防新污染发生。

4. 国际交流合作

我国污泥治理起步晚,政策、法规仍需完善。国际上已有很多行之有效的方法、技术、标准、规范等。通过国际交流合作,学习先进的管理策略,制定适合我国国情的法律法规和标准,提高我国污泥的治理与管理水平。

10.1.3　污泥管理的原则

1. "减量化、稳定化、无害化、资源化"原则

减量化是指对污泥进行减量减容,以降低后续污泥处理及处置工艺的运行费用。稳定化是指通过处理降低污泥中有机物的含量而实现污泥的稳定化。无害化是实现污泥的无害化与卫生化,一般通过去除污泥中的重金属或灭菌处理来降低污泥的有害性。资源化是指在处理污泥的同时,实现变害为利、资源回收的目的。目前我国已建立了较为完善的污泥处理处置技术政策、技术指南和标准规范,明确规定了污泥处理处置的目标是实现污泥的减量化、稳定化和无害化,鼓励实现污泥的资源化。

2. "泥水并重"原则

过去,我国城市环境管理高度重视污水的处理,对污泥的污染防治没有足够的重视。一般只是将污泥进行简单的填埋或随意堆放,导致污泥污染问题越发严重。目前,我国污泥处理处置政策不断优化,提高了污泥处理处置的标准,如要求污水处理厂加强污泥的管理和治理。因此,污泥处理处置应实行与污水处理厂设施同步规划、同步设计、同步施工、同步验收、同步运营和捆绑招标的政策,切实把"泥水并重"落到实处。

3. 源头削减原则

源头削减原则即指加强对有毒有害物质的源头控制。工业废水富含重金属及其他有害物质,是污泥中的重金属及其他有害物质的主要来源。因此,应当首先在工业层面上进行源头控制,严格控制进入城市污水处理系统中工业废水的排放量,尽量实现工业废水和城市生活污水的分开收集、单独处理。不断完善污水处理工艺,实施清洁生产,避免或削减对有毒有害物质的使用,减少污泥中有害物质的含量。

4. 全过程控制原则

污泥从产生到最终处置的各个环节都可能产生污染,如污泥运输过程洒落造成的污染、污泥焚烧过程产生恶臭造成的大气污染、污泥填埋造成地下水污染等。因此,必须对整个过程及每一个环节进行控制和监督,即全过程控制原则。

5. 因地制宜原则

我国地域辽阔,不同地区的环境、产业结构和经济发展水平不同。因此,需要采用因地制宜原则,综合考虑当地的发展状况,对污泥采用适合当地的处理处置方法,做到污泥处理处置的减量化、稳定化、无害化和资源化。

10.2 污泥的分类与产生量

10.2.1 污泥的分类

污泥的分类方法有较多的方式。污泥的种类按来源可分为给水污泥、生活污水污泥、工业废水污泥等；按分离过程可分为沉淀污泥（包括初沉污泥、混凝沉淀污泥、化学沉淀污泥等）、生物处理污泥（包括腐殖污泥、剩余污泥等）；按污泥成分及性质可分为有机污泥、无机污泥，亲水性污泥、疏水性污泥；按不同处理阶段可分为生污泥、浓缩污泥、消化污泥、脱水干化污泥、干燥污泥、污泥焚烧灰等。

10.2.2 污泥的产生量

污泥的产生量是指各种废水净化处理后所排出的污泥量。由于废水的水质和处理工艺不同，即使用相同的方法处理产生的污泥量也不同，加之操作控制不同，污泥的含水率不定，推断污泥的产生量较为困难。

生活污水和工业废水生物处理过程中，污泥产生的主要环节为格栅、沉砂池、初沉池和二沉池。前3个环节产生的污泥来源于废水，其含有的悬浮固体称为初沉污泥；二沉池产生的污泥由废水中的胶体和溶解性污染物经微生物代谢而产生，一般称为二沉污泥或生化污泥。污泥产率与多种因素有关，如废水水质处理工艺和处理要求等。图 10-1 为用活性污泥法处理石油化工废水时每千克生化需氧量（BOD）所产生的混合液悬浮固体量（MLSS），即 BOD 去除率对石油化工废水污泥产率的影响。图 10-1 中建议的设计曲线是用来解决污泥处理设备能力的大小，一般比实际产量大。我国实行二级处理的城市污水厂污泥产生量中，初沉污泥占 60%~70%，生化污泥占 30%~40%。

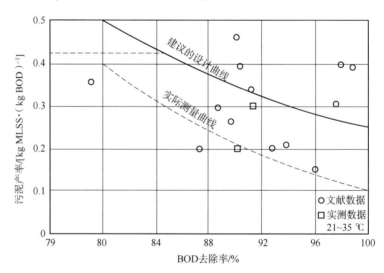

图 10-1 BOD 去除率对石油化工废水污泥产率的影响

10.3　污泥的性质

污泥的性质是选择污泥处理处置及利用技术的重要基础资料。污泥的性质取决于污水水质、处理工艺和工业废水特性等多种因素。一般来说，污泥一般具有以下性质。

（1）有机物含量高（一般为固体量的 60%~80%）、易腐化发臭、颗粒较细、密度较小、含水率高且不易脱水，是呈胶状结构的亲水性物质。

（2）污泥中含有植物营养素、蛋白质、脂肪及腐殖质等，营养素主要包括氮、磷、钾等。

（3）污泥的碳氮比较高，对厌氧消化有利。污泥中的有机物是厌氧消化处理的对象，其中一部分是易（或能）被消化分解的，分解产物主要是水、甲烷和二氧化碳；另一部分是不易（或不能）被消化分解的，如纤维素、乙烯类、橡胶制品及其他人工合成的难分解有机物等。

（4）污泥具有燃料价值。污泥的主要成分是有机物，一般是可燃烧的。

（5）城市污水可能混有来自医院和某些食品加工业的废水（如屠宰场废水），因此污泥中常含有大量的细菌和寄生虫卵。

（6）由于工业废水进入城市污水处理系统，故污泥中含有多种重金属离子。在污泥各种水溶性重金属中，Cd、Cu、Pb、Zn 等离子常被检测出。

不同行业产生的污水成分差别巨大，污水处理产生的污泥成分亦明显不同，为了合理地处理和利用污泥，需先弄清污泥的成分和性质，通常需要对污泥的以下指标进行分析鉴定。

10.3.1　污泥的含水率、含固率和体积

污泥中所含水分的质量与污泥总质量之比称为污泥的含水率（%），而相应的固体物质在污泥中的质量比例称为污泥的含固率（%）。污泥的含水率一般都很大，相对密度接近 1。污泥的含水率主要取决于污泥中固体的种类及其颗粒的大小，通常固体颗粒越细小，其所含有机物越多，污泥的含水率越高。

污泥的含水率（P_W）或污泥的含固率（P_S）与污泥体积密切相关。

污泥含水率通过下式计算：

$$P_W = \frac{W}{W+S} \times 100\% \qquad (10-1)$$

式中：P_W——污泥含水率（质量分数），%；

　　　W——污泥中水分质量，g；

　　　S——污泥中总固体质量，g。

污泥含固率可通过下式计算：

$$P_S = \frac{S}{W+S} \times 100\% = 100\% - P_W \qquad (10-2)$$

式中　P_S——污泥含固率（质量分数），%；

　　　W——污泥中水分质量，g；

　　　S——污泥中总固体质量，g。

由式（10-2）可得下式：

$$W = \frac{S(100\% - P_S)}{P_S} \tag{10-3}$$

污泥中水的体积（cm^3）为

$$V_W = \frac{W}{\rho_W} \tag{10-4}$$

固体的体积（cm^3）为

$$V_S = \frac{S}{\rho_S} \tag{10-5}$$

式中 ρ_W——污泥中水的容重，g/cm^3；

ρ_S——污泥总固体容重，g/cm^3。

污泥总体积（cm^3）为

$$V = V_W + V_S = \frac{W}{\rho_S} + \frac{S}{\rho_W} = S\left(\frac{100 - \rho_S}{\rho_S \rho_W} + \frac{1}{\rho_S}\right)$$
$$= S\left(\frac{100}{\rho_S \rho_W} - \frac{1}{\rho_W} + \frac{1}{\rho_S}\right) \tag{10-6}$$

污泥总固体容重 ρ_S 由有机物（用挥发性灼烧减量测定表示）容重和无机物（用灼烧残量测定表示）容重决定。有机物容重和无机物容重常定为 1.0 g/cm^3 和 2.5 g/cm^3，若已知总固体中两者的比例，则可计算出污泥总固体容重。

例如，生污泥中有机物为 65%，无机物为 35%，而消化污泥中有机物为 55%，无机物为 45%，则可分别计算容量。

生污泥的容重为

$$\rho_S = (1.0 \times 65 + 2.5 \times 35)/100 = 1.525(g/cm^3)$$

消化污泥的容重为

$$\rho_S = (1.0 \times 55 + 2.5 \times 45)/100 = 1.675(g/cm^3)$$

取 $\rho_W = 1.0$ g/cm^3，则相应的生污泥体积（cm^3）为

$$V = S\left(\frac{100}{\rho_S} - 1 + \frac{1}{1.5}\right) = S\left(\frac{100}{\rho_S} - 0.33\right)$$

消化污泥体积（cm^3）为

$$V = S\left(\frac{100}{\rho_S} - 1 + \frac{1}{1.7}\right) = S\left(\frac{100}{\rho_S} - 0.41\right)$$

由于污泥中固体质量（S）很小，工程上可简化计算，得出下列关系式：

$$V = \frac{S}{\rho_S} \times 100 = \left(\frac{S}{100} - \rho_W\right) \times 100 \tag{10-7}$$

所以污泥在经过消化或脱水处理的前后，其污泥体积、含固率及含水率之间可按下式换算：

$$V' = \frac{V \rho_S}{\rho_S'} \times 100 = \frac{V(100 - \rho_W)}{100 - \rho_W'} \tag{10-8}$$

式中，V'、ρ_s'、ρ_w' 分别表示处理后污泥总体积（cm³）、含固率（%）及含水率（%）。

根据式（10-8）推算可知，若污泥含水率从 95% 降至 90%，污泥的体积会减少一半。由此可见，污泥含水率稍有降低，其总体积就会显著减少，故减少污泥的含水率有十分重要的意义，对整个污泥处理系统，如污泥流动性能、污泥泵的能力、脱水方法的选用、污泥干化场大小的设置、设备运行费用等都有影响。

如图 10-2 所示，1 m³ 含水率为 95% 以上的生活污水污泥，其体积约 1 000 L；随着含水率降低，其体积迅速减少，如 ρ_w 降到 85%，其体积只有原来的 1/3（约 333 L）；降到 65%，其体积只有原来的 1/7（约 143 L）；进一步降到 20%，则体积只剩下原来的 1/16（约 62.5 L）。污泥含水率与处理工艺、污泥状态密切相关。浓缩可将含水率降到 85%（含水状态），此时仍可用泵输送；含水率在 70%~75% 时，污泥呈柔软状态，不易流动；脱水后可降到 60%~65%，此时几乎成为固体；含水率低至 35%~40% 时，污泥呈半干化的聚散状态；进一步低至 10%~15% 时，则成为干化的粉末状颗粒。

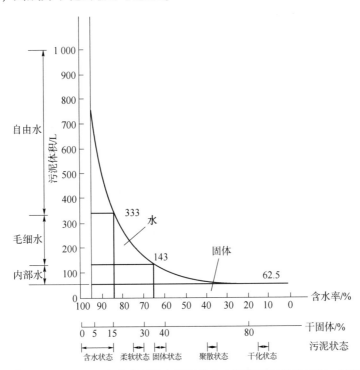

图 10-2　1 m³ 含水率为 95% 以上的生活污水污泥的含水率降低与处理工艺、污泥状态等关系

10.3.2　污泥的脱水性能

为了降低污泥的含水率，减少体积，便于污泥的输送、处理与处置，必须对污泥进行脱水处理。不同性质的污泥，脱水的难易程度不同，这可用脱水性能表示。该性能可用真空减压抽滤装置进行测定。具体步骤如下：将已知含水率的污泥混合均匀，称取一定质量污泥置于漏斗中的过滤介质上，进行真空减压抽滤，水分通过漏斗滤入量筒。记录测定开始后不同过滤时间的滤液体积，即由原始污泥含水率及其质量用式（10-8）换算不同过滤时间的污泥含水率。

10.3.3 挥发性固体与灰分

挥发性固体含量的测定方法如下：将测完含水率的污泥试样放在电炉上炭化（烧至不冒烟），再放入 600 ℃ 高温炉中，灼烧半小时，然后放冷或将温度降至 110 ℃ 左右时取出，之后放入 105~110 ℃ 烘箱中再烘半小时，然后取出并放入干燥器内干燥半小时，最后称量记录质量 W_3，代入式（10-9）可求出挥发固体含量（V_S）：

$$V_S = \frac{W_2 - W_3}{W_2 - W_1} \times 100\%$$ (10-9)

式中 V_S——挥发性固体含量,%；

      W_1——空蒸发皿质量, g；

      W_2——烘干污泥试样质量与蒸发皿总质量, g；

      W_3——灼烧后的污泥试样与蒸发皿总质量, g。

对于完全烘干的污泥试样，灰分含量（A）可用下式计算：

$$A = 1 - V_S$$ (10-10)

有时需对污泥或沉渣中有机物及无机物成分做进一步分析，如有机物中蛋白质、脂肪及腐殖质各占的百分比，污泥中的肥料成分（如全氮、氨氮、磷、钾等含量）。污泥中的有机物和腐殖质可改善土壤结构，提高保水性能和保肥能力，是良好的土壤改良剂。

10.3.4 污泥的可消化性

污泥中的有机物是消化处理的对象，其中一部分是能被消化分解的，而另一部分是不易或不能被消化分解的（如纤维素等）。常用可消化程度来表示污泥中可被消化分解的有机物含量。

10.3.5 污泥中微生物

生活污泥、医院污水及某些食品加工厂废水（如屠宰场废水）排出的污泥中，含有大量的细菌及各种寄生虫卵。为了防止污泥传染疾病，必须对污泥进行病菌和寄生虫卵的检查并进行病菌灭活等处理。

10.3.6 污泥中有毒有机物

任何进入环境的有机化合物均可能在污泥中被发现。例如，在德国城市污泥中，发现了 332 种可能危害人体和环境的有机污染物，其中有 42 种被经常检测出，且很多属于优控污染物。又如，北京高碑店污水处理厂的污泥中已经检测到 35 种含氮芳香族化合物，并有 7 种已经定量化；广州市大坦沙污水处理厂的污泥中检测到毒性有机污染物 54 种，主要包括邻苯二甲酸酯类、单环芳烃、多环芳烃、苯酸类、芳香胺类、芳香酸类、氨基甲酸酯衍生物和杂环化合物等，其含量多在每升数十微克以上，最高达 808 μg/L。这些有机污染物通过颗粒物吸附会大量富集在污泥中。污泥中的有毒有机物控制和去除目前已引起社会广泛关注，相关处理工艺和技术相继被提出及优化。

10.4　污泥的收集与污染防治

污泥及其堆积过程产生的渗滤液均含有高浓度的污染物质。渗滤液若流失或渗漏，会对周边环境介质等产生严重的危害。严格控制污泥的收集、贮存与运输过程极为重要，这需要一个系统的操作过程。首先是污泥的输送与收集，即由污泥产生者将生产工艺中产生的各种污泥通过特定的输送系统进行收集；其次在特定的场所内建立贮存区，对收集来的污泥进行贮存管理；最后由污泥运输车辆将污泥运送到污泥处理处置场进行处理和处置。2020 年修订的《中华人民共和国固体废物污染环境防治法》第二十条规定：产生、收集、贮存、运输、利用、处置固体废物的单位和其他生产经营者，应当采取防扬散、防流失、防渗漏或者其他防止污染环境的措施，不得擅自倾倒、堆放、丢弃、遗撒固体废物。总的来说，污泥的收集应严格根据相关法律法规和标准执行。

10.4.1　污泥的收集

1. 收集方法

污水处理厂的沉淀池一般会设置刮泥板，将池底的污泥刮到泥斗里，然后通过设置在泥斗底部的污泥泵或排泥口将污泥排放到集泥池中。通常，污水处理厂会采用管道输送的方式，将工艺构筑物中的污泥输送到集泥池中进行收集。密闭的管道输送系统可实现智能化管理，避免恶臭的逸散和人员接触造成的危害。

2. 收集设施

（1）集泥池。集泥池用来收集来自污水处理过程各构筑物的污泥，将污泥贮存起来，以备后续的浓缩、脱水、消化处理。

（2）污泥浓缩池。污泥浓缩池是将集泥池的污泥进行浓缩，实现初步脱水，减少污泥的体积，以便后续的污泥处理。污泥浓缩有重力浓缩、气浮浓缩等方式。

（3）污泥消化池。一些污水处理厂会将浓缩后的污泥在进入脱水车间前进行污泥的消化。污泥消化是污泥稳定化工艺的一种，主要借助微生物的代谢作用，使污泥中有机物分解成稳定的物质，以达到杀死寄生虫卵、去除臭味、减小污泥体积的目的。

（4）脱水车间。在脱水车间实现污泥的脱水，主要方式为机械脱水。机械脱水的方式主要有离心法、压滤法、真空过滤法等。污泥经过脱水后，其体积减至浓缩前的 1/10，脱水前的 1/5，大大降低了后续污泥处理处置的难度。脱水后的污泥一般运往污泥贮存站等待进一步处理。

10.4.2　污泥的污染防治

（1）污水处理厂的集泥池和污泥浓缩池应采用封闭式，防止臭气向周边环境逸散。浓缩池的上清液由于在缺氧环境中停留时间过长而释放大量的磷和氮，从而直接影响进水氮、磷的含量，故需对这部分污水进行单独的脱氮除磷处理，降低其再进污水处理系统的影响。

（2）污泥脱水车间的恶臭气体浓度较高，对从业人员影响较大，应做好臭气收集。污泥脱水设备的噪声也是一大污染源，需做好隔音防噪措施。

（3）污泥消化要注意臭气，厌氧产生的沼气中含有硫化氧等有毒气体，应注意沼气安全问题。

（4）对污泥的输送管道要定期进行维护检查，防止污泥流失、渗漏造成环境污染。

（5）污泥产生单位不得任意弃置污泥，不得向划定的污泥处理处置场以外的任何区域排放、堆置污泥。

10.4.3　污泥处理处置的现状和发展趋势

随着世界工业生产的发展、城市人口的增加，城市工业废水与生活污水排放量日益增多，污水污泥的产量不断增加。据统计，美国每年所积累的干污泥达 1 000 万吨以上，我国当前也积累不少污泥，不仅占用了大量的土地资源，而且其中的有害成分（如重金属、病原菌、寄生虫、有机污染物和臭气等）已成为显著的环境问题。世界各国对污泥的处理处置都十分重视。近年来，对污泥处理处置和资源化利用进行了大量研究。

1. 污泥处理处置的现状

城市污水处理厂污泥的主要来源为污水处理厂初沉池（含水率为97%以上）和经过生物处理单元后二沉池的污泥（含水率为99%以上），其含水率高、体积大，对后续处理及运输造成了巨大影响。因此，常规污泥处理技术主要有脱水处理、稳定化处理等技术，可实现污泥的减容减量、稳定化和无害化。污泥处置是将经过处理后的污泥通过填埋、土地利用、焚烧等方式实现污泥再利用和资源化。

1）污泥脱水处理技术

将流动态的原生、浓缩或消化污泥脱除水分，污泥含水率可降低至 50% ~ 80%，污泥脱水是污泥减容减量的重要手段。当前污泥脱水主要处理方式包括自然干化法、污泥浓缩法、机械脱水法和造粒法等。自然干化法主要是脱除自由水；污泥浓缩法用于脱除污泥的间隙水；机械脱水法通常是先投加无机盐或高分子混凝剂对污泥进行预处理，改善脱水性能后，再通过板框压滤机或离心脱水机等机械设备进行脱水；造粒法适用于混凝沉淀污泥。自然干化法或机械脱水法处理后的脱水污泥含水率为 65% ~ 80%；污泥浓缩法处理的污泥含水率一般在 95% ~ 98%；造粒法脱水的污泥含水率约为 70%。机械脱水法是当前污水处理厂常用的处理方法。然而，由于污泥成分复杂，其内含大量菌胶团、微生物及结合水，如不经过任何处理，难以直接通过机械方式脱水。为了获得更好的污泥脱水处理效果，通常对污泥进行调理。

污泥调理主要是通过化学、物理或生物的方式预处理污泥，改善污泥的脱水性能，以提高污泥脱水效果。物理调理是通过应力或施加能量等方式改变污泥脱水特性，包括热处理、冻融、超声、微波、水力调理等。化学调理是当前的主流调理方式，常用无机或有机化学絮凝剂。工业上的污泥化学调理采用的药剂有无机药剂和有机药剂。其中，无机药剂主要是氢氧化钙、聚合硫酸铁、三氯化铁等；有机药剂主要是聚丙烯酰胺，投加量为 0.1% ~ 0.5%。当前也有研究将高级氧化技术用于污泥调理，如加入过氧化氢（H_2O_2）等。生物调理是指采用微生物、细胞提取物等改善污泥脱水性能，如生物溶菌酶技术等。当前污泥机械脱水法主要存在药耗大、设备易耗损、结合水去除难、需要对污泥进行预处理等问题。开发低药耗、高处理效率的污水调理技术，以及研发低能耗污泥脱水干化设备是目前研究的关注点。

2）污泥稳定化处理

污泥稳定化处理的实质是通过可控的物理、生物或化学手段，改变污泥易发生无序生化反应的状态，以降解污泥中的有机物，将不稳定的有机物转化为较稳定物质，在降低污泥二次污染风险的同时，为污泥后续处理处置尤其是土地利用提供条件。污泥稳定化的方法主要是污泥消化、污泥碱稳定化、污泥堆肥等。污泥消化包括好氧消化和厌氧消化两种。好氧消化是指通过好氧微生物将污泥中的悬浮有机物部分降解为更稳定的有机化合物和无机物的过程。厌氧消化是通过污泥厌氧发酵产生沼气，达到减量化和资源化的目的。污泥碱稳定化是指将氧化钙、镁盐、粉煤灰等同脱水污泥混合，通过污泥 pH 值和温度的升高来对污泥进行杀菌。污泥堆肥主要是将污泥与有机质混合，通过控制生物种类、pH 值、温度等使其进行有氧高温发酵。发达国家大型污水处理厂通过采用厌氧消化等稳定化技术实现能源及资源回收，而小型污水处理厂则采用好氧消化技术。我国较多采用厌氧消化技术处理污泥。近年来，随着国家对污泥处理处置的重视，污泥稳定化新技术层出不穷，包括固化稳定化技术、氧化稳定化技术（包括湿法氧化法、氯氧化法等）和等离子体技术等获取可燃气体。污泥稳定化机理的深入研究和工艺优化，在提高效率的同时节能降耗，是当前和未来污泥稳定化技术发展和工业化应用的趋势。

3）污泥热干化处理

污泥热干化处理通过热调理过程破坏污泥胶体，实现活性污泥生物细胞破壁，析出生物内部水、毛细水、表面水，杀灭病毒细菌等。经热干化的污泥具有较强的稳定性，对环境影响小。

4）卫生填埋

卫生填埋是处置污泥的传统方式，有单独填埋、混埋及特殊填埋等方式。卫生填埋具有卫生指标要求不高、操作简便、成本低等特点。然而，卫生填埋产生的渗滤液对周边土地和水体带来极大污染，造成磷资源的浪费，加剧温室效应。我国 2021 年 12 月 1 日实施的《地下水管理条例》（国务院令第 748 号）第四十条第二款明确规定，禁止利用岩层孔隙、裂隙、溶洞、废弃矿坑等贮存石化原料及产品、农药、危险废物、城镇污水处理设施产生的污泥和处理后的污泥或者其他有毒有害物质。尽管卫生填埋存在很多问题，但由于当前污泥处置能力不足，污泥资源化消纳途径尚未完全打通，污泥填埋并不能被其他处置方式完全取代。目前卫生填埋的主要发展方向为渗滤液的收集与处理、填埋气的利用、防渗材料的研发等。

5）土地利用

污泥中含有大量有机营养成分和微量元素，经堆肥等处理后可进行土地利用，这是污泥资源化利用（如农业利用、园林绿化利用及土壤改良等）的方式之一。但污泥可能含有对植物、土壤有害的病原菌、重金属等，直接土地利用会造成土壤污染，影响植物生长。此外，堆肥对于污泥的减量效果有限，周期较长且易产生臭气。目前，我国污泥土地利用产业面临的主要问题是工程应用技术规范指南、风险评价和管理体系及相关政策等不完善。

6）建材利用

剩余污泥中含有丰富的有机物以及硅、铝、铁等无机成分，在污泥中添加一定量的粉煤灰、高岭土等无机辅料后进行建材生产是一种经济有效的资源化方法。污泥按比例与无机辅料混合后共烧可制成生态砖、轻质陶粒、水泥等建材，可解决污泥处理费用高、处理处置困难及对环境造成二次污染的问题。该过程符合循环经济的发展理念，可产生经济效益和有效利用资源。但当前我国符合建材生产要求的污泥产量少，在制作建材的过程中添加大量无机辅料作为骨架，成本高、使用范围小、污泥成分复杂。生产污泥建材工艺不同对其性能影响较大，而我国尚缺乏污泥建材规范生产和检测相关标准规范。更重要的是，目前尚未形成完备的污泥再生建材产品出路，市场流通不畅，导致污泥建材利用受限。为促进污泥资源化发展，在污泥建材利用方面的研究将集中在优化无机辅料配比以降低建材生产成本，研制以污泥为主料的新型建材，完善污泥再生建材生产技术标准规范及检测标准，并制定产业政策以开拓建材利用市场。

7）污泥焚烧

污泥焚烧处置通常是在一定温度、有氧条件下对污泥进行焚烧，使污泥中的有机物发生燃烧反应，转化为二氧化碳、氮气、无机灰分等物质，是目前最彻底、最快速的污泥处置方式。污泥焚烧优点：能有效实现污泥减量化，可最大限度减少污泥体积，将污泥体积减小70%~80%，甚至可达90%；彻底实现污泥稳定化与无害化，完全消除病毒和病原菌，并将其转化成更为稳定的无机灰分；污泥灰中富含磷，可从污泥焚烧灰分中提取磷作为资源回收利用；污泥经过焚烧后，可将自身的热值转化为热能用于市政污泥的干化，或转化为电能用于发电；焚烧具有占地面积小、处理效率高和无害化的优点。欧洲国家及日本较早实施污泥焚烧处置。2015 年，我国香港污泥处理厂建成和运营，采用流化床焚化技术焚烧香港 11 个污水处理厂产生的湿污泥，每天可处理 2 000 t 污泥，且利用焚化过程中产生的剩余热能发电。随着填埋场地逐年变少，我国对污泥土地利用出台了严格政策，污泥焚烧的处置方式被逐渐重视起来。污泥焚烧方式分为单独焚烧和共焚烧。其中，单独焚烧是指将污泥在辅助燃料下放入焚烧炉内进行焚烧。由于我国市政污泥热值较低，污泥与其他有机废物（如秸秆等）进行共焚烧后，可增加灰分中的有效磷，且对各类作物的试验效果均较好，尤其是油料作物。将经过干化处理的污泥进行焚烧，其能量赤字、处理成本及投资成本与传统工艺相比更低，是一种前景较好的污泥处置方式。图 10-3 为不同国家和地区污泥焚烧情况。

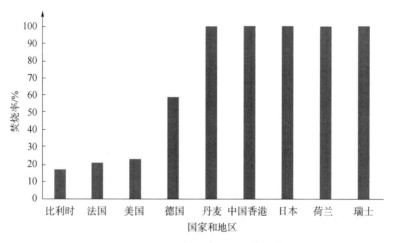

图 10-3　不同国家和地区污泥焚烧情况

2. 污泥处理处置的发展趋势

针对我国污泥产量大，处理处置形势严峻问题，"十四五"规划在技术要求中明确提出限制污泥填埋，稳步推进资源化，要求新建污水处理厂必须有明确的污泥处理途径，鼓励采用热水解、厌氧消化、好氧消化、干化等方式进行无害化处理。在实现污泥稳定化、无害化处理前提下，可推进土地改良、荒地造林、苗木抚育、园林绿化和农业利用，鼓励污泥能量资源回收利用。此外，"双碳"目标也使污泥处理的技术路线逐步变得清晰。"十二五"和"十三五"期间，大量科研资金的投入使我国污泥处理处置技术得到快速发展。充分考虑我国污泥有机质含量低、含沙量高的特点，开发出一些稳定化处理与安全处置结合的技术路线（图10-4）：一是厌氧消化-土地利用；二是干化焚烧-灰渣填埋或建材利用；三是好氧堆肥-土地利用；四是深度脱水-应急填埋等。

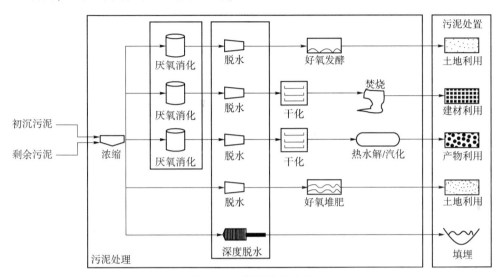

图 10-4　污泥技术路线

1）厌氧消化-土地利用

厌氧消化是指污泥中可生物降解的有机物在兼性细菌和厌氧细菌的作用下分解，随着污泥的稳定化，产生大量高热值的沼气作为能源利用，实现污泥资源化的过程。同时，厌氧消化过程也是污泥减量化过程，可降解污泥中35%～50%的挥发性固体，提高污泥脱水性能，脱水后污泥可减少30%～60%。近年来，因其经济有效且可持续性强的优势，厌氧消化成为目前实现污泥资源化回收的主流技术。传统厌氧消化通常是指采用中温（35～37 ℃）或高温（52～55 ℃）对浓缩污泥（含固率为5%左右）进行厌氧消化，存在单位容积产气量低、有机负荷低、工程效益不明显等缺点。因此，我国开发了高含固厌氧消化、热水解预处理、协同厌氧消化等一系列高级厌氧消化技术，并在实际工程中得到应用。北京高碑店污水处理厂污泥高级消化工程、长沙黑麋峰污泥高级厌氧消化示范工程等均采用污泥热水解-厌氧消化技术，提高了污泥厌氧消化性能，降低了沼气中 H_2S 浓度，提升了沼气品质。此外，在污泥与餐厨垃圾等有机质协同方面也进行了探索，如建成了镇江污泥与餐厨垃圾协同高级厌氧消化示范工程等。北京在"高碑店""小红门""槐房""高安屯"和"清河二"5个污泥处理处置中心推行高温预处理+厌氧消化技术，实现污泥的稳定化和无害化，产品用于土壤改良、苗圃种植和制肥，为全国提供了可借鉴的污泥资源化土地利用模式。

2）干化焚烧-建材利用

干化焚烧技术是指先采用热方法使污泥水分蒸发形成干化污泥，而后采用有氧燃烧使污泥无机化的过程。污泥焚烧后的灰渣，首先考虑建材利用。该技术时效性高，能在短时间内处理大量污泥，并能回收焚烧热量，属于国际上污泥处理处置的一种高效技术手段。我国上海、浙江等地有若干项目，如上海市石洞口污泥处理工程采用流化床污泥干化和流化床焚烧工艺，是国内第一座污泥干化焚烧工程。2010 年，嘉兴热电协同污泥处置工程在国内首试污泥与燃煤混烧的污泥协同处置技术。该项目全部建成后，总计新增年发电量约$3×10^8$ kW·h，节约标煤约 $1.0×10^5$ t/a。此外，焚烧后的炉渣还可作为建筑原料。从投资和运行成本看，污泥协同焚烧比单独焚烧更具优势，但是我国尚无协同焚烧相关标准，协同焚烧的烟气稀释排放、监测和处理等问题亟待解决。干化焚烧技术的发展仍处于起步阶段，能耗高、投资运营要求高、臭气及尾气处理问题制约着该技术的应用。

3）好氧堆肥–土地利用

好氧堆肥是指在一定的水分、碳氮比和通风条件下，通过好氧微生物繁殖并降解污泥中的有机物，同时产生较高的温度，从而杀死污泥中大部分的寄生虫、病原体等，将污泥转变成性质稳定且无害的腐殖化产物（肥料）的过程。城镇生活污水厂产生的污泥经过好氧堆肥后，能够达到限制性农用、园林绿化及土壤改良的标准，其中的有机质及营养元素可得到有效循环利用。此外，污泥好氧堆肥工艺建设和运行维护成本较低，工艺运行及操作相对简单，工艺稳定性高，适合进行土地利用。因此，高温好氧发酵成为鼓励污泥土地利用的国家较为普遍的污泥处理技术。我国也有一些示范单位应用该技术，如秦皇岛绿港污泥处理厂。秦皇岛绿港污泥处理厂开发了高温好氧发酵技术智能化控制，滚筒一体化好氧发酵设备；但由于污泥含水率高、占地面积大、恶臭气体产物出路受限等问题，该技术推广应用受到限制。

4）深度脱水–应急填埋

我国传统的污泥填埋多采用脱水泥饼（含水率 75%~85%）直接填埋的方式，造成了大量的环境问题，主要表现为占用大量土地资源、产生大量渗滤液、造成地下水和地表水污染、破坏原有的生态环境。这些问题产生的根源在于前端缺乏稳定化处理和充分的水分减量。因此，近年来，深度脱水–应急填埋技术应运而生。深度脱水是我国特有的一种脱水工艺，该技术能够通过调理预处理，破除细胞壁，释放毛细附着水和细胞内部水，改善污泥的脱水性能，从而将污泥的含水率降低到 60%以下。目前较为成熟的污泥深度脱水技术包括酸处理、高级氧化技术和热处理等物理化学方法，以及生物沥浸和酶处理等生物降解方法，可使污泥的脱水性能及经济性等各方面达到最优条件。后续采用机械压力脱水及新型板框压滤机压滤脱水等技术进行脱水。但由于面临着无地可埋的严峻问题，填埋不符合未来发展趋势，只能作为阶段性、应急性的过渡处置技术。

10.5 污泥的处理处置

对污泥进行适当的处理和合理利用可实现"变废为宝"的策略，也可增加经济效益，保证污水处理的效果，避免产生二次污染。污泥处理时进行浓缩、调理、稳定、脱水、干化或焚烧的加工过程，可实现污泥的减量化、无害化和稳定化。污泥的处置是对污泥的最终安排，如将污泥用作农肥、制作建筑材料、填埋等，而污泥的有效利用可以实现污泥的资源化。

污泥的处理处置工艺大致可分为以下类别：

（1）浓缩–前处理–脱水–好氧消化–土地利用；

（2）浓缩-前处理-脱水-干燥-土地利用；

（3）浓缩-前处理-脱水-焚烧（或热水解）-灰分填埋；

（4）浓缩-前处理-脱水-干燥-熔融烧结-建材利用；

（5）浓缩-前处理-脱水-干燥-燃料利用；

（6）浓缩-厌氧消化-前处理-脱水-土地还原；

（7）浓缩-蒸发干燥-燃料利用；

（8）浓缩-湿法氧化-脱水-填埋。

10.5.1　污泥处理

污水处理厂污泥处理的目的是降低污泥含水率，减小污泥体积，对污泥的性质进行改善，提高其可生化性，以利于后续处理与处置。污泥处理系统主要针对初沉池、二沉池的污泥储存、浓缩、脱水和输送，涉及集泥池、浓缩池和脱水车间等环节的设备、构筑物和相关辅助设施。

污水处理系统产生的污泥包括初沉污泥、二沉污泥，除部分二沉污泥回流至污水处理系统外，初沉污泥以及剩余污泥排入集泥池，集泥池污泥再提升至污泥浓缩池或浓缩设备。一般来说，规模较大的污水处理厂产生的污泥在浓缩后进入消化池消化稳定，消化后机械脱水。浓缩或消化后的污泥进入机械脱水，脱水污泥储存在储泥池内，定期外运处理处置。

污泥处理过程主要的环境污染有臭味、设备噪声、污泥浓缩、脱水过程排放的上清液、滤液（包括冲洗水）及脱水后的污泥。预处理过程其他物耗主要有电耗和水耗。

一般的污泥处理技术包括污泥浓缩、污泥调理、污泥稳定化、污泥脱水和热干化（热干燥）等。

1. 污泥浓缩

污水处理过程中排出的污泥含水率和体积都很大，初沉污泥含水率介于95%~97%，剩余污泥含水率达99%以上。污泥浓缩可以降低污泥的含水率，实现污泥的减容化。污泥浓缩效率的高低、浓缩的好坏直接影响污泥处理成本，甚至整个污水处理厂运行成本的高低。

从表10-1中可以看出，初沉污泥用重力浓缩处理最为经济。对于剩余污泥来说，由于其浓度低、有机物含量高、浓缩困难，采用重力浓缩效果不好，而采用气浮浓缩、离心浓缩则设备复杂和费用高。目前我国较多采用将剩余污泥送回初沉池，与初沉污泥共同沉淀的重力浓缩工艺，利用活性污泥的絮凝性能，提高初沉池的沉淀效果，同时使剩余污泥得到浓缩。实践研究表明，这种工艺的初沉池出水水质好于传统工艺。因此，重力浓缩是我国污泥浓缩的主要方法之一。

表 10-1　几种浓缩方法的比能耗和浓缩后含水率

浓缩方法	污泥类型	浓缩后含水率/%	比能耗	
			干固体/$(kW \cdot h \cdot t^{-1})$	脱除水/$(kW \cdot h \cdot t^{-1})$
重力浓缩	初沉污泥	90~95	1.75	0.20
重力浓缩	剩余污泥	97~98	8.81	0.09

浓缩方法	污泥类型	浓缩后含水率/%	比能耗	
			干固体/(kW·h·t⁻¹)	脱除水/(kW·h·t⁻¹)
气浮浓缩	剩余污泥	95~97	131	2.18
框式离心浓缩	剩余污泥	91~92	211	2.29
无孔转鼓离心浓缩	剩余污泥	92~95	117	1.23

1) 污泥浓缩技术原理

污泥浓缩的作用是通过重力或机械的方式去除污泥中的一部分水分，减小污泥的体积，减轻后续构筑物或处理单元的压力。污泥浓缩去除的对象是污泥中的自由水和部分间隙水，这部分水分比较容易脱出。浓缩后的污泥含水率一般可达 94%~96%，可缩小体积至原来的 1/20 左右。

2) 污泥浓缩主要方法及特点

污泥浓缩的方法主要分为重力浓缩、机械浓缩和气浮浓缩三大类。目前国内经常采用的浓缩技术是重力浓缩和机械浓缩，简单易操作。

（1）重力浓缩。

重力浓缩本质上是一种污泥颗粒的自由沉淀工艺，属于压缩沉淀，是污泥中的固体颗粒在重力作用下沉淀和进一步浓缩的过程。

重力浓缩电耗少（只需带动刮泥机）、缓冲能力强（体积大），但其占地面积大，易产生磷释放，臭味大，需增加除臭设施或密封臭气抽取处理。初沉污泥用重力浓缩，含水率一般可从 97%~98%降至 95%以下；剩余污泥一般不宜单独进行重力浓缩；初沉污泥与剩余污泥混合后进行重力浓缩，污泥含水率可由 96%~98.5%下降至 95%以下。

（2）机械浓缩。

机械浓缩主要由以下设备实现：离心浓缩机、带式浓缩机、转鼓浓缩机和螺压浓缩机。

离心浓缩机依靠的作用力是离心力，离心力可达到重力的 500~3 000 倍。

带式浓缩机主要由框架、进泥配料装置、脱水滤布、可调泥耙和泥坝等组成，污泥进入浓缩段时被均匀摊铺在滤布上，在重力作用下泥层中污泥的表面水大量分离，并通过滤布空隙迅速排走（同过滤作用一样），污泥固体颗粒则被截留在滤布上。

转鼓浓缩机是外壳绷有滤网的圆柱形转鼓，滤网网孔直径约为 0.5 mm，转鼓以水平或者以较小的倾角安装，转鼓内设有螺旋线。当转鼓缓慢转动开始工作后，调理好的污泥沿着螺旋线从转鼓的一端进入另一端；在转鼓的缓慢转动作用下，污泥絮体及颗粒间相互剪切、揉搓，使转鼓内的污泥结构发生变化，从而使污泥中的间隙水释放出来。转鼓浓缩机是使污泥含水率降低的一种简便高效的机械设备。

螺压浓缩机工作原理与转鼓浓缩机类似，不同的是螺压浓缩机绷有滤网的圆柱形外壳是固定不动的，其内部设有可转动的螺旋推进器。螺压浓缩机的安装角度比转鼓浓缩机要大很多，以倾角 30°安装。

机械浓缩具有占地少、避免磷释放等特点，但与重力浓缩相比电耗较高且需要投加高分子助凝剂。机械浓缩一般可将剩余污泥的含水率从 99.2%~99.5%降至94%~96%。

（3）气浮浓缩。

根据气浮过程中气泡形成的方式，气浮浓缩可以分为以下几种：压力溶气气浮、生物气浮、涡凹气浮、真空气浮、化学气浮、电解气浮等。压力溶气气浮、生物气浮是常见的应用于污水处理厂污泥浓缩的气浮方式。压力溶气气浮工艺已广泛应用于剩余污泥浓缩中，而生物气浮工艺浓缩活性污泥也有应用，其他几种气浮工艺在污泥浓缩中的实际工程应用上不太常见。

气浮浓缩与重力浓缩相比有很多优点，主要表现为：浓缩度高，浓缩后污泥含水率可达到 93%~95%；固体物质回收率高达 99% 以上；污泥停留时间短，速度快，其处理时间为重力浓缩所需时间的 1/3 左右；设备简单紧凑，占地面积较小；操作弹性大，在污泥负荷变化及季节气候变化下均能稳定运行；由于向污泥中通入空气形成好氧环境，污泥不易腐败发臭；管理操作简单。其缺点是基建费用和操作费用较高。

3）污泥浓缩工艺应用

（1）重力浓缩。

重力浓缩应用广泛，我国北京酒仙桥污水厂、上海曲阳污水处理厂等都是采用重力浓缩工艺对污泥实现浓缩处理的。在实际应用中，污水处理厂一般将初沉污泥和剩余污泥混合后进行重力浓缩，这样可提高重力浓缩池的浓缩效果。重力浓缩池固体表面负荷一般为 $50~90\ kg/(m^2\cdot d)$。初沉污泥的固体表面负荷一般采用 $90~150\ kg/(m^2\cdot d)$；二沉污泥含水率为 99.2%~99.6% 时，二沉污泥固体表面负荷一般采用 $10~30\ kg/(m^2\cdot d)$，污泥重力浓缩的时间一般不小于 12 h（即污泥停留时间≥12 h），浓缩后污泥的含水率降低到 97%~98%。重力浓缩可以分为间歇式和连续式两种。间歇式重力浓缩主要用于小型污水处理厂；连续式重力浓缩主要用于大中型污水处理厂。

（2）机械浓缩。

①离心浓缩机。离心浓缩机用于浓缩活性污泥时，一般无须加入絮凝剂调理，但要求浓缩污泥含固率大于 6% 时，就要加入少量絮凝剂进行调理。离心浓缩机占地小、不会产生恶臭、磷的释放量少、造价低，但运行成本和维护费用高、经济性差，较少用于污泥浓缩，但对于难以浓缩的剩余污泥可考虑使用。

②带式浓缩机。带式浓缩机通常具备很强的可调节性，其进泥量、滤布走速、泥耙夹角和高度均可进行有效的调节，以达到预期的浓缩效果。一体化设备浓缩过程是污泥浓缩脱水的关键控制环节，也是一体化设备浓缩的重要技术阶段，因此水力负荷变得更为重要，一般为 $20~30\ m^3/[m(带宽)\cdot h]$，有的也可以达到 $50~60\ m^3/[m(带宽)\cdot h]$，甚至更高。设备带宽最大为 3.0 m。在没有详细的泥质分析资料时，设计选型的水力负荷可按 $40~45\ m^3/[m(带宽)\cdot h]$ 考虑。

③转鼓浓缩机。转鼓浓缩机主要用于浓缩脱水一体化设备的浓缩段。转鼓浓缩机是将经化学混凝的污泥进行螺旋推进脱水和挤压脱水，是使污泥含水率降低的一种简便高效的机械设备。

（3）气浮浓缩。

在污泥处理中，压力溶气气浮工艺已广泛应用于剩余污泥浓缩中；生物气浮工艺浓缩活性污泥也已有应用；涡凹气浮工艺在污泥浓缩中的应用正处于摸索之中；其他几种气浮方式在污泥浓缩中报道较少。

①压力溶气气浮。自 1957 年第一台溶气气浮（DAF）装置在纽约的 Bay Park 污水处理厂较成功地处理污泥以来，溶气气浮技术便被许多国家广泛使用。溶气气浮具有较好的固液分离效果，在不投加调理剂的情况下，污泥的含固率可以达到 3% 以上，投加调理剂后，污泥含固率可达到 4% 以上。

②生物气浮。生物气浮浓缩工艺是 1983 年瑞典 Simona 开发的一种新型污泥浓缩工艺，它利用污泥的自身反硝化能力，在浓缩池中加入硝酸盐，污泥进行反硝化作用后产生的气体使污泥上浮而进行浓缩。硝酸盐浓度、温度、碳源、初始污泥浓度、泥龄、运行时间对污泥的浓缩效果有较大的影响。生物气浮浓缩工艺已应用在捷克的 Pisek 污水厂、瑞典的 BjOmlunda 污水厂。生物气浮浓缩工艺的日常运转费用比重力浓缩和压力溶气气浮工艺低、能耗小、设备简单、操作管理方便，但比压力溶气气浮工艺长，需要投加硝酸盐。

③涡凹气浮。涡凹气浮（CAF）系统通过独特的涡凹曝气机将"微气泡"均匀地分布于水中，污水回流通过涡凹抽真空作用而实现。1997 年 3 月，由美国麦王国际企业公司引进首套 CAF 系统。该项技术当时在各方面有诸多的优点和较强的实用性，在中国昆明第二造纸厂废水处理厂成功投入运行，结束了中国废水处理中一直沿用压力溶气气浮的历史。涡凹气浮浓缩污泥的应用不常见。涡凹气浮较适合于低浓度剩余污泥的浓缩。

2. 污泥调理

调理是为了提高污泥浓缩和脱水效率，采用多种方法改变污泥的理化性质（减小与水的亲和力，调整固体粒子群的性质及其排列状态），使凝聚力增强，颗粒变大。它是污泥浓缩和脱水过程中不可缺少的工艺过程。

进行机械脱水的污泥，其比阻抗在 $(0.1 \sim 0.4) \times 10^9 \ S^2/g$ 较为经济，但各种污泥的比阻抗均大于此值（表 10-2）。

表 10-2　加药、洗涤对消化污泥调理的影响

调理方法	混凝剂投加量/%	比阻抗/$(S^2 \cdot g^{-1})$	调理后 pH 值
加入混凝剂 $FeCl_3$	—	1.6×10^9	8.3
	4.4	1.6×10^9	7.5
	13.4	0.092×10^9	6.4
	22.3	0.047×10^9	4.2
	31.1	0.097×10^9	2.5
洗涤	—	1.1×10^9	7.4
洗涤后加 $FeCl_3$	1.66	0.14×10^9	6.7
	4.21	0.027×10^9	5.8
	6.77	0.026×10^9	5.2
	9.30	0.027×10^9	4.2
	13.50	0.035×10^9	2.5

续表

调理方法	混凝剂投加量/%	比阻抗/$(S^2 \cdot g^{-1})$	调理后 pH 值
洗涤后加聚合氯化铝	0.22	0.10×10^9	7.4
	0.86	0.12×10^9	7.3
	1.32	0.068×10^9	6.8
	2.20	0.021×10^9	6.7
	5.36	0.028×10^9	6.4
	8.60	0.044×10^9	5.8

污泥调理方法有洗涤法（淘洗调节）、加药法（化学调节）、热处理法及冷冻熔融法。以往主要采用洗涤法和以石灰、铁盐、铝盐等无机混凝剂为主要添加剂的加药法。近年来，高分子混凝剂得到广泛应用，特别是阳离子聚丙烯酰胺的应用，提升了污泥的脱水性能。

3. 污泥稳定化

污泥稳定化的主要技术有氯氧化、石灰稳定、热处理、污泥厌氧消化、污泥好氧消化、两相厌氧消化等。

1）氯氧化

氯氧化就是利用高剂量的氯气将污泥化学氧化。通常氯气直接加入并贮存在密封反应器内的污泥中，经过短时间反应后脱水。大多数氯氧化装置是按定型设计预制的，通过设置加氯气向反应器中加氯气。为使污泥在脱水前处于良好状态，需添加氯氧化钠和聚合电解质。

2）石灰稳定

在石灰稳定中，将足够数量的石灰加入处理的污泥中，将污泥的 pH 值提高到 12 或更高。高 pH 值所产生的环境不利于微生物的生存，则污泥不会腐化、产生气味和危害健康。石灰稳定并不破坏细菌滋长所需要的有机物，因此必须在污泥 pH 值显著降低或会被病原体再感染腐化前予以处理。

3）热处理

在连续的热处理过程中，污泥在压力容器内加热至 260 ℃，压力达到 275 MPa，经短暂的时间进行实质性的稳定过程和调理过程，使污泥处于不加化学药剂而能使固体脱水的状态。当污泥经受高温高压时，热作用使污泥析出结合水，最终形成固体凝结物。此外，高温高压还可使蛋白质水解，细胞破坏，并放出可溶性有机化合物和氨氮。

热处理既是稳定过程，也是调理过程。热处理使污泥在一定压力下得到短时间加热。这种处理方法使固体凝结，破坏凝胶体结构，降低污泥、固体和水的亲和力，从而实现污泥的消毒，臭味几乎被消除。同时，污泥不加化学药品就可以在真空抽滤机或压滤机上迅速脱水。热处理过程包括滤式斯法（Porteus 法）和低温湿式氧化法。在低温湿式氧化过程中，污泥中大部分有机物可被分解，特别是污泥挥发组分大量减少，同时污泥颗粒内或污泥间结合水被脱除，这样就达到了污泥稳定和减容的目的。若温度合适，采用该法还能将污泥中的剧毒有机物如苯并（a）芘等分解。

4）污泥厌氧消化

污泥厌氧消化是指在无氧的条件下，借兼性细菌及专性厌氧细菌，降解污泥中的有机污染物，使污泥中有机物最终矿化成无机物和气体。干化后污泥体积显著减小，呈黑色粒状结构，易脱水，性质稳定。

污泥厌氧消化的好处在于，一方面具有较高的产气量，而另一方面污泥经厌氧消化后含水率有较大的降低，从而大大降低了污泥的贮存、运输费用。厌氧消化，一般是在密闭的消化槽内在 30 ℃下停留约 30 d，主要是通过微生物的作用使有机物分解，最终生成以甲烷为主的沼气。沼气热量可达 5 000~6 000 kcal/m³（1 kcal≈4.186 kJ），既可作为燃料用于锅炉燃烧（1 m³沼气相当于 1 kg 煤），又可作为动力资源（1 m³沼气可发电 1.25 kW·h）。在日本，从 1980 年就开始把厌氧消化所产生的沼气用于发电系统，这种利用途径无论是在运行管理方面，还是在经济效益方面都有广阔的前景。但在目前的污泥厌氧消化处理中，大约只有一半的有机物转化为甲烷气体。如何提高污泥的消化水平，提高产气量与能源回收率，以及尽量减少污泥体积成为该领域的研究重点。目前的研究主要有利用各种前处理（如碱处理、超声波处理等）来改善污泥的厌氧消化性能，探索高效可靠的新型污泥厌氧处理工艺。此外，应用生物技术（如酶催化技术等）进一步提高污泥产气量的研究也已引起研究者的重视。

5）污泥好氧消化

污泥好氧消化是在延时曝气活性污泥法的基础上发展起来的。好氧消化池内的微生物生长于内源代谢期，通过该法处理，污泥中的有机物被最终转化为 CO_2 和 H_2O 以及 NO_3^-、SO_4^{2-}、PO_4^{3-} 等。好氧消化需供应足够的空气，保证污泥有 1~2 mg/L 的溶解氧，并充分搅拌，使污泥中颗粒保持悬浮状态。污泥的含水率需大于 95%，否则难以搅拌。污泥好氧消化系统的设计，根据经验数据或反应动力学进行，消化时间根据试验确定。

6）两相厌氧消化

两相厌氧消化是近年发展起来的一种高效稳定的新型污泥处理工艺。它使产酸相和产甲烷相在不同的生长环境中分别进行，形成各自的相对优势，以提高整个消化过程的处理效率、反应速度及稳定性。

表 10-3 为上述几种污泥稳定化处理技术的比较。总的来说，每种污泥稳定化方法都有各自的优缺点，在实际应用过程中要综合考虑各方面的因素来选择污泥稳定化技术。目前，国际上污泥稳定化处理的方向是以厌氧消化为主，日本、欧美等国家和地区采用厌氧消化处理污泥已占所产污泥量的一半以上。中国城市污水厂污泥处理起步较晚，20 世纪 80 年代中期才开始建设城市大型污水厂，污泥处理采用的也是中温厌氧消化，主要技术和设备都是引进的。多年来，中国城市污水厂的污泥处理技术和某些单项专用设备有较大发展，积累了不少中温厌氧消化技术方面的经验。

表 10-3　污泥稳定化处理技术的比较

稳定化技术	应用技术	特点	缺点
氯氧化	任何生物污泥、化粪池污泥	①污泥化学氧化；②污泥便于脱水	费用高，仅限于小型生活污水处理厂
石灰稳定	无机污泥、有机污泥	①pH 值不利于微生物的生存，污泥不会腐化，产生气味，危害健康；②杀死病原体的效果较好	稳定单位质量的污泥所需要的石灰量比脱水所需要的量要大

稳定化技术	应用技术	特点	缺点
热处理	生物污泥	①既是稳定过程，也是调理过程；②能够不添加化学药品就迅速脱水；③污泥的臭味被消除并消毒	设备的基本建设费用较高，不适宜用于污泥大规模处理，场地狭小时使用受限
污泥厌氧消化	有机污泥	①投资费用低；②产生的甲烷气体可以利用	污泥难于用机械法脱水；易发生一些运转上的问题；有臭味，消化池一般要加盖
污泥好氧消化	多用于中、小型生活污水处理厂	①上层澄清液中生化需氧量的浓度较低；②生物稳定的最终产物如腐殖土没有气味，易于处置；③产生的污泥易脱水；④污泥中可以利用的基本肥效较高；⑤操作问题较少；⑥设备费用较低	提供氧气的动力费用较高；不能回收有用的副产品；驱除寄生虫卵和病原微生物的效果差
两相厌氧消化	有机污泥	①可同时达到对城市污泥的稳定和灭菌；②高温可缩短酸化时间	产甲烷反应器和产酸反应器的容积，对整个消化系统的处理效果有很大的影响；容积的偏大或偏小都会降低消化处理的效果

4. 污泥脱水与热干化（热干燥）

1）污泥脱水

重力浓缩主要是去除污泥中绝大部分的间隙水，但污泥经浓缩之后，其含水率仍比较高且易腐败发臭，不利于运输和处置，给后续处理带来相当大的困难，因此需要进行进一步脱水，这样可降低污泥的含水率，减小污泥的体积，降低运输成本。脱水主要是将污泥中的表面吸附水和毛细水分离出来，这部分水分占污泥中总含水量的 15% ~ 25%。但经过脱水处理后，污泥呈固体状态，体积减小为原来的 1/10 以下，大大降低了后续处理的难度。脱水后，污泥可利用物质的含量会有所增加（如农用的肥分、焚烧的热值等），且利于污泥的后续处置和利用。

常用的脱水方法有自然干化和机械脱水两种。自然干化是利用自然力量（如太阳能）将污泥脱水干化，传统上常用的是污泥干化床。该方法适用于气候比较干燥、用地不紧张，以及环境卫生条件允许的地区。近年来，利用芦苇等沼生植物进行脱水的方法，引起人们的关注。该方法可将污泥干固体含量由排出时的 1% 增加到 40%，还可富集过量的重金属。用芦苇进行污泥脱水，不需要电能，也不需要化学物质，是一种可持续方式。其缺点是占地面积大，会引起地下水污染。

机械脱水是目前世界各国普遍采用的方法。常用的机械脱水机有真空抽滤机（真空脱水）、板框压滤机、带式压滤机（加压脱水）、离心机（离心分离脱水）。近年来，传统离心机和带式压滤机得到迅速发展，作为污泥脱水的主要机种，在世界各国得到广泛应用。

固体废物脱水问题，常见于城市污水和工业废水处理厂产生的污泥处理，以及类似于污泥含水率的其他固体废物的处理，凡含水率超过90%的固体废物，必须先脱水、减容，以便包装与运输。脱水方法有机械脱水与自然干化脱水等，下面分别讨论。

（1）机械脱水理论及设备。

①机械脱水理论。机械脱水是以过滤介质两边的压力差为推动力，使水分被强制通过，过滤介质固体颗粒被截留，从而达到固液分离的目的。

机械脱水时，滤液必须克服过滤介质和滤饼的阻力。单位时间通过滤饼的滤液体积可用卡曼（Carman）公式表示：

$$\frac{\mathrm{d}V}{\mathrm{d}t} = \frac{pA^2}{\mu(\omega Vr + R_f A)} \qquad (10-11)$$

式中　V——滤液体积，m^3；

　　　t——过滤时间，s；

　　　p——过滤压力，N/m^3；

　　　A——过滤面积，m^3；

　　　μ——滤液的动力黏度，$kg \cdot s/m^2$；

　　　ω——单位体积滤液产生的滤饼干重，kg/m^3；

　　　r——比阻，m/kg；

　　　R_f——过滤介质阻抗，$1/m^2$。

定压过滤时，对式（10-11）进行积分，可得

$$\frac{t}{V} = \frac{\mu \omega r V}{2pA^2} + \frac{\mu R_f}{pA} \qquad (10-12)$$

式（10-12）为直线方程式，斜率 $b = \dfrac{\mu \omega r}{2pA^2}$，整理后，比阻（$r$）可表示为

$$r = \frac{2pA^2 b}{\mu \omega} \qquad (10-13)$$

比阻的定义：在一定压力下，单位面积上单位质量滤饼对过滤所产生的阻力。b 可通过试验获得，比阻是污泥脱水性能的重要指标。不同类型污泥的比阻列于表10-4中。从表中可看出，经过混凝处理的污泥，比阻显著下降，易于过滤。

表 10-4　不同类型污泥的比阻

污泥类型	比阻/（$m \cdot kg^{-1}$）
初沉污泥	$(1.5 \sim 5.0) \times 10^{14}$
活性污泥	$(1.0 \sim 10.0) \times 10^{12}$
消化污泥	$(1.0 \sim 6.0) \times 10^{14}$
混凝消化污泥	$(3.0 \sim 40.0) \times 10^{11}$

机械脱水产率由下式表示：

$$L=\frac{2pA\omega}{\mu(r\omega V+2AR_f)} \tag{10-14}$$

式中 L——机械脱水产率，kg(干基)/m³。

由于滤饼比阻远大于过滤介质，$2AR_f$ 项可以忽略，则式（10-14）变为

$$L=\frac{2pA}{\mu r V} \tag{10-15}$$

②机械脱水设备。

a. 真空抽滤机。真空抽滤是在负压条件下，强制水分通过过滤介质的脱水过程。常用的真空抽滤机为转鼓式，其工作原理如图 10-5 所示。这种抽滤机主要部件是一个外表面包有滤布、部分浸入污泥槽的转鼓，鼓内分隔为若干小室，分布于旋转轴附近，分别连接真空与压缩空气系统。转鼓每旋转一周，浸入污泥槽的小室与真空系统相接，污泥中水分被抽滤，通过滤布进入小室，经抽空管，由气液分离器排出，固体泥渣均匀地吸附在滤布表面，形成滤饼。小室脱离污泥槽后，仍有一段行程处于负压下，滤饼继续脱水。当旋转至某一部位后，小室脱离真空系统，开始与压缩空气系统相接，通过空气压力推动作用，滤饼被松动，由刮泥板刮下，落入料斗或由传送带运走。转鼓即进入下一循环。

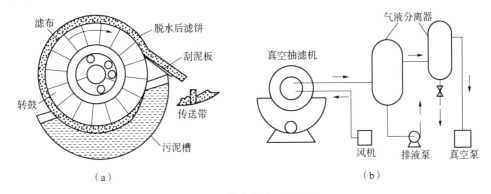

图 10-5 真空抽滤工作原理
（a）真空抽滤机结构；（b）真空与压缩空气系统

真空抽滤机的优点是连续性操作、效率高、易于维修，适于各类污泥脱水，脱水的泥渣含水率为 75%~80%；缺点是运行费用高、建筑面积较大、开放性操作、气味较大。真空抽滤机主要工作参数：过滤段真空度为 40~80 kPa；脱水段真空度为 67~93 kPa；滚筒转速为 0.75~1.1 mm/s。

b. 压滤机。压滤是在外加一定压力下，强制水分通过过滤介质，以达到固液分离的目的。压滤机可分为间歇型与连续型两种。典型间歇型压滤机为板框压滤机，连续型压滤机为带式压滤机。

板框压滤机结构如图 10-6 所示。由图可见，滤板与滤框相间排列，滤框两侧用滤布包夹，两端用夹板固定。滤板与滤框均开有沟槽与孔相连，形成导管。过滤时，用污泥泵将泥浆输入导管，通过挤压分别导入各滤框空腔内，借助输入的侧压力，滤液通过滤布，沿滤板沟槽，汇集于排液管排出，滤饼留在框内。当一次操作完成后，拆开过滤机，卸出滤饼。

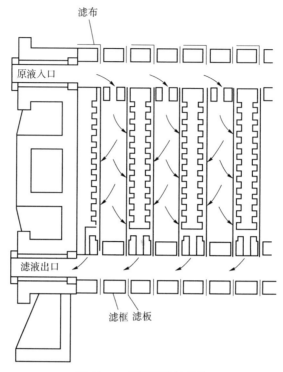

图 10-6 板框压滤机结构

板框压滤机优点：结构简单，可在污泥含水率较大的范围内使用，适应性强；滤饼含水率（45%~80%）与滤出液含悬浮物量均相对较低；滤布寿命较长，因而得到广泛应用。其缺点是操作比较烦琐。板框压滤机的操作压力范围为 0.3~0.6 MPa。若压力过低，过滤效果会变差，过滤速度也会变慢，将无法实现良好的固液分离效果。若压力过高，滤饼会被过度压实，影响过滤速度和过滤效果，同时可能会导致设备破裂或损坏。

带式压滤机结构如图 10-7 所示。由图可见，其主要由上下两组压辊与同向运动的带状传动滤布组成，泥浆从双带间通过，经上下压辊挤压，滤液透过滤布排出，滤饼随传动滤布卸入料斗。这种压滤机为连续性操作，适用于真空抽滤难以脱水的各种污泥，具有效率较高、生产能力大、占地面积较小等优点，滤饼含水率可达到 70%~80%。

c. 离心机。离心脱水是利用高速旋转产生的离心力，将密度大于水的固体颗粒与水分离的过程。常用的离心机为转筒式，图 10-8 为卧式螺旋转筒离心机结构。这种离心机主体部件由螺旋器与转筒组成，转轴为变径空心轴，泥浆由空心轴腔输入，流经空心轴扩大段，由侧孔流入转筒。在高速旋转中，泥渣被甩至筒壁，压实成饼，水层则浮于泥饼内表面，由尾端排放口流出。泥饼由螺旋器推动，由锥体端部出口排出。

离心机具有操作简便、设备紧凑、运行平稳、脱水效率高等优点，适用于各种不同性质的泥浆脱水，脱水后泥渣含水率可降低至 70%左右；缺点是能耗较大。

（2）自然干化脱水。

自然干化脱水是小型城市污水处理厂污泥脱水常用的方法，是利用自然蒸发和底部滤料、土壤过滤脱水的一种传统方法。脱水的场地称为干化场或晒泥场。干化场四周建有用混

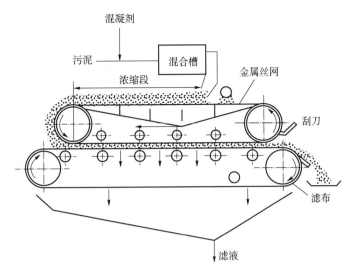

图 10-7　带式压滤机结构

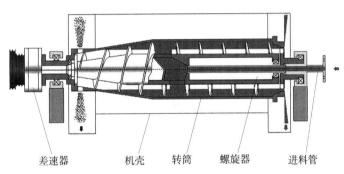

图 10-8　卧式螺旋转筒离心机结构

凝土、砖石筑成的围堤，中间用混凝土隔板隔成等面积若干区段（一般不少于 3 块）。为便于起运脱水污泥，一般每区段宽不大于 10 m，长 6~30 m。渗滤液经排水管汇集排出。污泥入流口设有散泥板，使污泥能均匀地分布于每一区段面积上，并防止冲刷滤层。

该方法的特点是设备简单，干化污泥含水率低，但占用土地面积大，环境卫生条件差，受季节、当地气候与气象条件影响较大，适合较干旱地区小规模应用。

（3）城市生活垃圾干燥设备。

当对城市生活垃圾中的轻物料实施能源回收或焚烧时，需预先进行干燥处理，以达到脱水、减重的目的。

干燥设备的 3 种加热方式为对流、传导与辐射，其中对流加热方式应用较为广泛。倾斜转筒干燥器（图 10-9）是典型的对流加热干燥设备。倾斜转筒干燥器的主体是与水平线稍有倾角安装的旋转圆筒，物料由上向下，高温气体由下向上，形成逆流。随着圆筒的旋转，物料由筒内壁设置的螺旋推进片推动并分散，连续从上端往下端传输，并由底部排料口排出。尾气由尾端排气口进入除尘器，净化后排放。

物料在干燥器内停留时间为 30~40 min，可通过调节物料排出量控制物料与高温气的接触时间。

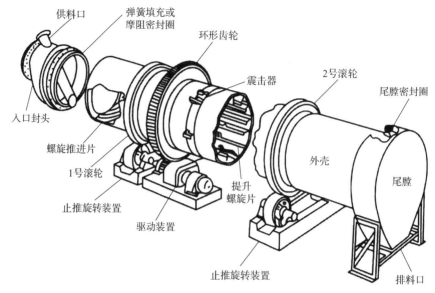

图 10-9 倾斜转筒干燥器

2）污泥热干化（热干燥）

（1）传统污泥处理中需要解决的问题。

以活性污泥法为基础的城市污水处理过程会不可避免地产生污泥。随着该技术的推广应用，污泥产量越来越大，致使污泥的消纳问题日益突出。污水厂污泥因其体积庞大（含水率太高所致）且性质复杂而难以处理。一般在传统的污泥处置技术系统中，重力浓缩后的污泥含水率太高，运输困难，使该技术在实际应用中存在较多困难。填埋则因脱水泥饼含水率较高（一般为70%～85%），土力学性质差，需混入大量泥土，从而导致土地的容积利用系数明显降低。脱水泥饼直接焚烧也因其含固率低，不能维持过程的自行进行，需加入辅助燃料，使处理成本明显增加，难以承受。

综合分析，从上述污泥处理与处置技术系统在实际应用所遇到的问题中不难看出，污泥的含水率是关键的影响因素。因此，降低污泥含水率是解决目前污泥处理难题的关键。国内外应用实践表明，经传统的浓缩和脱水工艺处理之后，污泥的含水率不可能达到60%（如机械脱水泥饼，含水率约为75%），要达到对污泥的深度脱水，比较经济的方法是引入热干燥技术。

（2）污泥的热干燥处理。

污水厂污泥是一种有机物和无机物组成的含水率很高的混合物，性质相当复杂。20世纪80年代，Muller等对污泥的干燥特性进行了研究，发现其与晶体物质的干燥特性有很大的差异。他们认为水分在污泥中有4种存在形式，即自由水、间隙水、表面水以及结合水。图10-10为污泥热干燥曲线，反映了水分和污泥固体颗粒结合的情况。

自由水是蒸发速率恒定时去除的水分。

间隙水是蒸发速率第一次下降时期所去除的水分，通常只存在于泥饼颗粒间的毛细管中。

表面水是蒸发速率第二次下降时期所去除的水分，通常只吸附或黏附于固体表面。

结合水是在热干燥过程中不能被去除的水分，这部分水一般以化学力与固体颗粒相结合。

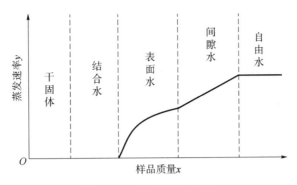

图 10-10　污泥热干燥曲线

由于污泥中水分分布状况与机体物质的差异性，化工操作中已经成熟的数学模型和设备直接用于污泥处理不一定有效，需对污泥的热干燥特性进行深入的研究，建立相应的数学模型，开发适用的干燥设备。

在对污泥的热干燥特性的试验研究中发现，随着含水率的降低，污水污泥的形状朝着有利于处理方向转化。表 10-5 列出了污泥含水率与污泥性状变化的关系。由表可见，污泥经热干燥处理后，处理特性得到改善，利用价值提高，为其后续处理创造了良好的条件。

表 10-5　污泥含水率与污泥性状变化的关系

特性	含水率与性状变化的关系				
含水率/%	95	90	75	50	10
热值/(MJ·kg⁻¹)	—	—	1.78	6.06	12.9
植物养分/%	0.25	0.5	1.25	2.5	4.5
流动特性	黏性流体	絮状	膏体	弹性颗粒	脆性颗粒

注：植物养分以 N+P+K 的含量表示。

（3）现行的污泥热干燥处理技术。

污泥热干燥处理技术操作灵活，可根据污泥处置要求来调节干污泥的含固率。目前，相当多的国家已在污泥处理中采用热干燥技术。按照介质是否与污泥相接触，现行的污泥热干燥技术可以分为直接热干燥技术和间接热干燥技术两类。

直接热干燥技术又称对流热干燥技术。在操作过程中，热介质（热空气、蒸汽等）与污泥直接接触，热介质低速流过污泥层，在此过程中吸收污泥中的水分。处理后的干污泥需与热介质进行分离，排出的废气一部分通过热量回收系统回到原系统中再用，剩余部分经无害化处理后排放。此技术传热效率及蒸发速率较高，可使污泥的含固率从25%提高至85%～95%。但由于与污泥直接接触，热介质将受到污染，排出的废水和水蒸气需经无害化处理后才能排放。同时，热介质与干污泥需加以分离，这给操作和管理带来一定的麻烦。旋转式热干燥器及闪蒸热干燥器都是典型的直接热干燥装置。

在间接热干燥技术中，热介质并不直接与污泥接触，而是通过热交换器将热传递给湿污泥，使污泥中的水分得以蒸发，因而热介质不仅限于气体，也可用热流等液体，同时热介质也不会受到污泥的污染，省去了后续的热介质与干污泥分离的过程。该过程中蒸发的水分到冷凝器中加以冷凝，属部分热介质，然后回到原系统中再用，以节约能源。由于间接传热，因而该技术的传热效率及蒸发速率均不如直接热干燥技术。这种技术的操作设备有薄膜热干燥器、圆盘式热干燥器等。

4）污泥热干燥处理技术的应用分析。

热干燥处理技术从其他工业领域引入污泥处理的时间不长，发展还不够成熟，但近几年的研究和实际应用均显示了该技术在污泥处理中良好的应用前景。

①污泥热干燥处理技术的综合利用。城市污水厂污泥虽然是一种污染物质，但也含有许多具有利用价值的物质。我国污水厂污泥的植物养分含量较高，具有标煤约50%的热值，通过采用合理有效的处理技术，可达到资源化的目的。基于此，可构成如图10-11所示的以机械脱水+热干燥为主线的污泥处理与综合利用系统。

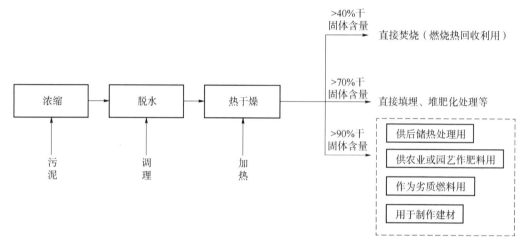

图10-11　以机械脱水+热干燥为主线的污泥处理与综合利用系统

采用上述处理与综合利用系统，污泥经脱水和热干燥之后，含水率会大大降低，体积明显减小，进而克服污泥处理中因含水率过高而带来的困难。污泥的最终消纳途径也因此而多样化，可根据污泥产地的实际情况做出合适的选择，从而可满足污泥的减量化、稳定化、无害化和资源化的要求。

②热干燥技术在污泥焚烧中的应用。近年来，焚烧处理技术快速发展，在污泥处理方面有越来越多的应用，如我国香港建造的污泥处理厂每日可焚烧处理2 000 t污泥，大大减轻了污泥处理的压力。传统的脱水泥饼直接焚烧处理，因泥饼热值太低，需加入辅助燃料以维持过程的自行进行，导致处理成本明显增加。若采用预干燥-焚烧处理技术，则其在能量消耗及处理成本方面具有明显的优势。

表10-6为污泥热干燥过程的能量产耗分析（根据有关调研资料与操作资料，确定计算参数为燃气加热效率85%，锅炉热效率70%，过程热损失5%）。在处理成本方面，国外有关资料指出，预干燥-焚烧和直接焚烧干污泥的处理成本分别为250美元/吨和300美元/吨。虽然由于国情不同，直接引用这些数据不能说明问题，但从费用结构分析，预干燥-焚烧增加了一套干燥设备，约占总投资的15%，却因此省去了直接焚烧所消耗的约占总投资35%的辅助燃料费用，故处理成本至少可降低约20%。

表 10-6　污泥热干燥过程的能量产耗分析（以 1 kg 脱水泥饼为基准）

项目	含水率/%		过程耗能/MJ	过程产能/MJ	剩余能量/MJ	能力产耗比
	干燥前	干燥后				
数值	75	10	2.32	2.86	0.52	1.23

　　从以上的能量产耗情况及处理成本的比较分析中可知，采用预干燥-焚烧处理技术，过程热量自持有余，且处理成本较脱水水泥饼直接焚烧有明显的下降。

　　（5）干燥设备。

　　①立式多段干燥机。脱水滤饼自上而下由干燥机的投泥孔投入，由安装在外侧的喷嘴自下而上地送入热风，与污泥直接接触。在干燥机内部以一定的间距安装了几块有许多缝隙的圆板。在垂直旋转轴上装有出料臂，它使污泥从最上层的圆板上通过缝隙依次落到下一层。或是与此相反，出料臂是固定的，而圆板则能转动的结构。干化污泥从下部的排泥孔排出，其中一部分干化污泥为了降低作为投料的脱水滤饼的含水率而掺入脱水滤饼中，剩下的那部分则作为成品运出去。另外，也有在干燥机的立轴上安装透平以调节热风流量，提高污泥与加热气体之间的传热效果。

　　②立式传送带式干燥机。立式传送带式干燥机的内部由一个上下行走的蜂窝状的传送带、两个干燥室以及污泥投配器组成。脱水滤饼由投配器制成核桃大小的泥块，而后用压机稍微加压，使其厚度变为约 5 cm，放在蜂窝状的传送带上。这个传送带先是自下而上地通过两个对置的干燥室，到了顶部又反转，从上部走到下部。干燥室中有喷射孔，与传送带安装成直角相交。从这些喷射孔喷出的热风，与传送带上的污泥直接接触，从而使之干化。因为干燥物取出时几乎都成丸状，因而无须除尘装置。

　　③气流干燥机。气流干燥机一般称为快速干燥机，欧美各国很早就在化学工业上使用。其原理是让细粉状的脱水滤饼与紊流状态下的高温气体直接接触而使水分得到蒸发。污泥在悬浮状态下迅速干化，用旋风分离器分离、捕集。同时，高温气体还起着运送污泥中蒸发的水分与干化了的污泥的作用。这种干化方式与其他方式比较有以下几个优点：一是蒸发面积大，污泥用破碎机弄成粉末状，因而水分全部是从表面蒸发；二是传热效果好，污泥本身直接与高温气体接触，所以传热效果非常好；三是能使用高温气体，由于干化时间很短，使用高温气体也不会使污泥变质，因此装置可以做得很小。

　　这类干燥机的种类有悬浮式干燥机、雷蒙德式气流干燥机等。

　　悬浮式干燥机的脱水滤饼由投泥装置制成粉末状。热风炉来的热风保持大约 30 m/s 的高速度，粉末状的污泥处于悬浮状态，在干燥筒内上升，以得到充分搅动和干化。在干燥筒的上部，热风与干化污泥一起从干燥筒的支管下降，进而用旋风分离器分离，污泥粉末则被捕集。这种装置与下面将要介绍的雷蒙德式气流干燥机一样，不必设置为使干化污泥与脱水滤饼混合以降低滤饼含水率的混合装置。

　　雷蒙德式气流干燥机主要部件有干燥筒、破碎机、旋风分离器、热风炉等。脱水滤饼（含水率 60%～75%）与一部分干化污泥（含水率 15%～20%）用碾磨机混合，使含水率降低到约 50%再送入破碎机。有的干燥机还将来自碾磨机的污泥一次性投入圆盘给料机，由这种给料机定量地将污泥供给破碎机。经过破碎机粉碎后的污泥，由于与来自热风炉的高温气体充分接触、搅拌，大部分在这里干化，随后与这股热风一起在干燥筒中顺流上升，充分干化以后用旋风分离器分离、捕集。排出的气体由于含有污泥的微细颗粒和带有恶臭，应送回热风炉中，通过热处理予以去除。干化污泥排出时会有大量的灰尘，因此室内有必要采取除尘措施。另外，将干化污泥用污泥喷嘴燃烧作为热源，也可节约燃料。

④卧式旋转滚筒式干燥机。这种干燥机主体是用耐火砖砌成的旋转滚筒，污泥与热风的流向可以有以下关系：一是顺流污泥在与热风同方向的运动、接触之中被干化；二是对流污泥与热风相对运动。

滚筒内部的搅拌装置（兼作出泥用）使被干化的污泥随着滚筒的转动，在搅拌时上下翻动，反复与热风接触并向前运动。为了增加蒸发面积，在投入浓缩污泥或脱水滤饼之前，将其与已经干化的污泥（含水率10%~15%）混合，使混合污泥的含水率降低至50%左右，可以提高热效率。滚筒的转动可以通过变速装置和减速装置进行调节。在滚筒内，热风的温度大约从700℃降低到120℃，然后由排气风机排出。为了用热处理去除恶臭，根据情况可用除臭装置一次加热到600~700℃。这时，为了提高加热效果，可以利用滚筒排出的废气，在预热装置中先行加热到350℃，再与1 200~1 300℃的加热气体一同送进除臭装置。这样，两者混合后的气体温度大约为700℃。一部分混合气体送入干燥滚筒，另一部分送入预热装置。在预热装置冷却后，从烟囱排入大气的气体温度为250~300℃。从干燥机排出的废气中含有大量的粉尘，应由旋风分离器捕集后再行排出。卧式干燥机与上述立式干燥机相比，占地面积较大，而且干燥时间也长，但因构造简单，操作比较容易。

5. 其他污泥处理技术

1）超声波技术处理污泥

超声波是指频率高于20 kHz，人耳听不到的声波。以往，超声波技术主要应用于医疗诊断、清洗、探伤等领域。目前，人们已认识到超声波在饮用水、污水及污泥处理中具有巨大应用潜力。但是，由于在理论和技术上还存在许多问题，如频率、溶解气体和悬浮物对空化作用的影响，反应器优化设计，超声波设备的经济性、可靠性和寿命等，故超声波技术在环境工程中的应用方面还处于初期。超声波技术作为一种新型的水处理技术已有大量实验室的基础研究成果，并有部分投入实际应用中。

（1）超声波降解有机物主要机理。

一般情况下，超声波是指频率大于20 kHz的声波（图10-12）。当一定强度的超声波施于某一液体系统时，将产生一系列的物理和化学效应，并明显改变液体中溶解态和颗粒态物质的特性。这些反应是由声场条件下大量空化气泡的产生和破灭引起的。

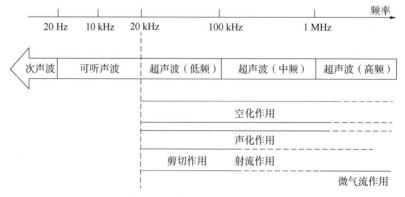

图10-12 声波频率范围及超声波各频段的主要作用

在很高的声强下，特别是在低频和中频范围内，介质中的大量气泡瞬间破灭，这种气泡在瞬间破灭的现象称为空化。气泡破灭时，将产生极短暂的强压力脉冲，并在气泡周围微小空间形成局部热点，产生高温（5 000 K）、高压（5.00×10^4 kPa）。持续数微秒后，该热点随之冷却。空化作用发生时，液体中会产生很高的剪切作用（射流时速达 400 km/h）施加于其中的物质上，同时这种高温高压还将产生明显的声化作用。这种反应是由产生高活性的自由基（如 H·、·OII 等）和热解引起的。这种空化气泡充满蒸汽并被疏水性的液体边界层包围，因此挥发性和疏水性物质优先累积于气泡中，发生热解和自由基反应。自由基可用电子自旋共振（ESR）谱法检测，其中有些自由基到达液体边界层，进入膨胀的溶液中与亲水性物质发生反应。最新研究表明，这种声化作用主要发生在 100 ~ 1 000 kHz 的中频范围内，而在 1 MHz 以上很难产生空化作用。因为用于产生空化作用的声强随频率的升高而升高，所以对于 1 MHz 以上的高频超声波，液体中声波产生的微气流和气泡较稳定，不会破灭，有时还升至水体表面。

空化作用是个复杂的过程，人们正在理论和实践上不断探索，以求对空化作用及其相关化学反应有更深的了解。在水溶液中，发生空化作用时产生的主要影响：一是很高的流体剪切作用；二是自由基 H·、·OH 反应及化学转化；三是挥发性和疏水性物质的热分解。

此外，超声波对混凝有促进作用。当超声波通过有微小絮体颗粒的流体介质时，其中的颗粒开始与介质一起振动，但由于大小不同的颗粒具有不同的振动速度，颗粒将相互碰撞、黏合，体积和质量均增大。当颗粒变大已不能随超声波振动时，其只能做无规则运动，继续碰撞、黏合、变大，最终沉淀。

（2）利用超声波处理污水污泥。

污水污泥主要由颗粒有机物（微生物）组成。通常对生污泥采用厌氧消化工艺进行稳定处理，其最终产物是消化污泥，但其中仍包含 50% 有机固体。在欧盟国家，消化污泥由于含大量有机物质而被禁止采用填埋的方式，因此必须尽量减少污泥体积及其中有机物质。通常采用的污泥厌氧消化稳定工艺较慢，生物固体停留时间约为 20 d。为了寻找一种简便快速的方法，近年来学者们试图用其他方式来替代污水污泥生物水解方法，如用机械法、化学法、热力法或它们的组合方法使污水污泥分解，如表 10-7 所示。

表 10-7　污水污泥分解的主要方法

方法	工艺	方法	工艺
机械法	球磨、高压均质、剪切均质、溶菌产物离心	生物法	好氧消化、加酶法
电子法	电子脉冲	化学法	酸碱反应、臭氧氧化
热力法	热解	声处理法	空化/声化反应

采用高强度的超声波可使污泥得到分解。德国 Uwe Neis 等人最初从各地采集泥样在实验室做间歇超声波试验，超声波反应器采用频率为 31 kHz，能耗为 500 W。随后他们又开发了更加高效的超声波反应器，其主要参数：频率 31 kHz、反应器容积 1.28 L、能耗 3.6 kW、声强 5 ~ 18 W/cm^2、单位体积能量输入 2.2 ~ 7.9 W/cm^3。

如图 10-13 所示，超声波反应器可与其他污泥处理工艺任意组合。采用这种新型工艺，可使污泥分解所需声化时间大大缩短。从图 10-14 中可以看出，仅仅经过 96 s 的声化反应，泥样的上清液 COD（化学需氧量）即上升到 6 000 mg/L。

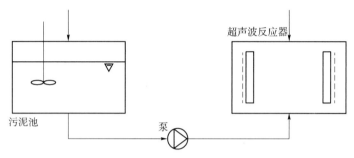

图 10-13 污泥声化处理试验装置

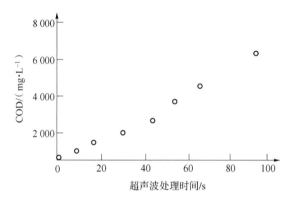

图 10-14 剩余污泥经超声波处理后溶解有机物的释放变化

空化作用可在低频至中频超声波范围产生。在低频范围，只有少量自由基产生；在 100~1 000 kHz 中频范围，自由基形成显著。为了考察超声波分解是否仅仅是空化作用时气泡破灭产生的力学作用，自由基反应是否对细胞有破坏作用，以及分解生物固体的最佳频率范围是多少，Uwe Neis 在超声波反应器中采用不同振子，以产生不同的频率，而其他条件保持不变。如图 10-15 所示，随着频率增加，污泥分解程度明显下降同，最佳分解程度时的频率为 41 kHz。这些数据表明，污泥分解主要是力学过程。为了获得高效的污泥分解效果，推荐采用较低的超声波频率。

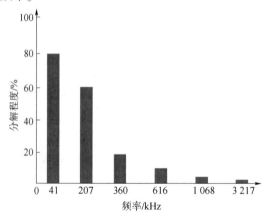

图 10-15 超声波频率对污泥分解程度的影响

显然，污泥分解程度是声处理时间的函数。那么，可分解时间多长最有利于后续的消化处理呢？因为采用超声波分解污泥的最终目的是提高厌氧工艺的反应效率和分解程度，所以为了进行比较，Uwe Neis 定义了一个分解程度系数 DD_{COD}，将采用超声波进行的分解和标准化学水解进行的最大分解值联系起来。Uwe Neis 进行的中试结果如图 10-16 所示。图 10-16 表明生污泥的厌氧消化效率可通过超声波处理得到提高，经过超声波处理的污泥的停留时间可从传统的 22 d 减至 8 d（DD_{COD} 为 2.75 = 22/8）。此外，超声波处理还加快了厌氧分解过程，污泥分解性能变得更好，所产生的剩余挥发固体浓度基本相同。

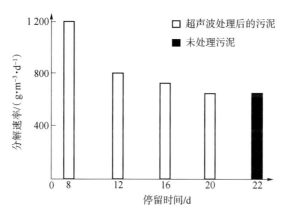

图 10-16　超声波处理、污泥厌氧停留时间与分解速率的关系

目前，国外正在研究使超声波能量输入、细胞分解程度和厌氧停留时间最佳组合工艺。最新研究表明，用经过优化的脉冲信号产生超声波可显著减少能耗。试验中，剩余污泥厌氧消化前仅经超声波处理 10 s，采用的超声波能量为 4 kW·h/m³。但有时也可能需要较长的处理时间，超声波能量一般采用 4～10 kW·h/m³ 已足够。采用超声波若不是旨在破坏生物细胞壁，一般耗能较少。

2）超临界水氧化法处理污泥

超临界水氧化法（SCWO）是处理有机废水污染物的一种最具优势的新技术，作为一种新兴的环保技术受到广泛重视。

（1）超临界水（SCW）的性质及基本原理。

超临界流体状态是介于气体和液体之间的一种特殊状态，当温度和压力超过临界点（T_c、p_c）时就形成超临界流体。水的临界温度和压力分别为 374 ℃和 22.5 MPa，超临界水具有高度选择性、极强的溶解能力和高度可压缩性。超临界水的密度、介电常数、氢键及其他一些物理性质和通常的水不一样。超临界水能与非极性物质或其他有机物完全互溶，能与正庚烷、苯、酚类以任意比例混溶，甚至某些木材也可以完全溶解在超临界水中。相反，无机盐溶解度却非常低，如在 450 ℃时，NaCl 在超临界水中的溶解度为 0.04 g。

在超临界条件下，无须机械搅拌，有机物、空气（氧）和水均相混合就能开始自发氧化，无须外界供热，在很短的反应停留时间内，99.99%以上的有机物能被迅速氧化成 H_2O、CO_2、N_2 等其他小分子。下面是某些有害物质在超临界水中的氧化反应。

碳氢化合物：

$$2C_6H_6+15O_2 =\!=\!= 12CO_2+6H_2O$$

有机氯：

$$Cl_2-C_6H_2-O_2-C_6H_2-Cl_2+11O_2 =\!=\!= 12CO_2+4HCl$$

$$2CHCl_3+O_2+2H_2O =\!=\!= 2CO_2+6HCl$$

有机硫：

$$Cl-C_2H_4-S-C_2H_4-Cl+7O_2 =\!=\!= 4CO_2+2H_2O+2HCl+H_2SO_4$$

有机氮：

$$4CH_3-C_6H_2-(NO_2)_3+21O_2 =\!=\!= 28CO_2+10H_2O+6N_2$$

重金属：

$$Pu(NO_3)_4+2H_2O+2CO_2 =\!=\!= Pu(CO_3)_2+4HNO_3$$

超临界水氧化法过程可以完全消除有害物质，去除率高达99%，目前已经试验的物质有苯、多氯联苯、硝基苯、卤化物、酚类、重金属等。图10-17是超临界水氧化法处理纸浆厂污泥的流程示意图。

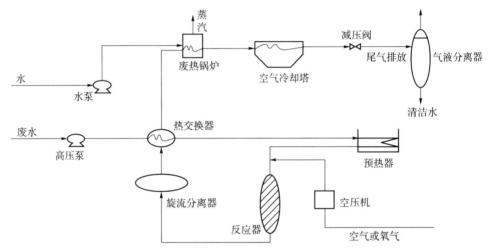

图10-17　超临界水氧化法处理纸浆厂污泥的流程示意图

（2）超临界水氧化法处理废水废物的特点。

表10-8是超临界水氧化法（SCWO）、湿式高压氧化法（WAO）及焚烧法的比较。超临界水氧化法的特点：效率高，废水处理彻底（湿式高压氧化法还需经生化处理才能使有害物质转化成CO_2等无毒物质）；均相反应和停留时间短，工艺简单，设备体积小（一般采用管式氧化装置），投资费用比湿式高压氧化法使用高压釜低；适用广，无须大量脱水，污泥在浓度10%时即可进料，无须外界供热，超过45%的污泥热值能以蒸汽形式回收。

表10-8　超临界水氧化法、湿式高压氧化法及焚烧法的比较

过程	超临界水氧化法	湿式高压氧化法	焚烧法
温度/℃	400~600	150~250	2 000~3 000
压力/（×10^5 Pa）	300~400	20~200	常压

续表

过程	超临界水氧化法	湿式高压氧化法	焚烧法
催化剂	不需要	需要	不需要
停留时间/min	≤1	15~20	≥10
去除率/%	≥99.99	75~90	99.99
自热	是	是	不是
适用性	普通	受限制	普通
排出物	无毒、无色	有毒、有色	含 NO_2 等
后续处理	不需要	需要	需要

目前，用超临界水氧化法处理各种废物的研究越来越受到重视，一些发达国家已经建立中试或工业装置并投入运行。最早是美国 Modar 公司于 1985 年建立中试工厂，日本、德国等均陆续建立中试工厂，1994 年在德国建立日处理能力为 30 t 有机物的工厂。超临界水氧化法是一种新型污泥处理技术，具有明显的潜在优势，可彻底全面地处理污泥，能够实现工业清洁化生产。随着高温高压技术的日臻完善和有关热力学及超临界水氧化反应动力学和机理等方面研究的深入，人们对超临界水氧化法处理污水污泥潜力的了解将会越来越深刻，应用也会更普及。

3）湿式氧化法处理污泥

湿式氧化法（WO 法）是一种物理-化学法。这种方法在高温下（临界温度为 150~370 ℃）和一定压力下用来处理高浓度有机废水和不易生化的废水十分有效。由于活性污泥在物质结构上与高浓度有机废水十分相似，因此这种方法也可用于处理活性污泥。湿式氧化法处理污泥是经浓缩后的污泥（含水率 96%）在液态下加热加压，并通入压缩空气，使有机物被氧化去除，从而改变污泥结构与成分，使脱水性能大大提高。湿式氧化法有 80%~90% 的有机物被氧化，故又称为不完全焚烧。

用湿式氧化法处理活性污泥，反应温度对总化学需氧量（COD）的去除效率影响很大。在 300 ℃ 和 30 min 的停留时间下，总 COD 可去除 80%，反应温度对活性污泥氧化作用的影响大于活性污泥中溶解氧浓度的变化对湿式氧化效果的影响。在特定的温度和压力下，总 COD 要变成可溶性有机物主要依赖于氧化时间。由于活性污泥是由大量的细菌群组成，它在高温下比较容易水解，从细胞中释放大量可溶性有机物，所以在 300 ℃ 以上并氧化 30 min 后，除部分可溶性 COD 被氧化成 CO_2 和 H_2O 外，剩余可溶性有机物成分以乙酸和其他有机酸为主。在这一过程中，82% 的 COD 被去除（其中 75% 被氧化，7% 转化成可溶性有机物），18% 的 COD 以非溶性形式存在；70% 以上的 MLSS（混合液悬浮固体）被去除，且使 MLVSS（混合液挥发性悬浮固体）与 MLSS 的比率明显降低。反应中灰分并没有发生化学反应，其减少是由于本身被溶解进入溶液中。经处理后的 MLSS 极易从混合液中沉淀出来。

为了使污泥得到进一步的生物处理，目前国外研究的方向大多集中在污泥成分的转化上。湿式氧化法液体中剩余有机物在临界条件下很难被氧化，最终的产物以乙酸的形式存在，而不是 CO_2 和 H_2。乙酸在湿式氧化处理中很难被进一步氧化，但在厌氧和好氧生物处理过程中却十分容易被降解，因此在湿式氧化设计中，通常选择乙酸的浓度作为动力学参数。由于活性污泥的组分非常复杂，很难用一个简单的表达式表示，所以在设计湿式氧化处理系统中必须使用简化的分析参数，如 MLVSS、可溶性 COD、乙酸、甲醛等。这些参数被优化组合后，就可能使湿式氧化系统在最佳条件下运行，并为下一步的生物处理提供最易降解的原料。湿式氧化法处理城市污水厂活性污泥是十分有效的，但由于是在高温高压下运行、设备复杂、运行和维护费用高，一般只适用于大中型污水处理厂。

10.5.2　污泥处置

1. 焚烧

由于技术或经济条件限制，当难以利用脱水污泥时，或者是将其投入海中、埋入地下等方式受到限制时，污泥可以进行焚烧处理。从处理污泥的角度来看，焚烧是最好的办法。焚烧后，脱水滤饼全部变成灰。也就是说，污泥中的水分蒸发成水蒸气，有机物变成可燃气体，无机物则变成了极少量的一点灰烬。同时，由于可燃气体能达到 1 000 ℃的高温，污泥中的全部细菌均被杀死，在卫生上已安全无害。

为了使焚烧处理中蒸发污泥水分所必需的能量为最小值，应尽可能降低滤饼的含水率。干化和燃烧大体上是在同一个焚烧炉内先后进行的，也就是说，干化和燃烧过程可以分为以下 4 个阶段：

（1）将污泥加热到 80~100 ℃，这时除了内部结合水以外，所有的水分均被蒸发；

（2）随后加热到 180 ℃，使内部结合水蒸发；

（3）加热到 300~400 ℃，由干化后的滤饼产生的可燃气体起燃；

（4）在 1 000~1 200 ℃时，污泥中的可燃固体成分着火燃烧。

污泥的含水率、可燃物含量和发热量是焚烧处理中的重要因素。发热量一般以污泥固体为标准，其值由污泥的有机物含量，尤其是含碳量决定。污泥的种类不同，这些物质的含量也不相同。假定每千克污泥固体的有机物有 50% 被分解，另外的 50% 仍残存在污泥中，分解的有机物大约将产生发热量为 6 000 kcal/m^3 的沼气 500 L。也就是说，从分解的有机物中能得到 3 000 kcal 的热量。假定未经生物分解的有机物也与分解的有机物一样具有相同的发热量，则每千克污泥固体中的有机物，理论上的发热量为 6 000 kcal。又假定生污泥中固体的有机物含量为 65%，则每千克这种固体的发热量大约是 3 900 kcal。由于消化污泥一部分有机物被分解，而且进而被汽化，其发热量比消化前小。通过热量计的实际测定，每千克生污泥固体的发热量为 2 000~4 000 kcal，是煤的发热量的 25%~50%，如图 10-18 所示。脱水污泥的发热量因脱水状态不同而变化，每千克污泥发热量为 500~2 000 kcal。

从含水率与干化污泥的发热量来看，有的污泥可以直接燃烧，但一般需要辅助燃料，通常是使用重油或废油作为辅助燃料。图 10-19 是使用表 10-9 所示的 4 种污泥在流动床式焚烧炉中的燃烧特性曲线。在这个例子中，燃烧室的温度最低为 800 ℃。

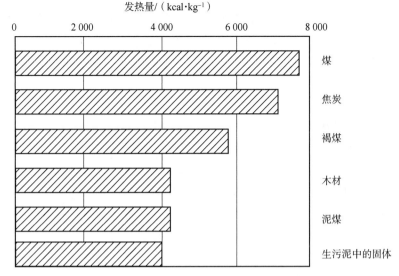

图 10-18　污泥与其他燃料发热量的比较

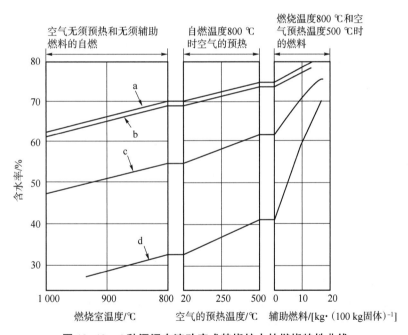

图 10-19　4 种污泥在流动床式焚烧炉中的燃烧特性曲线

表 10-9　图 10-19 中的曲线含义及相关参数

曲线代号	污泥种类	发热量/[kcal·(kg 固体)$^{-1}$]	有机物含量/%
a	生污泥	4 141	72.5
b	美国的消化污泥	4 040	72.5
c	德国的消化污泥	2 344	52.1
d	与焚烧炉灰混合的德国的消化污泥	975	21.8

从图 10-19 中可以看出，曲线 c 代表的消化污泥，在含水率为 55% 的情况下可以自燃；在含水率为 60% 时，必须将空气预热到 300 ℃；在含水率为 70% 时，每 100 kg 污泥固体还必须有 8 kg 的辅助燃料。

1）污泥焚烧炉

（1）立式多段焚烧炉。

这种装置从 1855 年开始就已经在化学工业上使用，近年来已用于焚烧污泥滤饼。它的构造与具有 2~18 段重合的圆板组成的立式多段干燥机类似：炉子上部为干燥带，中部为燃烧带，下部则为炉灰冷却带。因此，中部的温度最高。这种炉子的优点是热效率高。

焚烧炉用耐火砖砌成，有很多段。外墙用的是钢板，中心部分由旋转轴和安装在旋转轴上的搅动臂组成。由于焚烧炉在 1 100 ℃ 的高温下运行，旋转轴和搅动臂必须用空气冷却。对每个炉子来说，搅动臂的数目应在 2 根以上。其中心部分有管子，通过管子，使冷却旋转轴用的空气一直送到搅动臂的末端。燃烧过程如下：

首先，脱水滤饼由上部投入，在第一段炉排上被搅动臂一边搅动，一边被赶到中心部分，从中央的开口处落到第二段炉排上；其次，第二段炉排上的搅动臂与第一段炉排上的搅动臂方向相反并倾斜安装，滤饼向炉排圆周外缘运动，从边缘上的开口处落到第三段炉排上；最后，污泥顺序落到下一段炉排上，成为炉灰自动排出。

这种焚烧炉的焚烧效率，以脱水污泥滤饼的数量和成分都经常不变的情况为最高。在滤饼含水率低、可燃成分多时，即使不用辅助燃料，也能进行干化、燃烧。此外，对发热量不足的污泥，必须利用安装在中部的燃烧喷嘴补充热量，使之顺利燃烧。煤粉和经粉碎后的垃圾对提高污泥的发热量也是有效的。

在污泥中掺入格栅渣或垃圾一起焚烧时，考虑到炉内的运送问题，必须先将这些物质破碎。此外，在焚烧污泥状的浮渣、油脂等发出恶臭的物质时，可将它们直接投入燃烧带，以免发出恶臭。

排出的废气由空气预热器排放。冷却空气进入垂直旋转轴，使轴冷却。排出废气的温度，经旋风分离器净化时为 400 ℃ 左右，湿式净化时则为 150 ℃ 左右。

（2）马弗炉。

马弗炉是将气流干燥机与焚烧炉结合起来的装置，即先在气流干燥机中使污泥干化，而后在焚烧炉中进行焚烧处理。用混合装置将干化污泥（含水率 10%~15%）掺入浓缩污泥（含水率 90%）中，使后者含水率降低到 50% 左右。随后，将这些污泥滤饼送入气流干燥机中使之干燥。干污泥粉用旋风分离器捕集，一部分与浓缩污泥混合，用以降低原污泥的含水率，另一部分则在焚烧炉中通过污泥喷嘴焚烧。炉内加热到 1 350 ℃ 左右，排出废气中所含的微粒用旋风分离器捕集。同时，这种气体带有臭气，要再行加热以脱臭。这一方式的优点是，因污泥的干化和焚烧是分别进行的，因而处理比较合理，而且由于污泥可作为热源利用，能节约重油。

（3）流动床式焚烧炉。

流动床式焚烧炉的原理很早就在化学工业上得到应用。在圆筒状的燃烧室底部有空气喷射孔，从那里进入的热风呈漩涡状上升。喷射孔的上部有作为流动床的砂层，它和旋风一道运动，形成稳定的流动床。这种悬浮状态可以使气体与从上部进入的固体微粒进行良好的混合、接触，从而促进了干燥和热交换。喷入燃烧室的空气，可以用重油或气体喷嘴加热，提升到所需温度。

污泥从焚烧炉上部的进泥孔进入高温流动床，被干燥、粉碎，然后与空气混合而着火。从流动床排出的空气在燃烧室悬浮燃烧，与成了炉灰的污泥一起被排出。燃烧温度因污泥种类而异，一般在 800~1 000 ℃。送入流动床的空气用排出的气体预热。流动床式焚烧炉适用于燃烧不留粗大燃烧残渣且比较均匀的污泥状物质。

（4）转炉式焚烧炉。

转炉式焚烧炉与旋转滚筒式干燥机的构造相同，炉内滚筒用耐火砖建造，适用于焚烧处置含油性污泥、浮渣、格栅渣等。将脱水污泥投入转炉中，凭借炉体的倾斜和转动而运动。设置重油喷嘴作为热源。炉内的污泥，在运动中与燃烧气体对流接触而被干燥、焚烧。这种装置价格便宜，容易安装，应用广泛。

2）所需热量

所需的净热量 H 可用下式表示：

$$H = \gamma \Delta t \tag{10-16}$$

式中　γ——平均比热容，kcal/（kg·℃）；

Δt——温差，℃；

计算中一般采用的比热容如下：

水，0~100 ℃，1.00 kcal/（kg·℃）；

干化污泥的固体物质，0.30 kcal/（kg·℃）；

干空气和排出废气，0.26 kcal/（kg·℃）；

水蒸气，100~500 ℃，0.50 kcal/（kg·℃）；

空气的容重，1.29 kg/m³。

例如，m kg、15 ℃的污泥水在 450 ℃的排气温度下蒸发时，所需热量 H_1 为

$$H_1 = m \times [1.0 \times (100-15) + 540 + 0.5 \times (450-100)] = 800m（\text{kcal}）$$

同时，将 n kg、15 ℃的污泥固体提高到 100 ℃所需的热量 H_2 为

$$H_2 = n \times 0.3 \times (100-15) = 25.5n（\text{kcal}）$$

所需的总热量，等于净热量加炉子的散热损失和从烟囱排出的气体所带走的热量。炉子的散热损失，由炉型和工作场所等条件决定，相当于所需净热量的 5%~20%。与排气一道散失的热量，取决于炉子的热效率 η，而后者可用下式表示：

$$\eta = \frac{T_i - T_0}{T_i - T_s} \times 100\% \tag{10-17}$$

式中　T_i——燃烧带的温度，℃；

T_0——排气温度，℃；

T_s——原污泥的温度，℃。

例如，当原污泥的温度为 15 ℃，燃烧带温度为 800 ℃，而排气温度为 450 ℃时，炉子的热效率 η 为

$$\eta = \frac{800-450}{800-15} \times 100\% = 44.6\%$$

一般将湿润状态下的排气加热进行脱臭时，η 为 40%~50%，而没有脱臭装置的 η 为

60%~65%。

2. 填埋

建造污泥焚烧发电厂需要大量的投资和先进的技术，很多不发达国家或地区仍采用填埋方式处理大部分的污泥。

1）填埋原理

污泥填埋法是一种自然生物处理法，是在自然条件下，利用土壤微生物，将污泥中的有机物分解，使其体积减小而渐趋稳定的过程。污泥在填埋过程中，其物质转化是污泥转化成甲烷、稳定细胞质、二氧化碳、水、氨等。因此，既有一部分转变为气态物质（甲烷、二氧化碳），又有一部分仍然以细胞质存在，还有一部分变成水分和氨。甲烷和二氧化碳可作为填埋气加以利用，特别是其中的甲烷经收集处理后可用于发电或用作清洁燃料；稳定细胞质留在填埋层中可以作为潜在肥料或燃料；水和氨流出填埋区作为垃圾渗滤液的一部分，经过渗滤液处理设施而实现无害化。因此，运用现代化卫生填埋技术处理污泥，可以达到稳定化、无害化和资源化的目的。

2）填埋方式和类别

（1）按填埋场类型分类。

污泥填埋按填埋场类型，可分为传统填埋、卫生填埋、安全填埋等。

①传统填埋。传统填埋是利用坑、塘和洼地等，将污泥集中堆置，不加掩盖。由于它特别容易污染水源和大气，因此是不可取的。

②卫生填埋。卫生填埋必须按一定的工程技术规范和卫生要求填埋污泥，通过填充、堆平、压实、覆盖、再压实和封场等工序，渗滤液必须收集并处理，使污泥得到最终处置，并防止对周边环境产生危害和污染。

③安全填埋。安全填埋是一种改进的卫生填埋方法，其主要用来进行有害固体废物的处理和处置。

（2）按污泥填埋方式分类。

按污泥填埋方式可分为单独填埋和混合填埋两种。

①单独填埋。污泥单独填埋可分为3种类型：沟填、平面式填埋和堤坝式填埋。

a. 沟填。沟填就是将污泥挖沟填埋，沟填要求填埋场地具有较厚的土层和较深的地下水位，以保证填埋开挖的深度，并同时保留足够多的缓冲区。沟填的需土量相对较少，开挖出来的土壤能够满足污泥日覆盖土的用量。

沟填分为两种类型：宽度大于 3 m 的为宽沟填埋；宽度小于 3 m 的为窄沟填埋。窄沟填埋中，机械在地面上操作。窄沟填埋的单层填埋厚度为 0.6~0.9 m，可用于含固率相对较低的污泥填埋；窄沟填埋因其沟槽太小，不可能铺设防渗和排水衬层，一般适用于地势较陡的地方。当宽度小于 1 m 时，填埋污泥含固率为 15%~20%；当沟宽度达到 1~3 m 时，填埋污泥含固率为 20%~28%；填埋量通常为 2 300~10 600 m^3/hm^2。由于填埋设备必须在未经扰动的原状土上工作，因此窄沟填埋的土地利用率不高。宽沟填埋中，机械可在地表面上或沟槽内操作。在地面上操作时，所填污泥的含固率要求为 20%~28%；在沟槽内操作时，含固率要求大于28%，覆盖厚度为 1.2~1.5 m；填埋量通常为 6 000~27 400 m^3/hm^2，与窄沟填埋相比的优点为可铺设防渗和排水衬层。沟槽的长度和深度根据填埋场地的具体情况决定，如地下水和基岩的深度、边坡的稳定性以及挖沟机械的能力等。

b. 平面式填埋。平面式填埋是将污泥堆放在地表面上，然后在污泥堆表面覆盖一层泥土，此方法不需要挖掘操作，适用于地下水位较浅或土层较薄的场地。由于没有沟槽的支撑，操作机械在填埋场表层操作，因此填埋物料必须具有足够的承载力和稳定性。对污泥单独进行填埋往往达不到上述要求，因此一般需要将污泥进行一定的预处理（混入一定比例的泥土）后再进行填埋。平面式填埋可分为土墩式填埋和分层式填埋两种方式。

土墩式填埋要求污泥含固率大于 20%，通常先在场内的一个固定地点将污泥与泥土按照（0.5~2）∶1 的比例混合再去填埋。混合堆料的单层填埋高度约为 2 m，中间覆土层厚度为 0.9 m，表面覆土层厚度为 1.5 m。此方法土地利用率较高，填埋量为 5 700~26 400 m³/hm²，但操作费用大。

分层式填埋对污泥的含固率要求较低，大于 15% 即可，土泥混合比一般为（0.25~1）∶1。分层掩埋的单层厚度为 0.15~0.9 m，中间覆土层厚度为 0.15~0.3 m，表面覆土层厚度为 0.6~1.2 m。分层填埋要求场地比较平整。填埋完成后，终场地面平整稳定，所需后续保养比土墩式要少，但填埋量小，为 3 800~17 000 m³/hm²。

c. 堤坝式填埋。堤坝式填埋是指在填埋场地四周建有堤坝，或是利用天然地形（如山谷）对污泥进行填埋，污泥通常由堤坝或山顶向下卸入。因此，堤坝上需具备一定的运输通道。堤坝式填埋对填埋物料含固率的要求与宽沟填埋类似。在地面上操作时，含固率要求为 20%~28%，中间覆土层厚度为 0.3~0.6 m，表面覆土层厚度为 0.9~1.2 m；在堤坝内操作时，含固率要求大于 28%，需要将污泥和泥土按 1∶（0.25~1）比例混合填埋，中间覆土层厚度为 0.6~0.9 m，表面覆土层厚度为 1.2~1.5 m。由于堤坝式填埋的污泥层厚度大，填埋场表面汇水面积也大，产生渗滤液的量也较大，因此必须铺设衬层，设置渗滤液收集和处理系统。

污泥单独填埋的填埋场应符合以下建设标准。

一是填埋场底地基应是具有足够承载能力的自然土层或经过碾压、夯实的平稳层，不应该出现填埋后场底变形、断裂的现象，场底应有纵、横向坡度。坡度宜大于 2%（垂直高度与水平距离的百分比），以利于渗滤液的导流。

二是填埋场底应具有防渗系统，避免造成地下水污染。天然黏土类防渗层的渗透系数不应大于 $1.0×10^{-7}$ cm/s，场底和四壁的衬里厚度不应小于 2 m。

三是当填埋场不具备黏土类衬里或改良土衬里的防渗要求时，必须采用高密度聚乙烯（HDPE）膜作为防渗层材料，膜的厚度宜为 1.5~2.5 mm，膜的上、下应铺设保护层。

四是填埋区防渗层上应铺设渗滤液导流系统，并且应对收集的渗滤液进行处理。

五是填埋场产生的气体应加以控制和利用，防止乱排放或爆炸。填埋场内应铺设填埋气导排设施。

②混合填埋。污泥可与生活垃圾或泥土混合填埋。与生活垃圾的混合填埋：将预处理后的污泥均匀抛撒在城市生活垃圾上，混合充分后均匀铺放于填埋场内，压实覆土。含固率大于 3% 的污泥可混合填埋，但在实际操作中，污泥的含固率通常可达到 20% 以上。污泥与城市生活垃圾、泥土的混合填埋比例如表 10-10 所示。

表 10-10　污泥与城市生活垃圾、泥土的混合填埋比例

填埋方法	混合物料	污泥含固率/%	混合物料：湿污泥（质量比）
与垃圾混合	垃圾	3~10	7∶1
		10~17	6∶1
		17~20	5∶1
		≥20	4∶1
与泥土混合	泥土	≥20	1∶1

含固率大于20%且已稳定化的污泥可与泥土按1∶1的比例混合（混合物含水率一般控制在不超过50%）。作为垃圾填埋场的中间覆土和表面覆土，填埋容量约为 3 000 m³/hm²。它比与垃圾混合填埋操作简单，并且有利于填埋场的最终植被恢复（污泥混合物的植物养分含量高，有形成表土生物群落的可能）。

3）填埋泥质的要求

污泥能否填埋取决于两个因素：

（1）污泥本身的性质，主要是土力学性质；

（2）填埋后对环境可能产生的影响。

当污泥单独填埋时，一般要求污泥的抗剪强度不小于 80 kN/m²（有的资料认为，为了保证污泥的填埋，最低需要 15~20 kPa 的抗剪强度）。一些污泥因为土力学性质很差，难以达到上述指标而无法进行填埋操作；有些污泥填埋后会产生严重的气味影响环境而不能填埋；有些污泥需要经过适当的预处理才能进行填埋。表 10-11 列出了各种污泥对填埋的适宜性。由表 10-11 可以看出，无论是单独填埋还是混合填埋，填埋前最好要经过脱水、石灰调理或者其他预处理措施。污泥填埋前的脱水工序，如果是普通脱水工艺，脱水后污泥含水率在80%左右，必须加入填充剂才能达到污泥填埋所需的力学指标，添加剂的加入缩短了填埋场的寿命；如果采用高干度脱水填埋工艺，脱水后污泥含水率约为60%，一般可直接填埋。改性后污泥进入填埋场的准入条件如表 10-12 所示。

表 10-11　各种污泥对填埋的适宜性一览表

污泥类型	单独填埋		混合填埋	
	适宜性	原因	适宜性	原因
未稳定的浓缩初沉污泥、废活性污泥与初沉污泥的混合污泥、废活性污泥	不	气味、操作	不	气味、操作
絮凝浓缩的初沉污泥和废活性污泥，补加药剂的废活性污泥	不	气味、操作	不	气味、操作
化学絮凝浓缩的活性污泥	不	操作	不	气味、操作
热调理的初沉污泥或剩余污泥	不	气味、操作	勉强可以	气味、操作
初沉污泥或初沉剩余污泥的混合污泥+厌氧消化+浓缩	不	操作	勉强可以	操作

污泥类型	单独填埋		混合填埋	
	适宜性	原因	适宜性	原因
初沉污泥或初沉剩余污泥的混合污泥+好氧消化+浓缩	不	操作	勉强可以	操作
初沉污泥或初沉剩余污泥的混合污泥+石灰稳定+浓缩	不	操作	勉强可以	操作
未稳定的初沉污泥+石灰调理+真空过滤脱水	可	—	可	—
消化污泥+脱水+石灰稳定	可	—	可	—

表 10-12　改性后污泥进入填埋场的准入条件

项目	准入条件
含水率/%	<60
无侧限抗压强度/kPa	≥50
十字板抗剪强度/kPa	≥25
臭度	<3 级（6 级臭度强度法）

4）卫生填埋

（1）应用原则。

目前国内主要是将污泥与垃圾进行混合填埋。另外，污泥经处理后还可作为垃圾填埋场覆土。

污泥与生活垃圾混合填埋，必须将污泥进行稳定化、卫生化处理，并满足垃圾填埋场的填埋土力学要求；污泥与生活垃圾的质量比，即混合比例应不超过 8%。

污泥用于垃圾填埋场覆土时，必须对污泥进行改性处理。可采用石灰、水泥基材料、工业固体废物等对污泥进行改性。同时，也可在污泥中掺入一定比例的泥土、黏土或矿化垃圾，混合均匀并堆置 5~6 d 及以上，以提高污泥的承载能力并消除其膨润土持水性。

（2）填埋泥质标准。

污泥与生活垃圾混合填埋时，必须降低进场污泥的含水率，同时对污泥进行改性处理。混合填埋污泥泥质标准应满足《城镇污水处理厂污泥处置混合填埋用泥质》（GB/T 23485—2009）和《生活垃圾填埋场污染控制标准》（GB 16889—2008）的要求。

（3）混合填埋方法和技术要求。

污泥与生活垃圾混合填埋应保证充分混合、单元作业、定点倾卸、均匀摊铺、反复压实和及时覆盖。填埋体的压实密度应大于 1.0 kg/m³。每层污泥压实后，应采用黏土或人工衬层材料进行覆盖。黏土覆盖层厚度应为 20~30 cm。

混合填埋场在达到设计使用寿命后应进行封场。封场工作应在填埋体上覆盖黏土或其他人工合成材料。黏土的渗透系数应小于 1.0×10^{-7} cm/s，厚度为 20~30 cm，其上再覆盖 20~30 cm 厚的自然土作为保护层，并均匀压实。填埋场封场后还应覆盖植被，同时在保护层上铺设一层营养土层，其厚度根据种植植物的根系深浅而确定，一般不应小于 20 cm，总覆土应在 80 cm 以上。

填埋场封场应充分考虑垃圾-污泥堆体的稳定性与可操作性、地表水径流、排水防渗、覆盖层渗透性和填埋气体对覆盖层的顶托力等因素，使最终覆盖层安全长效，填埋场封场坡度宜为 5%。污泥与生活垃圾混合填埋场必须为卫生填埋场，具体建设标准及要求详见《生活垃圾卫生填埋处理技术规范》（GB 50869—2013）。

（4）卫生填埋操作环节。

①对填埋场地做基础施工，铺设防渗层和排水层。以平地填埋为例，先平整地坪，然后铺一层压实黏土层，再铺设人工防渗膜，在人工防渗膜上设穿孔管网，管网上铺设一定厚度的砾石保护层。

②以挡土墙的形式开辟填埋单元。在砾石基础上，以挡土墙的形式形成相对独立的填埋单元。

③填埋操作程序：先将污泥倒入填埋单元内，待污泥自然沉降 24 h 后，以履带式推土机整平压实，覆盖一定厚度的黏土层，以一定的间隔打通气井。

④填埋区雨水和污水引流处理。填埋区地表水来源于降雨、污泥沉降和压实出水及渗滤液，雨水进入污水管道会增加污水处理装置的压力，因此应实行雨污分流设施。雨水分流主要通过填层覆盖形成缓坡和场地环形雨水沟道来实现，污水由收集管网汇集后进入处理站处理。

5）安全填埋

安全填埋是一种改进的卫生填埋方法，其主要用来进行有害固体废物的最终处置。鉴于目前的技术水平，可综合回收利用的污泥种类和总量相对较少，而污泥的卫生填埋和焚烧则成为现阶段有效的污泥处理处置方式。但是污泥焚烧投资大，运转费用高昂，同时部分污泥焚烧厂的建设缺乏居民的普遍支持和理解，甚至有些居民坚决反对建设焚烧厂，因此污泥卫生填埋成为一种较为普遍的污泥处理处置方式。

目前，污泥卫生填埋在技术上仍存在以下两个问题。

（1）含水率较高的污泥填埋，增加了填埋场的渗滤液产生量，加重了渗滤液处理站的负担。污泥颗粒细小，经常堵塞渗滤液收集系统和排水管，使填埋场内积水，加重了垃圾坝的承载负荷，给填埋场的安全和运行管理带来压力。

（2）高黏度的污泥使垃圾填埋场的压实机经常打滑和深陷其中，给垃圾填埋操作带来麻烦。污泥的流动性使填埋体变形和滑坡，成为人为的沼泽地，给垃圾填埋场的运行带来很大的安全隐患。

随着污泥固化/稳定化技术的提出，实现污泥的安全填埋指日可待。

10.6　污泥资源化

10.6.1　制作沼气

城市污水处理厂污泥含有大量有机物，这些有机物在厌氧条件下经厌氧细菌的作用，经液化、汽化而分解，产生以甲烷为主的可燃性气体，即沼气。在厌氧消化过程中，病菌、寄生虫卵被杀死，污泥达到减量化和无害化的目的。污泥消化生产沼气已有 100 多年的历史，但直到 20 世纪 80—90 年代才实现了规模化和工业化。现代工业化生产沼气是将污泥置于特定的反应器内，根据污泥的不同成分，通过计算机实现对反应器内厌氧环境的实时调节，以充分利用各种微生物参与有机物的逐级发酵降解，最终实现甲烷化。反应后的残渣（仅为原总量的 40%）中因存在腐殖酸等丰富的营养成分，可作为土壤改良剂或肥料用于农田、菜地、果园及受损土壤的修复与改良等。污泥消化制沼气的同时又生产了有机肥料，资源化程度高，并且没有二噁英、粉尘等污染物的产生，臭气的产生量也很少。因此，污泥消化制沼气技术将会越来越受重视。

10.6.2　低温热解制油

目前正在发展一种新的热能利用技术——低温热解，即在常压和缺氧、400~500 ℃条件下，借助污泥中所含物质（尤其是铜）的催化作用，将污泥中的脂类和蛋白质转变成碳氢化合物，最终产物为油、炭、非冷凝气体和水。这些低级燃料（炭、气和水）的燃烧可以为热解前的污泥干燥提供能量，实现能量循环；热解生成的油（质量上类似于中号燃料油）还可用来发电。第一座工业规模的污泥炼油厂在澳大利亚柏斯，处理干污泥量可达25 t/d。图 10-20 所示为污泥低温热解制油技术工艺流程。

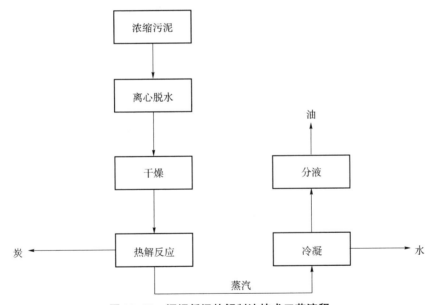

图 10-20　污泥低温热解制油技术工艺流程

一般来说，脂肪族化合物在 200~450 ℃蒸发，蛋白质在 300 ℃以上时，开始转化，而当温度达到 390 ℃以上时，糖类化合物开始转化，主要反映为肽键断裂、基团的转移变性及支链断裂等。由此可见，污泥中的脂肪族化合物和蛋白质是污泥低温热解所得衍生油的主要来源。

低温热解制油有许多优点。

（1）设备较简单，无须耐高温、高压设备。

（2）能量回收率高。

（3）对环境造成二次污染的可能性小。经评价，处理后污泥中的重金属绝大多数进入炭和油中，在以后的使用过程中会被进一步氧化而达到无害化。

（4）与焚烧技术投资相当或略低，运行成本仅为焚烧法的30%左右。

10.6.3 制作黏结剂

污泥本身含有机物，具有一定热值，又具有一定的黏结性能。污水污泥能够作为黏结剂将无烟粉状煤加工成型煤，而污泥在高温汽化炉内被处理，可防止污染。污泥作为型煤黏结剂替代白泥（一种常用黏结剂），可改善在高温下型煤内部的孔隙结构，降低灰渣中的残炭，提高炭转化率等。污泥既有黏结剂的性质作用，又有疏松剂的作用，且污泥热值也得到了充分利用，无二次污染。我国有学者利用污泥代替白泥，其作为复合肥黏结剂的研究也获得了成功。

10.6.4 替代部分纸浆造纸

污水污泥实质是由直径为2~5 mm大小的胞外生物高聚物将微生物埋在一起形成的絮状体，外排剩余污泥的主要组成是微生物细胞间的胞间凝胶和一些老化的微生物细胞壳体，即主要是一种生物纤维，而造纸主要是利用一些天然的纤维物质加工成纸。中国环境科学研究院与中国制浆造纸工业研究所合作，对污水污泥替代部分纸浆造纸的可行性进行了探讨。当干污泥的添加量为5%时，各项性能指标几乎没有影响，但随着污泥添加量的进一步加大，纸板的裂断长、耐折度、环压强度等指标都下降，添加的药剂能明显改善污泥纸浆的滤水性能，使其满足造纸工艺的要求。污泥有用于制造纸板的潜力。

10.6.5 制作动物饲料

污泥本身含有机物，如蛋白质、脂肪、多糖，还含有维生素，这些均是动物所需要的营养物质。污泥中70%的粗蛋白以氨基酸形式存在，其中又以蛋氨酸、胱氨酸、苏氨酸和缬氨酸为主，各种氨基酸之间相对平衡，是一种非常好的饲料蛋白，但要注意避免同源性污染问题发生。

10.6.6 制作吸附剂

活性污泥具有良好的吸附性，通过对剩余污泥高温分解或添加化学活化剂等方法进行再活化，可将城市污水处理厂的污泥制成具有良好吸附性的吸附剂，达到以废治废的目的，符合国家的产业政策，是污泥资源化的利用途径。

10.6.7 干化造粒

干化造粒工艺是近年来比较引人关注的动向。一般来说，干化造粒工艺是污泥直接土地利用技术普及前的一种过渡。干化造粒后的泥球可以作为肥料、土壤改良剂和燃料，用途广泛。国内的复合肥研究及生产属于干化造粒，在其中添加化肥以提高肥效，但必须解决重金属的污染问题。

思考题

1. 何为污泥管理？污泥管理的特点和原则有哪些？
2. 污泥有哪些分类？各分类的特点如何？
3. 污泥的含水率和固体含量如何计算？
4. 污泥有哪些性质？
5. 污泥的处理与处置方法有哪些？
6. 举例论述污泥的资源化途径。

第 11 章
生物质资源化利用

11.1　生物质资源的简介

　　根据国际能源机构（IEA）的定义，生物质是指通过光合作用而形成的各种有机体，生物质主要由纤维素（25%~60%）、半纤维素（11%~40%）和木质素（10%~25%）3 类聚合物组成，3 种组分间相互连接紧密，结构坚固且化学稳定。从广义上，生物质包括所有的动植物和微生物，而从狭义上，生物质主要是指农作物、农林固体废物、畜禽便、生活垃圾等物质。它是伴随生命过程而产生的可循环、可再生的有机物质，是人类广泛运用且无法脱离的物质。生物质存在形式丰富多样，人体也是生物质的一种。

　　生物质根据来源可以分为废弃物生物质和种植型生物质两大类，如图 11-1 所示。根据欧盟委员会对生物质的定义，生物质资源包括农、林及相关产业的产品、副产品和残渣，以及非化石、可生物降解的工业部分和城市固体废物。由于我国是农业大国，故农业生物质资源和林业生物质资源是两种主要的潜在资源。农业生物质资源主要包括农作物秸秆和农产品加工固体废物；林业生物质资源是指可用于能源或薪材的森林及其他木质资源。

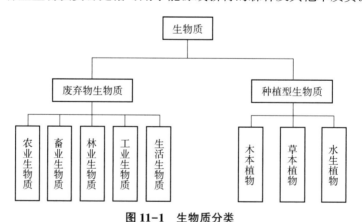

图 11-1　生物质分类

　　由于生物质是 CO_2 和 H_2O 通过光合作用形成的有机体，所以生物质能源具有以下特点。

　　（1）可再生性，即生物质能源可通过植物的光合作用实现再生。

　　（2）能源总量丰富、分布广泛。根据生物学家估算，地球每年能生产 1 500 亿~1 750亿吨生物质，远超全球的能源需求总量，是目前全世界总能耗的 10 倍左右，是仅次于煤炭、石油和天然气的第四大能源。

（3）清洁性，即生物质中的硫和氮含量较低，对环境的影响甚少。

（4）应用广泛。生物质可应用到燃烧、发电、生产沼气、制备燃料酒精、热裂解生产生物质油等方面。

生物质是可直接转化为燃料的可再生能源之一。生物质资源是一种 CO_2 中性的燃料，使用过程中几乎没有 SO_2 产生，是具有良好前景的可再生能源。发展生物质资源对我国实现 2030 年碳排放"达峰"，2060 年碳排放"中和"目标具有重要意义。利用生物质资源是当前世界能源界的热点。根据《世界能源统计年鉴（2022）》的分析，可再生能源 2021 年增长了 15%，而生物质资源作为前景可期的可再生能源占有重要比重。目前，市场上超过 90% 的生物燃料是以初榨菜籽油或糖类作物为原料。当前，我国可开发生物质资源总量约相当于 7 亿吨标准煤。2010—2020 年，中国仅农作物秸秆产生量及可收集资源量每年就超 6 亿吨。我国废弃生物质资源化潜力巨大，开发合理、高效、可持续的废弃生物质资源化技术十分必要。

目前，我国生物质资源有效利用方式大约分为以下 5 种。

（1）能源化。由于生物质含硫量较低，其被广泛应用于直燃发电与供热以及制备生物燃料。

（2）肥料化。农林固体废物中含大量有机质和微量元素，对农作物的生长较为有利，当前主要采用秸秆还田（机械还田、腐熟还田）和堆肥（好氧堆肥和厌氧堆肥）两种方式实现生物质资源肥料化利用。

（3）饲料化。玉米、高粱和棉花等农作物秸秆可以作为反刍动物的饲料，减少粮食的消耗。

（4）基料化。由棉籽壳、稻草、玉米芯和木屑等组成的培养基，为食用菌生长提供了大量的营养物质，在降低成本的同时提高了菌种质量。

（5）材料化。以生物质为原料制成的人造板，当前也已经广泛应用于建筑、造纸和包装材料等领域。

11.2　生物质资源的特性

11.2.1　生物质的化学组成

为了有效地利用生物质，需要通过化学和生物的方法将其转化为清洁燃料和各种化学产品，故要了解生物质的基本组成。生物质的化学组成主要是纤维素、半纤维素和木质素，有些还含有少量的二氧化硅，如图 11-2 所示。

纤维素是由葡萄糖组成的大分子多糖，分子式为 $(C_6H_{10}O_5)_n$，其中 n 为聚合度，它不溶于水及一般有机溶剂，是植物细胞壁的主要成分。纤维素是自然界中分布最广、含量最多的一种多糖，其在自然界中的质量分数占 50% 以上。棉花中纤维素质量分数约为 100%，而一般的木材中纤维素质量分数为 40%~50%。在酸作为催化剂的条件下，纤维素可以发生水解，反应过程中，桥氧断裂，水分子加入，纤维素由长链变为短链，直到桥氧全部断裂，最终水解为葡萄糖。

半纤维素是由五碳糖和六碳糖等不同的单糖构成的异质多聚体。其中，五碳糖包括木糖

图 11-2　生物质的化学组成

和阿拉伯糖，分子式为 $C_5H_{10}O_5$；六碳糖包括葡萄糖、半乳糖和甘露糖，分子式为 $C_6H_{12}O_6$。单糖聚合体之间通过共价键、氢键、醚键和酯键相连接。半纤维素也是组成植物细胞壁的成分之一。在木质组织中，半纤维素木聚糖质量分数约占 50%。在酸作为催化剂的条件下，半纤维素也可以发生水解，最终水解成以五碳糖为主的糖酸溶液。

木质素是一类复杂的有机聚合物，是由 3 种苯丙烷单元通过碳-碳双键和醚键相互连接而形成的三维网状结构的生物高分子聚合物，主要存在于植物的木质部，在植物细胞壁形成过程中起着非常重要的作用。木质素具有非晶态无序结构，苯丙烷是基本结构单元，其源自 3 种芳香醇前体，分别是 β-香豆醇、松柏醇和芥子醇，分别对应 3 种类型的木质素，即对羟基苯基木质素（H-木质素）、紫丁香基木质素（S-木质素）和愈创木基木质素（G-木质素）。木质素是植物界中储量仅次于纤维素的第二大生物质资源。在木本植物中，木质素质量分数约占 25%。木质素一般无法通过水解转化为糖酸溶液，但其可溶解于强碱溶液。

生物质中的二氧化硅一般以水合物的形式广泛存在于植物的细胞和细胞壁中，并且生物质中的二氧化硅和木质素通常都是紧密结合在一起的，所以生物质中二氧化硅和木质素的分离比较困难。

11.2.2　生物质的工业分析和元素组成

生物质资源化利用主要包括生物质的热转化（如燃烧、热解、汽化、液化）和生化转化等过程。生物质热转化系统的设计和运行主要依赖于生物质的特性，如热值、化学组成等。热值是影响生物质燃烧或汽化系统最直接的因素，通常采用工业分析和元素分析等方法预测生物质热值。

生物质的工业分析是在隔绝空气条件下对燃料进行加热，首先是水分蒸发逸出，然后燃料中的有机物开始热分解并逐渐析出各种气态产物，称为挥发分，主要含有氢气、甲烷等可燃气体和少量的氮气、二氧化碳等不可燃气体，余下的固体残余物为木炭，主要由固定碳与灰分组成。用水分、挥发分、固定碳和灰分表示燃料的成分称为燃料的工业分析成分。表 11-1 是部分生物质的工业分析结果。

表 11-1　部分生物质的工业分析结果

种类	水分/%	灰分/(%，干基)	挥发分/(%，干基)	固定碳/(%，干基)
豆秸	5.10	3.13	74.65	17.12
稻草	4.97	13.86	65.11	16.06
稻壳	4.70	15.8	69.30	10.20
玉米秸	4.87	5.93	71.95	17.75
高粱秸	4.71	8.91	68.90	17.48
谷草	5.33	8.95	66.93	18.79
麦秸	4.93	8.90	67.36	19.35
棉花秸	6.87	3.97	68.54	20.71
杂草	5.43	9.46	68.71	16.40
杂树叶	11.82	10.12	61.73	16.33
杨树叶	2.34	13.65	67.59	16.42
桦木（黑龙江）	9.06	2.36	74.90	13.68
柳木（安徽）	6.72	3.67	77.17	12.44
杨木（安徽）	6.26	3.50	73.68	16.56
水杉木（安徽）	7.38	2.20	74.30	16.12
松木（安徽）	6.25	0.76	78.95	14.04

　　生物质的元素组成通常指其有机质的元素组成。掌握生物质的元素组成对研究它的燃烧和热解都具有十分重要的意义。元素组成分析是用元素分析法得出组成生物质的各种元素含量的多少，各元素含量加上水分和灰分，其总量应为 100%。如图 11-3 所示，一般认为，植物生物质主要由碳、氢、氧、氮、硫 5 种元素组成。其中，木材主要由碳、氢、氧、氮 4 种元素组成，它们的含量约为碳 49.5%、氢 6.5%、氧 43%、氮 1%；秸秆主要由碳、氢、氧、氮、硫 5 种元素组成，它们的含量为碳 40%～46%、氢 5%～6%、氧 43%～50%、氮 0.6%～1.1%、硫 0.1%～0.2%。

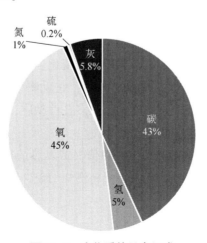

图 11-3　生物质的元素组成

11.2.3　生物质的热值

热值决定燃料的价值，是进行燃烧等转化的热平衡、热效率和消耗量计算的不可缺少的参数。热值是指单位质量（对气体燃料而言为单位体积）的燃料完全燃烧时所能释放的热量，单位为 kJ/kg 或 kJ/m³（标准状态），有高位热值（HHV）和低位热值（LHV）之分，是衡量生物质燃料燃烧性能优劣的一个重要指标。高位热值是指单位质量的燃料完全燃烧后能够产生的全部热量。一般燃烧装置的排烟温度都大于 100 ℃，烟气中的水分处于蒸汽状态，这些水蒸气从燃料燃烧释放的热量中吸取了汽化潜热，所以从燃料高位热值中扣除这部分汽化潜热后的热值才是燃烧装置可能利用的热量，即低位热值。燃料燃烧装置的热力计算以低位热值为依据。表 11-2 列出了几种生物质在自然风干情况下的热值。

表 11-2　几种生物质在自然风干情况下的热值

种类	玉米秸	高粱秸	棉花秸	豆秸	麦草	稻草	稻壳	谷草	杂草	树叶	牛粪
高位热值/(MJ·kg⁻¹)	16.90	16.37	17.37	17.59	16.67	15.24	15.67	16.31	16.26	16.28	12.84
低位热值/(MJ·kg⁻¹)	15.54	15.07	15.99	16.15	15.36	13.97	14.36	15.01	14.94	14.84	11.62

11.2.4　生物质的物理特性和热特性

生物质的物理特性包括粒度、密度等，热特性包括比热容、导热性和热值等。

1. 物理特性

（1）粒度。粒度是指颗粒的大小，用其在空间范围所占据的线性尺寸表示，是固体颗粒物料最基本的几何性质。生物质作为固体颗粒状物料，是由大量的单颗粒组成的颗粒群。

（2）密度。生物质的密度是指单位体积生物质的质量。由于颗粒与颗粒之间有许多空隙，有些颗粒本身还有空隙（如玉米芯、玉米秸等），所以固体颗粒状物料的密度有颗粒密度、粒群堆积密度两种。

2. 热特性

（1）比热容。比热容是单位质量的物质温度每升高 1 ℃所需要的热量。生物质的比热容是不恒定的，随生物质种类、水分、灰分变化而变化。

（2）导热性。生物质的导热性用热导率表示，它反映生物质的导热能力。热导率大的吸热能力强，热导率小的隔热能力强。生物质是多孔性物质，孔隙中充满空气，空气是热的不良导体，因此生物质的导热性较小。

（3）热值。各类燃料最重要的热特性是热值（或发热量）。燃料热值的高低取决于燃料中含有可燃成分的多少和化学组成，同时与燃料燃烧的条件有关。

11.3　生物质资源的特性研究方法

11.3.1　生物质材料的采集与制备

根据当地种植区域分布及样品种类选择采样点，保证采样科学，具有代表性，要采集不同品种的样品，以保证试验数据适用于本样品的全部品种。采样时间选择在该作物的收获期，在每个地块根据地形科学布点，每个样品采集 3~5 kg，使用已做好标记的绳子将样品捆扎结实；同时，完成现场记录表的填写，将样品的采集时间、地点、品种、种植方式、收获季节等信息记录完整。

将采集好的秸秆按种类分类标记，自然风干后使用粉碎机进行粉碎，得到粗粉样品，然后把样品放入 45 ℃烘箱中烘干，再经粉碎机粉碎成细粉，细粉样品再经 40 目筛分（粒径小于 0.63 mm），样品制备完成后装于自封袋中，做好标签，放在干燥器中保存，用于测试。生物质材料的采集与制备流程如图 11-4 所示。

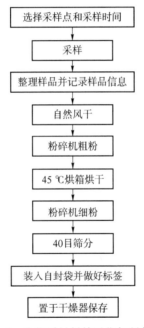

图 11-4　生物质材料的采集与制备流程

11.3.2　生物质的化学组分分析

1. 试验方法

以制备好的秸秆粉末样品为原料，采用四分法选取 50 g 样品进行纤维素（Cellulose）、半纤维素（Hemicellulose）、木质素（Lignin）、中性洗涤纤维（NDF）、酸性洗涤纤维（ADF）、粗蛋白等化学组成的测定，各指标的测定采用国家标准、ASTM（美国材料试验协会）标准和 AOAC（美国分析化学家协会）标准。

纤维素、半纤维素含量的测定：用高效液相色谱法通过测量半纤维素中五碳糖和六碳糖，包括木糖、阿拉伯糖、半乳糖和甘露糖等糖的含量来测定纤维素和半纤维素的含量。

2. 纤维类物质含量

纤维类物质包括纤维素、半纤维素和木质素。纤维类物质含量的高低可作为生物质原料选择的重要依据。

3. 化学特性

秸秆作为饲料时，其营养品质主要取决于秸秆中粗蛋白、中性洗涤纤维和酸性洗涤纤维的含量。

4. 测试步骤

（1）取 0.300 0 g（偏差 0.01 g）秸秆制备样进行酸解（72%的硫酸）和高压灭菌（121 ℃，1 h），冷却至室温后抽滤取上清液。

（2）取少量上清液进行紫外分光度的测定，根据吸光度（0.7~1.0）计算酸可溶性木质素的含量。

（3）取 20 mL 左右上清液，用碳酸钙调节 pH 值为 6~7，经 0.2~0.22 pm 滤膜过滤，得到上高效液相色谱仪的液体，装入小瓶中，进行高效液相色谱（HPLC）测定糖的含量；高效液相色谱的测定选用糖色谱分析柱，测试条件为：注入液体体积为 20~50 pL，流动相为通过 0.2~0.22 μm 滤膜的去离子水，流速为 0.6 mL/min，柱温 80~85 ℃，检测器的温度为 80~85 ℃，运行时间为 30~35 min。

（4）抽滤的样品，固体物质反复用热沸水冲洗，冲洗干净后将砂芯漏斗放置在 105 ℃ 条件下烘干 4 h，冷却，称重；再将其放入 575 ℃ 条件下灼烧 2 h，冷却，称重；两次的差值可计算得酸不可溶性木质素的含量。

（5）计算以下参数：

半纤维素的浓度 $C_{\text{Hemi}} = 0.88 \times (C_{\text{果糖}} + C_{\text{甘露糖}} + C_{\text{阿拉伯糖}} + C_{\text{木糖}})$；

纤维素的浓度 $C_{\text{Cell}} = 0.9 \times C_{\text{葡萄糖}}$；

木质素 = 酸可溶性木质素 + 酸不可溶性木质素。

11.3.3　生物质的化学成分测定

1. 工业分析

（1）水分。在 100~105 ℃ 烘干至恒重所失去的质量。将样品放入烘箱，在 105 ℃ 下烘干 4 h 至恒重，用差重法得到水分含量。

（2）灰分。烘干的植物组织在 550~600 ℃ 灼烧，有机物中的碳、氢、氧、氮等元素以二氧化碳、水、分子态氮和氮的氧化物形式散失到空气中，余下一些不能挥发的灰白色残烬，称为灰分。将样品放入马弗炉，在 575 ℃ 下烘干 3 h 至恒重，用差重法得到灰分含量。

（3）挥发分。在一定温度下隔绝空气加热，逸出物质（气体或液体）中减掉水分后的含量。测定方法：用预先在（900±10）℃ 温度下灼烧至质量恒定的带盖坩埚，称取制备样品 1 g 左右放入坩埚；打开预先升温至（900±10）℃ 的马弗炉炉门，迅速将坩埚送入炉中的恒温区内，立即开动秒表计时，关好炉门，连续加热 7 min；坩埚放入后，炉温会有所下降，但必须在 3 min 内使炉温恢复到（900±10）℃，并继续保持此温度到试验结束，否则此次试验作废。用差重法得到挥发分含量。

（4）固定碳。热裂解出挥发分之后，剩下的不挥发物称为焦渣，焦渣减去灰分则为固

定碳，其计算公式为

$$F_c = 1 - M_c - A_c - V_c$$

式中　F_c——固定碳的含量，%；

　　　M_c——水分的含量，%；

　　　A_c——灰分的含量，%；

　　　V_c——挥发分的含量，%。

（5）热值。高、低位热值用氧弹热量计测得。

2. 无机元素

元素 C、H、N、S 用元素分析仪测量。通过元素分析仪，样品中的 C、H、N、S 等元素会被氧化成相应的氧化物，仪器中的探测器会通过分析各氧化物的含量，换算成 C、H、N 和 S 的含量（%）。

3. 矿物质元素

P、K、Na、Ca、Mg、Fe、Cu 和 Zn 元素用电感耦合等离子体发射光谱仪（ICP-AES）测得。

11.4　典型生物质资源化利用技术

11.4.1　玉米秸秆粉碎还田

玉米秸秆粉碎还田技术是一种最为直接、方便、有效的秸秆利用技术。在玉米秸秆依然处于绿色状态时，农业生产人员需通过粉碎机粉碎玉米秸秆，然后将其均匀撒在农田表面，提高土壤养分。在粉碎作业开展时，工作人员需调整玉米秸秆的留茬高度，同时调整拖拉机的挡位，将秸秆的留茬高度控制在10 cm 以内，确保倒伏的玉米秸秆得到彻底粉碎。在粉碎作业完成后，种植人员需要施加少量的氮肥，进而开展旋耕，让秸秆更加均匀地分布在10 cm 的土层中。在完成玉米收获后，工作人员需把握秸秆粉碎的最佳时机，此时的玉米秸秆在含水量方面可达到30%以上，具有含水量大、容易粉碎、腐熟速度快等特点，有利于更新土壤的腐殖质，优化农田的生态环境。

11.4.2　玉米秸秆制作饲料

玉米秸秆中含有碳水化合物，其含量在30%以上，此外还含有蛋白质、脂肪等营养物质，是良好的饲料加工原材料。只要掌握科学的饲料加工方法，玉米秸秆就能变废为宝，在牲畜养殖方面发挥重要作用。

（1）物理加工饲料法。在物理加工饲料法中，工作人员可通过切碎、粉碎等方法来简单处理玉米秸秆，使其成为饲料。首先，切碎玉米秸秆可采用人工钢切或机械切割的方法，这种切割方法生产出的饲料主要应用于大型牲畜。在玉米秸秆的粉碎加工中，工作人员需运用粉碎机械，通过机械手段将秸秆粉碎为较小的颗粒，生产出来的秸秆碎料可以和精料搅拌，用于饲养牛、羊等。当前，物理加工饲料法还采用揉搓的加工技术，让饲料成为丝条状，这样可提高饲料的利用率，更加方便饲养。

（2）化学加工饲料法。化学加工饲料法主要是指氨化法，对玉米秸秆而言，工作人员可将玉米秸秆堆成垛，注入液氨的水溶液。

（3）生物青贮法。在使用生物青贮法时，工作人员需在适当的时机收割玉米，在短时间内将秸秆铡碎，然后将 $1 \sim 2$ cm 的玉米秸秆装入窖中，排除秸秆中的空气，然后密封保存。该方法主要利用了秸秆中的乳酸菌，通过装窖、发酵等环节，秸秆饲料的 pH 值会下降，腐败菌和霉菌等微生物可得到有效抑制，青贮饲料可得到贮存。

11.4.3 玉米秸秆培养食用菌

除了生产饲料外，玉米秸秆还能用于培养食用菌，降低食用菌培养的成本。在培养食用菌的过程中，技术人员首先粉碎玉米秸秆，进而加入磷肥、氮肥、石灰水等材料，让原材料发酵，控制好发酵温度，定期进行翻动，让所有原材料都得到充分发酵。在玉米秸秆及其他原料发酵半个月后，技术人员可将这些熟料用塑料袋包装起来，然后生产食用菌。

11.4.4 玉米秸秆反应堆技术

该技术能够将玉米秸秆转化为二氧化碳、热量以及其他的营养物质，打造新型的生态农业。玉米秸秆反应堆技术可以应用于温室中，这种反应堆可以推动温室中蔬菜等植物的光合作用，有效提高地面温度，减少农作物的病虫害，使温室中的蔬菜等作物提早上市，全面优化蔬菜的品质。当前，中国部分地区的温室已经开始应用生物秸秆反应堆技术，使用效果良好。在今后的温室蔬菜种植中，农民可以充分利用玉米秸秆反应堆技术，发挥玉米秸秆的作用，促进温室蔬菜的生长，打造创新化、生态化的蔬菜种植模式。

11.5 生物质资源化和高值化技术

11.5.1 生物质发酵产沼气和肥料

生物质残留物和废物来自各级生物质生产和加工，包括城市废物、工业废物、水产养殖、动物粪便、农业废物和林业废物等。这些废弃生物质含有大量的有机物，来源广泛、价格低廉，采用合适的处理技术可生产沼气。有机物含量高的原料一般使用厌氧消化进行处理，这些原料分为以下几类：一是动物养殖的粪便和浆液；二是青贮饲料和可再生木质纤维素原料；三是食品工业和屠宰场的有机副产品；四是城市生活垃圾可生物降解部分，也称为城市生活垃圾有机部分。

沼气生产潜力在于木质纤维素原料，其中含有 3 种主要结构成分：纤维素、半纤维素、木质素。木质纤维素在环境中含量巨大，其碳水化合物含量高，可作为沼气生产的重要材料，但要先克服其顽固的化学结构。为了降解木质纤维素原料的顽固性结构，并提高生物质降解率和沼气产量，需在厌氧消化之前进行适当的预处理。预处理的目的是使纤维素和半纤维素易于被微生物分解。预处理方法一般分为四大类，即物理预处理、化学预处理、物理化学预处理和生物预处理。

若生物质用于生产沼气和其他形式的现代生物能源，则可避免生物质污染环境。沼气作为生物能源载体，可带动农村发展，减少温室气体效应。牲畜饲养、作物种植和森林种植的增加将使牲畜粪便、作物和森林残留物增加，而这些粪便、作物和森林残留物是沼气生产的必要原料。沼气产量主要取决于这些原料中碳水化合物、蛋白质和脂肪的含量。与原料中的蛋白质或碳水化合物含量相比，脂肪含量对沼气产量的影响最大。由于脂肪的复杂结构和降解途径，脂肪在沼气生产系统中降解时间较长，碳水化合物和蛋白质的降解速率较快。因此，在厌氧消化时，C、N 比值应在 15~30，以避免氨积聚导致生物过程失败。

随着沼气产量的增加，石油、煤炭等不可再生燃料及木材等的消耗将减少，有机肥料产量将增加，这有利于减少进口化肥和/或化肥生产原料的使用。

肥料技术采用不同类型的生物固体，即污水污泥、污水污泥灰烬、农业残留物和食物垃圾。有机矿物肥料可由不同类型的生物源按不同的质量比配制而成：通过生物转化（好氧或厌氧）、化学调节（酸或碱）或热过程（燃烧、热解）加工的生物质；通过结合不同类型的加工生物质并进行适当的成分调节，则可生产有机矿物肥料。

11.5.2　生物质液化制备乙醇

液化是一种使用催化剂的低温、高压热化学过程。该过程产生适销对路的液体产品。在液化情况下，生物质中的大分子化合物在水性介质中使用或不使用催化剂或使用有机溶剂降解为小分子。因此，得到的小分子不稳定且反应性强，可重新聚合成分子量分布范围很广的油性产品。在液化过程中，水解产生的胶束状分解片段通过脱水、脱氢、脱氧和脱羧降解为较小的化合物。这些化合物一旦产生，就会通过缩合、环化和聚合重新排列，生成新的化合物。

蔬菜和水果废料、玉米秸秆和甘蔗渣都含有大量的糖，可在发酵过程中利用这些糖来生产生物乙醇。乙醇发酵中使用的微生物将有机废物中的糖分解成丙酮酸分子，随后转化为乙醇和二氧化碳。此外，含有纤维素和半纤维素等复杂糖的有机废物，发酵微生物难以消化，因此需在发酵前进行预处理（水解），将多糖转化为单糖。有学者研究了废报纸生产生物乙醇的方法，提出三步发酵的步骤。木质素可从纤维素材料中去除，多糖在发酵过程开始之前被水解成单糖。这种生物质的结构非常复杂，因此需要各种酶（纤维素分解酶、半纤维素分解酶、辅助酶 AA9）和蛋白质进行有效解构。纤维素乙醇大规模商业化生产的主要障碍是纤维素酶的成本，以及任何单一微生物无法产生足够多的用于分解纤维素的成分。

利用木质纤维素废物生产生物乙醇主要过程如图 11-5 所示，主要由原料预处理、酶消化（糖化）、发酵和乙醇生产组成。纤维素原料（包括半纤维素）是地球上最有前途的乙醇生产原料，主要是秸秆、木屑、花生壳和玉米。结合生物质暗发酵和光发酵技术可用于生产生物氢，过程包括降解、暗发酵、光发酵和制氢。含有脂质、蛋白质和复合碳水化合物的食物垃圾是暗发酵阶段的良好基质。预处理是生物质制备乙醇过程中重要的一个环节。针对预处理催化剂和生物精炼等问题提出了 3 种新的预处理技术，分别是电解水预处理技术、过氧化氢预处理技术和乙醇预处理技术。

纤维素是聚合物，直接转化为乙醇需要对特定 C—C 和 C—O 键进行活化和裂解。根据报道，钨基化合物（如钨酸、碳化钨）都可以催化纤维素单体葡萄糖中 C—C 键的断裂，形成 C_2 产物。半纤维素和木质素可通过两步预处理法分离：第一步通过过氧化氢的碱溶液提

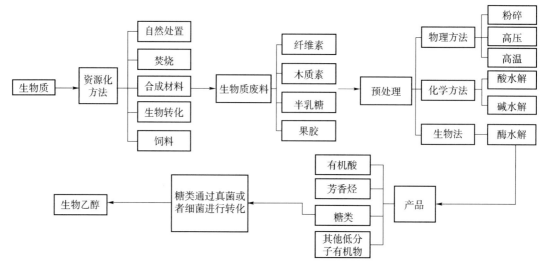

图 11-5　利用木质纤维素废物生产生物乙醇主要过程

取柳枝原料中部分半纤维素和木质素；第二步热水法预处理，为实现燃料乙醇制备工程工业化提供依据，如表 11-3 所示。

表 11-3　半纤维素和木质素分离两步预处理法的试验条件

步骤	半纤维素分离两步预处理法	木质素分离两步预处理法
第一步预处理	固液比 5%（质量分数）；过氧化氢溶液浓度 1%、2% 和 3%（质量分数）；处理时间 16 h、24 h、36 h；pH 值 11.5；温度 50 ℃；摇床转速 150 r/min	固液比 9%（质量分数）；1% 的 NaOH 和 70% 的乙醇（质量分数）构成的碱性乙醇溶液；处理时间 2 h；摇床转速 150 r/min
第二步预处理	固液比 12.5%（质量分数）；去离子水处理；温度 121 ℃；处理时间 30 min	固液比 10%（质量分数）；去离子水处理；温度 120 ℃、135 ℃、150 ℃ 和 165 ℃；处理时间 30 min

11.5.3　生物质热解制备生物炭

废弃生物质的资源化利用主要有热化学转化和生物化学技术等。生物化学技术虽然能耗较低，但是处理成本昂贵。热化学转化技术（不包括燃烧）具有能够充分转化生物质、所有副产物均可回收利用、反应时间更短、对原料包容度更高、催化剂便宜且可循环使用、过程易于操作调控的特点，因此该技术在应用上更为广泛。热化学转化技术包括烘焙、液化、汽化和热解等。热解法是指在 400～700 ℃下的惰性或无氧情况下，将废弃生物质转化为高能量密度生物燃料和环境材料的一种方法。生物质热解可以根据温度、升温速率和停留时间的不同分为慢速、中速、快速和闪速热解。慢速热解，一般称为炭化，该过程中的热裂解、聚合和缩合等反应可以在较长的反应时间内发生，有利于生物炭生成。表 11-4 所示为废弃生物质热化学转化过程的基本参数。

表 11-4　废弃生物质热化学转化过程的基本参数

热化学转化方式	温度/℃	升温速率/（℃·s⁻¹）	停留时间	产物分布/%		
				生物炭	生物质油	生物质气
烘焙热解	200~300	—	10~90 min	80	15	5
慢速热解	300~700	0.1~1.7	10~20 s	20	30	30
中速热解	500	0.1~0.7~5	0.5~2 s	15~25	50	10~20
快速热解	450~600	10~200~1 000	<0.5 s	10~20	50~70	10~20
闪速热解	700~1 000	1 000~10 000	0.4~16 h	50~80	75~80	2~5
液化	180~350	—	30~90 min	10	5~20	85
汽化	750~1 000	—	—	—	5	—

生物质热解主要经历 3 个过程，即干燥、预炭化和炭化过程。图 11-6 为管式热解炉热解花生壳颗粒制备生物炭流程。该管式热解炉集成了数字比例积分微分控制器，能够分别设置热解气氛、升温速率、气体流速、热解温度和停留时间等不同热解条件。

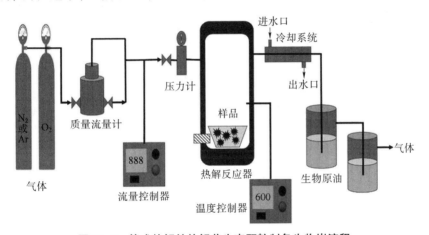

图 11-6　管式热解炉热解花生壳颗粒制备生物炭流程

生物炭是生物质热解产生的高度芳香化有机碳化合物，它的应用范围和应用效率与结构特性和化学组成息息相关。研究发现，生物炭含有氮、磷、钾等多种植物营养物质，可显著提高土壤的肥力，但是土壤中的微生物无法消化生物炭，因此生物炭可转变为土壤中的永久碳，从而发挥固碳作用。无机碱、碳酸盐等碱性组分和羟基、羧基、醚基等官能团的存在，使生物炭通常呈碱性。因此，生物炭可改良土壤的酸碱度。由于生物炭具有含碳量高、导电性良好和价格低廉等优点，所以将生物质多孔碳制成超级电容器的电极材料是目前研究的热点。

思考题

1. 何为生物质？生物质有什么特性？
2. 简述生物质资源的特性研究方法。
3. 简述生物质资源化利用的方式和途径。

第 12 章

放射性固体废物处理处置

核能是相对绿色、高效和廉价的能源，是在不排放过多温室气体的情况下生产电能的替代能源之一。近年来，随着核技术的迅速发展，核能已在电力、军事、科研、医疗等领域扮演着不可或缺的角色。然而，核电站面临着管理核燃料循环各阶段产生的放射性废物的难题。放射性废物分为固体、液体和气体。截至 2023 年 7 月，我国大陆地区共有 77 台核电机组，其中在运机组 55 台，在建机组 22 台。到 2030 年左右，我国会有 100 多台核电机组。通常每台水反应堆核电站将产生 4 m^3 的高放废物、20 m^3 的中放废物、140 m^3 的低放废物等。大规模核电站的投产将造成核废料的产量急剧增加，并且其中某些放射性废物衰变周期会变长，因此放射性固体废物的安全处理和处置需引起重视。

12.1　放射性固体废物的来源及分类

对放射性固体废物进行分类，有助于科学、合理地进行放射性固体废物处理、处置、贮存以及运输等相关活动。

废物特性鉴定和分类是放射性固体废物从产生到最终处置过程中的一个基本环节。特性鉴定能够确定与特定类别废物相关的潜在危险，选定适合于做衰变贮存的废物，规定具体的处理、贮存或处置方案，以及规划和设计废物管理设施。分类有利于制定废物管理策略，规划和设计废物管理设施，为放射性废物选定合适的整备技术和处置设施，确定运行活动和组织废物操作，显示不同类型放射性废物有关的潜在危害，有利于保存记录和实现废物的安全处理处置，实现废物最小化，增进专家、废物生产者、管理者、管理机构及公众间的相互交流。

12.1.1　放射性固体废物的来源

放射性固体废物主要来自核能原材料开采、核电生产活动、核电站设施设备的运行和检修产生的具有放射性的污染物。另外，核设施退役过程中也会产生大量放射性固体废物。

核电厂产生的放射性固体废物主要包括核电厂运行和检修过程中所产生的湿废物和干废物。湿废物包括泥浆和废过滤器芯。泥浆主要是由回路冷却剂净化系统与废液处理系统产生的废离子交换树脂和过滤淤渣；废过滤器芯主要是由回路冷却剂净化系统与废液处理系统所产生的。干废物主要包括核电厂检修过程中废弃的设备、工具和材料，被放射性污染的废弃工作服、手套和脚套、口罩、纸张、擦拭材料等，以及更换下来的排风过滤器、活性炭过滤器。

核燃料后处理厂在运行和检修过程中会产生乏燃料组件、废树脂、废过滤器、放射性废物固化体和其他固体废物。乏燃料组件包括燃料组件端头和燃料隔架、清洗过的燃料包壳；废树脂由废水处理系统产生；废过滤器是检修更换下来的料液过滤器和废气处理系统的过滤器；放射性废物固化体包括放射性废液的固化产物和经过固定处理的固体废物。表 12-1 列出了核燃料后处理厂的放射性固体废物类别。

表 12-1 核燃料后处理厂的放射性固体废物类别[4]

种类	类型	成分	分类[1]	数量	
				每吨重金属体积/m^3	每年体积[2]/m^3
湿固体	K_2UO_4 泥浆	K_2UO_4(1 kg U/$MTHM^{[3]}$))、KOH、H_2O	低放非超铀	0.05	75
	离子交换树脂、硅胶	有机树脂、硅胶、100 Ci/m^3 (1 Ci = 3.7×10^{10} Bq) 混合裂变产物、Pu 含量不超过 15%	中放非超铀	0.05	75
	助滤料、淤渣	自由水、沙、硅藻、泥土、絮凝剂	中放超铀	0.01	15
干固体	氟化器细粒氟化器殆尽	CaF_2、UF_4(6g U/MTHM)、PuF_4(10 mg/MTHM)、裂变产物的氟化物（0.6 Ci/MTHM）	低放超铀	0.1	150
	燃烧室殆尽	混合裂变产物	低放超铀	0.01	15
	银沸石	沸石、裂变产物（碘）	中放非超铀	0.005	7.5
可燃固体废物	纤维制品、衣服、橡胶、溶剂等	杂项无机物、混合裂变产物、锕系元素（中放超铀废物 80 mg Pu/m^3）	中放超铀[3]	0.7	1 050
			低放超铀[3]	0.3	450
			低放超铀[3]	0.7	1 050
不可燃固体废物	小件设备、工具、玻璃	金属、陶瓷	中放超铀	0.7	1 050
			低放超铀	0.2	300
			低放非超铀	0.1	150
设备	工艺容器、器械	金属、无机物、材料	中放超铀	0.1	150
			低放非超铀	0.1	150
过滤器	高效微粒空气过滤器、粗糙过滤器	金属、玻璃、有机物	中放超铀	0.06	90
			低放超铀	0.1	150
			低放非超铀	0.01	15

注：1. 分类的基础：低放/中放以 200 mrem/h（1 rem = 10^{-2}Sv）为分界点，超铀/非超铀以 10 nCi Pu/g 为分界点，中放废物通常含混合裂变产物，除贮存池树脂外，中放也是一种超铀废物；

2. 以 1 500 MTHM/a 的工厂生产能力为基础；MTHM = 吨重金属（U+Pu）；

3. 未经压实也未经燃烧的形式；

4. 本表摘自国际原子能机构（IAEA）技术报告书第 223 号《低中放固体废物处理》。

其他核活动过程也会产生放射性固体废物例如医疗中用放射性物质进行诊断、治疗和研究，以及工业中用放射性物质进行工艺过程控制和检测等。

12.1.2 放射性废物的分类原则

放射性废物的分类因目的不同会有一定的差异，合理的放射性废物分类系统应满足以下目标：

（1）覆盖全部放射性废物；

（2）适用于废物管理的各阶段；

（3）把放射性废物类别和相应的潜在危害联系起来；

（4）灵活地满足特定的要求；

（5）尽量少改变已被人们接受的术语；

（6）简单易于理解；

（7）尽量广泛适用。

放射性废物分类有以下特点：

（1）规定有放射性浓度（或比活度）的下限值，以确定其属于何种放射性废物；

（2）按物理性状分为气态废物、液体废物和固体废物3类；

（3）放射性气态废物按其放射性浓度水平分为不同的等级，放射性浓度用 Bq/m^3 表示；

（4）放射性液体废物按其放射性浓度水平分为不同的等级，放射性浓度用 Bq/L 表示；

（5）放射性固体废物按其所含核素的半衰期长短和放射性比活度水平分为不同的等级，放射性比活度用 Bq/kg 表示。

12.1.3 放射性废物的分类

1. 按处置要求分类

20 世纪 70 年代，国际原子能机构（IAEA）提出放射性分类安全标准，将放射性废物分为高放废物、中放废物、低放废物3类。该分类体系基于辐射防护的要求，主要为放射性废物产生、贮存、处理过程中的操作提供基础，不能为最终处置提供明确依据。近年来，IAEA 改进了放射性废物分类体系，建立了一个着眼于放射性废物的长期安全，以废物的最终处置为目标的放射性废物分类体系，并发布专门的放射性废物分类安全标准［No. GSG-1（2009 版）］。2009 年，IAEA 根据放射性活度浓度和半衰期，将放射性废物由低到高分成6个等级，即免管废物（EW）、极短寿命放射性废物（VSLW）、极低水平放射性废物（VLLW）、低水平放射性废物（LLW）、中水平放射性废物（ILW）和高水平放射性废物（HLW），其对应的处置方式分别为豁免或解控、贮存衰变后解控、填埋处置、近地表处置、中等深度处置和深地质处置（图 12-1）。

（1）免管废物。免管废物在我国也称为解控废物，其放射性量非常小，是无须按放射性废物来管控的废物。这类放射性废物只需要按普通工业污染物标准进行常规处理后，便可以直接向外界排放。IAEA 规定，免管废物对个人的有效剂量不超过 10 μSv/a。这个数值非

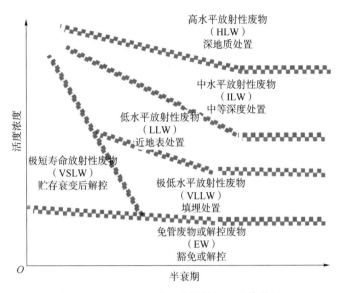

图 12-1　IAEA 提出的放射性废物分类体系

常小，拍一张 X 光片的辐射剂量就能达到 200~300 μSv。

（2）极短寿命放射性废物。IAEA 在 No. GSG-1 中没有给出极短寿命放射性废物具体限值。极短寿命放射性废物的放射性水平高于免管废物，不能直接当作普通工业废物处理，但它的半衰期极短，衰变速度非常快，放射性在短时间内就能下降到解控水平。因此，这类放射性废物的处理一般是先封存一段时间，让它自行衰变，待其放射性水平减弱到免管水平后，就可按免管废物的标准进行处理。这类废物有核医疗中常用的碘-131、锝-99 等。

（3）极低水平放射性废物。按 IAEA 的 No. GSG-1 规定，极低水平放射性废物人工核素活度浓度为豁免水平的 10~100 倍。极低水平放射性废物的放射性水平很低，处置起来相对宽松，有些国家（如美国、英国等）允许其在环保部门批准后，送到工业垃圾填埋场进行填埋。

（4）低水平放射性废物，也称为低放废物，是指所有能进入近地表处置设施废物，涵盖核设施（包括核电厂）运行、退役过程中产生的大多数废物。低水平放射性废物来源广泛，如核电厂正常运行产生的离子交换树脂和放射性浓缩液的固化物等。废物中短寿命放射性核素活度浓度可以较高，长寿命放射性核素含量有限，需要长达几百年时间的有效包容和隔离，可在具有工程屏障的近地表处置设施中处置。近地表处置设施深度一般为地表到地下 30 m。

（5）中水平放射性废物，也称为中放废物，其比活度浓度上限为 4×10^{11} Bq/kg，释热率小于 2 kW/m³。废物中含有相当数量的长寿命核素，特别是发射 α 粒子的放射性核素，不能依靠监护措施确保废物的处置安全，需要采取比近地表处置更高程度的包容和隔离措施，处置深度通常为地下几十到几百米。一般情况下，中水平放射性废物在贮存和处置期间不需要提供散热措施。中等水平放射性废物的处置需要保证安全隔离 300~500 a（经历 10~15 个半衰期的衰变），多数国家采取近地表处置。处置库选择地质构造稳定、水文地质条件好的场址，经过安全论证和环境评价，获得许可证后才能批准建设。处置库需有厚达 2~5 m、由不同材料组成多层结构的覆盖层，防止风化、透水、植物扎根、动物打洞、打井、开矿等各种可引起处置库破坏的活动。处置库装满后，场所就要封闭，封闭后的场所需要持续监控和定期维护。中水平放射性废物一般来源于含放射性核素钚-239 的物料操作过程、乏燃料后处理设施运行和退役过程等。废物含有核素为钴-60（半衰期 5.27 a）和铯-137（半衰期 30 a）等也属中水平放射性废物。

（6）高水平放射性废物，也称为高放废物，其比活度浓度下限为 $4×10^{11}$ Bq/kg，释热率大于 2 kW/m³。常见的高水平放射性废物有乏燃料后处理设施运行产生的高放玻璃固化体和不进行后处理的乏燃料。虽然高水平放射性废物约占核废物的 1%，但其放射性甚至比其余 99% 的核废物还要高，且高水平放射性废物不断释放大量的热能。高水平放射性废物所含的核素，有的半衰期很长（亿年以上）、毒性极大。对于高水平放射性废物，必须采取 500 ~ 1 000 m 的深地质处置，用多重屏障实现安全隔离万年以上，且需要采取散热措施。目前瑞典和芬兰等国已确定了高水平放射性废物处置场址。

制定放射性废物标准和清洁解控水平涉及诸多环境和社会等因素。清洁解控水平不仅要考虑放射性风险，而且要考虑非放射性风险、社会经济与环境健康影响。目前，清洁解控遇到的困难不仅有技术方面的问题，还有社会和心理学方面的问题。现在，国际上还没有普遍接受的清洁解控水平，也没有一致同意的标准解控程序。

2. 按物理性状分类

1）湿固体废物

放射性湿固体废物是指液体含量大于 5% 的固体废物。从反应堆产生的湿固体废物有废离子交换树脂、滤料泥浆或过滤器等。核电厂产生的湿固体废物类型取决于其所采用的清洗程序，如采用预涂层过滤系统产生过滤器和滤料泥浆废物，除盐系统产生球形废树脂或者粉末状的废树脂。在欧美国家，A 类湿固体废物在标准容器中被浓缩、脱水，B 类或 C 类湿固体废物用一个高整体性容器存储。

（1）废离子交换树脂。离子交换树脂被广泛应用于沸水堆电站和压水堆电站。离子交换树脂通常是由有机聚合物制成的固体球形颗粒，粒径一般在 0.3 ~ 1.2 mm。当液体废物流经树脂床时，溶解的放射性离子在树脂上被阴离子或阳离子官能团交换。这个过程持续到平衡为止，树脂的离子交换容量是有限的，废离子交换树脂是可以再生的。用硫酸和氢氧化钠可以使废离子交换树脂再生。树脂再生过程产生的硫酸钠溶液作为废液处理。

（2）滤料泥浆。为延长过滤器的寿命，增加使用效率，过滤器上可预先涂上助滤剂。滤料泥浆废物是由这层助滤剂产生的，包括一薄层的混合阳离子粉末硅藻土和离子交换树脂及纤维材料。这种预涂助滤剂可除去悬浮的固体物和溶解性固体物。当预涂助滤剂过滤器的过滤容量耗尽时，预涂助滤剂材料被作为湿固体废物处理。

（3）筒式过滤器。筒式过滤器含一个或多个滤芯，是一种普通湿固体废物，处置前需固化。

2）干固体废物

干固体废物（DAW）可以用压缩、焚烧或粉碎来使其体积减小。DAW 可以分成可压缩废物和不可压缩废物两大类，而可压缩废物和不可压缩废物的密度差别很大。

（1）可压缩废物。典型的可压缩废物由沾污放射性布、纸、塑料、橡胶、木材以及少量金属物组成。可压缩废物通常也是可燃的。因此，可对可压缩废物进行焚烧处理。不可燃的可压缩废物包括废物金属，如薄金属片和小金属工具。

（2）不可压缩废物。不可压缩废物包括放射性建筑材料和金属组件，如阀门管道、金属网丝、金属工具、设备部件等。大多数不可压缩废物切割后被装进大桶或者大箱中，然后采用水泥沙浆填满其余空间并实现放射性废物的固定。

3. 我国对放射性固体废物的分类

我国的放射性废物分类标准建立在 IAEA 建议的废物分类基础上，现行有效的放射性废物分类标准是《放射性废物分类》（环境保护部、工业和信息化部、国防科工局 2017 年第 65 号）。被钚和（或）其他超铀元素所沾污的各种不同材料组成一大类固体废物，这类废物通常称为 α 废物（美国称其为超铀废物）。

放射性固体废物中半衰期大于 30 a 的 α 发射体核素的放射性比活度在单个包装中大于 4×10^6 Bq/kg（对近地表处置设施，多个包装的平均 α 废物比活度大于 4×10^5 Bq/kg。

除 α 废物外，放射性固体废物按其所含寿命最长的放射性核素的半衰期长短分为以下 4 种。

（1）含有半衰期小于或等于 60 d（包括核素碘–125）的放射性核素的废物，按其放射性比活度水平分为两级。

第 I 级（低放废物）：比活度小于或等于 4×10^6 Bq/kg。

第 II 级（中放废物）：比活度大于 4×10^6 Bq/kg。

（2）含有半衰期大于 60 d、小于或等于 5 a（包括核素钴–60）的放射性核素的废物，其放射性比活度水平分为两级。

第 I 级（低放废物）：比活度小于或等于 4×10^6 Bq/kg。

第 II 级（中放废物）：比活度大于 4×10^6 Bq/kg。

（3）含有半衰期大于 5 a、小于或等于 30 a（包括核素铯–137）的放射性核素的废物，按其放射性比活度水平分为三级。

第 I 级（低放废物）：比活度小于或等于 4×10^6 Bq/kg。

第 II 级（中放废物）：比活度大于 4×10^6 Bq/kg、小于或等于 4×10^{11} Bq/kg，且释热率小于或等于 2 kW/m³。

第 III 级（高放废物）：释热率大于 2 kW/m³，或比活度大于 4×10^{11} Bq/kg。

（4）含有半衰期大于 30 a 的放射性核素的废物（不包括 α 废物），按其放射性比活度水平分为 3 级。

第 I 级（低放废物）：比活度小于或等于 4×10^6 Bq/kg。

第Ⅱ级（中放废物）：比活度大于 $4×10^6$ Bq/kg，且释热率小于或等于 2 kW/m³。

第Ⅲ级（高放废物）：比活度大于 $4×10^{10}$ Bq/kg，且释热率大于 2 kW/m³。

我国国家标准对放射性固体废物的分类如表 12-2 所示。

表 12-2　我国国家标准对放射性固体废物的分类

放射性废物分类	放射性废物浓度/（Bq·L⁻¹）	放射性废物气载浓度/（Bq·m⁻³）	放射性固体废物（按辐射类型和半衰期分类）（比活度 Bq/kg）				
			α 废物（半衰期>30 a）	半衰期≤60 d	半衰期60 d~5 a	半衰期5~30 a	半衰期>30 a
高放废物	—	$4×10^7$	—	—	—	>4×10¹¹且释热率>2 kW/m³	>4×10¹⁰且释热率>2 kW/m³
中放废物	$4×10^7$	$4×10^6$~$4×10^{10}$	>4×10⁶	>4×10⁶	>4×10⁶	4×10⁶~4×10¹¹且释热率≤2 kW/m³	>4×10⁶且释热率≤2 kW/m³
低放废物	≤4×10⁷	≤4×10⁶	—	≤4×10⁶	≤4×10⁶	≤4×10⁶	≤4×10⁶
豁免废物	对公众成员照射所造成的剂量小于 0.01 mSv/a，对公众的集体剂量不超过 1 人·Sv/a						

12.2　放射性固体废物的处理及贮存

放射性固体废物的处理主要包括预处理、处理和整备等步骤，这些步骤涉及若干改变废物特性的操作。预处理包括废物的收集、分拣、去污和化学调制等操作。实施这些处理前，需对废物进行特性分析，特性分析有助于使处理和整备方法得到适当的配置。放射性固体废物预处理的目的主要有两点：一是减少有待进一步加工处理和处置的放射性固体废物的量；二是调整需要处理、整备和处置的放射性固体废物的性质，使其更易再加工处理和处置。

12.2.1　收集

所有放射性固体废物必须分类收集，而进一步执行预处理（如分拣、去污和化学调制）则基于废物的特性和后续步骤（处理、整备、运输、贮存和处置）的要求。若条件允许，则应根据本底辐射水平，在废物产生时就用监测仪监测固体废物中的放射性含量。否则，应将废物装入袋子或箱子之中送到辐射监测中心进行监测。

应使用合适的容器收集废物，容器应做恰当的标记，表明其装容废物的类型。分拣废物应使用夹钳或机械手，让操作人员受照剂量降至最低。当产生的废物为不同类型、不同污染水平的混杂废物时，则必须设计安全经济的废物分拣系统。

12.2.2　分拣

放射性固体废物分拣活动包括以下内容。

（1）把非放射性物质或成分从放射性物质中分出来。

（2）根据以下要求对废物进行恰当的分类：产地（废物产生的地方），物理形态，放射性水平，长、短寿命核素量，核素活度，辐射类型，是否存在其他危险物质或组分，生物特性（如有机质含量等）。

（3）有用物质回收再利用或再循环。

分拣工艺与废物分类密切相关，而废物分类又是废物搬运、处理、运输和处置的必然要求。各个设施都应建立自己的放射性固体废物收集和分类系统，以便尽可能降低成本，并符合现行的废物搬运、运输和处置国家法规和标准。

原生废物应在废物产生之时由废物产生单位进行分拣，这样可避免将来对废物进行重新包装。这对于小型设施来说可能比较容易实现（废物由研究或诊疗活动所产生），但对于大型设施，要由经过专业培训的工作人员在辐射防护条件下对废物进行分拣。

12.2.3　去污

放射性固体废物中有很多种 α 废物，这些废物包括工艺废物、混合放射性固体废物及退役拆除废物。α 污染的放射性固体废物的多样性需要开发不同的技术，以适应不同的实际情况。去污是把放射性核素去除的过程。去污的目的：

（1）降低放射性水平，减少操作人员辐照；

（2）降低屏蔽和远距离操作的要求，方便设备检修；

（3）方便事故处理；

（4）便于退役工作；

（5）使固体废物和污染场地可以再利用；

（6）减少放射性废物的质量和体积；

（7）降低废物贮存、运输、处置的费用和负担。

去污的方法有机械-物理法、化学法、电化学法、熔炼法，以及大部件去污等。

1. 机械-物理法

1）吸尘法

用真空吸尘器吸除降落在物件表面的污染物。吸尘法简单易行，可手提操作，但去除固定性污染效果差。

2）机械擦拭法

机械擦拭法简单易行，适于去除简单的物体表面结合疏松的污染物。这种去污方法会产生气溶胶，需要有排气净化系统。由于人工操作劳动强度大，受辐照剂量大，已逐步改为远程操作。一种特殊设计的旋转刷可伸入管道内擦刷放射性污染物。

3）高压水–蒸汽喷射法

利用流体冲击作用去除污染物，如喷射蒸汽还可提高去污效果。当水压范围为 2～60 MPa、喷水量为 0.5～4 L/s、喷射距离为 1～5 m、喷射水与去污物面的交角为 30°～45° 时，去污效果较好。提高水压或添加化学试剂，去污效果更好。超高压喷射去污技术对大表面物件的去污效果很好，但会产生放射性废水，二次废物量大。

4）低温磨料喷射

在大多数情况下，常规磨料喷射会产生大量的难以再循环的二次废物。使用低温磨料喷射，将自然地生成易于处理的液态或气态流出物，从而降低二次废物的体积。此外，低温磨料喷射有助于清除油脂或涂漆层。

法国原子能委员会研制了一种喷射冰丸的工艺，该工艺通过在反向的冷气态氮中喷水，随后让水（冰）滴在液氮中硬化，最后冰丸利用氮作为动力的气枪喷出。为获得合适的冰丸尺寸（1～2.5 mm），对冰丸发生器的运行参数进行优化。在从沾污的钢上去除油脂和在处理复合材料及铝合金中，冰丸去污工艺效果良好。

5）氟利昂超声波清洗

超声波清洗是在浸泡废物的槽中进行的，在第二个槽内用氟利昂处理，氟利昂在经蒸发和冷凝后再循环。氟利昂连续地在孔隙度为 1 mm 的过滤器中过滤，该过滤器是唯一的二次废物。利用该工艺对氧化的不锈钢运输容器进行去污，工艺中选用氟利昂（常用三氟三氯乙烷）是因为其具有低沸点和强的脱脂及去污能力，在去污过程中获得的平均去污系数为 20。

法国 VALDUC 核研究中心在对许多来自手箱的低放 α 废物去污时，使用氟利昂超声波清洗技术，去污系数在 10 以上，将 α 废物污染降低，改变废物的类别。

2. 化学法

化学法去污就是用化学清洗剂溶解带有放射性核素的污腻物、油漆涂层或氧化膜层，达到去污目的。

去污剂作用包括氧化、还原、螯合、缓蚀等。其去污方法为用去污剂直接对沾污的物件进行浸泡，或将去污剂配置成发泡剂、乳胶或膏糊涂在待去污的物体表面。良好的化学去污剂应具备以下条件：良好的表面湿润作用；溶解力强；对基体无显著腐蚀；良好的热稳定性和辐照稳定性；不易产生沉淀物；去污废液容易处理或回收再用；价格低廉等。

3——电化学法

电化学法就是电解或电抛光，将去污部件作为阳极，电解槽作为阴极，使污染表面层均匀地溶解，污染核素进入电解液中。常用电流密度为 1 000～2 000 A/m²。电解液通常为 H_3PO_4，若物件不准备重复使用，则用 HNO_3 电解液，采用低电流密度去污。

电化学法优点在于去污效率高，电解液经处理可重复使用，二次废物量少，可用于结构复杂部件的去污，可远程操作，去污后部件表面光滑均匀；缺点是能耗高、费用大，需严格控制操作。电化学法不适合对非金属部件去污。

4. 熔炼法

熔炼法是一种冶金法，依靠熔融金属进行去污。低水平污染的金属经熔炼处理后，大部分污染核素进入小体积炉渣中，少部分核素均匀地分布在基体金属中，去污后的金属有的可重复使用。熔炼法要求有适当的熔炉，尾气需要净化处理，炉渣也要进行适当处理。

5. 大部件去污

接收大部件后将进行一系列的试验，以调查适合各个部件的最好去污工艺。应用各种最新工艺，以实现最大的减容和最小的工作人员辐照剂量。这些部件将按照评定的最合适方式进行机械切割和去污，以获得最有效的减容。

12.2.4　放射性固体废物的贮存

1. 放射性废物的贮存要求

在放射性废物处置前，贮存是指把放射性废物放置到一个配有适当隔离和监测手段的核设施中。

贮存的用途：为放射性废物管理的下一步提供方便条件；在放射性废物管理步骤之内和之间起缓冲作用；使放射性核素衰变，直到获得批准排放、批准再利用，或免除监管控制水平。放射性废物可以以固态、液态或气态形式，以未经处理的、经过预处理的、经处理的或经整备的废物加以贮存。

贮存的放射性废物将被回取，获得有批准的排放、有批准的利用，或被免除监管控制，或接受加工处理和（或）处置。对于确定贮存废物货包的接受标准，必须考虑随后的放射性废物处置的要求或可能提出的要求。

为保护人体健康和环境，各类贮存设施必须在设计、建造、运行和维护（包括为废物的最终回取所做的准备）方面采取适当措施，以满足安全要求。放射性废物贮存设施必须在假定的正常运行条件和事件或事故工况的基础上加以设计。贮存设施设计中，要考虑到贮存期间设施安全性能降低的可能性。为确保完整性得以继续，必须对废物和贮存设施定期监测、检查和维护。应定期审查贮存能力的充分性，预测废物的产生量以及贮存设施的预期寿命。对于液态废物贮存，在必要的场合，必须通过搅拌或脉冲之类的方法实现搅动，以避免液体中的固体沉淀下来。在放射性废物的贮存中，可能因辐射分解或化学反应而产生气体。必须把空气中的气体浓度控制在危险水平以下，以避免形成爆炸性的气体/空气混合物。贮存设施设计必须保证能够回取废物。根据放射性废物的特性，散热必须得到保证，必须防止出现临界状态。

对于含有短寿命放射性核素的放射性废物，为待批准排放、批准利用或最终免除监管控制而做的贮存，则必须确保贮存到足以使放射性核素衰变到规定活度水平以下的时期。如果在贮存以后，放射性废物不满足处置的验收标准，则营运者必须对废物进行必要的加工处理。

在贮存的不同阶段，应当保存记录和保持标记，以实现废物包的完全可追踪性。

任何放射性废物管理活动，应当确保贮存的安全性。通常，场内贮存时间应当尽可能短。当废物产生设施没有较长期贮存能力时，废物要被转移到一个集中贮存设施。贮存设施贮存的废物可能是未处理的、已处理的和已整备的放射性废物。应特别注意未整备的放射性废物的贮存，杜绝泄漏。在考虑放射性废物贮存时，应仔细评价：

（1）放射性废物的类型和特性；

（2）废物包的原始完整性和表面污染水平；

（3）废物包的封闭和（或）密封，以及废物包在贮存条件下的持续完整性；

（4）预计的贮存时间和进一步延期的可能性；

（5）符合搬运贮存和安保要求的能力；

（6）监测的必要性和形式，如监测贮存设施中的气态放射性物质的必要性；

（7）对废物包潜在损伤的识别可能性，以及采取纠正措施的可能性。

2. 未经处理废物的贮存

应当对每个废物包进行贮存跟踪，以便于其后回取和做进一步处理。应当提供适当的辐射防护控制和安保措施。未经整备废物的贮存时间应当是有限的，因为未经整备的放射性废物可能带来不可预期的危险。废物的贮存应当确保：

（1）废物包贮存于特定的场所房舍或专门建的设施（场内设集中设施）中；

（2）符合废物贮存接收准则；

（3）废物包一经收到便被检查，如检查废物包的完整性、表面污染或与支持性文件的一致性；

（4）不同类型的废物（包括混合废物）按照致病性、有机性、毒性或其他性质分开贮存；

（5）废物做清晰可靠的标记；

（6）废物现状的跟踪和支持性文件的可利用性。

3. 经过处理和整备废物的贮存

经过处理和整备的放射性废物应当与未经整备的废物、非放射性原料以及维护用材料分开贮存。贮存场所应当加以规划，以便尽可能减少搬运和运输。

在安全评价和环境影响评价中，应当证明各种贮存方案设计和运行安排的可接受性。贮存期间的安全目标应当确保贮存的废物能够被恰当包容，有适当的屏蔽，以防止来自所贮存废物的辐射，所贮存的废物包的性能不会下降，以及不会在搬运和处置过程中引发问题。

4. 贮存设施的设计

根据所要处理和（或）贮存放射性废物的数量，安全贮存的安排可以有很大选择范围，如从贮存在加屏蔽的小室到专门的单间设施。具体的安排在很大程度上，不仅取决于所涉放射性废物的活度和其他化学与物理特性以及废物数量，还取决于可利用的工艺技术。在只有很小量放射性废物产生的场合，最好使用一个紧靠工作场所的库房或小室。容器应当适合于放射性废物的安全管理，按照废物的化学和放射性性质、数量，以及搬运和贮存的技术要求加以选择。应当避免容器由于液体的膨胀和气体与蒸气的产生（主要发生在有机液体管理中）而压力升高。贮存设施的设计应当能够进行定期检查，包括发现实体性能下降或泄漏等早期迹象的辐射探测（剂量率和表面污染活度）和对废物包的目视检查。建造材料的寿命应当与设想的贮存时间相当，并且应当确保贮存条件能够维持废物包的性质在整个设计贮存时间内不变。贮存设施的设计应当能够确保放射性废物可以从设施中移出做随后的处理或处置，并且确保设施在必要时可以扩大。

综合放射性废物管理计划应包括以下步骤：预处理、处理、整备、贮存、运输和处置，这些步骤相互配合、相互协调。废物分拣和废物最少化意义重大，这主要是由于废物分拣和废物最少化可以降低费用，减轻废物处理人员的剂量负担。废物特性调查对废物分拣和废物分类有着重要作用。

12.3　放射性固体废物固化处理

12.3.1　高放废物

高放废物，即高水平放射性废物（High-Level Radioactive Waste，HLW），是在 20 世纪 70 年代提出的，是指乏燃料后处理第一循环溶解萃取水溶液，或与此相当的浓缩废液等，其中的主要核素有铯、锶，以及钇、镅、锔等超铀元素。我国《放射性废物分类》中规定：高放固体废物比活度 $A>4\times10^{11}$ Bq/kg，高放液体废物比活度 $A>4\times10^{10}$ Bq/L。因此高放废物具有高放射性、高放射毒性，以及发热量大，且半衰期长的特征，从而对人类生存和生态环境构成长久和严重的危害。

高放废物的处置和长期贮存是核工业面临的主要挑战之一。目前，高放废物的处理处置方法是先进行前处理，浓缩、减容，将放射性降低后再固化处理，然后再将其贮存，填埋在不同深度的地质介质（如土壤、岩石等）中，使这些放射性废物与生物圈暂时或者永久隔离，防止核素扩散或转移造成严重的环境污染。在地质处置过程中，由于高放射性固化体受到热场、形变场、化学场、辐射场、渗流场和生物场之间的相互作用，地质处置的深度应控制在 500~1 000 m。同时，固化体必须满足以下条件。

（1）包容量大。目的是减少固化体的体积，尽可能少占用处置场地。

（2）高化学稳定性。要求固化体在高温、潮湿等条件下能够保持良好的浸出率。

（3）高物理稳定性。始终保持密闭，且不会因外界条件而碎裂，以及不会因热辐射等温度改变而导致固化体被破坏等。

（4）经济及技术可行。

因此，高放废物的固化必须要综合考虑各种因素。目前，高放废物固化技术主要有以下 3 种：玻璃固化、玻璃-陶瓷固化、陶瓷固化。低、中放射性废物一般使用水泥、沥青和塑料固化。放射性废物固化方法如表 12-3 所示。

表 12-3 放射性废物固化方法

固化方法	固化机制	方法	浸出率	优点	缺点	应用状况
玻璃固化	化学结合	硼硅酸盐玻璃、铝硅酸盐和铝磷酸盐玻璃，磷酸盐玻璃	硼硅酸盐玻璃：$10^{-4}\sim10^{-2}$ g/(m²·d) 至 $10^{-4}\sim100$ g/(m²·d)；磷酸盐玻璃：$10^{-5}\sim10^{-2}$ g/(m²·d) 至 $10^{-5}\sim10$ g/(m²·d)	工艺成熟，废物包容量大	热力学稳定性较差，分相，黄相问题	工业规模应用
陶瓷-玻璃固化	化学结合、化学结合和包裹	高废物含量的硼硅酸盐、铝硅酸盐、硅酸盐或磷酸盐玻璃陶瓷；磷酸盐基：磷灰石、独居石玻璃；硼硅酸盐基：结合玻璃的方钠石；二氧化钛基：碱性硅酸钛酸钡；硅酸盐基：玄武岩	—	固化体核素浸出率低，稳定性好	成本高	试验阶段
结晶陶瓷：单相金属	化学结合	简单单氧化物：XO₂（ZrO₂、UO₂、ThO₂）；复杂氧化物：钙钛矿；复杂氧化物：钙钛锆石、钙钛矿；简单单硅酸盐：锆石、石榴石、榍石；框架硅酸盐：沸石；磷酸盐：独居石、磷灰石	陶瓷：$10^{-5}\sim10^{-4}$ g/(m²·d)；$10^{-7}\sim0.5$ g/(m²·d)；MOX：10^{-6} g/(m²·d) 至 $10^{-7}\sim10^{-2}$ g/(m²·d)	固化体核素浸出率低，辐照稳定性和导热性好	工艺复杂，成本较高	由试验转应用

续表

固化方法	固化机制	方法	浸出率	优点	缺点	应用状况
结晶陶瓷：多相金属	化学结合	人造岩石（Ti 基）、超煅烧陶瓷、定制陶瓷（氧化铝基）	人造岩石:: $10^{-5}\sim10^{-4}\,g/(m^2\cdot d)$ 至 $10^{-7}\sim10^{-2}\,g/(m^2\cdot d)$	固化体核素浸出率低、辐照稳定性和导热性好	工艺更加复杂，成本较高	由试验转应用
水泥固化	封装	硅酸盐、硫铝酸盐、沸石、硅石、石灰、矾土等	—	耐热性、耐久性好，成本低，工艺设备简单	固化体中核素浸出率较高，化学稳定性较差，减容性差	试验阶段
沥青固化	封装	—	—	固化体核素浸出率较低，工艺简单，成本低，包容量大	导热性、辐照稳定性差，易燃易爆	工业规模应用
塑料固化	封装	—	—	包容量大，固化体核素浸出率低，有机废物相容性好	成本较高，需各种添加剂，化学稳定性差，安全性不高	小规模应用

注：封装是把目标成分通过物理上的包裹和隔离在基质材料中来实现的。

1. 玻璃固化

玻璃固化是将放射性金属氧化物与玻璃原料混合后，通过熔融和热处理，使放射性核素固化在玻璃基质中。这种方法的优点在于工程化操作简单、增容比低、化学性质稳定且耐辐照性好；但同时也存在容易受高温高压等的影响腐蚀或析出晶体、易碎力学性能差及高温熔融条件下会产生有害气体等缺点。在出现析晶现象时，析出的结晶相中富集裂变核素，易溶于水，使所固化的放射性核素浸出率明显升高。同时，玻璃固化对高放废物中存在的锕系和镧系核素在玻璃中的溶解度不高，因此玻璃固化体的整体包容量不高，目前报道中高放废物包容量最高为 16.7%（质量分数）。用于玻璃固化的玻璃体系主要有铝硅酸盐、硼硅酸盐和磷酸盐玻璃体系。但研究发现磷酸盐玻璃存在难以克服的缺陷，如磷酸盐玻璃熔制过程中腐蚀严重，容易析晶，导致稳定性降低，热稳定性差。由于磷酸盐玻璃的这些缺点，所以世界上各核电大国在选择固化玻璃种类时，倾向于选择硼硅酸盐玻璃。硼硅酸盐玻璃固化体系是由 $[SiO_4]$、$[BO_4]$、$[BO_3]$ 和 $[AlO_4]$ 结构单元构成的（图 12-2），其主要由 SiO_2、B_2O_4、Al_2O_3、ZrO_2、碱和碱土氧化物构成。有许多学者对硼硅酸盐玻璃的各类性能进行了研究。玻璃固化体在高放废物含量为 60%~75% 时，化学稳定性好。若增加硼硅酸盐玻璃中 B_2O_3 的含量，可以抑制稳定性较差的 Na_2MoO_4 析出。另外，研究发现硼硅酸盐玻璃对锕系核素、镧系核素的包容量较低，且在玻璃的制备过程中会析出体积较大的富含镧系和锕系核素的晶相。但玻璃固化体在温度较高的环境中具有高溶解性，因此它不适合固化放射性能量较高的核废物。有学者研究表明，碘（I）在硼硅酸盐玻璃基质中的溶解度低，在高温玻璃化过程中挥发性高，只能将很少的碘（通常质量分数小于 1%，最大负荷量为 2.4%）掺入硼硅酸盐玻璃中。

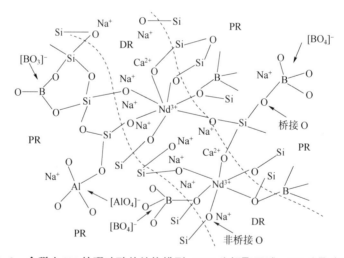

图 12-2　含稀土 Nd 的硼硅酸盐结构模型（DR 为解聚区域，PR 为聚合区域）

2. 玻璃-陶瓷固化

玻璃-陶瓷固化材料是一种通过设计的热处理来控制基准玻璃在熔体冷却或母玻璃再加热后形成结晶的特殊晶体材料。玻璃-陶瓷固化材料包含晶体和玻璃相，是玻璃和陶瓷之间的一种折中方案，并且比传统陶瓷材料制备更简单，成本更低，同时比玻璃具有更高的耐久性，但先决条件是所隔离的放射性核素的可溶物质在掺入基材料之前不能结晶。

美国核管理委员会（NRC）根据放射性核素在玻璃-陶瓷固化体中的结合状态（化学结合、封装或化学结合与封装并存）将其固化机制分为 3 类，其中化学结合发生在原子尺度，封装以互嵌或物理包裹为主。

（1）第一种类型：化学结合。在这种玻璃-陶瓷中，陶瓷晶相中不含放射性核素，因此放射性核素只存在于玻璃网络结构中。在这种体系中，玻璃中的个别微晶相对固化并不起作用，对体系的长期稳定性也没有影响。

（2）第二种类型：封装。在这种类型中，晶相在玻璃中形成，至少有一种放射性核素被玻璃-陶瓷中的晶相所固化，其他元素被包裹在玻璃之中。玻璃是固化在晶体中的放射性核素的第二道屏障，可以使放射性核素更加稳定地存在于固化体之中。许多科研人员根据废液成分及所加入的化学成分合成固化某种放射性核素的目标相，如在硼硅酸盐玻璃中析出钙钛锆石（$CaZrTi_2O_7$）晶相（见图 12-3）。

（3）第三种类型：化学结合与封装并存。在这种类型中，放射性核素在玻璃中成为晶体中的成分，这些晶体通常会形成一些高比表面积的颗粒，剩余玻璃基体可以把这些颗粒包裹起来，这一类型的玻璃-陶瓷固化的代表是在硼硅酸盐玻璃或铅硅酸盐玻璃中形成烧绿石晶体 [$(Ca,Ln,An)_2(Ti,Hf,Zr)_2O_7$，Ln 代表镧系元素]，但这种类型的玻璃-陶瓷必须要对固化体长期的安全性能进行更加深入的研究，如辐照及化学稳定性等。

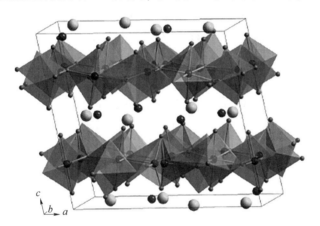

图 12-3　钙钛锆石-2M 晶体结构示意图（附彩插）
（黄色为 Ca，蓝色为 Zr，红色为 Ti，绿色为 O）

在地质处置环境下，玻璃-陶瓷具有更好的化学稳定性，且由于我国的高放废液成分中含有较高镧系和锕系核素，这些核素在玻璃中的溶解度有限，因此我国的放射性废物比较适合玻璃-陶瓷固化。钙钛锆石因其可以有效地将高放废物中的锕系核素（Pu^{4+}/Pu^{3+}、U^{4+} 等）及镧系核素纳入其晶格位中取代 Ca 位的特性，使硼硅酸盐玻璃与钙钛锆石相结合的硼硅酸盐-钙钛锆石玻璃-陶瓷已成为研究热点。有学者研究了热处理温度对析晶及锕系模拟核素 Ce 浸出结果的影响，发现在 1 050 ℃时最有利于析晶，Ce 的标准浸出率为 10^{-6} g/(m^2·d)。另外也有研究发现，Cr_2O_3 的引入对硼硅酸盐-钙钛锆石析晶活化能的降低作用显著，可以促进玻璃相变的方式提升析晶行为。当 CaO、ZrO_2、TiO_2 的摩尔比为 2∶1∶2 时，最利于钙钛锆石晶体的析出，对 Ce 的固化效果最佳。高放废物中的次锕系核素和 Pu 具有较高的放射性（释放 α 射线），在实际的固化过程中会因 α 射线的辐射作用使玻璃-陶瓷固化体中的晶相结构发生变化，即向非晶态转变，使固化体的体积膨胀，导致玻璃固化体出现裂纹，比表面积增加，化学稳定性下降。

3. 陶瓷固化

用于放射性核素的陶瓷固化是将放射性核素掺入陶瓷基质材料中，在加热情况下，使放射性核素与特定的原子结构结合（化学结合），形成热力学稳定的化合物的过程。单个放射性核素会占用结构中的特定位置，一般根据放射性核素的原子大小和电荷限制而定。

（1）等价的固化离子直接取代晶格位置；

（2）通过相邻位置离子进行电荷补偿，使非等价离子占据晶格位置；

（3）进入晶界等缺陷位置。

对于成分复杂的放射性废物，其需要具有多个阳离子位置的晶体结构来容纳不同的放射性核素（如烧绿石和钙钛矿等晶体结构较为复杂的矿物）。因此，处理复杂组分的高放废物还存在一定的难度，仍在实验室研究阶段。陶瓷固化与玻璃固化或玻璃-陶瓷固化相比，陶瓷固化的优点是核素进入晶格之中会被稳定束缚，故浸出率相对来说会更低。对于特定的核素来说，单位体积的固化体中，陶瓷固化体的废物包容量最高，在其结构中纳入的废物负荷更大。放射性废物会因为放射性核素衰变而生热，放射性核素含量越高，自热量越大，因此热力学稳定性越高，可以固化的放射性核素的量越大，进而可以降低固化体的总体积，降低处理成本。如图12-4所示，全晶体材料陶瓷(图12-4的左边）被认为是更加耐用的废物形式，与玻璃相比废物负荷高。目前可作为高放废物固化体的潜在陶瓷矿相有铈磷灰石（Britholites）、独居石（Monazite）、钙钛锆石（Zirconolite）、烧绿石（Pyrochlore）、锆石（Zircon）等。表12-4给出了用于固化锕系核素的陶瓷种类。虽然如此，陶瓷固化体的制备需要更复杂的技术，如采用热压、热等静压烧结等，尚未得到广泛采用，仍未商业化，但陶瓷因为其优越的特性而被认为是第二代可以用作高放废物固化的基体，许多学者对其进行了研究。

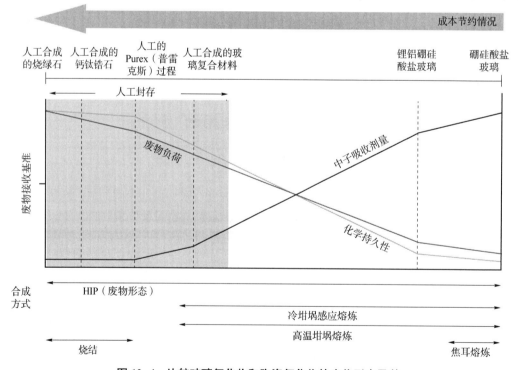

**图12-4　比较玻璃氧化物和陶瓷氧化物的废物形态及其
废物负荷、化学持久性和中子吸收剂量**

表 12-4　用于固化锕系核素的陶瓷种类

组成类型	矿物名称	化学式
简单氧化物	二氧化锆	ZrO_2
复杂氧化物	莫拉矿	$(Na, Y)_4(Zn, Fe)_3(Ti, Nb)_6O_{18}(F, OH)_{14}$
	钙钛锆石	$CaZrTi_2O_7$
	钙钛矿	$CaTiO_3$
硅酸盐	锆石	$ZrSiO_4$
	硅酸钍矿	$ThSiO_4$
	榍石	$CaTiSiO_4O$
磷酸盐	磷灰石	$Ca_{4-x}Ln_{6+x}(PO_4)_y(O, F)_2$
	磷钇矿	YPO_4
	磷酸锆钠	$NaZr_2(PO_4)_3$
	钍-焦磷酸盐	$Th_4(PO_4)_4P_2O_7$
钼酸盐	钼钨钙矿	$CaMoO_4$

简单氧化物，如 ZrO_2 对单一核素的陶瓷固化具有良好的效果，通过高温改性形成的立体二氧化锆中的 Zr，可以被许多其他金属取代而不改变其晶体结构。因此，二氧化锆陶瓷固化可以将四价核素阳离子（Ce^{4+}、Th^{4+}、U^{4+}）掺入其固化体中，形成稳定的 ZrO_2-MO_2（M 为四价核素阳离子）立方体结构。有学者以 Ce 作为模拟的核素，在 1 300 ℃ 下采用高温固相反应的方法制备出性能优良的钙钛矿固化体，发现 Ce^{4+} 取代 Zr^{4+} 时在 $CaZr_{1-x}Ce_xTi_2O_7$ 中最大固溶量为 10.84%。为了克服陶瓷固化体只能固化单一放射性核素，不少专家研究了多种矿相结合的方法固化高放废液。还有学者研究了钙钛锆石、榍石和钙钛矿 3 种矿相组合在 1 300 ℃ 的高温下合成钛基陶瓷固化体。结果表明，作为模拟铀元素的 Ce，在钙钛矿中的包容量仅为 23.21%（质量分数），为 0.2~0.25 个钙结构单位，Ce 元素掺入导致钙钛矿晶体结构发生畸形。

烧绿石（$Gd_2Zr_2O_7$）因其物理稳定性、热稳定性、耐辐射性和化学持久性等特点得到了广泛的研究。烧绿石灵活的晶体结构可以容纳广泛的稀土元素，这使固定复杂的放射性废物成为可能。

磷酸锆钠 [$NaZr_2(PO_4)_3$, NZP] 是由 [ZrO_6] 八面体和 [PO_4] 四面体构成的三维框架结构，Na^+ 占据了这种互连形成的框架孔。由于具有不同的晶体学位点，NZP 结构对于同构取代具有高度的灵活性。有文献报道，Na^+ 可以被 Sr^{2+} 取代，但即使是 1.98 mol% 的 Sr 替换了 Na，NZP 的框架结构也不会有显著的改变。但 NZP 族化合物在烧结后密度低，导致其化学稳定性差，制约了核废物的安全处理。Wei 等人通过微波辅助固相反应法成功制备了掺 Sr 的 NZP 陶瓷固化体 $Na_{1-2x}Sr_xZr_2(PO_4)_3$。当 Sr 的含量增加到 $x = 0.3$ 时，发生了 NZP/SrZP 的相变，所有样品均表现为均匀且致密的微观结构，样品中 Sr、Na、P 和 Zr 的标准化元素浸出率分别为 10^{-3} g/$(m^2 \cdot d)$、10^{-4}/$(m^2 \cdot d)$、10^{-3}/$(m^2 \cdot d)$ 和 $<10^{-7}$/$(m^2 \cdot d)$。

铯榴石（$CsAlSi_2O_6$）具有小孔隙的沸石状铝硅酸盐骨架，如图 12-5 所示。由于其低浸出率和良好的热稳定性，铯榴石被认为是一种有潜力用于固定[137]Cs 的陶瓷固化材料。此外，它们的自然相似性表明它们在地质时间尺度上具有持久性。$CsAlSi_2O_6$ 在离子或电子辐照下，通过损伤积累或辐射分解，可以很容易地进行非晶化。一旦非晶化，材料在 1 073 K 以下不能再结晶，并且 Cs 很容易通过向外扩散从非晶化的材料中释放出来。

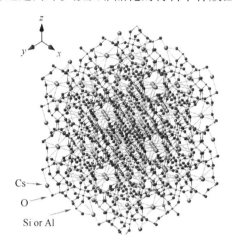

图 12-5　$CsAlSi_2O_6$ 的三维结构

12.3.2　低、中放射性废物

低、中放射性废物中只包括少量裂变、活化产物，α 射线辐射不多，因此低、中放射性废物比高放废物具有更低的放射性和更低的热值，实际危险很小，处理和处置相对简单。低、中放射性废物的核燃料循环利用、核设施去污和核设施退役等过程中产生的废弃离子交换树脂，一般含有 ^{238}U、^{235}U、^{137}Cs、^{60}Co、^{90}Sr 等放射性核素。目前，它具有成熟的处理工艺，并已实现工业规模应用，包括水泥固化、沥青固化和塑料固化等。

1. 水泥固化

用水泥进行低、中放射性废物的固化是最早开始使用并一直沿用至今的方法，因其具有较好的放射性核素的吸附能力及物理封装性能而受到各国的广泛使用。固化中常用的水泥是由硅石、石灰和矾土，以及少量氧化镁和氧化铁组成的，其固化效果主要取决于水灰比及包容比，水灰比和外界成型条件会在很大程度上影响固化体的强度、热稳定性等物理性能。水泥固化虽得到广泛使用，但水泥在固化放射性废液的过程中会因为内部升温导致固化体空隙中的部分水分蒸干，从而使固化体致密性不足，出现气孔或裂缝，这种情况会导致固化体结构不稳定，表面容易出现盐析现象。这是因为固化体中的放射性核素离子可以利用孔隙扩散到外部环境，因此多孔性是水泥固化最大的缺陷。

为了响应循环经济概念，处理建筑废料，有学者进行了用建筑废料作为固化体的研究。Jelić 等人用砖、混凝土、屋顶瓦片等处理 Sr^{2+}、Co^{2+}、Ni^{2+}，发现水泥基材料对这些离子具有很高的吸附亲和力。但有学者表示，水泥对放射性核素固化的方式不适合永久处置，放射性废物中一般含有多种核素，核素在衰变过程中的热辐射等作用会影响固化体的内部结构，导致固化体稳定性差，因此还需进一步优化工艺条件并评估永久处置的安全性。

为了克服水泥固化物理性能差、浸出率高、增容比大等缺点，许多学者进行了改进工艺如常温加压技术，或加入沸石、高岭土等原料的研究，这些方法可以通过堵塞核素扩散通道，从而提升固化体的强度或抗浸出性能。有学者发现，加入硅灰有利于提升水泥对碱金属离子和铀的固化效果，粉煤灰则相反。在寻找合适的掺入水泥的材料时，沸石引起了很多学者的注意。沸石是一种具有层状结构的天然硅酸盐矿物，晶体内部具有大量可供离子发生交换作用的孔隙，比表面积大，具有对放射性核素离子选择性吸附的特点。有研究表明，沸石对 Cs^+、Sr^{2+} 离子有较强的吸附作用，并且沸石的加入可以有效地降低 Cs 和 Sr 的浸出率。除了沸石，高岭土、蛭石和凹凸棒土等都对提升水泥的固化效果有很大的帮助，因为它们均为独特的层状结构并且具有大量孔隙。

2. 沥青固化

在沥青固化过程中，放射性废物与沥青在高温下混合，进行皂化反应。最后，将固体废物包裹在沥青中，待冷却后形成固化体。它包括 3 个步骤：固体废物的预处理；高温混合；二次废气的处理。沥青固化体具有低孔隙率、低放射性核素浸出率、高废弃树脂负荷量、耐化学物质和微生物、体积增幅比小等优良性能。但是在废物预处理过程中，高温下的冷冻、熔化和离心脱水等，将增加处理成本、操作复杂性和树脂分解或燃烧的可能性，因此会产生许多需要处理的废气。1997 年，东京东北部因沥青固化曾发生爆炸，导致一些放射性废物排放到大气中。但也有成功的例子，如斯洛伐克的 Jaslovske Bohunice 和 Mochovce 核废物处理中心就顺利地完成了沥青固化的工程运行。斯洛伐克和加拿大还采用类似的固化方式分别处理放射性泥浆和焚烧灰。虽然沥青固化废气放射性离子树脂含量高，浸出率低，设备简单，成本低，但高温和易燃等危险因素限制了沥青作为固化体的使用。

3. 塑料固化

塑料固化可分为热固性塑料固化和热塑性塑料固化。前者为物理反应，即在高温下进行加热、皂化使其成为流动状态，然后掺入放射性废物，混合均匀，最后冷却为固化体，将废物封装在塑料中，类似于沥青固化。后者主要是把放射性废物掺入聚乙烯中，加入引发剂、催化剂、促进剂和固化剂，充分搅拌，同时加热，通过聚合反应把废物封装到聚乙烯中，类似于水泥固化，包含物理和化学反应。与水泥固化相比，塑料固化对废弃树脂的负荷量高，其包容量是水泥固化的 2~4 倍，并且浸出率比水泥固化要低 2~3 个量级，运输和处置的费用均低于水泥固化，占用的处置场体积小。塑料固化需要干燥或研磨，工艺和设备的操作复杂，固化体寿命和化学稳定性不如水泥，但其热稳定性和力学性能均优于沥青固化。

12.4　辐射防护

电离辐射会给人类的健康带来负面影响。核活动中产生的放射性废物是辐射源和环境污染源。需要对放射性废物进行管理，以便在当前和未来保护人类健康和环境，不致给后代带来不必要的负担。

12.4.1　辐射防护的目标

辐射防护的目标在于防止有害的确定性效应，并限制随机性的发生率，使之达到可接受的水平。

对涉及应用放射性材料及对工作人员或公众成员有辐射照射风险的所有活动来说，明确一致的辐射防护目标是必不可少的。对引起直接的职业照射或公众照射的活动来说，在国际放射防护委员会（International Commission on Radiological Protection，ICRP）的建议中存在国际水平的此类目标值。这些建议要接受定期审查，并于 1990 年与"辐射防护系统"的防护目标达成国际一致。

辐射防护系统对放射性废物管理的控制提供了一个被广泛接受且协调一致的基础，如对产生和处理放射性废物的核设施中的工作人员的保护，对潜在放射性流出物及固体放射性废物处置风险的公众保护，以及有关设施和土地的去污及其再使用等。

12.4.2 辐射防护的原则

当前大多数成员在辐射防护上采用的一般原则是 ICRP 于 1990 年制定的原则。ICRP 建议的通用原则有以下几点。

（1）涉及照射的实践，除了对受照个人或社会能产生足够的利益可以抵偿它所引起的辐射危害的，否则不得采用（实践正当性）。

（2）对一项实践中的任一特定源，个人剂量的大小、受照射的人数，以及在无法肯定受到照射的情形下其发生的可能程度，在考虑经济和社会因素后，应当保持在受照射尽量低的程度。这一程度应当受限制个人剂量的约束（剂量约束），对潜在照射则应受到个人危险的约束（危险约束），以及限制内在的经济和社会判断容易带来的不平衡约束（防护最优化）。

（3）个人受到所有有关实践联合产生的照射，应当遵守剂量限值，或者在照射情形下遵守对危险的某些控制。其目的是保证个人不会受到来自这些实践中的在正常情况下被断定为不可接受的辐射风险。由于不是所有的放射源均能在放射源的所在处采取行动施加控制，所以在选定剂量限值前，应规定哪些放射源包括在内，并作为有关的放射源（个人剂量限值）。

放射性废物管理的原则中与辐射防护关系最密切的 3 条原则：一是保护人类健康，即放射性废物管理必须确保对人类健康的影响达到可接受水平；二是保护环境，即放射性废物管理必须确保对环境的影响达到可接受水平；三是保护后代，即放射性废物管理必须保证不给后代造成不适当的负担。

12.4.3 固体废物处置前的辐射防护

固体废物处置前的辐射防护包括固体废物预处理、处理和整备 3 个废物管理基本步骤的辐射防护，也包括这几个步骤内或步骤之间的贮存和运输的辐射防护。在 ICRP 辐射防护的一般原则中，实践正当性这一原则适用于一个实践整体，而不是单一步骤，如废物管理。放射性废物的处置前管理是 ICRP 1990 年建议书和《国际电离辐射防护和辐射源安全基本标准》所建议的产生放射性废物的"实践"的一部分。此外，辐射防护考虑应该受实践正当性、防护最优化和个人剂量限值这些概念的支配。放射性废物的产生和管理不需要单独证明是正当的，因为在证明整个实践的正当性时已经考虑过这个问题。放射性固体废物的辐射防护是废物管理的辐射防护的一个组成部分，放射性固体废物处理的辐射防护必须在废物管理的前提下考虑。

1. 选址设计阶段的辐射防护评价

辐射防护评价按所评价人员的对象，可分为职业工作人员辐射防护评价和公众辐射防护评价；按评价的时间尺度，可分为回顾性评价和预评价。选址和设计阶段的辐射防护评价是做好辐射安全工作的基础。辐射防护评价按其内容可分为核安全评价、环境影响评价和辐射防护评价。放射性废物处理设施有的是在原有核设施区域内（或其附近）建造，在进行辐射防护评价和环境影响评价时，要充分考虑已有核设施对环境的影响，辐射防护评价和环境影响评价报告要充分反映整个核设施对辐射防护和环境的影响作用。此阶段需要按要求制订环境本底调查计划，按环境本底调查计划开展环境本底监测，在此基础上编制环境影响评价报告。

2. 运行阶段的辐射防护评价

1）辐射防护监测体系

辐射防护监测是辐射安全的基础，在放射性固体废物的辐射防护中要做好辐射防护监测。在开展辐射防护监测前要制订辐射防护监测计划，包括职业照射个人监测计划和环境监测计划、现场监测计划等。

按规定建立个人剂量监测系统，开展个人剂量监测，严格执行环境监测大纲，加强对现场监测的力度。

2）辐射防护评价

按规定开展辐射防护评价。辐射防护评价要从个人剂量限值和防护最优化两方面进行。对职业照射的防护严格执行国家的规定、标准。在评价放射性固体废物对公众的影响时，要结合已有核设施对环境的影响作用，确保公众受到的辐射影响不超过标准的规定。

3）放射性固体废物处理过程中的辐射防护的特点

放射性固体废物处理的不同工艺有不同的特点，各种工艺又因所处理废物特性的不同而各异。对放射性固体废物处理的辐射防护要充分考虑这些特点，要根据具体工艺制定具体的防护措施。控制辐射的技术与工艺、设备等密切相关。对放射性流出物严格执行国家相关的排放规定。

4. 放射性固体废物运输中的辐射防护

放射性固体废物运输中的辐射防护可遵照 IAEA 安全标准第 TS-R-1 号《放射性物质安全运输条例》要求进行。

人员所受剂量必须低于相应的剂量限值。防护与安全必须是最优化的，以便达到下述目的，即个人受照剂量的大小、受照射人数以及引起照射的可能性在考虑经济和社会因素之后，必须使个人所受剂量在剂量约束值的限制范围内，保持在可以合理达到的尽可能低的水平。必须采用一种条理的和系统化的方案，而这种方案必须包括对运输与其他活动之间界面关系的考虑。

必须为运输放射性物质制订辐射防护计划，且必须把该计划中拟采取措施的性质和范围与射线照射的量和可能性联系起来。该计划的文件必须能按要求提供有关主管部门进行检查。

该计划必须包括下列几条要求。

（1）就运输活动所产生的职业照射而言经评估有效量。一年中剂量很可能处于 1～6 mSv时，则必须通过工作场所监测或个人监测方式进行剂量评估活动；一年中剂量很可能超过 6 mSv 时，则必须进行个人监测。在进行个人监测或工作场所监测时，必须保存相应的记录。

（2）在运输放射性物质期间发生事故或事件时，必须遵守有关国家机构和（或）国际组织制定的应急规定，以保护人员、财产和环境。IAEA 安全标准丛书第 TS-G-1.2（ST-3）号中载有对这些规定的适当导则。

（3）应急程序必须考虑在发生事故时托运货物的内装物与环境之间可能发生的反应所产生的其他危险物质。

（4）工作人员必须接受有关所涉辐射危害和拟遵守的预防措施方面的培训，以确保限制他们和可能受其活动影响的其他人的照射量。

思考题

1. 放射性固体废物的主要来源有哪些？
2. 简述放射性固体废物的分类原则及分类。
3. 放射性固体废物的预处理技术有哪些？
4. 如何贮存放射性固体废物？
5. 放射性固体废物的固化处理有哪些技术？
6. 如何做好辐射防护？

第13章

固体废物的最终处置

13.1 固体废物的最终处置概述

城市生活垃圾与各行业固体废物实施综合利用与资源回收后，仍有大量无任何利用价值的剩余部分，包括各类危险废物。为防止固体废物对环境造成污染，根据排放的环境条件，采取适当而必要的防护措施，以达到被处置废物与环境生态系统最大限度地隔绝，这种措施称为固体废物的"最终处置"或"无害化处置"。对于危险废物，则需要采用更加安全的防护处置措施，称为"安全处置"。

固体废物的最终处置途径可归纳为两种：陆地处置与海洋处置。某些工业化国家对固体废物尤其是危险废物早期多采用海洋处置。由于海洋保护法的制定及其在国际上的影响不断扩大，海洋处置引起较大争议，使用范围已逐步缩小。我国对任何废物均不主张海洋处置。陆地处置是当前国际上较普遍采用的基本途径。陆地处置从露天堆存开始，现已发展了多种处置方式，其中应用最广的是陆地填埋处置，适用于多种废物。填埋本质上是对惰性物质的长期保存，同时伴随着可生物降解物质相对无法控制的自然分解，因此填埋可作为固体废物处置的一种工艺，它可处置几乎所有固体废物。固体废物的陆地最终处置方法可分为浅地层处置和深地层处置两种基本处置方法。浅地层处置是指在浅地层（深度一般在地面下 50 m 以内）处置固体废物。按照固体废物的类别，浅地层处置又可分为生活垃圾卫生填埋、一般工业固体废物填埋、危险废物安全填埋。深地层处置是在深地层处置固体废物，通常包括废矿井处置和深井灌注。本章着重介绍生活垃圾卫生填埋和危险废物安全填埋。

13.1.1 固体废物的处置反应机制与原则

1. 固体废物处置过程中污染物的释放与迁移

固体废物中的污染物具有迟滞性，但在长期的地质处置过程中，经一系列的物理、化学和生物关联作用，会产生新的污染物质并释放至环境中。

1）废物在处置过程中的反应

卫生填埋根据固体废物的降解机理，可分为好氧、准好氧和厌氧 3 种类型。

（1）好氧填埋。好氧填埋就是在填埋场的垃圾中布置通风管网，通过通风机将空气送入垃圾中，使其进行好氧分解。由于垃圾中含有充分的氧气，有机物的降解速度加快，并能产生高温（可达 60 ℃）消灭大肠杆菌等致病细菌。此外，垃圾体积迅速减少，产生的渗滤液也比较少，从而使好氧填埋场不用布置复杂的渗滤液收集管网系统。但是，好氧填埋结构设计比较复杂，施工要求高，建设运行费用高，使其具有很大的局限性，在大中型填埋场中的推广和应用较少。

（2）准好氧填埋。准好氧填埋介于好氧填埋和厌氧填埋之间，它利用填埋场的集水管管道与大气相通，空气以自然通风的方式进入垃圾中。在填埋体中，与空气接触的垃圾进行好氧分解，接触不到空气的垃圾则进行厌氧反应。准好氧填埋中好氧与厌氧同时存在，其中好氧区域实现了有机物的好氧分解，厌氧区域实现了重金属的截留，与好氧填埋相比它的成本比较低。因此，准好氧填埋在实际应用中得到了一定的发展。

（3）厌氧填埋。厌氧填埋就是对填埋场的垃圾不进行氧气的供应，使垃圾中的有机物发生厌氧分解。由于厌氧填埋结构简单，填埋成本低、操作方便，可回收甲烷气体，且基本不受外界气候条件、垃圾成分和填埋高度的限制，因此厌氧填埋目前成为世界上应用广泛的固体废物填埋方式。

2）污染物释放、迁移途径

废物处置场实际可看成一个生化反应器。如图 13-1 所示，当降雨和地表水通过渗透进入处置场时，一方面污染物溶解产生渗滤液，而另一方面废物在达到稳定化之前，含污染物的气体会不断释放到环境中。处置场释放到环境中的渗滤液和气体污染物经过迁移、转化，造成水体污染、空气污染和土壤污染。

图 13-1　处置场污染物的迁移过程

2. 固体废物的处置原则

固体废物的最终安全处置要遵循以下原则。

（1）区别对待、分类处置、严格管理的原则。根据固体废物对环境的危害程度和危害时间长短，固体废物可分为 6 类：一是对环境无有害影响的惰性固体废物，如建筑垃圾；二是对环境有轻微、暂时影响的固体废物，如矿业渣、粉煤灰、钢渣；三是在一定的时间内对环境有较大影响的固体废物，如城市生活垃圾；四是在较长时间内对环境有较大影响的固体废物，如大部分工业固体废物；五是在很长时间内对环境有严重影响的固体废物，如危险废物、含有特殊化学物质的固体废物；六是在很长时间内对环境和人体健康有严重影响的废物，如易溶、难分解、易爆、放射性等废物。

应根据不同废物的危害程度与特性，区别对待、分类管理。这样既可有效控制主要污染危害，又能降低处置费用。

（2）将危险废物与生物圈相隔离的原则。固体废物，特别是危险废物和放射性废物，最终处置的基本原则是合理地、最大限度地使其与自然和人类环境隔离，减少有毒有害物质释放进入环境的速率和总量，将其对环境的影响降到最低程度。

（3）集中处置原则。对固体废物实行集中处置，既可节省人力、物力、财力，有利于管理，也是有效控制乃至消除危险废物污染危害的重要技术手段。

若使所处置的废物及产生的污染物与环境相隔离，则需要完全做到废物与环境相隔离，阻断废物与环境相联系的通道，绝对不让环境中的水分等物质进入处置场，从而产生渗滤液和废气；但是完全阻止产生的渗滤液和气体释放到环境中，是极为困难的，因此采用各种天然或工程措施尽量减少或者避免渗滤液和废气的产生和释放是极为重要的。

3. 多重屏障原理

为使将处置场污染物释放速率减至最小，必须：

（1）将联系固体废物与环境的通道数量减至最少，也就是将环境中渗入处置场内的水分减至合适的限度；

（2）尽可能将处置场内污染物与环境相联系的通道减到最少，使污染物释放的速度减至最小。

为此，必须通过各种天然或工程措施达到以上目的。利用天然环境地质条件而采取的措施，称为天然防护屏障，而采取的工程措施称为工程防护屏障。下面介绍 3 道防护屏障系统（图 13-2）。

（1）废物屏障系统。根据废物的性质进行预处理，包括固化或惰性化处理，以减轻废物的毒性或减少渗滤液中有害物质的浓度。

（2）密闭屏障系统。利用人为的工程措施将废物封闭，使废物的渗滤液尽量少地突破密闭屏障而向外溢出。

（3）地质屏障系统。地质屏障系统包括场地的地质基础、外围和区域综合地质技术条件。良好的地质屏障系统应达到以下要求：

①土壤和岩层较厚、密度高、均质性好、渗透性低、含有对污染物吸附能力强的矿物成分；

②与地表水和地下水的动力联系较少，可减少地下水的入浸量和渗滤液进入地下水的渗流量；

③从长远来讲，能避免或降低污染物的释出速率。

地质屏障系统决定废物屏障系统和密闭屏障系统的基本结构。如果地质屏障系统优良，对废物有足够强的防护能力，则可简化废物屏障系统和密闭屏障系统的技术措施。

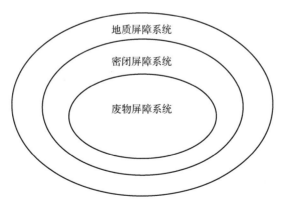

图 13-2　防护屏障系统示意图

13.1.2　地质屏障的防护性能

若要对地质屏障的防护能力做出评价，首先要了解处置场释放的污染物在地质介质中的迁移速度和去除机制。

1. 介质的渗透性及水的运动速度

1) 土壤的渗透性及水通量

土壤的渗透性是指空气或水通过土壤的难易程度。渗透性通常用水通量 q 来表示，水通量指单位时间流过的距离，即水通过地质介质的流动通量：

$$q = Ki \tag{13-1}$$

式中 q——达西通量或水通量，cm/s；

i——水力坡度，cm/cm；

K——渗透系数或渗透率，cm/s。

式（13-1）称为达西公式。地质介质的渗透系数 K 是决定地下水运动速度和污染物迁移速度的重要参数。土壤结构越紧密，K 越小。

表 13-1 为渗透系数与分级的关系。表 13-2 为不同地质介质的典型渗透系数。

表 13-1 渗透系数与分级的关系

渗透系数/(cm·s⁻¹)	分级	渗透系数/(cm·s⁻¹)	分级
$>7\times10^{-3}$	非常快	$(1.4\sim6)\times10^{-4}$	稍慢
$(3.5\sim7)\times10^{-3}$	快	$(3.5\sim14)\times10^{-5}$	慢
$(1.7\sim3.5)\times10^{-3}$	稍快	$<3.5\times10^{-5}$	非常慢
$0.6\sim1.7\times10^{-3}$	中速		

表 13-2 不同地质介质的典型渗透系数

介质	渗透系数/(cm·s⁻¹)	介质	渗透系数/(cm·s⁻¹)
砾石	$10^{-3}\sim10^{0}$	未风化的黏土	$10^{-12}\sim10^{-6}$
砂	$10^{-5}\sim10^{-2}$	碳酸岩	$10^{-9}\sim10^{-2}$
淤泥状砂	$10^{-7}\sim10^{-3}$	砂岩	$10^{-10}\sim10^{-6}$
亚黏土	$10^{-9}\sim10^{-6}$	黏土岩	$10^{-12}\sim10^{-6}$

2) 水的运动速度

土壤孔隙中水的运动速度 v 与孔隙的大小及数量有关，即

$$v = \frac{q}{\varepsilon_e} \tag{13-2}$$

式中 ε_e——土壤的有效孔隙率，cm³/cm³。

2. 污染物的迁移及吸附滞留

1) 污染物的迁移速度

污染物迁移与地下水的运动速度有关，且其迁移路线与地下水的运动路线基本相同，则污染物的迁移速度 v' 与 v 的关系为

$$v' = \frac{v}{R_d} \tag{13-3}$$

式中 R_d——污染物在地质介质中的滞留因子，无量纲量。

$$R_d = 1 + \frac{\rho_b}{\varepsilon_e} k_d \tag{13-4}$$

式中　ρ_b——土壤的堆积容重（干），g/cm^3；

　　　k_d——污染物在土壤/水中的吸附平衡分配系数，mL/g。

2）地质介质对污染物的吸附滞留作用

土壤中的有机质（腐殖质）和黏土颗粒带负电荷，因而荷正电离子（阳离子）（如铵、铅、钙、锌、铜、汞、铬（Ⅲ）、镁、钾等）可被土壤中的腐殖质或黏土吸附滞留，而荷负电离子（CrO_4^{2-}、NO_3^-、Cl^- 等）则不能被土壤所滞留，即负离子随土壤中的水一起迁移。

各种污染物被土壤吸附而阻滞的能力，可用土壤的阳离子交换容量（CEC）表示。CEC越大，腐殖质和黏土含量越高，则滞留荷电组分的能力越强。

土壤的 CEC 可用每 100 g 土壤的毫克当量数表示，即 meq/100 g，如纯腐殖质的 CEC 为 200 meq/100 g。

由以上讨论可知，影响废物组分在土壤中迁移的主要因素包括土壤的种类或结构、土壤的渗透性、土壤的阳离子交换容量。

黏结性岩石（黏土、亚黏土）渗透性极小，表面带很多的负电荷，能吸附大量的有害物质，对有害物质的滞留能力最强。

3. 污染物在土壤中的降解

1）生物降解作用

土壤中的有机污染物可被微生物分解而转化。有机污染物被生物降解后，浓度衰减的表达式为

$$c(t) = C_0 \exp(-kt) \tag{13-5}$$

式中　k——反应速率常数，s^{-1}；

　　　C_0——初始浓度；

　　　$c(t)$——t 时刻的浓度。

2）地质介质的屏障作用

地质介质的阻滞能力，包括污染物在地质介质中的物理衰变、化学反应和生物降解作用。

设地质介质的厚度为 $L(m)$，则污染物通过所需的时间（迁移时间）为

$$t^* = \frac{L}{v'} = \frac{L}{v/R_d} \tag{13-6}$$

式中　v'——污染物的迁移速度；

　　　v——水的运动速度；

　　　R_d——污染物在地质介质中的滞留因子。

污染物通过某些地质介质层后，其浓度衰减可表示为

$$c = c_0 \exp(-k't^*) \tag{13-7}$$

式中　c_0——污染物进入地质介质前的浓度；

　　　c——污染物穿透地质介质后的浓度（穿透后地下水的浓度）；

　　　k'——污染物降解或衰变速率常数。

因此，对于在地质介质中既被吸附，又会发生衰变或降解的污染物，只要污染物在此地质层内有足够的停留时间，就可使污染物浓度降到所要求的浓度。

13.1.3　固体废物的陆地处置

陆地处置可分为土地耕作、土地填埋和永久贮存三大类，应用最多的是土地填埋处置

技术。

1. 土地填埋处置的特点

（1）土地填埋处置是一种按照工程理论和土工标准，对固体废物进行有控管理的综合性的科学工程技术，而不是传统意义上的堆放、填埋。

（2）处置方式已从堆、填、覆盖向包容、屏蔽隔离的工程贮存方向发展。

（3）填埋处置工艺简单、成本较低，适于处置多种类型的固体废物。

2. 分类

按填埋场地形特征，分为山间填埋、峡谷填埋、平地填埋、废矿坑填埋。

按填埋场地水文气象条件，分为干式填埋、湿式填埋以及干湿式混合填埋。

按性质或状态，分为厌氧填埋、好氧填埋、准好氧填埋、保管填埋。

按固体废物污染防治法规，分为一般性固体废物填埋和工业固体废物填埋。

比较科学的方法是根据废物的种类以及有害物释放所需控制水平进行分类，具体分类方法如下。

（1）一级填埋场，主要填埋惰性废物，如建筑垃圾，是最简单的一种方法。

（2）二级填埋场，主要填埋矿业废物，如粉煤灰等。

（3）三级填埋场，主要填埋在一段时间内对公众健康造成危害的固体废物。其主要处置城市生活垃圾，称为城市生活垃圾卫生填埋场。

（4）四级填埋场，主要填埋工业有害废物（工业废物处置场），场地下部土壤要求渗透系数 $K<10^{-6}$ cm/s。

（5）五级填埋场，也称危险废物土地安全填埋场，用于处置危险废物。其对选址、工程设计、建筑施工、营运管理和封场后管理都有特殊的严格要求，$K<10^{-8}$ cm/s。

（6）六级填埋场，也称为特殊废物深地层处置库，或深井灌注。处置时，必须封闭处理液体、易燃废气、易爆废物、中高水平放射性废物。

13.2　我国垃圾填埋场的发展状况

我国生活垃圾无害化处置建设从 20 世纪 80 年代起步，垃圾卫生填埋技术发展较晚，开始阶段因为缺技术和资金，大部分填埋场都是非卫生填埋的堆场，且主要集中于一些大中城市，县级城市相对较少。从 1990 年起，随着我国第一个垂直防渗的天子岭填埋场建设开始，准卫生填埋场数量迅速增加，然后逐渐减少趋于稳定，但生活垃圾的填埋量却一直持续增加，主要是部分大中型卫生填埋场得到投入运行，使垃圾处置能力迅速提升。随着国家对环卫工作的重视，全国各大中城市相继建成了城市生活垃圾卫生填埋场，这一时期我国城市生活垃圾卫生填埋技术有了质的飞跃。

据国家统计局《中国统计年鉴 2021》的数据，2020 年全年我国城市生活垃圾清运量 23 511.7 万吨。截至 2020 年年末，全国设市城市共有生活垃圾无害化处置场 1 287 座，日处置能力 96.35 万吨，无害化处置量 23 452 万吨，生活垃圾无害化处置率达到 99.7%。除此之外，"全国地下水基础环境状况调查评估信息系统"数据统计显示，我国还存在数量更为庞大的非正规生活垃圾填埋场。图 13-3 为 2011—2017 年我国生活垃圾卫生填埋场数量及卫生填埋总量的比例。

我国的生活垃圾填埋场具有区域分布性（图 13-4）。2021 年，我国填埋场数量排名前

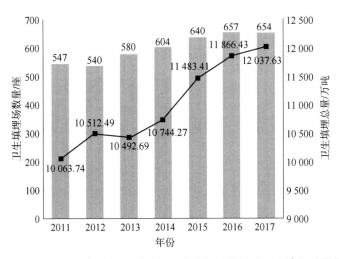

图 13-3　2011—2017 年我国生活垃圾卫生填埋场数量及卫生填埋总量的比例

五的省份分别是广东（41 座）、黑龙江（30 座）、山东（29 座）、陕西（28 座）以及湖北、河南、辽宁和河北（各 27 座）。

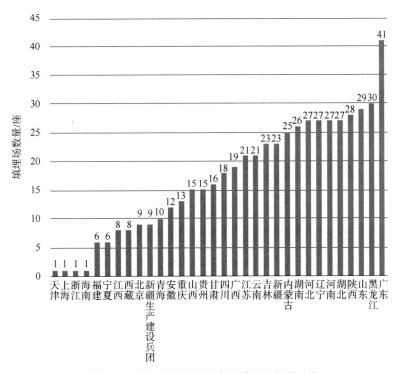

图 13-4　2021 年我国部分省份填埋场数量分布

13.3　填埋场的基本构造和类型

按填埋废物的类别和填埋场污染防治原理，填埋场的构造主要分为自然衰减型填埋场和封闭型填埋场。城市生活垃圾的卫生填埋场属衰减型，而处置危险废物的安全填埋场属封闭型。

13.3.1 自然衰减型填埋场

1. 构造

一个理想的自然衰减型填埋场的剖面图如图 13-5 所示。其构造是填埋底部为黏土层，黏土层之下为含砂土层，含砂土层下为基岩组成的岩层。

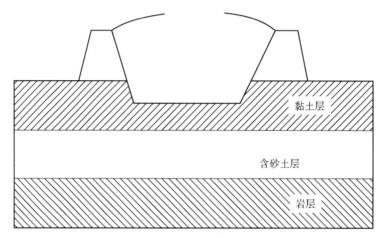

图 13-5 自然衰减型填埋场剖面图

2. 渗滤液的衰减过程

渗滤液的衰减过程可分为黏土层中的衰减和含水层中的衰减两个阶段。

1）黏土层中的衰减

渗滤液在此层内发生的降解作用包括吸附/解吸、离子交换、沉淀/溶解、过滤、生物降解。发生以上这些作用（渗滤液与黏土层），渗滤液中有些污染物浓度降低，有些也可能升高。

使渗滤液降低的因素主要有吸附、离子交换、沉淀和过滤。它们使污染物迁移速度变慢，浓度降低。

使污染物浓度升高的因素有解吸、离子交换和溶解。它们使污染物的迁移速度加快。生物降解、化学降解和物理衰变，会使地下水中的污染物消失，当然也存在产生新物质的问题。

2）含水层中的衰减

穿过黏土层进入含水层的渗滤液发生以下过程：首先是发生混合、扩散（弥散）作用，渗滤液被地下水稀释；其次是随地下水迁移过程，渗滤液与水层介质发生吸附、离子交换、过滤、沉淀等反应而衰减。

3. 影响污染物自然衰减的因素

1）介质层类型、厚度及水运动参数

填埋场场地土壤类型（如砂土、黏土等）、厚度及其成层排列对渗滤液的自然衰减有重要影响。几种介质的离子交换容量如表 13-3 所示。

表 13-3　几种介质的离子交换容量

介质类型	纯腐殖质	蒙脱土	高岭土	多数土壤
CEC/[meq·(100 g)$^{-1}$]	200	90	80	10~30

渗滤液进入地下水的流速、含水层中的厚度及地下水本身的流速,都会影响渗滤液组分在含水层中的稀释。

最适合于自然衰减的土壤地质介质的离子交换容量为 30~40 meq/100 g,渗透系数 K 为 $1\times10^{-4}~1\times10^{-5}$ cm/s。

2)渗滤液流速

衰减机理与渗滤液流速有紧密的关系。反应动力学将支配着 5 种机理中的 4 种机理:吸附作用、生物降解、离子交换作用和沉淀作用。无论何种衰减机理均与渗滤液流速有关。

3)渗滤液中的污染物

渗滤液中的污染物在土层中浓度降低的趋向:一是大多数金属能被黏土等矿物质吸附,吸附能力越强,污染物的迁移速度越慢;二是微量非金属物质只能部分被土壤吸附,迁移速度较快;三是硝酸盐、硫酸盐和氯化物等常量物质,很少被土壤吸附,易穿透土层直接进入地下含水层;四是 BOD(生化需氧量)、COD(化学需氧量)及挥发性有机物(VOCs)在土壤中有一定吸附和生物降解;五是土壤对微量浓度的放射性核素吸附能力较强,污染物的迁移速度较慢。

在包气带土层中发生的这些反应,使渗滤液-土壤系统的 pH 值逐渐趋近于中性,铜、铅、锌、铁(部分)、铵、镁、钾、钠等因吸附或离子交换而浓度降低,但铵、镁、钾将置换出钙,从而增加渗滤液的总硬度,最终会显著增加填埋场附近地下水总硬度。同时,对于不发生生物降解、化学降解或物理衰变的污染物,其自土层的流出浓度随时间将会逐渐升高,最终会与渗滤液中浓度相同。能发生生物降解、化学降解或物理衰变的污染物,虽然其自土层的流出浓度随时间也会逐渐升高,但最终仍会小于渗滤液中的浓度。

4)含水层的渗透性及厚度

对于渗滤液中不能被土壤吸附降解的污染物,含水层的渗透性要小,较合适的渗透系数小于 1×10^{-3} cm/s,厚度应尽可能小(如砂质含水层)。若含水层的渗透性大,则在同一水力梯度下,地下水的流速就快,有害物质在含水层中的传播速度也快,有害物质的传播由静水时扩散转变为流动状态的渗透弥散迁移,加强了有害物质的传播速度和距离。对含水层厚度而言,若含水层很薄,则在地下水同一流速下,流经地下水的径流量就小,有害物质扩散效果就差;即使是渗透性很大的含水层,若其厚度很小,采取人工治理也容易。

13.3.2　全封闭型填埋场

全封闭型填埋场的设计概念,是将废物和渗滤液与环境隔绝开,将废物安全保存数十年甚至上百年。这类填埋场通常利用地层结构的低渗透性或工程密封系统,减少渗滤液产生量和通过底部的渗透泄漏渗入蓄水层的渗滤液量,使对地下水的污染减少到最低限度,并对所收集的渗滤液进行妥善处理处置,认真执行封场及善后管理,从而达到使处置的废物与环境隔绝的目的。

全封闭型填埋场的基础、边坡和顶部均需设置黏土或合成膜衬层,或两者兼备的密封系统，且底部密封一般为双衬层密封系统，并在顶部安装渗水收排系统，底部安装渗滤液收集主系统和渗漏渗滤液检测收排系统。在这类填埋场内，整个衰减过程是在废物中进行的，这些过程通常能减少渗滤液的有机负荷。在某些情况下，特别是含有难降解废物时，渗滤液的负荷也会有所降低。

13.3.3　半封闭型填埋场

半封闭型填埋场的设计概念实际上介于自然衰减型填埋场和全封闭型填埋场之间。半封闭型填埋场的顶部密封系统一般要求不高，而底部一般设置单密封系统和在密封衬层上设置渗滤液收集系统。大气降水仍会部分进入填埋场，而渗滤液也可能会部分泄漏进入土层和地下含水层，特别是只采用黏土衬层时更是如此。但由于大部分渗滤液可被收集排出，通过填埋场底部渗入黏土层和地下含水层的渗滤液量显著减少，黏土层的屏障作用可使污染物的衰减作用更为有效。

13.4　城市生活垃圾的卫生填埋技术

卫生填埋主要用于处置一般固体废物（如城市生活垃圾），一般不会对公众健康及环境安生造成严重危害。卫生填埋是把运到填埋场地的废物在限定的区域内铺成 40~75 cm 的薄层，然后压实以减少废物的体积，并在每天操作之后用厚 15~30 cm 的土壤覆盖、压实。废物层和土壤覆盖层共同构成一个单元，称为填筑单元。具有同样高度的一系列相互衔接的填筑单元构成一个填埋层。填埋场由一个或多个填埋层组成。当填埋达到最终的设计高度之后，在填埋层之上覆盖一层厚 90~120 cm 的土壤，压实后就成为一个完整的填埋场。卫生土地填埋场剖面图如图 13-6 所示。

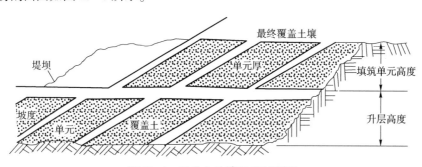

图 13-6　卫生土地填埋场剖面图

13.4.1　卫生填埋场的选址

卫生填埋场的选址是其设计和建设的第一步，涉及政策、法规、经济、环境、工程和社会等因素，须认真对待。废物填埋场的选址通常要满足以下基本条件。

1. 应服从城市发展总体规划

卫生填埋场是城市环卫基础设施的重要组成部分，其建设规模应与城市化进程和经济发展水平相符。只有在填埋场场址选择服从城市发展总体规划的前提下，才不会影响城市总体布局和城市用地性质，真正发挥填埋场为城市服务的基本功能，使其获得良好的社会效益和环境效益。

2. 应有足够的库容量

卫生填埋场建设必须满足一定的服务年限，否则其单位库容的投资将大大增高，造成经济上的不合理。通常卫生填埋场的合理使用年限应在 10 a 以上，特殊情况下也不应低于 8 a。

库容是指填埋场用于填埋垃圾场地的体积大小。应充分利用天然地形来扩充填埋容量。填埋城市生活垃圾应在规范化的指导下进行，填埋计划和填埋进度图也是填埋场建设的重要文件。填埋场使用年限是填埋场从填入垃圾开始至填埋垃圾封场的时间。填埋场的规模根据规定的填埋年限而定，填埋场规模与服务年限如表 13-4 所示。从理论上讲，填埋场使用年限越长越好，但考虑到填埋场的经济性、填埋场地形的可能性以及填埋场终场利用的可行性，填埋场使用年限的确定必须在选址和做计划时就考虑到，以利于满足废物综合处理长远发展规划的需要。

表 13-4　填埋场规模与服务年限

型号	特大型	大型	中型	小型
规模/(t·d⁻¹)	>3 000	1 000~3 000	500~1 000	<500
服务年限/a	≤15	≤12	≤8	≤5

3. 应具有良好的自然条件

卫生填埋场应具有的自然条件：一是场地的地质条件要稳定，应尽量避开构造断裂带、塌陷带、地下岩溶发育带、滑坡、泥石流、崩塌等不良地质地带，同时场地地基要有一定承载力（通常不低于 0.15 MPa）；二是场址的竖向标高应不低于城市防排洪标准，使其免受洪涝灾害的威胁；三是场区周围 500 m 范围内应无居（村）民居住点，以避免因填埋场诱发的安全事故和传染疾病；四是场址宜位于城市常年主导风的下风向和城市取水水源的下游，以减少可能出现的大气污染危害及减轻危害程度，避免对城市给水系统造成潜在威胁；五是场址就近应有相当数量的覆土土源，以用作填埋场的日覆土、中间覆土和终场覆土。

4. 运距应尽量缩短

尽量缩短废物的运输距离对降低其处置费用有举足轻重的作用。通常认为较经济的废物运输距离不宜超过 20 km。然而由于城市化进程的加快，大城市的废物运输距离越来越远，为避免废物运输中的"虚载"问题，应增设废物压缩转运站或提倡使用压缩废物运输车，以提高单位车辆的运输效率，降低运成本。

5. 应具有较好的外部建设条件

若在选择的场址附近拥有方便的外部交通，可靠的供电电源，充足的供水条件，将会对降低填埋场辅助工程的投资，加快填埋场的建设进程和提高填埋场的环境效益和经济效益十分有利。

13.4.2　卫生填埋场的设计

卫生填埋场的场地总体设计中应包括填埋区（包括渗滤液导排系统、渗滤液处理系统、填埋气体导排及处理系统）、场区道路、垃圾坝、封场工程及监测等综合项目。

1. 填埋区

卫生填埋场的面积和容量应与城市的人口数量、垃圾的产生率、废物填埋的高度、垃圾量与覆盖材料量及填埋后的压实密度有关。通常覆土和填埋垃圾之比为 1∶4 或 1∶3，填埋后废物的压实密度为 500~700 kg/m³，场地的填埋年限至少使用 20 a。

卫生填埋场垃圾等固体废物的总填埋容量可按下式计算：

$$V_t = 365 \times \frac{mPt}{\rho} + V_s \tag{13-8}$$

式中　V_t——总填埋量，m³；

m——人均每天废物产生量，kg/(d·人)；

P——填埋场服务区域内的人口，人；

t——填埋年限，a；

ρ——废物最终压实密度，kg/m³；

V_s——覆土体积，m³。

通常，我国城市固体废物产生量可按 0.8~1.2 kg/(d·人) 计算。

若填埋高度为 H，则每年所需的场地面积为

$$A = V_t/H \tag{13-9}$$

【例】　某城市共有10万人，平均每人每天产生生活垃圾 1.5 kg/(d·人)，该城市焚烧设施不完善，当前主要采用卫生填埋方式处理生活垃圾，填埋时覆土与垃圾之比为 1∶4，填埋后废物的压实密度为 650 kg/m³，试求每年填埋废物的体积和占地面积（填埋高度为 7 m）。

解：（1）确定填埋容积：

$$V = (365 \times 1.5 \times 100\,000)/650 + (365 \times 1.5 \times 100\,000)/(650 \times 4)$$
$$= 84\,230.77 + 21\,057.69 = 105\,288.46(\text{m}^3)$$

（2）每年占地面积：

$$A = V/H = 105\,288.46/7 = 15\,041.21\ (\text{m}^2)$$

填埋区的占地面积宜为总面积的 70%~90%，不得小于 60%。填埋场应根据填埋场处理规模和建设条件做出分期和分区建设的安排和规划。垃圾卫生填埋场填埋区工程的结构层次从上到下依次为渗滤液导排系统、防渗系统和基础层。设置在垃圾卫生填埋场填埋区中的渗滤液防渗系统和收集导排系统，在垃圾卫生填埋场的使用期间和封场后的稳定期内，起着将垃圾堆体产生的渗滤液屏蔽在防渗系统上部，并通过收集导排和导入处理系统实现达标排放的作用。

2. 场区道路

场区道路应在垃圾产生高峰期和平稳期都能满足场内正常生产运行的需要；简单实用，能够保证场内车辆行驶安全；充分考虑各功能分区的相互联系性。

3. 垃圾坝

为了将垃圾填埋在填埋区内，防止垃圾堆体滑坡，更好地使填埋区与其他功能区分隔开，需在填埋作业之前，在填埋区的最低处修建垃圾坝。垃圾坝为不均质透水堆石坝。上下游坝面及坝顶为干砌石，坝体内为堆石体。堆石体密度大于 1.8 t/m³，石料密度大于 400 kg/m³，软化系数大于 0.7。坝基及内坡均铺设土工布和砂石组成的反滤层，渗滤液通

过反滤层渗出，进入渗滤液调蓄池。垃圾坝可防止垃圾堆体滑坡，但它一侧受到垃圾的推滑力，垃圾坝在垃圾的推滑力和重力的作用下，有向外和向下移动的趋势。如果坝坡内岩土的抗剪强度能够抵抗这种趋势，则坝坡是稳定的，否则就会失稳而发生滑坡，导致垃圾坝裂缝、垃圾溢出、渗滤液涌出，对垃圾场的地表水、地下水都造成污染。地表水、地下水一旦被渗滤液污染，是很难治理的，往往经过几十年甚至上百年时间也难以根治。垃圾坝的建设与垃圾场的地形、地质条件和修筑材料等都有密切关系。

13.4.3 卫生填埋场的工程建设

1. 卫生填埋场的建设项目

卫生填埋场的建设项目可分为填埋场主体工程与装备、配套设施以及生产、生活服务设施三大类。

（1）填埋场主体工程与装备包括场区道路、场地整治、水土保持、防渗工程、坝体工程、洪雨水及地下水导排、渗滤液收集处理和排放、填埋气体导出及收集利用、计量设施、绿化隔离带、防飞散设施、封场工程、监测井、填埋场压实设备、推铺设备、挖运土设备等。

（2）配套设施包括进场道路（码头）、机械维修、供配电、给排水、消防、通信、监测化验、加油、冲洗、洒水、节能减排等设施。

（3）生产、生活服务设施包括办公、宿舍、食堂、浴室、交通、绿化等。

2. 填埋工艺

垃圾运输进入填埋场，经地磅称重计量，再按规定的速度、线路运至填埋作业单元；在管理人员指挥下，进行卸料、推铺、压实并覆盖，最终完成填埋作业。其中，推铺由推土机操作，压实由垃圾压实机完成。每天垃圾作业完成后，应及时进行覆盖操作。填埋场单元操作结束后，及时进行终场覆盖，以利于填埋场的生态恢复和终场利用。此外，根据填埋场的具体情况，有时还需要对垃圾进行破碎和喷洒药液。生活垃圾填埋场典型工艺流程如图13-7所示。

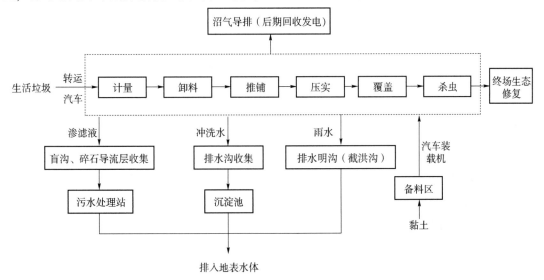

图13-7 生活垃圾填埋场典型工艺流程

由于填埋区的构造不同，不同填埋场采用的具体填埋方法也不同。例如，在地下水位较高的平原地区一般采用平面堆积法填埋垃圾，在山谷型的填埋场可采用倾斜面堆积法；在地下水位较低的平原地区可采用掘埋法，在深沟、坑洼地带的填埋场可采用填坑法填埋垃圾。实际上，无论何种填埋方法，均由卸料、推铺、压实和覆盖 4 个步骤构成，其余还包括杀虫等步骤。

1）卸料

采用填坑作业法卸料时，往往设置过渡平台和卸料平台，而采用倾斜面作业法时，则可直接卸料。

2）推铺

卸下的垃圾的推铺由推土机完成，一般每次垃圾推铺厚度达到 30～60 cm 时，进行压实。

3）压实

压实是填埋场填埋作业中一道重要的工序。填埋垃圾的压实能有效地增加填埋场的库容量，延长填埋场的使用年限及对土地资源的开发利用；能增加填埋场强度，防止坍塌，并能阻止填埋场的不均匀性沉降；能减少垃圾空隙率，有利于形成厌氧环境，减少渗入垃圾层中的降水量及蝇虫的滋生，也有利于填埋机械在垃圾层上的移动。

4）覆盖

卫生填埋场与露天垃圾堆放场的根本区别之一就是卫生填埋场的垃圾除了每日用一层土或其他覆盖材料覆盖以外，还要进行中间覆盖和终场覆盖。

日覆盖的作用：改善道路交通，改进景观，减少恶臭；减少风沙和碎片（如纸、塑料等）；减少疾病通过媒介（如昆虫和鼠类等）传播的危险；减少火灾危险等。

中间覆盖常用于填埋场的部分区域需要长期维持开放（2 a 以上）的特殊情况，要求覆盖材料的渗透性较差，一般选用黏土等进行中间覆盖，覆盖厚度为 30 cm 左右。中间覆盖的作用：可以防止填埋气体的无序排放；防止雨水下渗，将层面的降雨排出填埋场外等。

终场覆盖的目的：防止雨水大量下渗而增加渗滤液处理的量、难度和投入；避免有害气体和臭气直接释放到空气中；避免有害固体废物直接与人体接触；防止或减少蚊蝇的滋生；封场覆土上栽种植被，进行复垦或做其他用途。

5）杀虫

当填埋场温度条件适宜时，幼虫在垃圾层被覆盖之前就能孵出，以致在倾倒区附近出现大量苍蝇。填埋场的蝇密度以新鲜垃圾处为最多，应作为灭蝇的重点区域。灭蝇药物中混剂相对于单剂具有明显的增效作用，但药物的使用会给环境带来一定的污染，因此需掌握药物传播途径，正确使用药剂，控制药剂污染，尽可能减少药剂使用。

13.4.4　卫生填埋场的防渗系统

防渗是卫生填埋处理技术的主要标志，它能防止垃圾在填埋过程中产生的渗滤液、填埋气体对填埋场的水体和土壤造成污染，减少渗滤液的产生量，并为以后对填埋气体有序、可控制地收集和利用创造条间。防渗的技术关键是防渗层的构造，其结构形式直接决定了防渗效果和工程建设投资。

根据《生活垃圾卫生填埋处理技术规范》（GB 50869—2013）、《生活垃圾填埋场污染控制标准》（GB 16889—2008）等的相关要求，场区底部防渗系数不大于 10×10^{-7} cm/s。

1. 防渗材料的选择

填埋场防渗材料主要有两种：一种是天然防渗材料，即黏土防渗层或黏土与膨润土混合防渗层；另一种是人工防渗层，即根据填埋场渗滤液收集系统、防渗层和保护层、过滤层的不同组合，一般可分为单层衬层防渗系统、单复合衬层防渗系统、双层衬层防渗系统和双复合衬层防渗系统。

1）黏土

黏土是土衬层中最重要的部分，具有低渗透性。填埋场黏土衬层分为两类：自然黏土衬层与人工压实黏土衬层。自然黏土衬层是具有低渗透衬、富含黏土的自然形成物，其渗透系数应小于或等于 $1 \times 10^{-7} \sim 1 \times 10^{-6}$ cm/s。一般来说，自然黏土衬层和岩石层是否均一以及是否具有较低的渗透系数，是很难检测验证的，仅仅使用自然黏土衬层作为填埋场防渗层是不可靠的。

2）人工合成材料

高密度聚乙烯（HDPE）膜作为一种高分子合成材料，有抗拉性好、抗腐蚀性强、抗老化性能高等优良的物理、化学性能，使用寿命在 50 a 以上。例如，防渗功能比最好的压实黏土高 10 倍（压实黏土的渗透系数级数为 10^{-7} 级，而 HDPE 膜的渗透系数级数为 10^{-14} 级）；断裂延伸率高达 600% 以上，完全满足垃圾填埋运行过程中由蠕变运动所产生的变形；有利于施工、填埋运行。

HDPE 膜具有优良的力学性能、耐热性、耐化学腐蚀性、抗环境应力开裂和良好的弹性。随着厚度增加（一般范围在 0.75~2.5 mm），其断裂强度、屈服强度、撕裂强度、抗穿刺强度逐渐增加。垃圾填埋场一般采用 1.5~2.5 mm 厚的 HDPE 膜作为衬层。

2. 防渗系统

场底防渗系统是防止填埋气体和渗滤液污染，防止地下水和地表水进入填埋区的重要设施（图 13-8~图 13-11）。场底防渗系统主要分为垂直防渗系统和人工水平防渗系统两种类型。

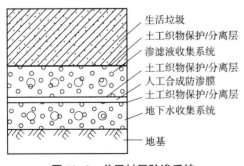

图 13-8　单层衬层防渗系统

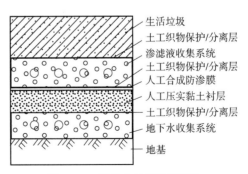

图 13-9　单复合衬层防渗系统

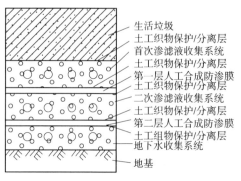

图 13-10 双层衬层防渗系统

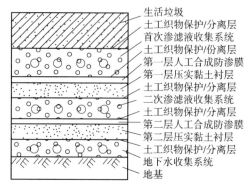

图 13-11 双复合衬层防渗系统

1）垂直防渗系统

填埋场的垂直防渗系统是根据填埋场的工程、水文地质特征，利用填埋场基础下方存在的独立水文地质单元、不透水或弱透水层等，在填埋场一边或周边设置垂直的防渗工程（如防渗墙、防渗板等），将垃圾渗滤液封闭于填埋场中进行有控制的导出，防止渗滤液向周围渗透污染地下水和填埋场气体无控释放，同时也有阻止周围地下水流入填埋场的功能。

根据施工方法的不同，通常采用的垂直防渗工程有土层改性法防渗墙、打入法防渗墙和工程开挖法防渗墙等。目前，垂直防渗系统已经不再用于新建填埋场的防渗。

2）人工水平防渗系统

人工防渗是指采用人工合成有机材料（柔性膜）与黏土结合作为防渗衬层的防渗方法。

在填埋场衬层设计中，HDPE 膜通常用于单复合衬层防渗系统、双层衬层防渗系统和双复合衬层防渗系统的防渗层设计。除特殊情况外，HDPE 膜一般不单独使用，因为需要较好的基础铺垫，才能保证 HDPE 膜稳定、安全而可靠地工作。

13.4.5 卫生填埋场渗滤液的收集与处理

1. 渗滤液的组成及特征

渗滤液是指垃圾在堆放和填埋过程中由于自身发酵、雨水淋刷，以及地表水、地下水的浸泡而渗滤出来的污水。卫生填埋场产生的渗滤液是运行过程中产生的主要污染物，渗滤液中含有大量的有机污染物、无机污染物、重金属、细菌等有毒有害物质，并且 COD、BOD 都较高，若任其排放，对周围环境的污染及破坏程度是难以估量的。因此，必须严格控制垃圾渗滤液的产量，这是卫生垃圾填埋场设计成功的关键所在。

2. 渗滤液产生量计算

1）水平衡计算法

（1）简单水量衡算法。对于运行中的填埋场，渗滤液年产量的计算公式为

$$L_0 = T - E - aW \qquad (13-10)$$

式中 L_0——填埋场渗滤液年产生量，m^3/a；

T——入场内的总水量（降雨量+地表水流入量+地下水流入量），m^3/a；

E——蒸发损失总量（地表水的蒸发量+植物蒸腾量），m^3/a；

a——单位质量废物压实后产生的沥滤水量，m^3/t；

W——固体废物量，t/a。

（2）含水率逐层月变化法。

$$Q = 0.000\,1 A_a PER_R + W_{GR} \tag{13-11}$$

式中　Q——整个填埋场渗滤液月产生量，m³/月；

　　　A_a——填埋场的面积，m²；

　　　PER_R——通过固体废物层的水渗透率，mm/月；

　　　W_{GR}——地下水的月入浸量，m³/月。

2）经验公式法

（1）年平均日降水量法。

$$Q = 1\,000^{-1} CIA \tag{13-12}$$

式中　Q——渗滤液平均日产生量，m³/d；

　　　I——年平均日降雨量，mm/d；

　　　A——填埋场的面积，m²；

　　　C——渗出系数，表示填埋场内降雨量中成为渗滤液的质量分数，其值随填埋场覆盖土性质、坡度而变化。其值一般为 0.2~0.8，封顶的填埋场则以 0.3~0.4 居多。

有学者观察德国 15 个填埋场得出高压实填埋场（压实密度大于或等于 0.8 t/m³）的渗出系数为 0.25~0.4；低压实填埋场（压实密度小于 0.8 t/m³）的渗出系数为 0.15~0.25。

（2）N 年概率降水量法。

$$Q = 10\, I_N \left[(W_{sr} \lambda A_s + A_s) K_r (1-\lambda) A_s / D \right] / N \tag{13-13}$$

式中　I_N——年概率的年平均日降水量，mm/d；

　　　W_{sr}——流入填埋场场地的地表径流流入率；

　　　λ——由填埋场流入的地表径流流出率，0.2~0.8；

　　　A_s——场地周围汇水面积，10⁴ m²；

　　　$1/N$——降水概率；

　　　D——水从积水区中心到集水管的平均运动时间，d；

　　　K_r——流出系数，$K_r = 0.01(0.002 I_n^2 + 0.16 I_n + 21)$。

3. 渗滤液收集系统

渗滤液收集系统主要由渗滤液调节池、泵、输送管道和场底排水层组成。

（1）排水层。场底排水层位于底部防渗层上面，由砂或砾石构成。当采用粗砂砾时，厚度为 30~100 cm，必须覆盖整个填埋场底部衬层，其水平渗透系数不应大于 0.1 cm/s，坡度不小于 2%。

（2）管道系统。一般穿孔管在填埋场内平行铺设，并位于衬层的最低处，且具有一定的纵向坡度（通常为 0.5%~2.0%）。

（3）防渗衬层。其由黏土或人工合成材料构筑，有一定厚度，能阻止渗滤液下渗，并具有一定坡度（通常为 2%~5%）。

（4）集水井、泵、检修设施以及监测和控制装置等。在防渗层上设渗滤液收集系统，主要由 HDPE 花管构成。下面进行详细介绍。

渗层上设集液盲沟，HDPE 花管铺设在集液盲沟内。这种方法的收集效果很好，对渗滤液的收集比较彻底，但它的施工方式比较复杂，工程造价也相对较高，在现在的工程中除了一些投资较大的大型垃圾处理场以外，应用相对较少。HDPE 花管在沟内要做必要的保护措施，防止渗滤液中的固体垃圾堵塞花管的孔洞，影响收集效果。一般的处理方案：一是用砾石由下至上按粒径由细到粗排列，填充到沟内保护花管；二是用无纺土工布覆盖在花管的表面，起保护作用。

在砂砾排水层中铺设 HDPE 花管。这种方法的收集效果较好，而且施工相对简单，在进行防渗层施工时就可以进行铺设。由于花管所处的位置本身就在 PE 膜的保护层内，所以对 HDPE 花管的保护一般是采用无纺土工布包裹花管来实现的。

在防渗层的保护层上直接铺设花管。一般需要做水泥基础层来固定花管。这种铺设方法的收集效果较差，但施工方便，工程造价低，一般用于小型的垃圾填埋场。

4. 渗滤液的处理

由于渗滤液具有水量水质波动大、组分复杂和污染强度高等特点，因此，渗滤液处理一直是填埋场运行管理最突出的难题，也是制约卫生填埋场进一步推广应用的重要因素之一。要解决渗滤液的达标处理问题，既要保证技术上可行，又得考虑经济方面的合理性和环境的承载能力。只有在技术、经济和环境均可行的基础上制订的渗滤液处理方案，才是科学而合理的。

国内外渗滤液处理的主要工艺方案有合并处理和单独处理两种。

1）合并处理

当填埋场附近有城市生活污水处理厂时，可以选择合并处理，这样能够减少填埋场的投资和运行费用。所谓合并处理，就是将渗滤液引入城市生活污水处理厂进行处理，有时也包括在填埋场内进行必要的预处理。由于渗滤液的成分比较复杂，该方法必须选择性地采用，否则会造成城市生活污水处理厂的冲击负荷，影响污水处理厂的正常运行。一般认为，进入污水处理厂内的渗滤液的体积不超过生活污水体积的 1/2 是比较安全的，且国内外的研究表明，根据不同渗滤液的浓度，这个比例可以提高到 4% ~ 10%。最终的控制标准取决于处理系统的污泥负荷，只要加入渗滤液后污泥负荷不超过 10%，就可以采用该方法。

2）单独处理

渗滤液单独处理的方法包括生物法、物理化学法和土地法等，有时需要几种工艺的组合处理，才能达到所要求的排放标准。

（1）生物法。生物法分为好氧生物处理、厌氧生物处理以及二者的结合。好氧生物处理包括好氧活性污泥法、好氧稳定塘、生物转盘和滴滤池等。厌氧生物处理包括上向流污泥床、厌氧生物滤池、厌氧固定化生物反应器和混合反应器等。生物法的运行处理费用相对较低，有机物在微生物的作用下被降解，主要产物为水、CO_2、CH_4 和微生物的生物体等对环境影响较小的物质（其中 CH_4 可作为能源回收利用），不会产生化学污泥造成环境的二次污染问题。

目前国内外广泛使用生物法，不过该方法用于处理渗滤液中的氨氮比较困难。一般情况下，当 COD_{Cr} 在 50 000 mg/L 以上的高浓度时，建议采用厌氧生物法（后接好氧处理）处理垃圾渗滤液；当 COD_{Cr} 在 5 000 mg/L 以下时，建议采用好氧生物法处理垃圾渗滤液；对于 COD_{Cr} 在 5 000 ~ 50 000 mg/L 的垃圾渗滤液，好氧或厌氧生物法均可，主要考虑其他相关因素来选择适宜的处理工艺。

（2）物理化学法。物理化学法主要有活性炭吸附、化学沉淀、化学氧化、化学还原、离子交换、膜渗析、气浮及湿式氧化等多种方法。当 COD_{Cr} 为 2 000~4 000 mg/L 时，物理化学法（以下简称物化法）的 COD_{Cr} 去除率可达 50%~87%。和生物法相比，物化法不受水质水量变动的影响，出水水质比较稳定，尤其是对 BOD_5/COD_{Cr} 比值较低（0.07~0.20）难以生物处理的垃圾渗滤液有较好的处理效果，但是物化法处理成本较高，不适于对大量垃圾渗滤液的处理。

（3）土地法。土地法是利用土壤中微生物的降解作用使渗滤液中有机物和氨氮进行转化，在土壤中有机物和无机胶体的吸附、络合、螯合、离子交换和吸附的作用下，去除渗滤液中的悬浮固体和溶解成分，而且通过蒸发作用减少渗滤液的产生量。作为最早采用的污水处理方法，土地法主要包括填埋场回灌处理系统和土壤植物处理系统。

13.4.6　卫生填埋场填埋气体的产生与处置

1. 填埋气体的组成特征

填埋气体包括主要气体和微量气体。

（1）主要气体组成为 NH_3、CO_2、CO、H_2、H_2S、CH_4、N_2、O_2 等。表 13-5 为城市生活垃圾填埋气体的典型组成。由表可知，CH_4 和 CO_2 是填埋气体（LFG）中的主要气体。

表 13-5　城市生活垃圾填埋气体的典型组成

组分	NH_3	CH_4	CO_2	N_2	O_2	H_2S	H_2	CO	微量组分
体积分数/%	0.1~1.0	45~50	40~60	2~5	0.1~1.0	0~1.0	0~0.2	0~0.2	0.01~0.60

注：甲烷爆炸的含量范围为 5%~15%。

（2）微量气体组成主要为挥发性有机物（VOCs）。

2. 填埋气体的危害

填埋气体挥发性较强，毒性较大，对环境的污染比较严重。如果不采取适当的方式进行填埋气体的收集处理，它会在填埋场中积累并透过覆土层和侧壁向场外释放，产生以下危害。

（1）爆炸事故和火灾。填埋场释放气体由大量 CH_4 和 CO_2 组成，当 CH_4 在空气中的浓度超过它的最低爆炸极限时，就容易引起爆炸。CH_4 在空气中的最低爆炸极限是它的浓度达到空气体积的 5%。

（2）地下水污染。填埋场释放气体中的挥发性有机物及 CO_2 都会溶解进入地下水，打破原来地下水中 CO_2 的平衡压力，促进 $CaCO_3$ 的溶解，引起地下水硬度升高。全封闭型填埋场填埋气体的逸出会造成衬层泄漏，从而加剧渗漏液的浸出，导致地下水污染。

（3）温室效应。CH_4 和 CO_2 是主要的温室气体，会产生温室效应，使全球气候变暖。CH_4 对臭氧的破坏力是 CO_2 的 40 倍，产生的温室效应要比 CO_2 高 20 倍以上。

（4）导致植物窒息。CH_4 虽对维管植物不会产生直接生理影响，但它可以通过直接气体置换作用或通过甲烷细菌对氧气的消耗，从而降低植物根际的氧气水平，使植物根区因氧气缺乏而死亡。

（5）毒害和健康影响。填埋气体中含有致癌、致畸的有机挥发性气体。填埋气体的气味是由硫化氢和硫醇等引起的，这些物质在较低浓度下（0.005 μL/L 和 0.001 μL/L）就会引起人的不适。同时，填埋气体还会引起窒息和中毒。

3. 填埋气体的产生方式

填埋气体的产生方式分为 5 个阶段。

（1）第一阶段，即初始调整阶段。主要是废物中可降解有机物组分，在被放置到填埋场后，很快被生物分解而产生的气体。

（2）第二阶段，即过程转移阶段（好氧向厌氧阶段转化）。此阶段的特点是氧气逐渐被消耗，厌氧条件开始形成并发展。

（3）第三阶段，即酸性阶段（产酸阶段），$pH \leqslant 5$。

（4）第四阶段，即产甲烷阶段（产甲烷阶段），$pH = 6.8 \sim 8$。

（5）第五阶段，即稳定化阶段（成熟阶段）。

4. 填埋气体产生量的预测

影响填埋气体产生量的因素非常复杂，故很难精确计算填埋气体的产生量。常用理论计算和估算的方法来计算填埋气体产生量。

（1）化学方程式理论计算法。

在垃圾填埋场中，对填埋场产气有贡献的是垃圾中可生物降解的有机组分。假设这些有机组分可用分子式 $C_a H_b N_c O_d S_e$ 表示，并且它们完全转化为 CH_4 和 CO_2，则厌氧分解这些有机物的总化学反应可表达为

$$C_a H_b N_c O_d S_e + \frac{4a-b+3c-2d-2e}{4} H_2O \longrightarrow \frac{4a+b-3c-2d-2e}{8} CH_4 + \frac{4a+b-3c-2d-2e}{8} CO_2 +$$

$$cNH_3 + eH_2S \tag{13-14}$$

根据此式，当生活垃圾的元素组成确定后，即可计算出理论产气量。例如，当生活垃圾的典型化学式为 $C_{99}H_{199}N_{59}$、含水率为 50% 时，则可降解的碳含量约占湿垃圾的 26%，1 kg 垃圾理论产甲烷量为 259 L（常温常压下）。但因实际垃圾中含有大量难降解物质，还有一部分碳流向了更为复杂的有机物（如腐殖质）的合成，且垃圾填埋场在很多时候并非严格的厌氧条件，因此实际产气量远低于理论产气量。通常情况下，实际产气量可用理论产气量的 1/2 进行估算，其中可回收的沼气为理论量的 30% ~ 80%，如密封较好的现代化卫生填埋场可达 80%。

（2）质量平衡理论计算法——IPCC 统计模型。

政府间气候变化专门委员会（Intergovernmental Panel on Climate Change，IPCC）推荐下式用于计算生活垃圾填埋产气量：

$$V_{CH_4} = MSW \times \eta \times DOC \times r \times \frac{16}{12} \times 0.5 \tag{13-15}$$

式中　V_{CH_4}——填埋垃圾产气量，m^3/t；

　　　MSW——生活垃圾产生量，t；

　　　η——垃圾填埋率，%；

　　　DOC——垃圾中可降解有机碳含量，发展中国家和发达国家分别为 15% 和 22%；

　　　r——垃圾中可降解有机碳分解百分率，推荐值为 77%；

比值 16/12—— CH_4 与 C 的转换系数;

数值 0.5—— CH_4 中碳与总碳的比率。

该模型没有直接考虑垃圾填埋场产气的规律及其影响因素,计算值往往过于粗略,仅适于估算较大范围的垃圾填埋产气量。

(3) COD 估算模型。

假设垃圾中有机组分全部转化为 CH_4 和 CO_2,则垃圾的 COD 值与产气中 CH_4 燃烧的耗氧量相等,由此得出填埋垃圾的理论产气量为

$$V_{CH_4} = 0.35W \times (1-\omega) \times \eta \times COD \tag{13-16}$$

式中　V_{CH_4}—— 填埋垃圾产气量,m^3/kg;

0.35——1 kg COD 的 CH_4 理论产量(标准状态),m^3/kg;

W——填埋垃圾量,kg;

ω——填埋垃圾的含水率,%;

η——垃圾的有机物含量,%;

COD——填埋垃圾中有机物的耗氧量,kg/kg。

(4) Scholl Canyon 模型。

目前在设计填埋场时,使用最广泛的产气速率模型是 Scholl Canyon 一阶动力学模型。该模型假设垃圾在填埋场内经历一段可以忽略的时间后,填埋气体的产气速率很快达到峰值,随后产气速率随可降解的有机物减少而降低。垃圾在填埋后第 t 年的产气量为

$$V_t = V_0 k e^{-kt} \tag{13-17}$$

式中　V_t—— 填埋垃圾在第 t 年的产气量,m^3;

V_0—— 填埋垃圾在第 t 年的理论最大产气量,m^3;

k—— 第 t 年的垃圾产气系数。

据此计算出填埋场的年累积产气量,可表征填埋场产生的填埋气随时间的动态变化关系,有利于填埋气收集系统的设计和分析。

5. 填埋气体的收集系统

(1) 垂直排放形式。垂直式收集井是目前通常采用的收集形式。砌筑竖井通常设计直径在 0.6~1.2 m,长 3 m;井内为多孔管,直径在 150~200 mm。管材采用耐腐蚀的 HDPE 花管,其顶部用盖板密封。

一些投资较低的填埋场也可以采用石笼排气法。石笼是制作一个圆形金属框架,在石笼中心位置竖 PE 花管,笼与管之间填充砾石。垂直式收集井的作用半径为 40~50 m,井间距则在 80~100 m。收集井的定位要使其影响区域相互交叠,如果竖井建在正六边形的角上,则可以得到 100% 的交叠,其影响区域可覆盖整个填埋场。

(2) 自然排气法。在地平面的水平方向上设置间距不大于 50 m 的垂直导气管,管口应高于场地表面 100 cm 以上。采用火炬法点燃,高空燃烧处理。

(3) 收集的废气如需回收利用,应设汇流中转器。它能单独有效地管理和控制该区域内的填埋场气体的收集。每个汇流中转器控制 5 个收集井,汇流 5 个收集井的气体直接输送至收集站,从而使整个收集系统更易控制和调节。各汇流中转器也可以是互相连通的,以便在事故或检修时互为备用。通常把汇流中转器设计成 8 个接插头,其

中 5 个作为填埋场气体入口，1 个大的作为出口，1 个与其他的汇流中转器相连，1 个作为备用。

（4）收集管和输气管。为了区别，把收集井到汇流中转器之间的管道称为收集管，而把汇流中转器到收集站之间的管道称为输气管。为减少阻力和各管道之间阻力不平衡的影响，气流速度采用低值。管径由流量和流速确定。

6. 填埋气体的净化

填埋气体净化一般是脱除气体中的 H_2O、H_2S 和 CO_2。它们的净化方法不同，具体分析如表 13-6 所示。

表 13-6　填埋气体净化方法的比较

净化技术	H_2O	H_2S	CO_2
固体物理吸附	活性氧化铝	活性炭	—
	硅胶	—	—
液体物理吸附	氯化物	水洗	水洗
	乙二醇	丙烯酯	—
化学吸收	固体：生石灰、氧化钙	固体：水合氧化铁、生石灰、熟石灰	固体：生石灰
	液体：无	液体：氢氧化钠、碳酸钠、乙醇胺	液体：氢氧化钠、碳酸钠、乙醇胺
其他	冷凝、压缩和冷凝、膜法、活性炭和分子筛	活性炭和分子筛、膜法、微生物氧化	膜法、活性炭和分子筛

7. 填埋气体的利用

目前国内外对填埋气体综合利用的途径包括：一是直接燃烧产生蒸汽；二是通过内燃机发电；三是作为运输工具的动力燃料；四是经脱水净化处理后用作管道煤气；五是用于 CO_2 制造工业；六是用于制造甲醇原料。

填埋气体利用方式比较如表 13-7 所示。由于我国垃圾主要以食品垃圾为主，适用于填埋气体的利用，垃圾集中处理更利于其回收利用。国家政策的扶持和科技的进步会促进填埋气体处理和利用技术的发展。

表 13-7　填埋气体利用方式比较

利用方式	最小填埋量/($\times 10^6$ t)	甲烷最低浓度/%	要求
直接燃烧	—	20	适用于任何填埋场
作为燃气本地使用	10	35	填埋场外用户应在 3 km 之内；场内使用适用于有较大能源需要的填埋场，特别是已经使用天然气的填埋场
内燃机发电	1.5	40	场内适用于有高耗电设备的填埋场；输入电网需要有接受方
燃气轮机发电	2.0	40	

续表

利用方式	最小填埋量/($\times 10^6$ t)	甲烷最低浓度/%	要求
中等质量燃气	1.0	30~50	燃气管道距填埋场较近且有接受气体能力
高质量燃气	1.0	95	进行严格的净化处理，燃气管道距填埋场较远且有接受气体能力

13.4.7　卫生填埋场封场及综合利用

1. 卫生填埋场封场

卫生填埋场达到设计年限后，需要根据有关规定进行封场和后期管理。填埋场封场设计应考虑地表水径流、排水防渗、填埋气体的收集、植被类型、填埋场的稳定性及土地利用等因素。填埋场封场的目的：一是减少雨水或其他外来水的渗入，减少渗滤液的产生量；二是防止地表水被污染，避免垃圾扩散，促进垃圾堆体尽快稳定化；三是控制填埋场恶臭散发，抑制病原菌及其传播媒介蚊蝇的繁殖和扩散；四是提供一个可以进行景观美化的表面，提供植被生长的土壤，同时便于封场后填埋场的综合利用。填埋场封场后应继续进行填埋气体、渗滤液处理及环境与安全监测等运行管理，直至填埋堆体稳定。

填埋场终场覆盖包括5层，从上到下依次为表层、保护层、排水层、防渗层（包括底土层）和排气层。各结构层使用的材料、条件和功能介绍如下。

1）表层

表层使用的材料为可生长植物的土壤或其他天然土壤。表层土壤层的厚度要保证植物的根系不会破坏下面的保护层和防水层；同时，结冻区其厚度必须保证防渗层位于霜冻带之下。表层的设计取决于填埋场封场后的土地利用规划，一般情况下，表层的最小厚度不应小于50 cm。设计时，表层土壤要有3%~5%的倾斜度，并且在表层上还可能需要设置地表水控制层。

2）保护层

保护层一般使用天然土壤或者砾石等材料。该层可防止上部植物根系以及挖洞动物对下层的破坏，保护防渗层不受干燥收缩、冻结解冻等破坏，防止排水层被堵塞，维持稳定。根据填埋场封场后的土地利用规划，保护层和表层可以合并使用同一种材料。

3）排水层

只有在通过保护层入渗的水量（来自雨水、融化雪水、地表水和渗滤液回灌等）较多，对防渗层的渗透压较大等情况下才需设置排水层，因此排水层并不是必须要有的一层。不过，现代化填埋场的表层密封系统中一般都有排水层。排水层可排泄渗入的地表水等，降低入渗水对下部防渗层的水压力，还可以有气体导排管道和渗滤液回收管道等。排水层的主要材料为砂、砾石、土工网格和土工合成材料等。为保证足够的导水性能，排水层的渗透系数应大于1×10^{-2} cm/s，倾斜度一般不大于3%。

4）防渗层

防渗层一般使用压实黏土、柔性膜、人工改性防渗材料和复合材料等，用来防止入渗水进入填埋废物中和填埋气体逸出。防渗层的渗透系数要求是 $K \leqslant 10^{-7}$ cm/s。国外填埋场的实践经验表明，单独使用黏土作为防渗层时会出现一些问题：一是黏土对填埋气体的防护能力较差；二是黏土在软的基础上不容易压实，而且压实黏土在脱水干燥后容易断裂；三是黏土层会由于填埋场的不均匀沉降断裂，且破坏后不易恢复。因此，一般使用柔性膜，使其与下方的黏土层结合形成复合防渗结构。

5）排气层

只有当填埋场产生大量填埋气体时，才需要设置排气层。如果填埋场已经安装了填埋气体收集系统，则需要排气层。排气层用来控制填埋气体，将其导入填埋气体收集设施进行处理或利用。排气层的材料一般包括砂、土工网格和土工布等。

根据《生活垃圾卫生填埋处理技术规范》（GB 50869—2013）的规定，填埋场封场后的土地使用必须符合下列规定。

（1）填埋作业达到设计封场条件要求时，确需关闭的，必须经所在地县级以上地方人民政府环境保护、环境卫生行政主管部门鉴定、核准。

（2）填埋堆体达到稳定安全期后方可进行土地使用，使用前必须做场地鉴定和使用规划。

（3）未经环卫、岩土、环保专业技术鉴定前，填埋场地严禁作为永久性建（构）筑物用地。

目前，由于人口的高速增长和经济的快速发展，一些大城市急需开发新的闲置地段来满足其对土地日益增长的需求，因此填埋场成为土地开发使用的热点。填埋场封场后，根据现场调查和城市规划，该地可作为公园、植物园、自然保护区和娱乐场所，甚至是商用设施。

2. 填埋封场后的综合利用

依据对国内外现有废弃生活垃圾填埋场土地再利用典型案例的调查和《城市用地分类与规划建设用地标准》（GB 50137—2011）的相关规定，可将现有废弃生活垃圾填埋场土地再利用的主要模式归纳为农林用地、绿化用地、商业服务设施用地、工业用地（表13-8）。

表 13-8　废弃生活垃圾填埋场土地再利用的主要模式

土地综合利用模式	特点	适用范畴
农林用地	对垃圾填埋场稳定化程度要求较低，且前期投资较少，无法满足市民对户外休闲空间的需求	适于在城市远郊、周边人口稀少的废弃生活垃圾填埋场使用
绿化用地	主要有综合公园、专类公园两类。对场地安全性和稳定性要求较高，前期投入较大，社会效益、生态效益好，市民使用率高	适于交通可达性强、周边人口较密集的废弃生活垃圾填埋场使用
商业服务设施用地	以对构筑物数量需求较少的康体用地中的高尔夫球场为主。对场地安全性要求高，前期投入大，服务对象特定，后期环境监管难度大	适于资金充足、后期以营利为目的的废弃生活垃圾填埋场使用

续表

土地综合利用模式	特点	适用范畴
工业用地	多改造为工矿企业的生产车间、库房及其附属用地。要求填埋场封场年限长，对场地稳定化程度和安全性要求高，前期投入大，同时再利用后的场地需要远离居住区和城市中心区	适于位于城市工业园区或城市边缘地带的废弃生活垃圾填埋场使用

目前，绿化用地模式是废弃生活垃圾填埋场土地再利用的主流模式。填埋场封场及其综合利用如图 13-12 所示。

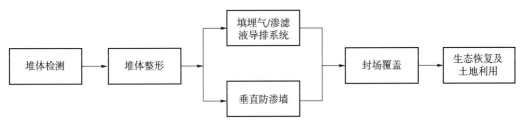

图 13-12　填埋场封场及其综合利用

13.5　危险废物的安全填埋处置

安全填埋是一种改进的卫生填埋方法，又称为化学填埋或安全化学填埋。安全填埋主要用来处置有害的危险废物，对场地的建造技术要求更为严格，如衬里的渗透系数要小于 10^{-8} cm/s，浸出液要加以收集和处理，地表径流要加以控制等。安全填埋适用于不能回收利用其组分和能量的危险废物，如焚烧飞灰等。

13.5.1　安全填埋场的组成及结构形式

安全填埋场是处置危险废物的一种陆地处置方法，由若干个处置单元和构筑组成。处置场有界限规定，主要包括废物预处理设施、废物填埋设施和渗滤液收集处理设施。它可将危险废物和渗滤液与环境隔离，将废物安全保存相当一段时间（数十年甚至上百年）。填埋场必须有足够大的可使用容积，以保证填埋场建成后具有 10 年或更长的使用期。

全封闭型危险废物安全填埋场剖面图如图 13-13 所示。安全填埋场必须设置满足要求的防渗层，防止造成二次污染；一般要求防渗层最底层应高于地下水位；要严格按照作业规程进行单元式作业，做好压实和覆盖；必须做好清污水分流，减少渗滤液产生量，设置渗滤液及排水系统、监测系统和处理系统；对易产生气体的危险废物填埋场，应设置一定数量的排气孔、气体收集系统、计划系统和报警系统；填埋场运行管理单位应自行或委托其他单位对填埋场地下水、地表水、大气进行监测；认真执行封场及其管理，从而达到处置的危险废物与环境隔绝的目的。

根据场地的地形条件、水文地质条件以及填埋的特点，安全填埋场的结构可分为人造托

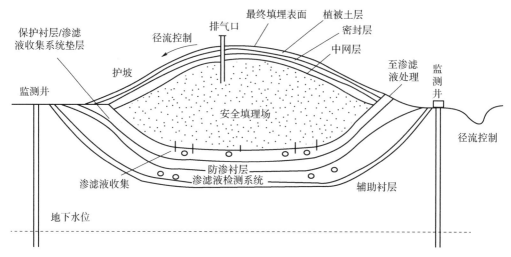

图 13-13　全封闭型危险废物安全填埋场剖面图

盘式、天然洼地式和斜坡式 3 种。

1. 人造托盘式

该方法的特点是场地位于平原地区，表层土壤较厚，具有天然黏土衬里或人造有机合成衬里，衬里垂直地嵌入天然存在的不透水地层，形成托盘形的壳体结构，从而防止废物同地下水接触。为了增大场地的处置容量，此类填埋场一般都设置在地下。如果场地表层土壤较薄，也可设计成半地上式或地上式。

2. 天然洼地式

此种结构的特点是利用天然峡谷构成盆地状容器的 3 条边。天然洼地式土地填埋的优点是充分利用天然地形，挖掘工作量小，处置容量大；缺点是填埋场地的准备工作较为复杂，地表水和地下水的控制比较困难，主要预防措施是使地表水绕过填埋场地并把地下水引走。采石场坑、露天矿坑、山谷、凹地或其他类型的洼地都可采用这种填埋结构。

3. 斜坡式

斜坡式安全填埋场结构的特点是依山建场，山坡为容器结构的一条边。

安全填埋操作技术、填埋设备的选择以及操作程序类似于卫生填埋。对于平坦地区，安全填埋操作可以采用水平填埋或垂直填埋的方式；对于斜坡或峡谷地区，安全填埋则可采用顺流填埋、逆流填埋或垂直填埋。

13.5.2　危险废物的填埋处置技术

目前常用的危险废物的填埋处置技术主要包括共处置、单组分处置、多组分处置和预处理后再处置 4 种。

1. 共处置

共处置就是将难以处置的危险废物，有意识地与生活垃圾或同类废物一起填埋，主要目的就是利用生活垃圾或同类废物的特性，以减弱所处置危险废物的组分所具有的污染性和潜在危险性，达到环境可承受的程度。但是目前在城市生活垃圾填埋场，生活垃圾或同类废物与危险废物共处置已被许多国家明令禁止。

2. 单组分处置

单组分处置是指采用填埋场处置物理、化学形态相同的危险废物，废物处置后可以不保持原有的物理形态。

3. 多组分处置

多组分处置是指在处置混合危险废物时，应确保危险废物之间不发生反应，从而不会产生毒性更强的危险废物或造成更严重的污染。其类型包括：

（1）将被处置的混合危险废物转化成较为单一的无毒废物，一般用于化学性质相异，而物理性质相似的危险废物处置；

（2）将难以处置的危险废物混在惰性工业固体废物中处置；

（3）将所接受的各种危险废物在各自区域内进行填埋处置。

4. 预处理后再处置

预处理后再处置就是将某些物理化学性质不适于直接填埋处置的危险废物先进行预处理，使其达到入场要求后再进行填埋处置。目前，预处理的方法有脱水、固化、稳定化技术等。

13.5.3　安全填埋场的选址

安全填埋场场址应选在交通方便，运输距离较短，建造和运行费用低，不会因自然或人为的因素而受到破坏，保证填埋场正常运行的一个相对稳定的区域。因此，根据生态环境部发布的《危险废物填埋污染控制标准》（GB 18598—2019），安全填埋场应符合以下要求。

（1）填埋场选址应符合环境保护法律法规及相关规划要求。

（2）填埋场场址的位置及与周围人群的距离应依据环境影响评价结论确定。在对危险废物填埋场场址进行环境影响评价时，应重点考虑危险废物填埋场渗滤液可能产生的风险、填埋场结构及防渗层长期安全性及由此造成的渗漏风险等因素，根据其所在地区的环境功能区类别，结合该地区的长期发展规划和填埋场设计寿命期，重点评价其对周围地下水环境、居住人群的身体健康、日常生活和生产活动的长期影响，确定其与常住居民居住场所、农用地、地表水体以及其他敏感对象之间合理的位置关系。

（3）填埋场场址不应选在国务院和国务院有关主管部门及省、自治区、直辖市人民政府划定的生态保护红线区域、永久基本农田和其他需要特别保护的区域内。

（4）填埋场场址不得选在以下区域：破坏性地震及活动构造区，海啸及涌浪影响区；湿地；地应力高度集中，地面抬升或沉降速率快的地区；石灰溶洞发育带；废弃矿区、塌陷区；崩塌、岩堆、滑坡区；山洪、泥石流影响地区；活动沙丘区；尚未稳定的冲积扇、冲沟地区及其他可能危及填埋场安全的区域。

（5）填埋场选址的标高应位于重现期不小于 100 年一遇的洪水位之上，并在长远规划中的水库等人工蓄水设施淹没和保护区之外。

（6）填埋场场址地质条件应符合下列要求，刚性填埋场除外：一是场区的区域稳定性和岩土体稳定性良好，渗透性低，没有泉水出露；二是填埋场防渗结构底部应与地下水有记录以来的最高水位保持 3 m 以上的距离。

（7）填埋场场址不应选在高压缩性淤泥、泥炭及软土区域，刚性填埋场选址除外。

（8）填埋场场址天然基础层的饱和渗透系数不应大于 $1.0×10^{-5}$ cm/s，且其厚度不应小于 2 m，刚性填埋场除外。

（9）填埋场场址不能满足第（6）、（7）、（8）条的要求时，必须按照刚性填埋场要求建设。

13.5.4　安全填埋场的基本要求

1. 安全填埋场的入场要求

（1）下列废物不得填埋：医疗废物；与衬层具有不相容性反应的废物；液态废物。

（2）除第（1）条所列废物，满足下列条件或经预处理满足下列条件的废物，可进入柔性填埋场：一是根据《固体废物　浸出毒性浸出方法　硫酸硝酸法》（HJ/T 299—2007）制备的浸出液中有害成分浓度不超过表 13-9 中允许填埋的控制限值的废物；二是根据《固体废物　腐蚀性测定　玻璃电极法》（GB/T 15555.12—1995）测得浸出液 pH 值在 7.0~12.0 的废物；三是含水率低于 60% 的废物；四是水溶性盐总量小于 10% 的废物，测定方法按照《土壤检测　第 16 部分：土壤水溶性盐总量的测定》（NY/T 1121.16—2006）执行，待国家发布固体废物中水溶性盐总量的测定方法后执行新的监测方法标准；五是有机质含量小于 5% 的废物，测定方法按照《固体废物　有机质的测定　灼烧减量法》（HJ 761—2015）执行；六是不再具有反应性、易燃性的废物。

（3）除第（1）条所列废物，不具有反应性、易燃性或经预处理不再具有反应性、易燃性的废物，可进入刚性填埋场。

（4）砷含量大于 5% 的废物，应进入刚性填埋场处置，测定方法按照表 13-9 执行。

表 13-9　危险废物允许填埋的控制限值

序号	项目	GB 18598—2019 稳定化控制限值/($mg \cdot L^{-1}$)
1	烷基汞	不得检出
2	汞（以总汞计）	0.12
3	铅（以总铅计）	1.2
4	镉（以总镉计）	0.6
5	总铬	15
6	六价铬	6
7	铜（以总铜计）	120
8	锌（以总锌计）	120
9	铍（以总铍计）	0.2
10	钡（以总钡计）	85
11	镍（以总镍计）	2

续表

序号	项目	GB 18598—2019 稳定化控制限值/（mg·L^{-1}）
12	砷（以总砷计）	1.2
13	无机氟化物（不包括氟化钙）	120
14	氰化物（以 CN$^-$计）	6

2. 安全填埋场运行管理要求

在填埋场投入运行之前，要制订一套简明的运行计划，这是确保填埋场运行成功的关键。运行计划不仅要满足常规运行，还要提出应急措施，以保证填埋场能够被有效利用和环境安全。填埋场运行应满足的基本要求包括以下几点。

（1）在填埋场投入运行之前，企业应制订运行计划和突发环境事件应急预案。突发环境事件应急预案应说明各种可能发生的突发环境事件情景及应急处置措施。

（2）填埋场运行管理人员，应参加企业的岗位培训，合格后上岗。

（3）柔性填埋场应根据分区填埋原则进行日常填埋操作，填埋工作面应尽可能小，方便及时得到覆盖。填埋堆体的边坡坡度应符合堆体稳定性验算的要求。

（4）填埋场应根据废物的力学性质合理选择填埋单元，防止局部应力集中对填埋结构造成破坏。

（5）柔性填埋场应根据填埋场边坡稳定性要求对填埋废物的含水量、力学参数进行控制，避免出现连通的滑动面。

（6）柔性填埋场日常运行要采取措施保障填埋场稳定性，并根据《生活垃圾卫生填埋场岩土工程技术规范》（CJJ 176—2012）的要求对填埋堆体和边坡的稳定性进行分析。

（7）柔性填埋场运行过程中，应严格禁止外部雨水的进入。每日工作结束时，以及填埋完毕后的区域必须采用人工材料覆盖。除非设有完备的雨棚，雨天不宜开展填埋作业。

（8）填埋场运行记录应包括设备工艺控制参数，入场废物来源、种类、数量，废物填埋位置等信息。柔性填埋场还应当记录渗滤液产生量和渗漏检测层流出量等。

（9）企业应建立有关填埋场的全部档案，包括入场废物特性、填埋区域、场址选择、勘察、征地、设计、施工、验收、运行管理、封场及封场后管理、监测以及应急处置等全过程所形成的一切文件资料；必须按国家档案管理等法律法规进行整理与归档，并永久保存。

（10）填埋场应根据渗滤液水位、渗滤液产生量、渗滤液组分和浓度、渗漏检测层渗漏量、地下水监测结果等数据，定期对填埋场环境安全性能进行评估，并根据评估结果确定是否对填埋场后续运行计划进行修订以及采取必要的应急处置措施。填埋场运行期间，评估频次不得低于两年一次；封场至设计寿命期，评估频次不得低于三年一次；设计寿命期后，评估频次不得低于一年一次。

3. 填埋场污染物排放控制要求

（1）废水污染物排放控制要求。填埋场产生的渗滤液（调节池废水）等污水必须经过处理，并符合本标准规定的污染物排放控制要求后方可排放，禁止渗滤液回灌。2020 年 8

月 31 日前，现有危险废物填埋场废水进行处理，达到《污水综合排放标准》（GB 8978—1996）中第一类污染物最高允许排放浓度标准要求及第二类污染物最高允许排放浓度标准要求后方可排放。第二类污染物排放控制项目包括 pH 值、悬浮物（SS）、五日生化需氧量（BOD_5）、化学需氧量（COD_{Cr}）、氨氮（NH_3–N）、磷酸盐（以 P 计）。自 2020 年 9 月 1 日起，现有危险废物填埋场废水污染物排放执行表 13–10 规定的限值。

表 13–10 危险废物填埋场废水污染物排放限值（单位：mg/L，pH 除外）

序号	项目	直接排放	间接排放	污染物排放监控位置
1	pH	6~9	6~9	危险废物填埋场废水总排放口
2	五日生化需氧量（BOD_5）	4	50	
3	化学需氧量（COD_{Cr}）	20	200	
4	总有机碳（TOC）	8	30	
5	悬浮物（SS）	10	100	
6	氨氮	1	30	
7	总氮	1	50	
8	总铜	0.5	0.5	
9	总锌	1	1	
10	总钡	1	1	
11	氰化物（以 CN^- 计）	0.2	0.2	
12	总磷（TP，以 P 计）	0.3	3	
13	氟化物（以 F^- 计）	1	1	
14	总汞	0.001		渗滤液调节池废水排放口
15	烷基汞	不得检出		
16	总砷	0.05		
17	总镉	0.01		
18	总铬	0.1		
19	六价铬	0.05		
20	总铅	0.05		
21	总铍	0.002		
22	总镍	0.05		
23	总银	0.5		
24	苯并（a）芘	0.000 03		

注：工业园区和危险废物集中处置设施内的危险废物填埋场向污水处理系统排放废水时执行间接排放限值。

（2）填埋场有组织气体和无组织气体排放应满足《大气污染物综合排放标准》（GB 16297—1996）和《挥发性有机物无组织排放控制标准》（GB 37822—2019）的规定。监测因子由企业根据填埋废物特性从上述两个标准的污染物控制项目中提出，并征得当地生态环境主管部门同意。

危险废物填埋场不应对地下水造成污染。地下水监测因子和地下水监测层位由企业根据填埋废物特性和填埋场所处区域水文地质条件提出，必须具有代表性且能表示废物特性的参数，并征得当地生态环境主管部门同意。常规测定项目包括浑浊度、pH 值、溶解性总固体、氯化物、硝酸盐（以 N 计）、亚硝酸盐（以 N 计）等。填埋场地下水质量评价按照《地下水质量标准》（GB/T 14848—2017）执行。

4. **封场要求**

（1）当柔性填埋场填埋作业达到设计容量后，应及时进行封场覆盖。

（2）柔性填埋场封场结构自下而上各层具体特性如下。

导气层：由砂砾组成，渗透系数应大于 0.01 cm/s，厚度不小于 30 cm。

防渗层：厚度 1.5 mm 以上的糙面高密度聚乙烯防渗膜或线性低密度聚乙烯防渗膜；采用黏土时，厚度不小于 30 cm，饱和渗透系数小于 1.0×10^{-7} cm/s。

排水层：渗透系数不应小于 0.1 cm/s，边坡应采用土工复合排水网；排水层应与填埋库区四周的排水沟相连。

植被层：由营养植被层和覆盖支持土层组成；营养植被层厚度应大于 15 cm；覆盖支持土层由压实土层构成，厚度应大于 45 cm。

（3）刚性填埋单元填满后应及时对该单元进行封场，封场结构应包括 1.5 mm 以上高密度聚乙烯防渗膜及抗渗混凝土。

（4）当发现渗漏事故及发生不可预见的自然灾害使得填埋场不能继续运行时，填埋场应启动应急预案，实行应急封场。应急封场应包括相应的防渗衬层破损修补、渗漏控制、防止污染扩散，以及必要时的废物挖掘后异位处置等措施。

（5）填埋场封场后，除绿化和场区开挖回取废物进行利用外，禁止在原场地进行开发用作其他用途。

（6）填埋场在封场后到达设计寿命期的期间内必须进行长期维护，具体内容包括：一是维护最终覆盖层的完整性和有效性；二是继续进行渗滤液的收集和处理；三是继续监测地下水水质的变化。

13.5.5　安全填埋场的防渗系统

与卫生填埋场一样，安全填埋场也会产生大量渗滤液，且渗滤液中含有多种有毒有害物质。因此，为了避免渗滤液污染土壤和地下水，填埋场必须设计安全的防渗系统。根据防渗材料及其结构的不同，填埋场的防渗系统又有单衬层系统、复合衬层系统、双衬层系统和多衬层系统。现代的危险废物安全填埋场通常都有基础及四壁衬层排水系统和表面密封系统，必要时还需要在填埋场的周边建造垂直密封系统，衬层材料多使用豁土和柔性膜［通常为高密度聚乙烯（HDPE）膜］，此方案称为柔性防渗方案。对于某些特殊情况下的填埋场，也有使用钢筋混凝土盒子的情况，此方案称为刚性防渗方案。典型的刚性衬底防渗系统如图 13-14 所示。

根据《危险废物安全填埋处置工程建设技术要求》（环发〔2004〕75 号），填埋场防渗系统应以柔性结构为主，且柔性结构的防渗系统必须采用双人工衬层。其结构由下到上依次为基础层、地下水排水层、压实黏土衬层、高密度聚乙烯膜、膜上保护层、渗滤液次级集排水层、高密度聚乙烯膜、膜上保护层、渗滤液初级集排水层、土工布、危险废物。在填埋场

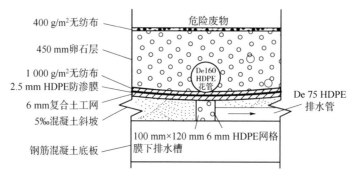

图 13-14　典型的刚性衬底防渗系统

选址地质不能达到相应要求时，可采用钢筋混凝土外壳与柔性人工衬层组合的刚性结构，以满足相应要求。其结构由下到上依次为钢筋混凝土底板、地下水排水层、膜下的复合膨润土保护层、高密度聚乙烯防渗膜、土工布、卵石层、土工布、危险废物。四周侧墙防渗系统结构由外向内依次为钢筋混凝土墙、土工布、高密度聚乙烯防渗膜、土工布、危险废物。

防渗方案的选择主要取决于场地的工程地质条件和当地的实际情况。例如，上海危险废物安全填埋场场址选在朱家桥镇雨化村，场址的地层条件埋深 6 m 以下有 3~4 m 厚的淤泥层，水文地质条件地下水位埋深仅为 0.4~1.5 m。由于上海的土地资源紧张，地价昂贵，选址困难，因此经对各方案论证后，最终采用刚柔结合防渗方案。目前，国内外安全填埋场防渗方案采用较多的是柔性方案，一方面柔性方案的工程造价低，技术成熟，而另一方面其工艺技术组合灵活，对场址的地形、地址及水文条件适应性强。柔性方案采用的结构形式主要有单衬层和双衬层防渗结构形式。

采用单衬层防渗还是双衬层防渗一直是国内外专家学者争论的焦点。采用单衬层防渗系统，施工方便、简单，工程造价低，但对场地的工程地质和水文地质条件要求严格，场地的地下水丰水位线与防渗层间应相距 2 m 以上，且防渗层下的黏土层厚度不小于 1 m，渗透系数小于 10^{-7} cm/s；采用双衬层防渗系统，施工复杂，工程造价高，预防污染能力强。国内目前实施的几个安全填埋场采用较多的是双衬层防渗系统。不同的填埋分区所填埋的危险废物的种类相异，所产生的渗滤液组分相差较大。从严格意义上讲，防渗系统的基本作用是防止渗滤液对土壤和地下水的污染，因此防渗系统结构的设计还与填埋分区有关，不同组分的渗滤液对防渗结构和防渗材料的要求不同。

任何工程都有其共性和个性，选择单衬层还是双衬层防渗要视具体问题而定，主要是根据渗滤液的产生量和所含污染物成分与浓度确定，并非必选双衬层结构，在条件允许的情况下也可以采用单衬层防渗系统。选择衬层系统结构和材料主要应以材料的防渗、防污染能力为准，还有造价的经济影响因素，即技术上实用可行、投资上经济合理。

13.5.6　安全填埋场填埋气体的产生、收集和导排

1. 填埋气体的产生

部分填埋危险废物是有机物或含水量相对较高的废物，在危险废物填埋的最初几周，填埋危险废物体中的氧气被好氧微生物消耗，形成了厌氧环境。有机物在厌氧微生物分解作用下产生了以 CH_4 和 CO_2 为主，含有少量 N_2、H_2S、NH_3、VOCs（挥发性有机物）、CFCs

（氯氟烃）、乙醛、甲苯、苯甲吲哚类、硫醇、硫醚、硫化甲酯的气体，统称为填埋气体。根据安全填埋场的条件、危险废物的特性、压实程度和填埋温度等不同，所产生的填埋气体的各成分含量也会不同。

安全填埋场产生的填埋气体虽没有生活垃圾卫生填埋场的量大，但在大气中排放仍是有害的，不仅其中的挥发性有机物对空气造成毒性，而且影响周围居民的生存，增加大气温室效应。此外，填埋气体容易聚集迁移，引起填埋场及附近地区发生沼气爆炸事故。填埋气体还会影响地下水水质，溶于水中的二氧化碳增加了地下水的硬度和矿物质的成分。

填埋深度较浅或是填埋容积较小的填埋场，因为填埋气体中甲烷浓度较低，其往往利用导气石笼将填埋气体直接排放。填埋气体导排管理的关键问题是产气量估算、气体收集系统设计和气体净化系统设计。通过稳定化、固化预处理后填埋的危险废物安全填埋场，废物体相对较稳定，产生气体较少，所要求的导排系统相对简单，而且不经净化直接排放就能满足要求。

2. 填埋气体的收集和导排

填埋气体收集和导排系统的作用是减少填埋气体向大气的排放量和在地下的横向迁移，并回收利用甲烷气体。填埋气体的导排方式一般有两种，即主动导排和被动导排。

1）主动导排

主动导排是在填埋场内铺设一些垂直的导气井或水平的盲沟，用管道将这些导气井和盲沟连接至抽气设备，利用抽气设备对导气井和盲沟抽气，将填埋场内的填埋气体抽出来。填埋气体主动导排系统如图 13-15 所示。

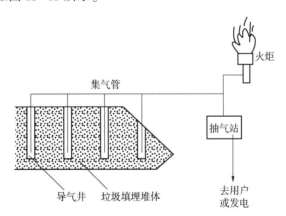

图 13-15　填埋气体主动导排系统

主动导排系统主要有以下特点。

（1）抽气流量和负压可以随产气速率的变化进行调整，可最大限度地将填埋气体导排出来，因此气体导排效果好。

（2）抽出的气体可直接利用，因此通常与气体利用系统连用，具有一定的经济效益。

（3）由于利用机械抽气，因此运行成本较大。主动导排系统主要由导气井、集气管、冷凝水收集井和泵站、真空源、气体处理站（回收或焚烧）以及检测设备等组成。

2）被动导排

被动导排就是不用机械抽气设备，填埋气体依靠自身的压力沿导气井和盲沟排向填埋场外。填埋气体被动导排系统如图 13-16 所示。被动导排系统适用于小型填埋场和废物填埋深度较小的填埋场。

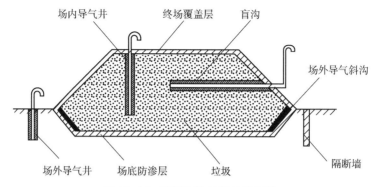

图 13-16 填埋气体被动导排系统

被动导排系统主要有以下特点。

（1）不使用机械抽气设备，因此无运行费用。

（2）由于无机械抽气设备，只靠气体本身的压力排气，因此排气效率低，有一部分气体仍可能无序迁移。

（3）被动导排系统排出的气体无法利用，也不利于火炬排放，只能直接排放，因此对环境的污染较大。

被动导排系统是让气体直接排出，而不是使用气泵和水泵等机械手段排出，可以用于填埋场外部或内部。填埋场周边的排气沟和管路作为被动导排系统阻止气体通过土体侧向流动，如果地下水位较浅，排气沟可以挖至地下水位深度，然后回填透水的砾石或埋设多孔管作为被动排气的隔墙。根据填埋场的土体类型，可在排气沟外侧设置实体的透水性很小的隔墙，以增加排气沟的被动排气。若土体是与排气沟透气性相同的沙土，则需在排气沟外侧铺设一层柔性薄膜，以阻止气体流动，使气体经排气口排出。如果周边地下水较深，作为一个补救方法，可用泥浆墙阻止气体流动。

被动导排设施根据设置方向分为竖向收集方式和水平收集方式两种类型。图 13-17 和图 13-18 分别是竖向收集方式和水平收集方式。多孔收集管置于废物之上的砂砾排气层内，一般用粗砂作为排气层，但有时也可用土工布和土工网的混合物代替。水平排气管与竖向排升管通过 90°的弯管连接，气体经过竖向排气管排至场外。排气层的上面要覆盖一层隔离层，以使气体停留在土工膜或黏土的表面并侧向进入收集管，然后向上排入大气。排气口可以与侧向气体收集管连接，也可不连接。为防止霜冻膨胀破坏，管子要埋得足够深，要采取措施保护好排气口，以防地表水通过管子进入废物中。

被动导排系统的优点是费用较低，维护保养也比较简单。若将排气口与带阀门的管子连接，被动导排系统即可转变为主动导排系统。

13.5.7 安全填埋场渗滤液的产生与处理

影响渗滤液产生量的主要因素有降水、场址类型、地下水渗入、废物成分含水量、废物预处理方式（压实、破碎等）、覆盖方式、废物填埋深度、气候条件、蒸发量、填埋气体

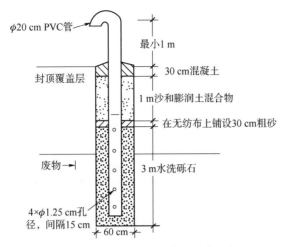

图 13-17　竖向排气口的典型构造示意图

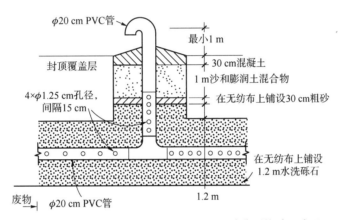

图 13-18　配有水平收集管的被动导排系统典型构造示意图

产生量、废物密度等。当废物吸水达到饱和之后，渗滤液就会持续产生。

　　为了使填埋场尽快稳定，降低渗滤液对防渗系统的破坏，填埋场底部应设置渗滤液导排系统，以便于场内产生的渗滤液尽快导出填埋库区。根据防渗层结构形式的不同，渗滤液收集和导排系统设计不同，单衬层防渗系统采用与卫生填埋场相同原理的渗滤液收集和导排系统。双衬层防渗系统一般设置两级收集和导排系统，其根据所处衬层系统中的位置不同可分为初级收集和导排系统和次级和导排收集系统。图 13-19 为我国某市危险废物集中处置场填埋区两级渗滤液收集和导排系统结构断面图。渗滤液初级收集和导排系统是安全填埋场的主收集和导排系统，其位于上衬层表面和填埋废物之间，由碎石过滤导排层和 HDPE 穿孔管组成，用于收集和导排初级防渗衬层上的渗滤液。

　　渗滤液的成分复杂、浓度高、变化大等特性决定了其处理技术的难度与复杂程度，一般因地制宜，采用多种处理技术。对新近形成的渗滤液，最好的处理方法是好氧和厌氧生物处理方法；对于已稳定填埋场产生的渗滤液或重金属含量高的渗滤液来说，最好的处理方法为物理化学处理法。此外，还可选择超滤使渗滤液达标排放，或作为反冲洗水用于填埋场回灌；渗滤液也可用超声波振荡，通过电解法达标排放。

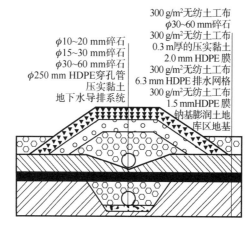

图 13-19　两极渗滤液收集和导排系统结构断面图

13.5.8　安全填埋场终场覆盖与封场

目前，在国内外使用较多的防渗材料包括压实黏土、土工薄膜和土工合成黏土层 3 种，实际使用时通常为三者混合使用。近年来，利用污泥和粉煤灰等废料改性制成的覆盖材料研究也在逐步使用。现代化填埋场的终场覆盖应由 5 层组成，从上至下为表层、排水层、保护层、防渗层和排气层。其中，排水层和排气层并不一定要有，应根据具体情况确定。排水层只有当保护层入渗的水量较多或者对防渗层的渗透压较大时才是必要的，而排气层只有当填埋废物降解产生较大的填埋气体时才需要。安全填埋场终场覆盖系统剖面图如图 13-20 所示。

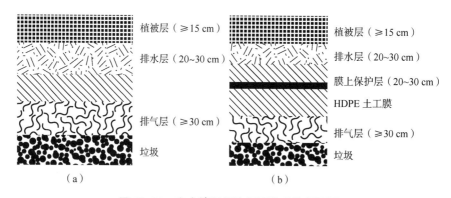

图 13-20　安全填埋场终场覆盖系统剖面图
(a) 黏土覆盖系统；(b) 人工材料覆盖系统

植被层为填埋场最终的生态恢复层，考虑到覆盖层的厚度，植被层应选择浅根系植物。耕植土层为植被层提供营养，由有机质含量大于 5% 的土壤构成，厚度一般为 0.5 cm，耕植土可利用城市污水处理厂的剩余污泥或近海淤泥。在满足要求的条件下，也可以就地取土。导流层厚度为 0.15 cm，由渗透系数大于 10^{-5} m/s 的粗砂和碎石构成。覆盖系统的防水层采用厚度大于 6 mm 的膨润土复合防水垫（GCL 防水垫），其断裂强度大于 10 kN/m²，CBR（加州承载比）顶破强度大于 1.2 kN/m²，断裂伸长率为 6%，垂直渗透系数小于 5×10^{-8} cm/s，完全满足规范所要求。基础层由 0.2 m 厚的压实黏土层构成，黏土密实度为 90%~95%。

思考题

1. 简述固体废物陆地处置的基本方法。
2. 填埋场的基本构造和类型有哪些？
3. 简述卫生填埋场的选址要求。
4. 简述卫生填埋场主要气体产生方式的 5 个阶段。
5. 简述渗滤液在黏土层内发生的主要作用。
6. 渗滤液的处理方法有哪些？
7. 危险废物安全填埋场的要求有哪些？
8. 危险废物安全填埋场的选址应符合哪些要求？

第 14 章

固体废物的减量化与资源化

14.1 "无废城市"建设与减量化

为实现固体废物无害化、减量化、资源化的目标，解决当前固体废物污染环境问题，研究合适的固体废物处理与处置技术已迫在眉睫。减量化是固体废物处理的有效途径之一。减量化是指采取清洁生产、源头减量及回收再利用等措施，减少废物的数量、体积或危害性，以利于后续贮存、处理或处置，减轻废物在目前和未来对人体健康及生态环境的危害，既包括产生前减量，也包括产生后减量。减量化越来越受重视，现今推行的"无废城市"建设与减量化有紧密的联系。

14.1.1 "无废城市"的概念和提出背景

1. 概念

"无废城市"是一种全新的城市建设理念，是以"创新、协调、绿色、开放、共享"理念为引领，将绿色循环发展作为社会发展方式和人们的生活方式，持续推进城市固体废物的减量化生产和资源化利用，进而将固体废物对城市发展的影响降到最小。

2. 提出背景

2019 年 1 月，国务院办公厅印发了《"无废城市"建设试点工作方案》（以下简称《工作方案》）。《工作方案》指出，我国是当前世界上生产固体废物最多的国家之一，全国每年新增加的固体废物量高达 100 亿吨，居世界首位。推进"无废城市"建设的紧迫性主要有以下两方面的因素。

（1）我国城镇化和工业化进程不断加快，导致城市环境污染指数不断上升。2013 年，我国城镇化率就突破了 50%，到 2017 年，我国城镇化率已经达到了 56.78%，城镇化的发展速度在同时期快于发达国家。在工业化主导的城镇化模式中，城镇化发展速度在不断加快就意味着城市环境污染的速度也在不断加快。

（2）固体废物的遗存问题较为严重。正是因为固体废物的产生量始终高于利用量，故很多固体废物无法处理而遗留下来。按照国家统计局的数据显示，截至 2018 年年底，我国工业固体废物每年产生量大约为 33 亿吨，历史累计未能资源化利用的存量超过 600 亿吨，占地面积超过 200 万公顷。生活垃圾的产生量也极大，产生速度也比较快。2018 年，北京、上海两地的生活垃圾产生量首次突破了 1 000 万吨。

我国固体废物除了产生量大、遗留量大之外，综合利用率不高、处理与处置方式不当、非法倾倒以及选址不合适等问题依然存在。这不仅造成了资源的巨大浪费，还占用了大量的土地，且这些固体废物倾倒在土地上，对土壤及周边生态环境特别是水资源造成了巨大的威胁。正因如此，建设"无废城市"，加快推进固体废物的治理进程，加速固体废物的资源化和综合化利用，是关系到我国生态环境建设的重大问题。

14.1.2 "无废城市"建设

建设"无废城市"将是未来城市建设的重要内容，建设方式可从以下几方面入手。

第一，"无废城市"建设需要政府做好引导宣传，保证全民参与。为了提升全民参与的积极性，需要构建一套良好的教育体系，打造政府、社区、学校三位一体式的实效教育模式。政府部门要就"无废城市"建设做出具体的设计标准，在全社会中营造良好的舆论环境；社区要积极推行教育措施，通过文化建设引导社区大众遵守"无废城市"建设规范和标准；学校要发挥教育主体作用，教育学生要从小树立"无废城市"建设意识，使之成为公民教育的基本内容。

第二，"无废城市"建设必须建立严格的奖惩机制。"无废城市"建设需要有很多的具体措施，其中最为重要的就是处理固体废物问题。就垃圾分类而言，有的国家分类方法特别仔细，如日本，其垃圾分类标准就特别细，瓶盖、瓶身上的塑料纸属于"其他塑料容器包装物"这一类，而瓶身则属于"可回收的 PET"类别，该标准要求人们在投放垃圾时，要对塑料瓶做好拆分，清洗压扁之后再投入不同的垃圾箱中，不然就属于违规操作。若确定为违规操作，则进行严厉处罚。我国在"无废城市"建设过程中，也须严格落实各种分类、处置、回收等制度。只有制度建设完善及奖惩机制分明，"无废城市"建设才能持续。

第三，"无废城市"建设需要相关产业的支撑。"无废城市"建设并不仅是一种城市管理模式，还是将城市管理与围绕"无废城市"建设产生的产业发展结合起来的城市发展模式。要将分类后的垃圾进行处理和回收利用，需要相关产业的支持。固体废物的回收利用是新兴产业，以城市生活垃圾为原料进行产业发展至关重要。

第四，做好顶层设计，强化法律制度支撑是保障。从法律上而言，让固体废物更好地被回收利用，应该将相关规划设计与具体法律制度相结合。关于循环经济发展模式及促进清洁生产等问题，《中华人民共和国循环经济促进法》等有所强调，但仍需各界认真落实到位。在发展循环经济过程中，法律必须明确生产者延伸责任，生产者对自身产品有回收的义务，具体回收的方式、在回收过程中给消费者补偿等问题，都需要法律落实到具体细节当中，特别是生产者与消费者之间的关系。

14.1.3 "无废城市"建设和减量化的意义

在工业生产环节推行清洁生产和循环经济，在居民消费和生活环节提倡绿色消费和绿色生活，尽可能在源头减少固体废物的产生，即产生前减量，是最为经济高效、环境友好的固体废物处理方式。垃圾分类、"无废城市""限塑禁塑"等国家战略实施的重要目的是促进生产、流通、消费、生活环节的绿色化，进而实现废物的产生前减量。

我国单位 GDP 的固体废物产生量依然远高于发达国家，消费和生活过程中的食物浪费、过度包装、一次性塑料制品滥用现象依然很严重，因此固体废物减量化十分重要。推出产生前减量的措施也要在系统评估的基础上科学决策。例如，为减少塑料垃圾，一次性塑料制品可用可生物降解塑料制品替代，但必须综合考虑回收系统是否配套，降解条件是否满足，降解产物是何物质，生产成本增加多少，产能是否满足要求等，在此基础上精准替代，稳步推进，否则就可能出现"把性能好的替换成性能差的，价格低的替换成价格高的，质量轻的替换成质量重的，环境友好的替换成环境不友好的"等情况。

固体废物产生后减量则与资源化一样，也必须付出相应的经济成本和环境代价。事实上，大部分的产生后减量措施同时也是资源化措施。一些具有显著减量化效果的技术必须要在全局、全链条的层面上加以审视，才能确定其对环境保护是否具有正面意义。

例如，居民家庭产生的厨余垃圾粉碎后排入下水道，可减少进入收运与处理系统的生活垃圾量，是部分发达国家行之有效的生活垃圾减量化方式，但若没有完善的、与之相配套的管网系统，就有可能导致污水管网堵塞、污水泄漏污染河流水体或地下水、沼气局部聚集发生爆炸等问题，其对环境质量改善的效果很可能还不如直接进入规范的生活垃圾处理系统。再如，污水处理厂污泥脱水的减量化效果明显，但若不能统筹考虑后续处理工艺的需要，脱水后的污泥可能还需要大量加水才能得到进一步处理，同时为提高脱水效果添加的化学药剂可能对污泥的后续处理或利用存在不利影响，甚至形成制约，使前端的脱水完全失去意义。

14.2　有价资源回收

循环经济的提出改变了传统发展的"获取—制造—处理"线性模型，开辟了一种经济发展与生态资源环境脱钩的发展模式。其核心是通过资源和能源的再利用实现经济发展的闭循环。循环经济已被多国政府认为是一种推动经济发展的新动力，各国政府希望通过循环经济实现降低资源消耗、缓解市场波动、改善与生态环境的关系，以及促进经济增长创造新的就业机会。本节将对塑料、金属的回收展开讨论。

14.2.1　塑料

1. 塑料回收策略

目前，全球循环经济模式的引入面临着诸多挑战，包括但不限于废物管理系统、区域经济形势以及法律和社会态度的差异。因此，各种强制性的法律方法和咨询指南促进了塑料更高的回收率和减少对初级塑料的需求。

在美国、日本、中国或欧盟国家等许多地区，这些方法可分为强制回收率设定目标、最低回收含量设定目标、回收标签的使用和支持各种类型的塑料制品重复使用和存放模式。

（1）强制回收率设定目标。强制回收率设定目标表明有一定比例的塑料，必须从废物流中转移，并在一定时间内回收。例如，2018 年，欧盟、瑞士和挪威的塑料包装回收率为41%。同年，欧盟制定了所有包装的回收率目标，分别为 2025 年 65%、2030 年 70%；塑料的回收率目标，分别为 2025 年 50%、2030 年 55%。

（2）最低回收含量设定目标。最低回收含量设定的主要目标是加强对回收塑料的市场需求。这会给塑料垃圾的收集、分类和回收利用带来市场压力，但也将激励对支持性基础设施和创新的投资，如改进回收产品设计。因此，对回收成分含量的要求将有助于减少最终进入垃圾填埋场、焚化炉，以及作为污染进入环境的塑料废物的数量，同时也减少相关温室气体的排放量。加拿大在这方面做了些工作，将最低回收含量设定目标作为该国到 2030 年实现零塑料垃圾计划的一部分，要求加拿大的塑料包装到2030年至少包含50%的可回收成分。

（3）回收标签的使用。图14-1为世界范围内用于各种材料包装选定的回收标签。由三箭头组成的莫比乌斯环是世界上最常用的回收符号。这个标签最初是由加里·安德森在1970年设计的，这个标签现在有许多变体，各地根据当地实际情况重新设计使用。除了三箭头符号外，还有更多的回收标签，包装行业如"绿点"或"Triman"。

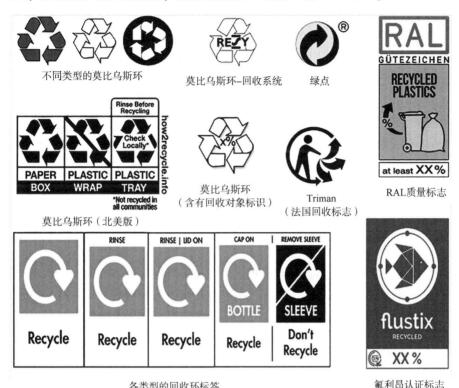

图 14-1 世界范围内用于各种材料包装选定的回收标签

（4）支持各种类型的塑料制品重复使用和存放模式。除了回收已经产生的塑料垃圾外，还有许多商业模式促进减少塑料包装的使用。这类模式中的一个例子是押金-退款系统，在购买期间对商品收取附加费，并通过退还塑料包装进行退款。这些方法的实用性很大程度上取决于应用领域和当地的社会态度。为了促进全球循环经济模型的可持续整合，建立有效和高效的回收方法及发展可回收塑料的全球供应链成为塑料行业的主要焦点。

2. 塑料回收技术

塑料回收目前是在大型集中设施中进行的，其利用规模经济生产低价值产品。制造公司对回收塑料有强烈的需求，因为再生材料是降低成本和减少浪费的首选。最先进的塑料回收工艺可分为4种不同的类别。

一级回收通常指采用挤压的方式把可回收的废旧塑料（边角料）加工成新料的过程。一级回收容易带来二次污染，不适合初次回收。

二级回收利用螺杆挤出、注射成型和吹塑成型，通过机械手段将塑料材料转化为低值产品。二级回收涉及的工艺包括切割和切碎、分离污染物和漂浮分离薄片。最终回收的塑料制品被储存起来，在添加颜料和其他添加剂后再出售，然后根据要求进一步挤压塑料丝制成小球，制造最终产品。

三级回收利用多种方法，如热解、裂解、汽化、化学分解等，通过解聚回收塑料固体废物中的单体来回收塑料材料。三级回收可分为两种技术，即化学回收和热回收。

四级回收是将已经过一级、二级、三级回收的塑料垃圾焚烧，回收能源。只有当没有其他方法来处理塑料垃圾时，才会采用这种方法，因为塑料垃圾在其他供应链中已经没有价值了。塑料垃圾焚烧会排放有害的空气污染物，如二氧化碳、一氧化二氮、二氧化硫、挥发性有机物、颗粒物、重金属、多环芳烃、多氯二苯并呋喃和二噁英。

3. 塑料回收技术评价

一级和二级回收通常又称为机械回收。日常使用的塑料种类繁多，物化性质差异很大，不能将这些塑料一次性混合加工成型，必须人工进行分拣，分别进行成型加工。此外，不同的生产厂家在加工塑料制品时，为了让产品符合要求，往往要向塑料中加入化学组成和比例都不尽相同的添加剂，如增塑剂、阻燃剂、颜料、无机填料等。另外，快餐盒和塑料盘子上往往沾满了油污和食物残渣等非塑料类的垃圾，必须花费大量的人力物力清洗干净，这些塑料制品，厂家不愿意回收，消费者自然缺少动力去收集，于是它们在废弃后就容易进入环境。塑料垃圾属轻质物料，易飘散于各地，造成白色污染。因此，近年来，一次性塑料袋和发泡塑料餐具在许多地方被禁止使用。

理论上，塑料可被无限次再加工成各种形状，但实际在加工过程中，高温和机械力都会导致塑料的化学结构遭受一定程度的破坏，从而使塑料制品的性能逐渐下降。因此，经多次回用的塑料制品一般加工成地垫等对强度要求不高的产品。对于这部分塑料垃圾，就需要通过三级或四级回收的方式加以处理。

三级回收的方式主要是将废弃的塑料在高温下降解，分解为对应的单体，再重新合成新塑料的方法。大多数常见的塑料化学性质都非常稳定，塑料很难被分解为单体。有些易降解的塑料也逐渐被开发出来，但其性能却又不尽人意，特别是热稳定性往往不太好。四级回收就是将塑料降解转化为液体或者气体形式的燃料。不像三级回收，四级回收不要求塑料必须分解为对应的单体，因此实施起来难度要小很多。不过同将塑料降解为单体一样，通过降解塑料获取燃料也需要在高温下进行，同样需要消耗不少的能源。因此，这一类塑料回收技术今后发展的重点是如何通过优化条件，特别是通过高效率的催化剂，让塑料可以在更低的温度下被分解。

综上所述，与机械回收相比，塑料的三级和四级回收在各种塑料回收手段中处于优先级更低的位置。这主要是因为理论上这两种回收方式带来的价值不如机械回收，机械回收可保证塑料垃圾被反复利用。但实际操作中，不同类型的塑料垃圾往往混合在一起，进行机械回收往往难度很大，甚至完全不可行。在这种情况下，将塑料垃圾转化为能源或者其他化工原料反而成了一个更好的选择。正是这个原因，塑料的三级和四级回收，特别是三级回收，在近年来颇受重视。目前，欧盟有超过40%的塑料垃圾最终转化为能源。

14.2.2　金属

有价金属是指在提炼金属的原料中，除主金属外，具有回收价值的其他金属。一般说来，某一种金属是否有回收价值，取决于该金属的使用价值、回收需要的费用及其商品价格。例如，铅锌矿中的锗在半导体工业兴起之前，其回收价值并不大，而 20 世纪 50 年代后却成了很有回收价值的金属。有的重金属矿物中主金属含量较低，不一定具有开采价值，但其他有价金属较多时，综合考虑，则可能有开采价值。总之，"有价"的概念不是一成不变的。

电子废物是全球产生量增长最快的固体废物。电子废物在人类消费过程直接产生，含有丰富的有色金属等有价材料，存在潜在的重金属污染、持久性有机污染物污染等环境风险，已经成为环境领域关注的焦点之一。资源化利用成为解决电子废物问题、促进有色金属产业持续发展的最有效途径。电路板和锂电池是为消费电子优化电路分布、提供电源供应最主要的部件，因此这些部件中元器件的剥离、正极材料的分离以及其深度资源化是电子废物资源化技术研究的核心与关键。

1. 废锂电池资源化回收及污染控制技术研究

按照一般电子废物处理工艺，废锂电池的处理可分为放电（Discharging）、再利用（Reuse）、再循环（Recycling）和再回收（Recovery）等工艺阶段。

1）废锂电池的预处理

废锂电池同废电路板一样，结构比较致密，铜、铝等金属以单质态存在。但废锂电池又区别于电路板，因为钴、锂等以化合态存在，并往往残余一部分电量。为防止处理过程中短路和自燃，废锂电池通常需要先放电，然后手工拆解塑料和金属外壳。图 14-2 为当前废锂电池预处理工艺流程。经过上述处理，一定程度上可得到塑料、正极材料、铜箔、铝箔、铁片等。

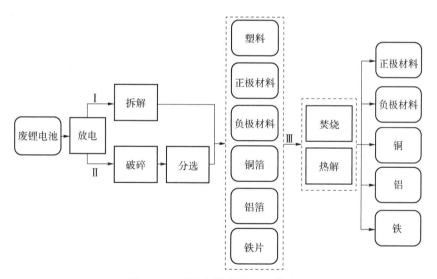

图 14-2　废锂电池预处理工艺流程

2）废锂电池的二级处理

经过破碎、分选等预处理的废锂电池，一般有多种方法可对阳极和阴极进行二级处理。二级处理包括水热法、超声波处理、N-甲基吡咯烷酮溶解、生物浸出和酸浸等，其过程如图 14-3 所示。

（1）水热法。据报道，如果利用水热法对钴酸锂材料进行选择性溶解，再生条件得到优化，那么钴酸锂材料的分离和再生同时实现是可行的。有学者利用水热法，将分离的钴酸

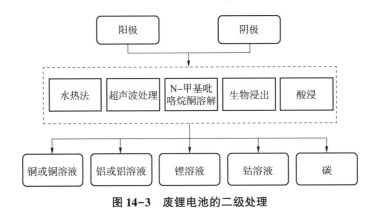

图 14-3　废锂电池的二级处理

锂材料置于 LiOH 溶液中，保持 200 ℃、加热速率 3 ℃/min，钴酸锂可以再生。水热反应过程不受外界气压的影响，同时可得到高品位的钴酸锂。

（2）超声波处理。当仅用搅拌时，大部分电极材料仍黏附于铝箔表面。当仅用超声波清洗时，也只是部分电极材料分离。但是当二者同时运用时，几乎所有的钴酸锂材料都能分离，因而超声波处理经常作为搅拌和混合预处理的辅助方式。这可能是因为超声波可提供更大压力，破坏不溶物，因而有助于从铝箔上分离钴酸锂材料。

（3）N-甲基吡咯烷酮溶解。N-甲基吡咯烷酮（NMP），无色透明油状液体，微有氨的气味，挥发度低，热稳定性、化学稳定性均佳，能随水蒸气挥发，它经常用于强化锂电池的铝箔、铜箔的黏附。除此之外，NMP 也可被用于溶解聚偏氟乙烯（PVDF）黏结剂，可降低分离温度和时间。

（4）生物浸出。通常，生物浸出回收金属由于工艺条件温和、成本较低而备受关注。有学者开发了用于回收废锂电池中钴和锂的生物浸出工艺，经过采样、培养和纯化的微生物氧化亚铁硫杆菌（Thiobacillus Ferrooxidans），可用于溶解破碎锂电池的正极材料，钴、锂的浸出率可以分别达到 98%、72%。

（5）酸浸。经过阴极部分处理获得的正极材料（如钴酸锂），利用无机酸或有机酸和添加剂浸提，溶解至溶液中进行后续的回收。

3）废锂电池的深度处理

废锂电池深度处理工艺如图 14-4 所示。前面产生的有色金属或者溶液，可通过溶剂萃取分离钴、镍、锰、锂等溶液。经过溶剂萃取，铜以金属态或化合态回收。萃取溶液利用沉淀法可分离回收铝和锂。剩余溶液利用电沉积、结晶或煅烧方式回收金属钴。

在通过深度处理得到的产物中，金属存在的理化状态显著不同，这主要源于不同的酸浸方式。

2. 废电路板资源化回收及污染控制技术研究

1）废电路板资源化研究现状

目前国内外的废电路板的处理技术，主要包括资源化回收技术和污染控制技术两个方面。资源化回收技术主要包括机械物理回收、生物冶金、火法冶金和湿法冶金等。图 14-5 所示为废电路板处理过程中资源化回收及污染控制工艺流程。

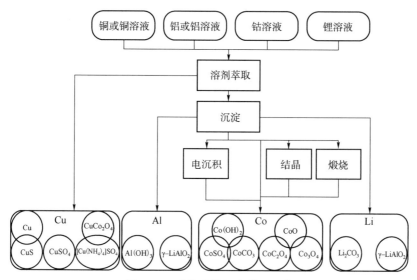

图 14-4　废锂电池深度处理工艺

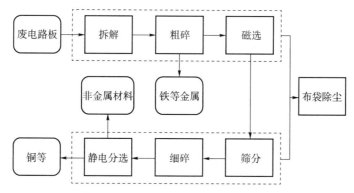

图 14-5　废电路板处理过程中资源化回收及污染控制工艺流程

2）废电路板电子元器件的拆解回收

（1）电路板电子元器件的特征。

电路板电子元器件种类繁多，成分复杂，将其拆解回收不仅有利于回收其中的贵重金属，同时可避免其中的危害物质对后续电路板处理工艺的影响。为了研究电子元器件拆解回收的工艺，需要认识元器件的封装发展历史。电路板电子元器件封装技术经历了从传统单芯片封装、多芯片封装、线装到现在的倒装芯片的发展历程。倒装芯片底部填充在逐步取代传统的线装技术时，也减少了贵重金属的使用。

在当前淘汰的废电路板中，废 CRT（阴极射线管）电路板和废主机电路板中电子元器件的封装形式包括双列直插式封装（DIP）、球形触点阵列（BGA）、带缓冲垫的四侧引脚扁平封装（BQFP）、小引脚中心距（QFP）、四侧引脚扁平封装（QFP）等多种封装形式。在过孔式芯片封装技术中，贵重金属多作为导线使元器件尤其是芯片连接至电路板上，并在背面辅以过孔焊锡固定；在芯片表面封装技术中，贵重金属多作为导线使元器件尤其是芯片连接至电路板上，并在正面进行直接焊锡固定。焊锡可以分为有铅焊锡和无铅焊锡，其中无铅焊锡多以纯焊锡、焊锡合金的形式出现，其熔点最高达到 232 ℃。

（2）废电路板电子元器件拆解技术研究。

废电路板电子元器件的拆解主要分为手工拆解、焊锡热拆解、机械拆解 3 种方法。各种拆解方法对比如表 14-1 所示。

表 14-1　废电路板电子元器件各种拆解方法对比

方法	能耗	剥离效果	损坏率	二次污染	拆解效率	设备成本
手工拆解	低	好	高	无	低	低
热风加热	高	一般	较高	无	较高	低
烤炉加热	高	一般	较高	有	较高	低
液体加热	较低	好	低	无	高	低
机械拆解	高	好	高	无	高	高

第一，有学者深入研究了废电路板电子元器件拆解的外力模型。手工拆解一般用强外力拔出电路板上的元器件，剥离效果较好，但拆解效率很低且带来电路板的破坏，这种方式在当前的中国比较常见。

第二，根据焊锡高温熔化的机理，焊锡热拆解是利用加热的方式，烘烤电路板致焊锡熔化，使电子元器件脱落。当前中国常采用直接烘烤或在高温锡溶液中进行拆解，但这种方法往往带来较大污染，也存在采用工业废热处理废电路板的方式。

第三，自动化或半自动化的机械拆解。清华大学、北京航空航天大学、合肥工业大学、湖南万容科技股份有限公司等单位开发了 PDE-Ⅱ型废电路板拆解装备、面向元器件重用的废电路板拆解处理方法、一种基于高温蒸汽拆解和改性处理废电路板的方法、一种环保节能高效的废电路板元器件无损拆解装置、机械自动化拆解装置等。这些设备技术含量较高，设备投资大，操作对工人要求较高，几乎不重视焊锡的回收，同时，由于技术还不太成熟，常出现堵料、卡料的现象。

除此之外，人们已开始关注绿色溶剂处理方式。由于离子液体具有液程范围宽、不易挥发和热稳定性高的特点，在相当宽的温度范围内，离子液体可作为液体使用，反应可在常压下进行，因而离子液体可用于溶剂与模板剂合成多孔催化材料、作为溶剂与催化剂催化氧化甲烷制取甲醇以及纤维溶解及染色方面应用。

在电子产品大量使用的今天，报废的电子产品数量相当惊人。电子固体废物由于其自身成分的复杂性及原材料的高污染性，导致废弃的电子产品若没有得到妥善的处置，就会对环境及人类健康造成不可逆的影响和损害。因此，有必要对电子固体废物的回收与处理进行法律规制，保证整个处理过程的合法有序进行。

14.3　清洁能源利用

由于我国煤炭储量丰富而石油储量短缺，煤炭一直是我国的主要能源来源，而天然气等其他清洁能源占比一直保持较低的比例。随着资源短缺的加剧和生态环境的恶化，我国对可再生资源尤其是清洁能源的需求不断增加。

近年来，沼气的开发利用逐渐引起了我国政府的重视，并出台了多项有利于生物质转化沼气发展的重要政策。2016 年，《生物质能发展"十三五"规划》提出，到 2020 年实现沼气年产量 80 亿立方米、沼气发电 50 万千瓦时的规模化产业发展，并以沼渣为原料规模化生产沼气有机肥。2019 年，我国发布了《关于促进生物天然气产业化发展的指导意见》，声明中国将建立沼气政策支持和管理体系，建设大型有机固体废物沼气项目，力争 2025 年年产量超过 100 亿立方米，2030 年达到 200 亿立方米。

沼气可用于供暖、发电，用作车辆燃料，将其并入天然气管网，净化 97% 以上后升级为压缩天然气或液化天然气运输。目前，沼气发电是主要的应用方法，也是应用最广泛的能源发电。

14.3.1　厨余垃圾的厌氧消化

1. 厌氧消化过程

甲烷是天然气和沼气的主要成分，其替代化石燃料的潜力很大。由于我国对沼气的鼓励政策，厌氧消化技术转化沼气在我国有很好的应用机会。

厨余垃圾是城市生活垃圾的一种，是居民社区、食品生产加工业和餐饮业在生活或生产过程中产生的有机固体废物。厨余垃圾具有含水率高、有机质高、含盐量高、含油量高和易腐烂等特点，若不及时处理则易产生恶臭，并会滋生病原体微生物，引发环境污染问题。中国厨余垃圾主要由蔬菜、果皮、食物残渣、碎骨、蛋壳、贝类、果壳和果核等组成，其含水率高达 74.9%~87.1%，且含有大量糖类、蛋白质、脂质等有机物，具有较好的可生化降解性。

厨余垃圾可以通过厌氧消化获得甲烷，具有很高的能源生产潜力。厨余垃圾中的有机物厌氧消化过程如图 14-6 所示。

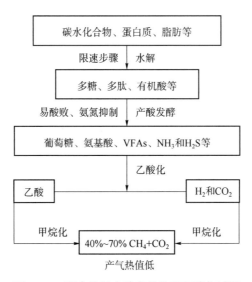

图 14-6　厨余垃圾中的有机物厌氧消化过程

厨余垃圾在厌氧菌的作用下经过水解、产酸发酵、乙酸化和甲烷化 4 个阶段。水解过程是指复杂的有机物在水解酶的作用下被转化为简单的溶解性单体或二聚体；产酸发酵过程是指溶解性单体和二聚体被微生物进一步降解成为挥发性脂肪酸（VFAs）、乳酸、醇、氨等酸化产物和二氧化碳；乙酸化阶段主要是将水解、产酸发酵阶段产生的两个碳以上的有机酸或醇类等物质，转化为乙酸或其他可被甲烷菌直接利用的小分子物质；最终甲烷菌将乙酸、一碳化合物、H_2、CO_2 等转化为 CH_4。

2. 厌氧消化技术应用案例

由于我国厨余垃圾含水率高，因此，我国厨余垃圾的厌氧消化工艺大多采用连续搅拌釜式反应器系统的湿式厌氧消化工艺。高抗冲击负荷、高产气量的干式厌氧消化在国外不断发展和推广，干式厌氧消化在国内的应用也在不断增加，如北京首创环境控股有限公司研制的大型干式厌氧消化反应器。

2020 年 6 月 2 日，全球最大的城市有机垃圾综合处理项目——广州东部固体资源再生中心生物质综合处理厂（以下简称"广州东部生物质综合处理厂"）正式全面实现满产运营。广州东部生物质综合处理厂的设计处理规模为每日 2 040 t，其中餐饮垃圾 400 t、厨余垃圾 600 t、粪污 1 000 t、动物固废 40 t。该厂总体采用的是"预处理+联合厌氧消化+综合利用"的处理工艺。具体来说，就是采用自主研发的厨余垃圾高效分离预处理技术、餐厨垃圾高效复合甲烷菌厌氧发酵技术、生物柴油制备等核心技术，对餐饮垃圾、厨余垃圾、动物固废和粪污 4 类有机废物进行高效协同处理。现在广州东部生物质综合处理厂的综合资源化效益达到了 90%，餐饮垃圾、粪污、动物固废经过无害化处理，废液进行厌氧发酵处理后能产生清洁能源——沼气，沼渣及肉骨渣可用于制作有机肥料，粗油脂进行深加工后可以变为生物柴油和植物沥青等。自产的沼气一部分可用于沼气锅炉，给整个厂区供热，另一部分用于沼气发电，而电能除满足厂区需要外，还可以销售给南方电网。此外，清洁园区产生的低浓度废水和垃圾处理过程中产生的高浓度废水，都会经过污水厂进行有机处理，在园区内循环使用。

目前，厂区日产沼气 8.5 万立方米，日发电量为 24 万千瓦时；通过发电余热回收日产生蒸汽 150 t；通过对餐厨垃圾和动物固废处理，日提取工业用油脂 40 t；通过发酵残渣脱水，日产生生物肥料约 200 t。

14.3.2 城市生活垃圾高温热解

根据《中国统计年鉴 2020》数据显示，我国 2020 年产生的城市生活垃圾质量为 2.42 亿吨。目前，城市内固体垃圾排放量仍然以每年 9%～11% 的速度增加，给城市的运转带来了极大的压力。

热解技术能显著减少城市生活垃圾的质量和体积，二次污染小，投资和运行费用低，具有可燃气体回收利用率高、产生能源可循环再利用、可获得高附加值的燃料油等资源化产品等优点。

1. 热解过程

城市生活垃圾热解技术是指在缺氧环境下，垃圾中的有机大分子物质发生分解、氧化、重整等一系列过程，产生 H_2、CO、CO_2 和低碳链的碳氢化合物等小分子的生产技术。

城市生活垃圾热解技术按照产气处理手段分成两大类：第一类是采用超过 1 200 ℃ 高温将城市生活垃圾中的大分子有机物热解为以 H_2、CO 为主的合成气，而合成气通过处理去除焦油、灰尘等污染物后，用于燃气轮机发电、制作化工产品、燃料电池发电等；第二类是城市生活垃圾热解汽化后形成的合成气不经过纯化，直接进行燃烧。汽化作为可燃城市生活垃圾热处置的中间处理过程，反应温度通常为 600~900 ℃。

热解可以分为 3 个阶段：脱水阶段（室温至 200 ℃），有机物脱除的水分包括游离水和结合水；干馏阶段（250~500 ℃），在缺氧条件下，升高温度，大分子有机物裂解为小分子物质析出，原料质量损失较明显；汽化阶段（500~1 200 ℃），大分子汽化产物、液态和固态的化合物裂解为 CH_4、CO、H_2 和 CO_2 等。

2. 高温热解技术应用案例

国内城市生活垃圾高温热解技术主要包含以下几种：立式旋转热解汽化焚烧技术、内外热源联合供热热解汽化技术、焚烧发电热解汽化技术和蓄热式辐射管旋转床热解汽化技术等。

采用蓄热式辐射管旋转床热解汽化技术热解垃圾时，固体垃圾经过干燥、挥发分析、高分子裂解 3 个阶段。图 14-7 展示了蓄热式辐射管旋转床热解汽化生活垃圾工艺流程。生活垃圾经称重后进入垃圾处理料坑，进行分选；分选出的无机杂质进行填埋；金属回收后提纯对外销售；有机质和可燃物进行破碎后进旋转床热解，热解油气进行油气分离净化，所产生的热解气作为产品对外销售，旋转床产生的固体炭和油气分离净化产生的焦油送去流化床汽化，流化床汽化产生的洁净的汽化气作为旋转床燃气，旋转床产生的烟气直接达标排放。

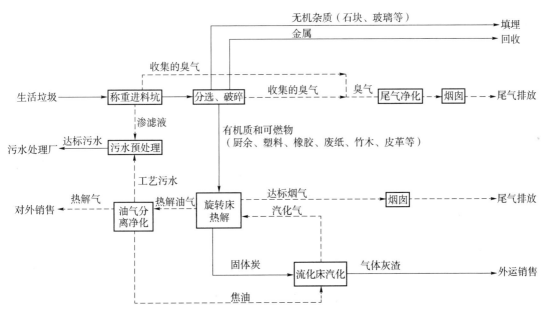

图 14-7　蓄热式辐射管旋转床热解汽化生活垃圾工艺流程

垃圾热解技术采用绝氧热解原理，不用进行焚烧。同时，由于热解炉内为高温绝氧环境，整个处理工艺都避免了二噁英生成的必要反应环境，从原理上阻止二噁英的产生。

蓄热式辐射管旋转床热解汽化技术可以实现无危险固体废物产生。在热解过程中，物料相对料床静止，不受压，不翻动，辐射管内流体与反应炉膛完全隔离，避免了传统焚烧产生危险固体废物飞灰的问题。

蓄热式辐射管旋转床热解汽化技术亦可实现重金属有效固化处置。在处理过程中，物料中重金属一直处于还原性环境，不向环境大气中排放，全部集中到固体残渣中进行有效固化处置。

在恶臭防治方面，蓄热式辐射管旋转床热解汽化技术的预处理采用全封闭厂房，负压操作。料坑臭气经风机收集后送入蓄热式辐射管作为助燃空气高温燃烧，在所有可能的臭气散发点进行臭气收集，经生物除臭系统有效处理，避免了恶臭的扩散。

与焚烧相比较，蓄热式辐射管旋转床热解汽化技术杜绝了绝大部分污染物。蓄热式辐射管旋转床热解汽化工艺采用绝氧热解方法进行处理，是完全不同于焚烧的清洁处理工艺。全厂采用的是《工业炉窑大气污染物排放标准》，不需要建设高烟囱，排放物少。

蓄热式辐射管旋转床热解汽化技术能够同时处理生活垃圾、有机污泥、病死牲畜等有机固体废物，实现区域有机固体废物综合处置，生产清洁燃料，可作为分布式能源站在县城、乡镇、农村及工业园广泛推广。

此外，蓄热式辐射管旋转床热解汽化技术的适用性十分广泛。单炉日处理量达 50 ~ 1 500 t，既适用于北京、上海、广州这样的特大型、大型城市的生活垃圾集中处理，又适用于中小型城市、乡镇的生活垃圾小规模灵活处理，投资和运行成本均大大低于发达国家炉排焚烧炉等处理工艺。

14.4 危险废物处理处置

随着经济的快速发展和工业化的迅速推进，固体废物污染问题日益突出，威胁人类生存的环境安全。固体废物主要包括生活垃圾（含厨余垃圾等）、一般工业废物（含市政污泥等）、危险废物（含医疗废物）、放射性废物等，其中危险废物因对人体和环境具有特殊的危害性而被广泛关注。危险废物处理处置成为当前的热门研究领域。

14.4.1 危险废物源头减量控制

危险废物的减量控制遵循"3C"原则，即 Clean（避免产生）、Cycle（综合利用）、Control（妥善处理）。必须注重危险废物产生的源头治理，尽量减少产生数量；必须重视危险废物的循环再利用，提高综合利用率；对于最终不能再利用的部分，采取无害化处置技术，让其得到最终的安全处置。

因此，危险废物减量包含源头减量、分类并回收综合利用、末端处置等几大环节。其中，源头减量、分类并回收综合利用较为复杂，涉及国家政策法规、政府管理部门监管方式、企业管理者及民众认知水平、生产技术能力、回收再利用技术等诸多领域。

14.4.2 危险废物末端处置

危险废物常用的末端处置技术目前主要包括焚烧、水泥窑协同处置及安全填埋技术

3 类。

1. 焚烧技术

焚烧技术是一种常见的危险废物处置技术，最终目的是完成无害化处理。焚烧是在高温条件下，以一定的过剩空气与危险废物在焚烧炉内进行氧化燃烧反应，焚烧炉的焚烧温度大于 1 100 ℃。危险废物焚烧工艺示意图如图 14-8 所示。危险废物经高温焚烧后可减少体积和危害，可减少或去除有害物质。同时，焚烧产生的高温烟气经余热锅炉换热产生高温蒸汽，用来供热和发电，进行能量回收。目前广泛应用于危险废物焚烧的炉型主要是回转窑，其能够处理固体废物、液体废物、气体废物等各种形态的废物。

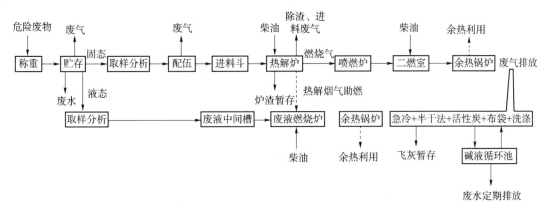

图 14-8　危险废物焚烧工艺示意图

根据现有焚烧运行情况，焚烧过程产生的飞灰因含毒性极高的二噁英，二次处理难度更大。同时，焚烧残渣采用填埋等方式进行二次处理会造成新的二次污染。此外，焚烧系统建设投资较大，且随着废气排放标准逐步严格，尾气处理成本逐步增加。随着民众环保意识的提高，焚烧厂因"邻避效应"而选址敏感。因此，焚烧处置技术的优点是能较大限度地减少危险废物的质量与体积，消除有毒、有害及感染性废物，产生的热量可回收用于生产蒸汽，供生产用或发电；缺点是运营管理成本高且易形成二次污染。

2. 水泥窑协同处置技术

水泥窑协同处置是指将满足入窑要求的危险废物投入水泥窑，利用水泥窑环境实现对危险废物无害化处置的过程。此技术弥补了传统危险废物焚烧发电需建立专用焚烧设备、焚烧设备设计要求高、产生的二次污染物需处理，以及运行投资成本高、选址困难等问题，对现有运营良好的大型水泥厂进行工艺改造，即可实现危险废物的处置。水泥窑在发达国家是焚烧处置固体废物的重要设施，得到广泛的认可及应用。

一方面，水泥窑具有燃烧状态稳定、处置温度高（物料温度 1 450~1 550 ℃、气体温度 1 700~1 800 ℃）、焚烧停留时间长（有利于危险废物的燃烧和分解）、有效防止大气污染、能固化重金属元素等特点，体现了危险废物处置无害化和减量化的原则。此外，废物中的可燃组分和其他矿物成分在水泥窑高温煅烧分解过程中，也可部分替代水泥窑的燃料和原料，实现真正意义上的固体废物资源化。一方面，水泥窑协同处置危险废物依旧会产生二噁英，但焚烧废气可依托已有水泥窑"高温+碱性环境+低氮燃烧+SNCR（选择性非催化还原）烟气脱硝+急冷+静电除尘器除尘"处理系统处理后高空排放。图14-9为水泥窑协同处置危险废物工艺示意图。

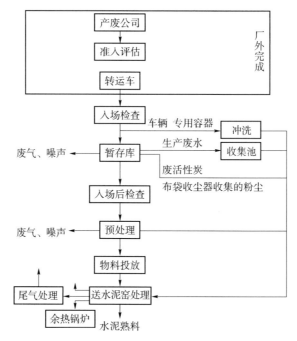

图14-9 水泥窑协同处置危险废物工艺示意图

另一方面，水泥窑协同处置技术采取将危险废物堆存渗滤液喷入窑内利用高温共同燃烧处理的方式，免去危险废物焚烧发电厂需单独设置渗滤液处理装置处理渗滤液的麻烦。水泥窑协同处置技术的不足主要体现在：因需保证水泥产品品质，危险废物掺烧处理量受限，如一条日生产能力5 000 t的水泥生产线，其危险废物日掺烧量约500 t。此外，因需兼顾水泥生产与危险废物处置，故对协同处置生产工艺及管理人员技术水平提出了更高的要求。

3. 安全填埋技术

安全填埋方式因具有处理固体废物量大、适用面广、成本较低、技术成熟、操作管理较简单等优点，是较早开始广泛使用的一项危险废物处置技术。安全填埋场作为危险废物的最终处置场所，实现了危险废物集中处置的原则，最大限度将危险废物与生物圈隔离，能有效控制危险废物中有害物质的迁移，是降低危险废物环境风险、防控环境污染的重要举措。安全填埋场在运营阶段及封场后均会有雨水从覆盖膜间隙渗入，产生渗滤液，将危险废物中的污染物带出填埋场，产生二次污染。因此，危险废物安全填埋场的主要污染源和环境风险因素是渗滤液的收集及处理。危险废物安全填埋示意图如图14-10所示。关于危险废物安全填埋场的设计及安全填埋处置要求，具体请见本书第13章13.5节。

14.4.3 危险废物减排展望

1. 提高源头减量化水平

源头减量主要可从以下两方面进行：一方面是优化生产工艺，对危险废物产生环节尽量

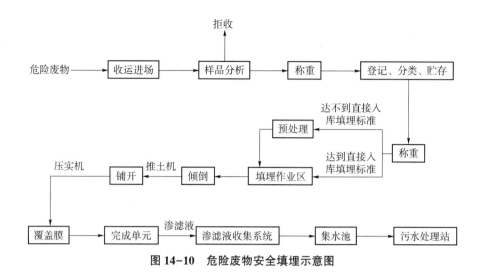

图 14-10　危险废物安全填埋示意图

采取替代措施方案，或减少产废原材料的使用；另一方面是加强产废单位的环保意识，生产中做到应用尽用，减少危险废物产生量。

2. 促进危险废物综合利用

综合利用是实现危险废物资源化、减量化最重要的手段之一。按照"鼓励一批、提升一批、淘汰一批、新建一批"的原则，统筹规划危险废物综合利用设施，创新综合利用方式，提高综合利用率。尽快实现危险废物处置能力与需求量完全匹配，培育一批危险废物利用处置龙头企业。规范引导危险废物自行利用处置设施，鼓励危险废物年产生量较大的企业及园区等配套建设危险废物利用处置设施，全面提升自建利用处置设施管理水平，确保长期稳定达标排放。

3. 提高危险废物焚烧水平

发达国家危险废物焚烧技术因减量化明显、无害化较彻底、占地小等优点而广泛应用，而我国焚烧技术占比率不够高，应大大提高危险废物焚烧处置方式的占比率，提高或开发新技术，以不断改善焚烧处理方式的二次污染状况，加强二噁英等重点污染物在线监测能力的建设。加强危险废物焚烧技术的推广，促进危险废物资源化、无害化处理，合理规划布局新建危险废物焚烧发电厂。同时，应加强水泥窑协同处置危险废物的辅助手段，鼓励无危险废物集中处置点的地区择优建设水泥窑协同处置危险废物项目，作为区域危险废物集中处置的有效补充，禁止利用落后水泥产能协同处置危险废物。力求无害化终端处置能力与需求匹配，促进危险废物利用行业服务水平不断提升，实现危险废物处置与企业经济共赢。

4. 健全危险废物分类收集、贮存、转运体系

完善危险废物分类收集、贮存、转运体系。推进危险废物分类收集、贮存的规范化管理，推动危险废物分类收集专业化、规模化和园区化，积极稳妥发展分类收集、贮存和预处理服务。

5. 优化安全填埋场填埋方式

提高安全填埋场渗滤液处理能力，严格要求每个填埋场配套建设渗滤液处理设施处理达标后排放，减少环境二次污染及安全风险。目前，国外危险废物的无害化处理以安全填埋为主，并逐渐从"填埋"转向"焚烧"。

思考题

1. 查阅资料，论述塑料或金属等有价资源的回收技术。
2. 简述当前的清洁能源利用技术。
3. 简述危险废物的处理策略。
4. 危险废物的末端处置技术有哪些？
5. 查阅资料，举例说明"无废城市"建设应采取哪些措施。

第 15 章

固体废物控制和管理新进展

15.1 城市生活垃圾分类处理

15.1.1 我国城市生活垃圾处理现状

我国城市生活垃圾具有含水率高、热值低和易生物降解等典型特征，卫生填埋会出现垃圾渗滤液量大、污染范围宽、填埋气收集效率低、边坡稳定性差等问题，而焚烧则会出现热值低、焚烧炉运行不稳定、上网电力不稳定等问题，引起上述问题的根源在于我国城市生活垃圾中存在大量的厨余垃圾（最高可达 60%），其比例远高于全球的厨余垃圾比例（29%～50%）。生活垃圾经源头分类除去厨余垃圾后，可极大改善垃圾的焚烧特性，大幅降低二噁英的产生，同时也极大降低填埋、焚烧等生活垃圾末端处理设施的处理压力。

我国于 2000 年开始在北京、上海、广州、南京、杭州、深圳、厦门和桂林 8 个城市开展生活垃圾源头分类试点工作。但因处理目标不明确、基础设施不完善等问题，实际减量效果和资源回收利用水平都远不如预期目标。目前，我国仍面临着垃圾分类成效不理想、垃圾利用率低等一系列问题，亟须行之有效的方法来管理我国城市生活垃圾。

15.1.2 垃圾分类过程中的问题

1. 我国各地区垃圾存在差异

我国土地辽阔、人口基数大，各地区的垃圾产生量、处理效率、卫生资源配置等差异性也比较大。近年来，我国一线城市的垃圾产生量高速增长，其他各地区的人均垃圾产生量也逐年保持升高的趋势，全国垃圾处理设备分配应与每个地区的垃圾产生量相适应，在保证产生量大的地区优先分配卫生资源的基础上，对偏远或经济不发达的地区尽可能提供相应的生活垃圾处理设备。

2. 垃圾分类处理缺乏相关监管

目前，对参与垃圾分类处理的相关部门缺乏监管反馈制度，生活垃圾处理的管理监督存在不足，监管其工作状态的网络信息系统发展不完善，直接导致垃圾处理中各环节、各部门的职责分配不明确，追责制度无法深度贯彻落实。我国近几年环境保护宣传和固体废物与化学品防治执行经费逐渐降低，这也可能是固体废物处理与生活垃圾管理监测工作效率不高的原因之一。

3. 居民的垃圾分类能力和意识有限

各地居民对垃圾分类规则的理解能力和知识储备有很大差异。一项涉及多个城市的居民调查显示，城市居民回答生活垃圾分类问题的正确率不足30%。由于垃圾分类在逻辑概念上存在部分重叠，初次接触的居民难以充分理解，往往需要实践一段时间后才能逐渐熟悉，同时常住居民和流动居民的分类意识也有明显的区别。

此外，部分居民在心理上更倾向于对具有高回收价值及政策重点宣传的固体废物进行回收，而对于其他的垃圾关注程度较低。部分居民在垃圾分类后期会进入倦怠期，明显出现分类不仔细的情况，然后社区整体的垃圾分类效果开始减弱，进而逐渐形成政府宣传动员—居民实践行为—逐渐消极放弃—政府宣传再动员的恶性循环。

4. 垃圾分类处理缺少相应技术

国家每年都需要在生活垃圾处理方面投入大量的人力、物力、财力，但现代化垃圾处理效率仍然未能赶上城市化发展的脚步，存在各种各样的问题亟待解决。垃圾处理是一个复杂的系统性工艺，典型的垃圾分类处理流程如图15-1所示。目前，我国垃圾分拣设备存在技术落后，资源回收、综合利用等工序设备老旧，设计处理能力与实际处理能力差距较大等问题。

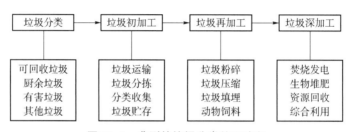

图15-1　典型的垃圾分类处理流程

15.1.3　垃圾分类处理技术

1. 高压压榨分离技术

高压压榨分离技术主要利用生活垃圾各组分硬度（破坏强度）和延展性（扩散能力）的差异性，同时兼顾密度（含水率）和形状（破碎粒径）因素，通过装填预压和高压挤压（20~40 MPa）以及分离筛网装置（筛筒），将初步预处理（破碎、筛分）的生活垃圾有效分离成干湿两部分。其中，干组分为能被高压破坏的部分，具有热值高、含水率低、密度低等特点，适宜焚烧、热解等热处理或制成垃圾衍生燃料（RDF）；湿组分为被高压挤出（含固率约20%）的部分，具有有机质含量高、无机质含量低的特点，适宜通过厌氧、好氧等生物方式利用（图15-2）。

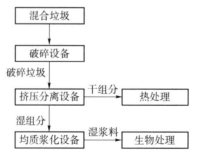

图15-2　高压压榨+生物处理/热处理技术

高压压榨分离技术的关键设备是挤压分离设备，根据设备结构及挤压力产生的原理不同，可分为螺旋挤压分离设备和液压挤压分离设备两种：螺旋挤压分离设备由主轴上的螺旋片将设备内物料向出口输送，而出口端有特殊结构提供背压力，使物料在输送过程中建立压力，生活垃圾中的宜生化组分被破坏，并通过包围在螺旋片周围的筛网流出，而干组分克服出口背压力而被排出；液压挤压分离设备由液压缸向端口密闭的圆形或方形筛筒内推送物料，物料靠近筛筒密闭端体积被逐渐压缩至最大。其中，适宜生化组分被破坏滤除，可燃组分被保留在筛筒内并在挤压完成后排出筛筒。液压挤压分离的原理简单，易于实现，国外多用于沼渣脱水等场合，国内在生活垃圾压缩转运车辆、转运站设备中比较常见，但主要功能也是挤压脱水。国外的工程案例中多用于处理有机垃圾、超市垃圾及厌氧后的沼液和沼渣分离。

2. 有毒垃圾分类处理

生活中的有毒垃圾主要有废电池、废日光灯管、废水银温度计及过期药品等，主要是这些垃圾中含有对人体有害的重金属和有毒物质，需单独处理。

将有毒垃圾焚烧后再进行固化/稳定化处理，使有毒垃圾中的所有污染组分被化学惰性物质包裹起来，使其便于利用、处置，降低垃圾的毒性和可迁移性，常用的固化/稳定化方法有水泥固化、石灰固化、有机聚合物固化、陶瓷固化等。固化后的固化体进行填埋能显著减少对环境的污染，降低填埋风险。

15.2　固体废物静脉产业园区建设

15.2.1　静脉产业概念

静脉产业（Venous Industry）一词最早是由日本学者后藤典弘等人于 2001 年提出，是借用人体中静脉的功能来形象地比喻能够将固体废物进行收集、加工成再生资源的产业领域，如同人体静脉将含有二氧化碳的血液输送回心脏一样。日本《循环关键字》对静脉产业进行了以下界定：一般制造业等可称作动脉产业，处理、处置及循环利用从这些产业排放的固体废物的产业相当于人体的静脉，因此可称作静脉产业。从日本对静脉产业的界定中可以看出，静脉产业的研究内容十分丰富，所有固体废物收集、加工、处理以及市场化的过程都是静脉产业研究的主要内容。

我国于 2006 年对静脉产业做出了以下定义：以保障环境安全为前提，以节约资源、维护环境为目的，运用先进的技术，将生产和消费过程中产生的废物转化为可重新利用的资源和产品，实现各类废物的再利用和资源化产业，包括废物转化为再生资源以及将再生资源加工为产品两个过程。与静脉产业概念相近的是固体废物处理产业和资源再生利用产业。目前学术界并没有明确区分静脉产业与它们之间的区别，从产业发展的目标和内容上来看，静脉产业与它们确实没有实质性的区别。但相比较而言，静脉产业的概念更为宽泛，包括了固体废物处理的各个环节，以及各个组成单元，还有技术、制度、管理等多个层面；固体废物处理产业是指对固体废物进行无害化、资源化与减量化处理，更多涉及的是技术层面处理；资源再生利用产业则是特指将固体废物进行资源化处理，产生再生资源，将再生资源投入产业结构系统中，以达到再利用的目的。

15.2.2 　静脉产业建设背景

随着全球经济的发展，环境恶化、资源短缺对经济的制约问题日益突出。为了寻求经济长期发展的资源支持，主要发达国家兴起了发展静脉产业的浪潮，以固体废物资源化为主要内容的静脉产业在发达国家的产业结构中逐步占据重要地位，成为美国、德国、日本等发达国家的支柱产业之一。例如，美国的静脉产业已经成为其支柱产业，产值与其汽车产业相当；德国也通过"3R"行动计划，鼓励民间团体参与固体废物处理，倡导公私合作处理固体废物的模式，使德国成为世界上静脉产业发展程度高的国家之一；日本在 2000 年通过《循环型社会形成推进基本法》，提出了分阶段处理固体废物的循环型社会构建规划，使静脉产业在日本也得到了快速发展。发达国家对静脉产业的重视，不仅促进了这些国家的环境改善与资源节约，还为这些国家提供了大量的就业机会，创造了额外收入，取得了良好的经济、环境与社会效益。

我国在 20 世纪 50 年代，以供销合作社系统为依托，开始对部分废旧物资进行回收，这可以看成是现代静脉产业在我国发展的开端，只是后来该产业并没有发展起来。20 世纪 90 年代，国内部分学者开始引进国外的循环经济理论，传播可持续发展理念，引起了我国对"先污染、后治理"工业发展模式的反思，并开始逐步重视循环经济发展与静脉产业的发展。2005 年，我国开始实施《中华人民共和国固体废物污染防治法》，表明了我国开始从环境导向下重视静脉产业；2006 年实施的《静脉产业类生态工业园区标准（试行）》，标志着静脉产业开始在我国成为一门独立的产业；2009 年确立的战略性新兴产业中的节能环保产业发展目标中，提出了要"加快资源循环利用关键共性技术研发和产业化示范，提高资源综合利用水平和再制造产业化水平，加快建立以先进技术为支撑的废旧商品回收利用体系"。2012 年年底，全国多数北方城市被雾霾笼罩，呼唤着我国大量消耗资源的产业结构必须转型；同年，"十八大"报告中特别强调突出了"生态文明"建设，并把它提到了一个与经济文明、政治文明、文化文明等并存的历史高度。我国各地方在"十四五"时期计划继续加强静脉产业园建设，表明了静脉产业在我国也不断得到重视。

15.2.3 　我国静脉产业园建设

截至 2012 年年底，我国已有近 20 个进口再生资源加工园区（基地）。其中，浙江宁波、天津静海等 9 家园区已通过环保部验收，批准命名为国家进口废物"圈区管理"区；广东江门、广西玉林等 10 个废五金园区取得环保部同意建设的文件，批准建设"圈区管理"示范园区。国家发展改革委、财政部于 2010 年 5 月、2011 年 10 月、2012 年 7 月公布了 3 批"城市矿产"建设示范基地共 28 家，主要集中在中东部地区。静脉产业园方面，青岛新天地静脉产业园通过了国家环保部的验收。此外，天津子牙循环经济产业园、湖南永州静脉产业园等 10 多个园区也开展静脉产业园区建设。

部分大中城市各类固体废物大量产生与相应的处理处置设施消纳能力不足的矛盾越发突出。生活垃圾无害化处理设施和危险废物集中处理处置设施、工业固体废物处置设施、电子废物回收处理设施，由于城市用地紧张、公众邻避心理等因素，都面临着选址难的问题。为此，新的城市固体废物综合处理园区模式应运而生，它将多种亟须建设的固体废物处理处置设施进行整合，实行多功能园区建设，构建城市固体废物综合处理园区，如苏州光大环保静脉产业园、上海老港静脉产业园、北京市鲁家山循环经济产业园、呼和浩特循环经济环保科技示范园等。

总体来说，我国静脉产业园区建设尚处于起步阶段，受法律、政策、技术等因素的制约，规划建设思路仍有待加强。园区建设需致力解决的问题较多，如园区建设标准不明确、空间布局与园区内部组织不合理、环境基础设施不健全、静脉产业链条不完善、资质管理不统一等。在形成过程中，绝大部分园区是为经济发展提供资源的，并以经济最大化为目的，而没有充分考虑对环境的污染。

15.2.4　静脉产业园区模式

建设静脉产业园区需根据当地实际情况，决定建设具有哪些功能的静脉产业园区。首先，要看当地是否已经有各类设施及其地理位置、产能，是否有扩建或搬迁的需求；其次，考虑垃圾焚烧项目是否立项成功，相应企业是否取得危险废物处理、电子固体废物处理等资质；最后，考虑投资主体和运营模式等问题。

1. 传统型静脉产业园区模式

传统型静脉产业园区以资源再生企业为主，在探索规范化发展的过程中，通过对各类企业的入园引导，实现园区化管理。通常，在管委会或园区建设项目公司的引导下，园区划分为综合服务区、生产加工区、市政工程岛等模块，实现各功能区之间的相互协调。

此外，危险废物焚烧设施通常建在危险废物安全填埋场附近，以便于焚烧炉渣及飞灰的就近处置。危险废物处置设施配套的办公和生活服务设施需要与处置主体工程隔离建设，以保障人员安全。生活垃圾焚烧发电厂通常分为 3 个功能区，即生活办公区、生产区（垃圾焚烧处理区/发电区）、辅助系统区（污水处理、循环冷却、飞灰处理等设施）。

2. 综合型静脉产业园区模式

集合了危险废物处理处置、生活垃圾处理处置、电子固体废物处理处置等设施的园区正在成为静脉产业园的新兴模式。根据安全防护距离的需要，将综合型静脉产业园区分为核心区（垃圾综合处理区）、控制区（资源回收利用区）、缓冲区（科教宣商区）。

核心区（垃圾综合处理区）是垃圾处理循环园区的核心组成部分，主要包括各种工业废物，特别是危险废物、生活垃圾的处理处置设施和不能转化成资源的最终处置设施。其具体包括分选设施、焚烧设施、生化处理设施、焚烧和生化处理剩余物处理设施、填埋设施等其他垃圾处理设施。

控制区（资源回收利用区）主要包括各种工业废物和生活垃圾的分拣、拆解、资源再生利用和再资源化企业。其具体包括回收、处理、拆解、再生、再制造产业，环境友好型产业，循环利用产业，废旧机电产品、废塑料、废橡胶、废玻璃、废纸、电子垃圾、建筑垃圾等再生利用企业。

缓冲区（科教宣商区）是垃圾处理循环园区的外围，包括科研、教学、宣传等。其具体包括开辟专门的试验研究区域、组织市民环境宣传教育、接待考察团及环境主题旅游团、进行再生利用技术和再生产品展示等。结合城市发展需求，北京、上海、苏州、南京等城市在固体废物处理设施的布局形式上都采取了综合型静脉产业园区模式。

15.3 大宗工业固体废物安全利用

15.3.1 我国大宗工业固体废物利用现状

据工业固体废物网站统计,"十二五"期间我国平均每年产生量约 36 亿吨,堆存量净增 100 亿吨。截至 2019 年,我国工业固体废物总堆存量已达 600 亿吨,而 2018 年我国大宗工业固体废物综合利用率仅 53.58%,存在着较大处理压力。大宗工业固体废物存量巨大,贮存、处置占地多,长期堆存的工业固体废物对大气扬尘、土壤和地下水环境污染问题突出,环境风险长期存在。经济结构和技术条件没有明显改善的情况下,未来一段时间内资源需求的增长趋势将长期持续,会对生态环境和社会可持续发展造成严重的影响。

我国大宗工业固体废物主要是在尾矿、飞灰、煤矸石、冶炼废渣、脱硫石膏等工业生产过程中产生的(图 15-3)。大宗工业固体废物存在成分复杂、数量波动大、分布不均衡、利用难度大、利用成本高等现实问题。有研究表明,在我国现有技术条件下,可利用工业固体废物替代 60%~70% 的建材矿产资源,平均综合利用 1 000 kg 工业固体废物可产生 370 元的产值。据此,仅电力、热力生产和供应脱硫石膏,2025 年综合利用潜力可达 1.75×10^{11} kg,产值可达到 9.25×10^{10} 元。

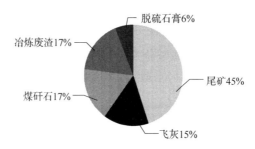

图 15-3 我国大宗工业固体废物的主要构成

15.3.2 尾矿处理

尾矿排放占用大量土地资源,形成尾矿库。含有重金属元素的尾矿对矿区的水土资源造成巨大威胁,破坏矿山的生态环境。尾矿库的长期运作及维护耗费大量的资金,给企业带来了沉重的负担。尾矿库又是一个高势能风险源,存在溃坝的风险。开展尾矿处理和综合利用技术研究既是环境保护所需,也是提高矿山企业效益、发展绿色循环经济的要求。

1. 铁尾矿处理

(1)铁尾矿再选。由于过去受技术条件的限制,有的矿山选矿回收率不高,矿产综合利用程度不足,现已堆存甚至正在排出的铁尾矿中含有丰富的铁元素。例如,山东省矿山一些磁铁矿尾矿,仍含铁 20%,经过强磁选机回收可获得品位达 60% 的铁精矿。

(2)铁尾矿制砖。铁尾矿可生产免蒸免烧尾矿砖。经合适的工艺处理,尾矿砖的各项性能及放射性一般均符合国家建筑材料的有关标准,符合道路建设要求。

(3)铁尾矿制备轻质隔热保温建筑材料。以铁尾矿、废旧聚苯乙烯泡沫为主要原料,以普通硅酸盐水泥为胶凝剂，制备轻质隔热保温材料，制备的轻质隔热保温材料具有良好的保温性能。

2. 金尾矿处理

（1）金尾矿提取。金尾矿中的金元素具有巨大经济价值。例如，湘西金矿对老尾矿采用浮选-尾矿氰化选冶联合流程，使金的总回收率达到 74%。砂金矿矿山采用重选-磁选-磁流体静力分选联合流程，金回收率可达到 85% 以上。

（2）尾矿反填采矿区。尾矿反填是综合利用最直接的方式，也是尾矿减量化极为有效的手段，常用的回填技术为胶结充填技术。此技术是将细粒尾矿和适量凝胶材料，加水混合制成充填材料，再将充填材料反填到矿山采空区。该方法降低了建设成本，减少了贮存需求，保护了环境，目前许多发达国家已实现金尾矿井下全充填。

（3）金尾矿烧制陶瓷。氰化金尾渣的化学成分与陶瓷坯相近，而且粒度较细，添加莱阳土，经高温烧结制备绿色建筑陶瓷，高温使氰化物脱氰，重金属被烧结固化，是一种处理危险污染矿渣的有效途径。以金尾矿为原材料替代部分传统材料用于加工建材，可以减少大量的固体废物，且在保护环境的前提下降低了产品的成本，具有较好的发展前景。

15.3.3　飞灰处理

城市生活垃圾焚烧飞灰是从余热锅炉的热回收系统、烟气净化系统收集的排出物，约占垃圾焚烧灰渣总重的 20%，其主要由少量未燃尽的有机物及不可燃的无机物组成。主要无机物成分和含量大致为氧化钙 35%、二氧化硅 21%、氧化铝 6%，而矿物成分有石英、硅酸盐、铝硅酸盐、碳酸盐及氯盐等；主要处理方式有固化/稳定化处理、热处理、化学浸取等。

1. 固化/稳定化处理

固化处理是通过阻断重金属浸出通道的方法，减小飞灰混合物的孔隙率，降低渗透性，阻碍重金属与外部环境的接触，从而降低重金属迁移；稳定化处理是从改变重金属化合物结构和性质的角度出发，将飞灰转化为结构更稳定的体系，使重金属不易发生迁移。

使用水泥、沥青、石灰等胶凝材料，在由可塑性浆体变为坚硬石状体的过程中，将分布松散的飞灰混合物黏结成具有一定强度的混凝土块，使焚烧飞灰中有害污染物形成稳定的固化体。垃圾焚烧飞灰与水泥混合后，重金属的浸出浓度明显降低。随着浸出液 pH 值的增加，重金属浸出浓度迅速降低到很低的水平。

胶凝固化具有对设备要求不高、实践操作简单、成本低廉等优点，但是固化体中残余的炭和盐类限制了固化体的循环利用，只能用于填埋。采用胶凝材料进行固化处理后，固化产物体积增大，从而加重后期填埋占地。此外，垃圾填埋场中物理化学环境存在有害物浸出污染土地的风险。

2. 热处理

热处理根据处理温度不同可分为烧结法（1 000 ℃）和熔融法（1 400 ℃）。

（1）烧结法是将飞灰在 700~1 100 ℃下煅烧，飞灰颗粒之间的密度增加，最终烧制成致密坚硬的烧结体。飞灰烧结的热处理过程中，影响烧结体强度、硬度及其他性能的因素主要有原材料的元素组成、烧结温度、温度变化率、烧结时间等。

（2）熔融法是在 1 000~1 500 ℃的高温下使飞灰熔融，飞灰中的有机物和部分无机物汽化，剩余的熔渣可作为建筑材料，实现减容、减重的目标，熔融飞灰系统如图 15-4 所示。

高温熔融的原理是有机污染物在高温条件下被有效分解，低沸点的盐类和金属直接汽化，部分氧化形态的金属则被还原成金属或固溶体熔液，可经过一系列热处理技术回收金属或者金属化合物，其他高沸点重金属则残留于熔渣中。熔渣中的二氧化硅晶体为网状结构，随温度升高，晶体中的空位浓度提高，产生的点缺陷为金属原子的插入或置换提供条件，最终使重金属在形成的熔渣中不易溶出。

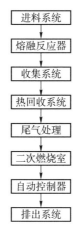

图 15-4　熔融飞灰系统

热处理技术具有减容、减重、有机污染物分解彻底及资源化利用潜力大等优点，但缺点是能耗和设备要求太高，工艺成本较大，在高温条件下可挥发的重金属容易造成二次污染。

3. 化学浸取

化学浸取是指利用化学溶剂与焚烧飞灰中的重金属发生化学反应，使重金属溶解在溶液中，随后通过电化学还原方法得到重金属单质。常用的化学萃取溶剂一般有酸、碱、螯合剂等，萃取过程一般采用多种试剂逐步浸出不同重金属。一种方法是以 HCl 为浸取剂，以 LIX860N-I、Cyanex 572 为萃取剂，采用浸取与萃取相结合的方法可以有效地回收铜和锌，后续采用吸附剂对萃取液中重金属离子进行吸附，去除率可达到 95% 以上。另一种方法是使用盐酸（5%）和氯化钠溶液（300 g/L）作为浸取剂，通过两步法浸出飞灰中的重金属。由于氧化还原反应和金属-氯化物的形成，两步浸出法能够浸出飞灰中 80%~90% 的重金属。

15.3.4　煤矸石处理

煤矸石是煤炭开采和洗选过程中排放的固体废物，相比于普通煤炭，其具有含碳量低、热值低、质地坚硬的特点。煤矸石是多种矿岩组成的混合物，主要有黏土岩类、砂岩类、碳酸盐类和铝质岩类等。煤矸石的化学组成主要是无机质和有机质，其中无机质主要为 SiO_2、Al_2O_3、Fe_2O_3、CaO、MgO 等，黏土岩类在煤矸石中也占有相当大的比例。煤矸石一般以堆存的方式存放，不进行处理会造成自燃、地下渗透、淤塞河道和泥石流等灾害。因此，煤矸石资源再利用势在必行。

1. 回收煤炭

从煤矸石中回收剩余的煤炭资源是多数煤矸石二次利用的预处理工作，可以避免资源的浪费，回收的煤炭资源也可为企业带来一定的经济效益。一般采用水力旋流器分选和重介质分选等洗选工艺实现煤炭回收。根据煤矸石的选择性破碎规律，发现煤矸石经破碎后，煤炭向细粒级富集，而矸石向粗粒级富集。因此，采用选择性破碎−分级分质处理是实现煤矸石中煤炭和矸石分离和富集的有效方法。

2. 提取铝基原料

煤矸石中含有丰富的 Al_2O_3，含量约为 35%，可从煤矸石中提取和制备氧化铝、氢氧化铝等多种铝盐产品。有研究表明，经过 20 h 的研磨后高温煅烧处理，氧化铝浸出率可达 95%。Na_2CO_3 的加入可以提高氧化铝的浸出率。当 Na_2CO_3 与煤矸石的质量比为 0.8∶1 时，在 800~900 ℃ 下煅烧后，煤矸石中的氧化铝浸出率达到 90%。此外，加压酸浸工艺可实现煤矸石中 Al_2O_3 的高效浸出，不仅减少了反应时间，还降低了反应温度和耗酸量。

3. 制备硅基材料

煤矸石中含有 30%~45% 的氧化硅，其主要以硅酸盐矿物的形式存在，化学性质稳定，利用时需要活化处理，目前广泛使用热活化法。以盐酸为浸出剂，将碳和硅在浸出残渣中富集，然后加入适量的低灰无烟煤，采用碳热还原法制备碳化硅产品，其回收率和纯度分别为 72.7% 和 76.0%。最近有研究在超临界水条件下，通过水热活化、两步酸浸制备出比表面积为 780~820 m^2/g 的白炭黑产品。后续研究可关注煤矸石的活化和酸浸工艺的优化，增强煤矸石的活化效率，提高氧化硅的转化利用率。

4. 制备复合吸附剂

煤矸石中有相当高含量的黏土岩类物质，将煤矸石与其他材料复合制备吸附剂也是一种经济、便捷的利用途径。将煤矸石在 850 ℃ 下煅烧 4 h 后，与藻酸盐、乙醇和水按一定比例混匀反应 5 h 制备出新型吸附材料，对 Zn^{2+} 和 Mn^{2+} 的最大吸附量分别可达 77.68 mg/g 和 64.29 mg/g；另外，也可将煤矸石在 850 ℃ 下进行 2 h 掺煤无氧煅烧后，与 NaOH 和 $NaAlO_2$ 一起通过水热法在 90 ℃ 下反应 3 h，制备出的吸附剂的比表面积可达 669.4 m^2/g，对 Cu^{2+} 的吸附效率可达 92.8%。煤矸石复合吸附剂对水中重金属离子有较好的吸附效果，但吸附环境的 pH 值和吸附时间的控制还需改进，仍有一定的探索空间。

15.3.5　冶金废渣处理

工业冶金废渣是指冶金工业生产过程中产生的各种固体废物，如从炼铁炉中产生钢渣；有色金属冶炼产生的各种有色金属渣，如铜渣、锌渣；从铝土矿提炼氧化铝排出的赤泥等。工业冶金废渣中仍含有许多有价值的金属元素，具有很高的利用价值。

1. 钢渣处理

钢渣作为高温冶金之后产生的物质，具有耐高温、产量大等一系列特点，钢渣主要的化学成分包含 CaO、SiO_2、Al_2O_3、CO 和 Fe_3O_4 等。我国对于钢渣的回收利用率较低，有效的回收利用率仅约 10%，绝大部分的钢渣都被用来进行油田建设和填海，资源流失较大。关于钢渣的利用有以下方式。

（1）钢渣经过破碎以及磁选筛选技术可以回收钢渣中超过 90% 的废钢，磁选出来的钢渣一般含铁量在 55% 左右，可以用于冶炼。

（2）钢渣中含有和水泥成分非常类似的硅酸三钙和硅酸二钙等活性矿物质。这些矿物质具有水硬胶凝性，并且钢渣的碎石密度较高，强度较高，稳定性良好，与沥青结合之后可以形成牢固的物质，用于生产无熟料的水泥以及钢渣砖，用于公路和铁路建设。

2. 铜渣、锌渣处理

铜渣、锌渣中含有多种有价金属元素，如铁、铜、镍、钴等，其中多数铜渣的铜元素含量超过 0.7%。铜、锌冶炼渣中重金属元素具有持久性毒性，且迁移性、隐藏性和富集性较强，不易被降解。若长期堆存，随着雨水的冲刷及自然渗透，堆存地周围的土壤会发生酸碱化，对人们的生命健康产生危害。铜渣、锌渣的处理有以下方式。

（1）湿法处理技术。湿法处理技术是指在各种药剂及条件下，将冶炼渣中的有用金属溶解在浸出液中，再通过进一步工序，使有价金属选择性分离的技术。热酸浸出法是湿法处理技术中应用较广泛的工艺之一，常用的酸有硫酸、硝酸、盐酸等。酸性浸出是在高浓度酸溶液中将 Fe、Cu、Zn 等金属元素溶于浸出液中，再通过铁屑置换等工艺将有色金属与铁分离。此法工艺要求高，且会产生大量铁渣。

（2）浮选法。浮选法即利用铜渣、锌渣颗粒表面物理化学性质的差异，借助浮选药剂分离回收其中的有价金属。浮选处理成本低，环境污染小，是目前应用较广泛、研究最完备的选矿方法。

3. 赤泥处理

赤泥是制铝工业提取氧化铝时排出的污染性废渣，其金属氧化物含量丰富，具有强碱性、成分、性质复杂以及多孔结构的特点。由于其含有大量 Fe_2O_3，外形与赤色泥土相似，故称赤泥。目前，我国排放的赤泥主要为拜耳法赤泥，约占我国赤泥产生量的 90%。赤泥的利用有以下方式。

（1）制备水泥。以赤泥、石灰石、脱硫石膏等为原料，通过配入一定量的高铝石和砂岩，在煅烧温度为 1 280 ℃、煅烧时间为 30 min 条件下，烧制成硫铝酸盐水泥熟料。将其按标准方法成型，水泥水化早期强度较好，后期强度稳定增长，28 d 抗压强度可达 48.2 MPa。

（2）制备微晶玻璃。以赤泥和钢渣为主要原料，在不外加晶核剂和助熔剂的情况下，利用熔融法制备出抗折强度达 161.57 MPa、显微硬度为 839.5 MPa 的微晶玻璃。

（3）回收铝、铁金属。用盐酸浸出赤泥中的氧化铁和氧化铝，考察盐酸浓度、液固比、浸出时间、浸出温度等因素对赤泥中氧化铁、氧化铝浸出效率的影响。研究发现，在盐酸浓度为 6 mol/L、液固比为 4∶1、酸浸时间为 60 min、浸出温度为 109 ℃、二次浸出条件下，氧化铁和氧化铝的浸出率分别达到 98% 和 89%。

（4）利用赤泥修复土壤。赤泥对重金属离子可起到显著的络合吸附作用，经过赤泥处理的污染土壤中，有效态重金属有明显下降。当赤泥加入量为 5% 时，土壤中交换态 Pb、Zn 含量分别降低了 53% 和 56%。

15.3.6 脱硫石膏处理

脱硫石膏是对火力发电厂燃煤烟气进行脱硫净化处理产生的工业副产物，其主要成分是二水硫酸钙。一般情况下，每脱除 1 t 二氧化硫约生成 2.7 t 脱硫石膏。2021 年，我国脱硫石膏产量约为 1.61 亿吨，而利用量约 1.16 亿吨，利用率为 65%，与发达国家相比还存在很大差距。脱硫石膏闲置会占用大量土地资源，其中的有害物质会随雨水进入地下水系，极易造成土壤和水环境的污染。我国对于脱硫石膏资源化综合利用的研究起步晚，但进展快，目前主要利用在建筑材料方面，如石膏粉、石膏板、粉刷石膏等。

1. 制造建筑石膏板

利用脱硫石膏生产建筑石膏粉，虽可降低生产成本，但其自身的产品附加值较低，整体建厂收益并不高。因此，以脱硫建筑石膏粉为原料，生产石膏板可以提升产品的附加值，脱硫石膏中二水硫酸钙组分比例较高，杂质相对较少，这样既可消化大量工业副产物，又可降低生产成本。将原状脱硫石膏（$CaSO_4 \cdot 2H_2O$）进行煅烧、粉磨、陈化而制成建筑石膏粉（$\beta\text{-}CaSO_4 \cdot 0.5H_2O$），再通过浇筑成型制成石膏板，利用脱硫石膏生产石膏板可以免收增值税，使公司在该产品生产销售中获得显著经济效益。

2. 土壤改良

脱硫石膏中所含的 Ca^{2+} 可以置换土壤中的可代换性 Na^+，从而明显降低土壤的 pH 值，起到改良土壤盐碱度的作用，其中的 Ca、S 均为植物生长必需或有益的矿物元素。脱硫石膏可有效中和碱性土壤碱化度、总碱度和 pH 值等参数，施用量最适宜范围为 $2.8 \sim 3.1 \ kg/m^2$。在滩涂土壤改良中，可在施加的肥料中掺加一定比例的脱硫石膏，起到缩短滩涂自然演替周期、提高滩涂土壤肥力的作用。脱硫石膏作为土壤改良剂，无须对原状脱硫石膏进行复杂的技术处理，技术难度小，在农业领域的应用前景广阔。

3. 路基回填

道路施工后的路基回填，均需要大量回填材料，常规的胶结填充法中所使用的胶凝材料 80% 以上是水泥，回填成本占总成本的 1/3。将脱硫石膏、粉煤灰、采矿尾砂、棒磨砂等均含有潜在胶凝成分的原料，按一定比例混合后，制得的复合胶凝材料矿相与性能均与普通硅酸盐水泥相似，具有水化热低、填充体绝热温升低、水化热峰值时间延长等特点，可有效防止温度裂缝，提高硬化体强度。

15.4　基于物联网/大数据的固体废物全过程管理

15.4.1　目前固体废物管理的困难

固体废物具备二元性特点，不单有一定的污染性，还具有良好的资源利用性。因此，应积极考虑将固体废物当作资源进行技术处理，这样不仅能够显著减少环境风险的发生，而且可明显提高资源利用效果。

目前在传统的固体废物管理工作中，主要采取申报登记管理制度，污染处理企业通过填写相应的表单，交由政府管理部门逐级审批，同时对各项管理对象进行日常监管，从而实现政府对固体废物的有效管理。如今由于科学技术的飞速发展与进步，此种管理模式暴露出较多缺陷，如固体废物审批周期长、效率低、数据不全等，需要相关部门优化审批程序，有关专业人员对现有的管理模式进行优化与完善。

15.4.2　建立大数据管理平台

随着各类信息技术的日趋完善成熟，固体危险废物管理形态应紧跟社会进步步伐，向大数据技术管理模式过渡转变，将过去的被动管理升级为智能管理。传统处理模式和大数据处理模式如图 15-5 所示。

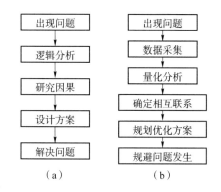

图 15-5　传统处理模式和大数据处理模式

(a) 传统处理模式；(b) 大数据处理模式

利用大数据技术建立相应的管理平台，能够做到防患于未然，是一种正向思维管理方式。此种管理方式具有智能化特点，也是今后我国固体废物管理模式的核心发展趋势。同时，构建固体废物大数据管理平台，能够实现各项数据的综合管控；管理人员通过全面分析大数据模型，加强动态跟踪，并做好汇总分析工作，能够真正实现数据共享目标。

物联网技术在科技领域迅猛发展势头的带动下，技术性能实现了对比以往的跨越提升，已成为数据资源采集、异常数据监管的有效法宝。依托物联网特有的动态感知、实时传递、自动控制等技术优点，以及设备装置间兼容问题的解决、海量信息数据资源的可靠处理等实用功能，搭建出完整、安全、稳定、可拓展的健全性信息数据体系，助力高危固体废物的产生排放、采集贮存、运输转移、合规处置全流程的智能化动态监管工作。管理人员可承载基于物联网的大数据系统平台完成固体废物的实质属性、暂放地点、运输线路、风险应急、附近敏感区、处理及利用等综合管理工作的数据信息实时查看。

1. 基本框架设计

基于大数据技术的固体废物管理信息化平台系统应覆盖感知层、支撑层、数据层、应用层、用户层等关键要素。

感知层需要的关键因子有视频监控、北斗、政务云、二维码、物联网、移动终端等。实现固体废物数据资源的实时前端感知，为后续信息数据的正当利用提供技术支持。

支撑层需要具备动态表单、权限管理、数据交换、GIS（地理信息系统）地图、数据检索等功能组件，保证现有的固体废物数据资源能得到高效利用。

数据层作为实现固体废物数据资源利用的关键一环，也是体现数据资源标准化、信息化管理的媒介载体。其由基础数据库、主体数据库以及元数据库3个板块构成。

应用层可完成固体废物信息数据的管理工作，负责平台系统功能的优化完善及升级拓展。

用户层为环境管理部门端，需覆盖省级、市级、区县级的环保管理部门。

2. 数据系统对接

将危险固体废物监管信息数据系统有机接入环境数据中心平台系统中。废物管理板块需接入的内容包括废物产出明细、废物产出类别、废物产出数量、废物产出年度/月度汇总等。

可运用"WEB SERVICR"接口方法实现废物数据资源的实时交换，但需在前置机中完成交换数据接口程序的提前审批，保障业务数据可顺利汇总交换，强化固体废物数据资源实践使用便利性。

3. 动态监管工作

为加强废物监管工作落实效果，可将大数据分析技术有机结合于物联网技术，在固体废物信息化管理平台系统中构建出废物动态监管程序。该程序可采用"数据驱动"的措施方法，在废物运输车辆的恰当位置增添实时监控装置，从而 24 h 连续性、不间断地捕捉废物运输情况、车辆行驶路线等数据信息，并承载无线网络将这些数据资源及时传递于生态环境数据中心加以存储及使用，确保生态环境与交通管理等部门能够实时共享废物运输数据信息，规避重复建设、监管缺位等不良现象的滋生。

思考题

1. 查阅资料，分析当前垃圾分类过程中存在的问题，并提出改进措施。
2. 何为静脉产业，简述我国静脉产业的建设进展。
3. 举例阐述我国大宗工业固体废物的安全利用。
4. 查阅资料，简述基于物联网和大数据的固体废物全过程管理系统。

参 考 文 献

［1］牛冬杰，魏云梅，赵由才. 城市固体废物管理［M］. 北京：中国城市出版社，2012.

［2］黄海峰，陈立柱，王军，等. 废物管理与循环经济［M］. 北京：中国轻工业出版社，2013.

［3］徐晓军，管锡君，羊依金. 固体废物污染控制原理与资源化技术［M］. 北京：冶金工业出版社，2007.

［4］刘立峰，陈碧美. 固体废物处理与处置［M］. 厦门：厦门大学出版社，2017.

［5］杨慧芬，张强. 固体废物资源化［M］. 北京：化学工业出版社，2004.

［6］聂永丰，金宜英，刘富强. 固体废物处理工程技术手册［M］. 北京：化学工业出版社，2013.

［7］蒋展鹏，杨宏伟. 环境工程学［M］. 3版. 北京：高等教育出版社，2013.

［8］宁平. 固体废物处理与处置［M］. 北京：高等教育出版社，2007.

［9］陈善平，赵爱华，赵由才，等. 生活垃圾处理与处置［M］. 郑州：河南科学技术出版社，2017.

［10］杨春平，吕黎. 工业固体废物处理与处置［M］. 郑州：河南科学技术出版社，2017.

［11］汪群慧. 固体废物处理及资源化［M］. 北京：化学工业出版社，2004.

［12］况武. 污泥处理与处置［M］. 郑州：河南科学技术出版社，2017.

［13］陈德珍. 固体废物热处理技术［M］. 上海：同济大学出版社，2020.

［14］［日］申丘澈，名取真. 污水污泥处理［M］. 吴自迈，译. 北京：中国建筑工业出版社，1981.

［15］郭志敏. 放射性固体废物处理技术［M］. 北京：原子能出版社，2007.

［16］唐雪娇，沈伯雄，王晋刚. 固体废物处理与处置［M］. 2版. 北京：化学工业出版社，2018.

［17］张小平. 固体废物污染控制工程［M］. 3版. 北京：化学工业出版社，2017.

［18］姜永梅，廉新颖. 垃圾填埋场地下水污染调查评估技术［M］. 北京：中国环境出版集团，2018.

［19］代国忠. 垃圾填埋场防渗新技术［M］. 重庆：重庆大学出版社，2021.

［20］吴畏，薛向欣. 城市垃圾安全处理与资源化利用［M］. 北京：冶金工业出版社，2021.

［21］李春萍. 水泥窑协同处置生活垃圾实用技术［M］. 北京：中国建材工业出版社，2020.

［22］陈月芳，林海，毕琳. 环境工程专业实习实践指导书［M］. 北京：冶金工业出版社，2017.

［23］侯立安. 放射性污染监测预警与应急处置［M］. 武汉：湖北科学技术出版社，2022.

［24］张鸿郭，庞博，陈镇新. 固体废物处理与资源化实验教程［M］. 北京：北京理工大学出版社，2018.

[25] 戴友芝，黄妍，肖利平. 环境工程学 [M]. 北京：中国环境出版集团，2019.

[26] 何鑫，耿世刚，张庆瑞. 生活垃圾分类处理与资源化利用 [M]. 北京：中国环境出版集团，2020.

[27] 陈昆柏，郭春霞. 危险废物处理与处置 [M]. 郑州：河南科学技术出版社，2017.

[28] 中华人民共和国住房和城乡建设部. 中国城乡建设统计年鉴 2021 [M]. 北京：中国统计出版社，2022.

[29] 中国环境科学研究院固体废物污染控制技术研究所. 危险废物填埋污染控制标准：GB 18598—2019 [S]. 国家环境保护总局，国家质量监督检验检疫总局，2001.

[30] 蔡甲，李静，杜梅，等. 工业固体废物处理与综合利用的研究现状及展望 [J]. 再生资源与循环经济，2022，15（9）：23-27.

[31] 蔡峰，徐海. 我国固体废物处置的现状及进展 [J]. 现代盐化工，2022，49（1）：84-85.

[32] 武泽华，王倩，黄秋鑫. 固体废物产生量评估方法探讨 [J]. 环境工程，2020（38）：511-516.

[33] 房德职，李克勋. 国内外生活垃圾焚烧发电技术进展 [J]. 发电技术，2019，40（4）：367-376.

[34] 何艺，邱琦，罗庆明，等. 生命周期评价在我国固体废物环境管理中的应用 [J]. 中国环境管理，2013，5（1）：3-8.

[35] 胡伟儒，李泷，陈庆传. 立式旋转热解汽化炉医疗废物焚烧工艺配套设计实践 [J]. 节能与环保，2022（10）：94-96.

[36] 刘旭，张楷文，张磊，等. 城市生活垃圾各组分焚烧与热解行为研究 [J]. 辽宁石油化工大学学报，2021，41（5）：9-16.

[37] 黄静颖，张浩，谭钦怀，等. 小型垃圾热解汽化焚烧厂碳排放计算 [J]. 环境卫生工程，2021，29（4）：1-6.

[38] 徐卫，褚浩然，郑博文，等. 我国低放废物热解焚烧技术的应用及改进 [J]. 辐射防护，2020，40（5）：387-393.

[39] 黄纯德，胡国胜. Fe 和 N 改性木质素的制备及其对水中重金属离子的高选择性吸附 [J]. 中北大学学报（自然科学版），2020，41（3）：283-288.

[40] 龙柯沅，张展，沈德魁，等. 市政污泥干化焚烧耦合热解工艺模拟 [J]. 化学工程与装备，2020（3）：267-270.

[41] 张益阳. 热解汽化炉技术在国内垃圾焚烧发电工程中的应用 [J]. 中国金属通报，2019（10）：262-263.

[42] 李清亚，卢晓涛，刘辉. 立式旋转热解焚烧炉工艺在医疗废物处理中的应用研究 [J]. 河南科技，2019（22）：40-42.

[43] 梁平. 加快垃圾焚烧与热解处理已是大势所趋 [J]. 西部大开发，2017（11）：134-135.

[44] 陈冲，江健. 浅析标准化预处理应用及优化投料对危险废物热解汽化炉焚烧效率的影

响［J］. 广东化工, 2017, 44 (14)：190-191, 187.

［45］陈国艳, 曾纪进, 段翠九. 双回路热解炉垃圾焚烧 NO_x 排放特性研究［J］. 四川环境, 2013, 32 (5)：10-13.

［46］黄家瑶, 林秀梅. 污泥减量热解机热解焚烧技术概述［J］. 中国环保产业, 2011 (12)：50-55.

［47］福建省丰泉环保设备有限公司. 世界垃圾焚烧技术新突破——丰泉环保成功研发双回路热解焚烧炉［J］. 中国环保产业, 2008 (2)：63-64.

［48］李欣欣, 梁学凯, 冯国栋, 等. 水中苯系物的测定方法［J］. 现代仪器, 2007 (1)：14-18.

［49］滕富华. 水质有机污染多参数指标与联合检测技术研究［D］. 杭州：浙江大学, 2006.

［50］张瑞姿. 浅谈居住区绿地规划与养护管理［J］. 科技情报开发与经济, 2005 (16)：262-263.

［51］杜书芳, 吴彦娜. 浅谈居住区绿地规划设计［J］. 安阳工学院学报, 2005 (3)：84-86.

［52］姜丽娟, 魏建荣. 顶空-毛细管柱气相色谱法测定水中苯系物方法［J］. 中国卫生检验杂志, 2004 (5)：546-548.

［53］戴颂华. 中西居住形态比较研究：源流·交融·演进［J］. 新建筑, 2003 (1)：78-79.

［54］曾映达, 程银汉, 瞿广飞, 等. 固体废物中重金属的固化/稳定化技术研究进展［J］. 环境化学, 2013, 42 (16)：2032-2047.

［55］李天鸣. 工业固体废物固化处理技术探讨［J］. 石油化工安全环保技术, 2011, 27 (5)：41-44, 58, 69.

［56］郭晓燕. 固体废物的化学稳定和固化［J］. 科技情报开发与经济, 2005 (9)：155-156.

［57］杨明录. 含重金属固体废弃物的固化处理技术［J］. 现代矿业, 2020, 36 (6)：231-232.

［58］王小芬. 碱硬锰矿固化 Cs 及其子体 Ba 的相结构演化及化学稳定性研究［D］. 绵阳：西南科技大学, 2020.

［59］孟成. 乏燃料后处理中放射性核素的陶瓷固化体的结构与化学稳定性研究［D］. 杭州：浙江大学, 2016.

［60］耿安东. 高放废液固化用硼硅酸盐钙钛锆石固化体析晶行为及化学稳定性的研究［D］. 绵阳：西南科技大学, 2019.

［61］李平广. 模拟核素的硼硅酸盐玻璃及玻璃陶瓷固化技术研究［D］. 杭州：浙江大学, 2013.

［62］黄文昆, 周萦, DAY DELBERT E, 等. Cr_2O_3 对高放核废料磷酸盐玻璃固化体的影响［J］. 无机材料学报, 2005 (4)：842-850.

［63］冀翔. 硼硅酸盐玻璃及玻璃陶瓷模拟核素的固化及性能研究［D］. 绵阳：西南科技大

学，2019.

[64] 刘枫飞. Xe 离子、γ 辐照对硼硅酸盐玻璃和熔融石英辐照效应的比较研究 [D]. 兰州：兰州大学，2019.

[65] 张文琦. Gd$_2$Zr$_2$O$_7$陶瓷的制备及模拟锕系核素固化机理与化学稳定性研究 [D]. 哈尔滨：哈尔滨工业大学，2018.

[66] 勾密峰，管学茂，张海波. 水化程度对水泥基材料固化氯离子的影响 [J]. 材料导报，2011，25（20）：125-127.

[67] 郭随华，林震，苏姣华，等. 高贝利特硅酸盐水泥的水化和浆体结构 [J]. 硅酸盐学报，2000（S1）：16-21.

[68] 包健. 在沸石对高放废液水泥固化体中 Cs$^+$浸出率的影响 [J]. 环境科学与技术，2009，32（7）：160-162.

[69] 谭宏斌，马小玲，李玉香. 掺合材料对硅酸盐水泥固化体滞留铀（Ⅵ）性能的影响 [J]. 原子能科学技术，2006（5）：539-543.

[70] 芦令超，沈晓冬，严生，等. 模拟高放废液碱矿渣水泥固化体稳定性的研究 [J]. 硅酸盐通报，1999（6）：13-16.

[71] 李俊峰，王建龙，叶裕才. 模拟放射性废树脂的沸石和特种水泥混合物固化 [J]. 原子能科学技术，2006（3）：288-291.

[72] 赵怀红，严生. 放射性废物水泥固化体铯固化机理研究 [J]. 江苏大学学报（自然科学版），2002（6）：41-45.

[73] 李长成，赵颜红，潘社奇，等. 碱矿渣复合水泥固化模拟放射性焚烧灰 [J]. 原子能科学技术，2010，44（4）：400-407.

[74] 陈晓刚，范志勇，秦琼. 偏高岭土在高强混凝土中的应用 [J]. 混凝土与水泥制品，2015（9）：24-26.

[75] 严沧生. 一种干燥后沥青固化处理放射性废树脂的方法 [J]. 南方能源建设，2017，4（1）：102-104，108.

[76] 别如山，宋兴飞，纪晓瑜，等. 国内外生活垃圾处理现状及政策 [J]. 中国资源综合利用，2013，31（9）：31-35.

[77] 周星志，黄迪辉，陈永贵. 我国卫生填埋场防渗技术的研究现状及发展探讨 [J]. 中国建筑防水，2007（3）：7-11.

[78] 佚名. 广州市兴丰生活垃圾卫生填埋场 [J]. 土木工程学报，2010，43（3）：127.

[79] 蒋云飞. 城市生活垃圾源头减量的制度困境及其破解 [J]. 中南林业科技大学学报（社会科学版），2022，16（2）：70-78.

[80] LIU J H, LI Q, GU W, et al. The impact of consumption patterns on the generation of municipal solid waste in china：Evidences from provincial data [J]. International Journal of Environmental Research and Public Health，2019，16（10）：1717.

[81] 魏潇潇，王小铭，李蕾，等. 1979—2016 年中国城市生活垃圾产生和处理时空特征 [J]. 中国环境科学，2018，38（10）：3833-3843.

［82］孙岩斌，查罗男，任政南，等. 我国静脉产业园选址影响因素研究［J］. 住宅与房地产，2020（5）：79-80.

［83］赵国甫，张凯. 我国静脉产业研究综述［J］. 中国环保产业，2019（2b）：5-8.

［84］张佳琪，林朋飞，温宗国，等. 国外固废协同处置对我国构建静脉产业园的启示［J］. 中国工程咨询，2021（2）：80-85.

［85］许奎星，曹长林，钱庆荣. 我国静脉产业园区发展现状与趋势［J］. 再生资源与循环经济，2020，13（3）：10-13.

［86］陈果，陈伟韬，李游. 从垃圾填埋场到静脉产业园的规划策略研究：以湖南省永州市静脉产业园规划为例［C］. 成都：2020/2021 中国城市规划年会论文集，2021.

［87］吴凯，翟艳丽，俞晓阳，等. 静脉产业园的理念、实践与探索［J］. 环境保护与循环经济，2018，38（5）：22-26.

［88］徐夏楠. 静脉产业园建设过程中关键问题的探讨［J］. 经济研究导刊，2018（25）：16-17，42.

［89］耿秀华，张舒. 静脉产业园区环境影响评价及污染防治对策［J］. 资源节约与环保，2020（12）：143-144.

［90］HAN W，JIN P K，CHEN D W，et al. Resource reclamation of municipal sewage sludge based on local conditions：A case study in Xi'an，China［J］. Journal of Cleaner Production，2021（316）：1-12.

［91］LAMASTRA L，SUCIU N A，TREVISAN M. Sewage sludge for sustainable agriculture：Contaminants' contents and potential use as fertilizer［J］. Chemical and Biological Technologies in Agriculture，2018（5）：10.

［92］MILOJEVIC N，CYDZIK-KWIATKOWSKA A. Agricultural use of sewage sludge as a threat of microplastic（MP）spread in the environment and the role of governance［J］. Energies，2021，14（19）：6293.

［93］CARABASSA V，ORTIZ O，ALCANIZ J M. Sewage sludge as an organic amendment for quarry restoration：Effects on soil and vegetation［J］. Land Degradation & Development，2018，29（8）：2568-2574.

［94］牛莎莎. 有色金属工业炉窑的现状及未来发展研究［J］. 世界有色金属，2019（12）：1-3.

［95］张婉婧，魏小林，李腾，等. 工业炉窑高温含尘烟气金属丝网除尘技术研究［J］. 洁净煤技术，2020，26（5）：90-96.

［96］赵小娟，高朝勇，张力. 关于工业固体废物资源综合利用的研究［J］. 资源节约与环保，2021（11）：134-136.

［97］朱静，雷晶，张虞，等. 关于中国固体废物环境监测分析方法标准的思考与建议［J］. 中国环境监测，2019，35（6）：6-15.

［98］张天泽. 生态文明城市固体废物资源化利用的大数据管理制度建设［J］. 世界环境，2020（3）：89.

［99］张建福，赵钦新，王海超，等. 烟气余热回收装置的参数优化分析［J］. 动力工程学报，2010，30（9）：652-657.

［100］赵宁，冯鸣凤，张媛，等. 生活垃圾焚烧飞灰处理处置与资源化技术研究进展［J］. 广州化工，2023，51（3）：59-61.

［101］吴昊，刘宏博，田书磊，等. 城市生活垃圾焚烧飞灰利用处置现状及环境管理［J］. 环境工程技术学报，2021，11（5）：1034-1040.

［102］焦建伟. 垃圾焚烧中飞灰的处理与处置研究［J］. 机电信息，2019（35）：123-124.

［103］刘晶，汪澜. 生活垃圾焚烧飞灰处理处置政策及发展分析［J］. 中国环保产业，2017（5）：66-69.

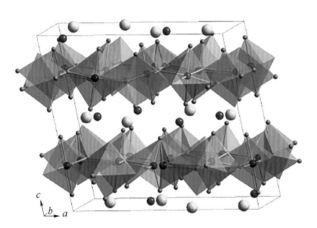

图 12-3　钙钛锆石-2M 晶体结构示意图

（黄色为 Ca，蓝色为 Zr，红色为 Ti，绿色为 O）